U0223636

国家出版基金资助项目
"十二五"国家重点图书
材料研究与应用著作

碱矿渣胶凝材料结构工程应用基础

APPLICATION FOUNDATION OF ALKALI-ACTIVATED SLAG CEMENTITIOUS MATERIAL IN STRUCTURAL ENGINEERING

郑文忠　朱　晶　著

哈爾濱工業大學出版社
HARBIN INSTITUTE OF TECHNOLOGY PRESS

内 容 提 要

本书介绍碱矿渣胶凝材料(AASCM)的结构工程应用基础,主要包括其制备及反应机理;常温下、高温下和高温后的力学性能;常温下植筋性能;常温下、高温下和高温后黏结锚固性能;常温下加固梁的受弯性能;加固梁板的抗火性能。

本书可作为高等学校结构工程专业的参考教材,也可供有关科研、设计和施工管理的技术人员参考使用。

图书在版编目(CIP)数据

碱矿渣胶凝材料结构工程应用基础/郑文忠,朱晶著. —哈尔滨:哈尔滨工业大学出版社,2015.11

ISBN 978 - 7 - 5603 - 5022 - 6

Ⅰ.①碱… Ⅱ.①郑…②朱… Ⅲ.①碱矿渣混凝土-胶凝材料-应用-结构工程-高等学校-教材 Ⅳ.①TU528.2②TB321③TU74

中国版本图书馆 CIP 数据核字(2014)第 270530 号

策划编辑 王桂芝 任莹莹
责任编辑 刘 瑶 杨明蕾
出版发行 哈尔滨工业大学出版社
社 址 哈尔滨市南岗区复华四道街 10 号 邮编 150006
传 真 0451 - 86414749
网 址 http://hitpress.hit.edu.cn
印 刷 哈尔滨市石桥印务有限公司
开 本 787mm×960mm 1/16 印张 27.25 字数 459 千字
版 次 2015 年 11 月第 1 版 2015 年 11 月第 1 次印刷
书 号 ISBN 978 - 7 - 5603 - 5022 - 6
定 价 98.00 元

前　　言

　　随着我国钢铁行业的迅猛发展,矿渣已成为产量巨大的一种工业副产品。我国每年矿渣产量约 2.4 亿 t,占全球总产量的 50%。碱矿渣胶凝材料(Alkali – Activated Slag Cementitious Material, AASCM)是以工业副产品——粒化高炉矿渣为原料,采用适当的碱激发剂激发,经搅拌而成的胶凝材料。其抗压强度不低于 C50 的混凝土,其黏结性能与环氧类有机胶基本持平,且在历经最高温度不高于 600 ℃ 时,其高温后抗压强度不降低。若用 AASCM 替代环氧类有机胶粘贴碳纤维布进行加固,可有效提高加固结构的耐火性能;若用 AASCM 制成耐高温砌块替代混凝土砌块和黏土砖,同时用 AASCM 替代砌筑砂浆,用于砌筑 AASCM 砌块墙,可丰富现代砌体结构的内涵。由于 AASCM 每立方米约合 330 元,价格与普通混凝土基本相当,若用 AASCM 替代混凝土,与受力筋一同制成配筋 AASCM 梁、板、柱、墙及节点等,则既节能环保,又耐高温,还能提高实际工程的抗火能力。

　　本书是这一领域研究的阶段性成果,共分 9 章:第 1 章介绍 AASCM 的概念、研究概况和应用前景;第 2 章介绍制备 AASCM 所用原材料的选择、配比试验与配比优化及 AASCM 的反应机理;第 3 章介绍 AASCM 常温下的力学性能和 AASCM 的微观结构;第 4 章介绍用 AASCM 在混凝土中植筋的锚固性能和锚固长度的取值;第 5 章介绍常温下用 AASCM 粘贴的碳纤维布与混凝土间的黏结锚固性能和碳纤维布锚固长度的计算方法;第 6 章介绍用 AASCM 粘贴碳纤维布加固钢筋混凝土梁的受弯性能和设计计算方法;第 7 章介绍高温下和高温后 AASCM 的力学性能和 AASCM 高温后的微观结构;第 8 章介绍高温下和高温后用 AASCM 粘贴的碳纤维布与混凝土间的黏结锚固性能和锚固长度的计算方法;第 9 章介绍用 AASCM 粘贴碳纤维布加固混凝土梁板的抗火性能和抗火设计计算方法。

　　2005 年作者及其团队开始从事 AASCM 方面的研究工作,我的研究生朱晶、陈伟宏、徐威、万夫雄、王明敏、张建华、肖超、李时光等协助我做了大量具体工作。各位前辈、老师及同仁的技术文献为我们开阔了视野,启发了思路,提供了参考,在此一并表示感谢。

本书的相关工作得到了教育部长江学者奖励计划（2009-37）、国家自然科学基金（50678050、51478142）、教育部博士点基金（20092302110046）、黑龙江省自然科学基金（E200916）和哈尔滨工业大学"985 工程"优秀科技创新团队建设基金（2011）的资助。

限于作者水平，书中疏漏及不妥之处在所难免，敬请读者批评指正。

哈尔滨工业大学　郑文忠

2015 年 7 月

目　　录

第1章 绪 论

1.1 碱矿渣胶凝材料的概念

粒化高炉矿渣(Ground Granulated Blast-furnace Slag, GGBFS),简称矿渣,是在高炉冶炼生铁时,得到的以硅铝酸盐为主要成分的熔融物,经淬冷成粒后具有潜在水硬活性的材料。高炉淬冷过程中,矿渣由熔融态向无定型玻璃态发生转变。我国每年矿渣产量约2.4亿t,全球每年矿渣产量约4.8亿t。一般条件下,矿渣–水浆体并不具有水硬性,只有处于碱性环境下,矿渣才具有水硬活性。随着我国钢铁行业的迅猛发展,矿渣已成为产量巨大的一种工业副产品。依据《用于水泥中的粒化高炉矿渣》(GB/T 203—2008),矿渣活性可通过质量系数、碱性系数和活度因子3个指标来衡量。矿渣活性随各系数的增大而增加,为保证矿渣活性质量系数不应小于1.2;矿渣根据碱性系数可将矿渣分为酸性、中性和碱性3种类别;《用于水泥和混凝土中的粒化高炉矿渣粉》(GB/T 18046—2008)指出矿渣根据活性系数可分为3个质量等级,即S105,S95,S75。由于矿渣玻璃态具有一定的活性,处于介稳状态,因此在建筑行业中已得到广泛的应用。

水玻璃是一种黏稠的矿物胶,无杂质时无色透明,含杂质时呈青灰色或淡黄色,其俗称泡花碱,可溶于水,水解形成的溶胶具有良好的胶结能力。根据碱金属氧化物种类不同,可分为钠水玻璃($Na_2O \cdot nSiO_2$)、钾水玻璃($K_2O \cdot nSiO_2$)和钾钠水玻璃($K \cdot Na \cdot O \cdot nSiO_2$)等。水玻璃有两个重要参数,分别为模数和波美度。水玻璃模数是影响水玻璃物理和化学性质的重要因素,也反映水玻璃的组分比例。水玻璃在水中的溶解能力随水玻璃模数值的增大而降低。密度和波美度则表征了水玻璃溶液中溶质的含量(或称浓度)。密度$1.36 \sim 1.50$ g/cm^3和波美度$38.4 \sim 48.3$的水玻璃在土木工程中应用最为普遍,水玻璃的黏度随密度的增加而增大。根据国标《建筑防腐蚀工程施工及验收规范》(GB 50212—2002),当钾水玻璃模数不符合规范规定时,可通过加入氧化钾或氢氧化钾以及硅胶粉来调整模数。我们经试验研究表明3种碱性激发剂的激发效果依次为:钾水玻璃>NaOH>P. O42.5水泥(Ordinary Portland Cement, OPC),主要原因在于:

1

①水玻璃和 NaOH 比 OPC 的碱性更高,而强碱环境是保证水化反应顺利进行的基础;②水玻璃激发矿渣生成的水化产物——水化硅酸钙凝胶、水滑石和水化铝酸四钙等比 NaOH 的水化产物——$Ca(OH)_2$ 和水化铝酸钙的结构更致密,强度也更高。

碱矿渣胶凝材料(Alkali-activated Slag Cementitious Material, AASCM)是一种新型的胶凝材料。它是以磨细的高炉矿渣工业废弃物为主要原料,采用适当的碱性激发剂(如水玻璃)激发,经搅拌而成的胶凝材料。

AASCM 的抗压强度随水玻璃用量的增加经历一个先增加后降低的过程,水玻璃用量存在一个最佳区间。在水化过程中,当水玻璃用量偏少时,反应不能进行彻底,矿渣的潜在活性未能被完全激发。用量过多时由于过量的碱与空气中的 CO_2 发生反应生成碳酸盐,导致胶凝材料强度降低;当 OH^- 离子的浓度过高时,在矿渣颗粒表面快速反应产生的水化物形成一层保护膜,阻止了反应的进一步进行,导致后期强度发展缓慢。另外,部分学者认为矿渣颗粒越细,比表面积越大,表面能也越大,从而使矿渣的活性得到显著的提高,胶凝材料的强度得到提高且凝结更快。我们通过大量的试验研究得到结论:① 矿渣比表面积较大,即增大水玻璃和矿渣水化反应的表面积,随比表面积的增加,AASCM 的早期强度增长较快;② 胶凝材料的需水量随比表面积的增加而增大,致使 AASCM 浆液的和易性变差、浆液中的气泡难以排净;③ 比表面积过大,矿渣颗粒表面会过早地生成一层保护膜,将影响后期强度的增长,因此矿渣并非比表面积越大越好。AASCM 不含有水泥,省去了水泥"两磨一烧"的繁琐工艺,是一种绿色环保的材料。AASCM 的 28 d 边长为 150 mm 立方体抗压强度不低于 50 MPa。AASCM 单方造价约 330 元,比混凝土不高。

用 AASCM 替代环氧类有机胶粘贴碳纤维布加固混凝土结构。试验结果表明用二者在混凝土表面粘贴碳纤维布,常温下面内剪切强度基本持平。

1.2　碱矿渣胶凝材料研究概况

为考察 AASCM 的力学性能,参照《水泥胶砂强度检验方法(ISO 法)》(GB/T 17671—1999),用尺寸为 40 mm×40 mm×160 mm 的试件进行 AAS-CM 抗折强度和胶砂件抗压强度试验;参照《建筑砂浆基本性能试验方法标准》(JGJ/T 70—2009),用尺寸为 70.7 mm×70.7 mm×70.7 mm 的试件进行 AASCM 立方体抗压强度试验和劈裂抗拉强度试验；用尺寸为 70.7 mm×70.7 mm×228 mm 的棱柱体试件进行 AASCM 轴心抗压强度试验，获得单轴抗压应力-应变曲线。AASCM 的轴心抗拉试验所用的试件尚无特定标准，笔者用自行设计的哑铃型试模制成哑铃型试件，进行轴心抗拉强度试验，所用试模如图 1.1 所示。通过对配合比为 W35 和 W42（用水量分别占矿渣质量的

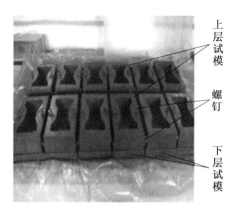

图 1.1　哑铃型试模

35% 和 42%）的 AASCM 与水灰比为 0.5 的 P.O42.5 级普通硅酸盐水泥制得的水泥石 OPC 的抗压强度对比，得到在相同养护条件下，AASCM 的胶砂件抗压强度明显优于 P.O42.5 制备的水泥石 OPC 抗压强度，通过对常温下强度试验数据分析，得到立方体试件与棱柱体试件抗压强度的关系公式：$f_c = 2.27 (f_{cu,70.7})^{0.716}$。

　　笔者获得了 AASCM 的受压应力-应变关系，测定配合比为 W35 和 W42 的 AASCM 受压应力-应变曲线和横向变形，在 40 mm×40 mm×160 mm 棱柱体试件的侧面粘贴横竖两个应变片，由 DH-3818 静态应变测试仪采集所有数据，在 YA-2000 型电液式压力试验机上进行试验，加荷速度控制在 0.3 MPa/s。试验数据显示，AASCM 受压应力-应变曲线只测出近似直线的上升段，未测出下降段，峰值应变在 1 800 微应变右。为得到前述 AASCM 受压应力-应变曲线的下降段，对 40 mm×40 mm×160 mm 试件底面沿长度方向粘贴 UT70-30 型碳纤维布，并进行受弯试验。在进行受弯试验时，通过在试件的顶面、侧面以及碳纤维布底面粘贴应变片，测得试件受压边缘极限压应变均为 3 000 微应变左右。先假设 AASCM 受压应力-应变曲线下降段为一条向右下方倾斜的直线段。参考 Hognestad 建议的本构模型，并结合试件受弯试验的结果，取 3 000 微应变作为 AASCM 的极限压应变 ε_u，取 σ_u 作为与 ε_u 相对应的应力。通过应用平截面假定和假定的 AASCM 本构关系曲线方程，采用条带积分法对加固试件受压区 AAS-CM 进行积分得到合力 T_u；再取碳纤维布拉应力 $E_f \cdot \varepsilon_f$ 与试件底部抗拉碳纤维布截面面积 A_{cf} 的乘积为合力 U_f，然后令 $T_u = U_f$，便可得到加固试件受

压边缘 AASCM 的压应力 σ_u,进而获得 AASCM 受压应力-应变全曲线。

取应力比(即应力 σ 与轴心抗压强度 f_c 之比)为 0.5 时的横向变形系数为泊松比 μ,根据试验数据,计算得到 AASCM 的泊松比平均值为 0.14 ~ 0.15,比混凝土的泊松比 0.2 偏小。

另外,笔者还采用 Scanning Electron Microscope(SEM)扫描电镜,分析常温 AASCM 的微观形貌,随着龄期的增加,AASCM 的微观结构更加致密,水化产物主要呈现颗粒状、团块状、棱锥状等形态,而 OPC 非常松散,水化产物主要呈现针状、草状、片状的水化产物相互交织;此外李学英等也通过 SEM 观察到掺有矿渣的粉煤灰基地质聚合物生成了含钙较高的反应产物、大量的水化硅酸钙和水化铝硅酸钙,这些产物及地质聚合物凝胶填充了大量的孔隙,使结构更加密实。采用 X-ray Diffractometer(XRD)衍射技术,分析了常温 AASCM 的物相组成,确定 AASCM 的终产物为水化硅酸钙凝胶,水滑石和水化铝酸四钙等非晶质物相,进一步验证了 AASCM 的反应机理,为分析 AASCM 的高温力学性能提供参考。

众所周知,火灾是高频灾种。研发耐高温的无机胶凝材料成为行业的一种迫切需求,同时也可考虑耐高温无机胶凝材料替代混凝土,用于高温环境的工程建设。从国内外相关文献了解到地聚物具有良好的耐高温性能,定性判断碱矿渣胶凝材料应具有与地聚物类似的性能。AASCM 的主要用途包括:①AASCM 既可作为胶黏剂,又可作为密封绝氧层,用于粘贴碳纤维布加固结构更为有效;②可将 AASCM 制成耐高温砌块和耐高温砌筑浆体;③可将 AASCM 作为建筑材料替代混凝土,用于高温环境的工程建设;④用 AASCM 固化有毒金属和有毒核废物,应有广阔的发展前景。

笔者对高温下 AASCM 力学性能进行了试验。针对胶砂件(40 mm× 40 mm× 160 mm)抗压强度试验数据,随着温度的升高,两种较优配比抗压强度均经历了降低、回升再下降的过程。在 20 ~ 200 ℃时,AASCM 试件内部因自由水蒸发而形成空隙和裂缝,裂缝尖端因试件加载而产生应力集中和裂缝扩展现象,导致 AASCM 的抗压强度有所降低;200 ~ 500 ℃时,自由水已蒸发殆尽,结合水受高温影响陆续脱出,矿渣的胶合作用得以增强,应力集中现象得到了缓解,促使 500 ℃时的抗压强度比 200 ℃时有所提高;500 ~ 700 ℃时,矿渣水化生成的水化硅酸钙凝胶开始分解,原有的体系被破坏,导致 AASCM 试件裂缝继续延伸,抗压强度有所下降;700 ~ 800 ℃时,AASCM 的抗压强度明显下降,此时水化硅酸钙凝胶分解殆尽,大量网格状镁黄长石晶相产生,致使体积膨胀,裂缝扩展,抗压强度明显下降。

通过对抗折强度与抗拉强度随温度变化的数据分析,抗折强度与抗拉强度均是随温度的升高而逐渐降低。在200 ℃以内,AASCM的抗拉强度曲线下降速率较大;在200~800 ℃,与抗折强度相比,抗拉强度曲线的斜率更大,说明抗拉强度对温度作用更为敏感,退化比抗折强度快。Foden将增强纤维添加到无机胶凝材料中,得到碳纤维增强地聚物材料抗折强度可达245 MPa,抗拉强度达327 MPa,抗剪强度达14 MPa。升温至800 ℃时,可保持63%的原始抗折强度,其力学性能得到极大的改善。另外,Cheng等研究了碱激发高炉矿渣的耐火性能,指出提高碱溶液的浓度能增强其耐火性能。

为了真正模拟火灾情况,我们对AASCM的高温下与高温后的力学性能均做了研究。对养护龄期为28 d的AASCM试件进行了100~800 ℃作用后的力学性能试验,得出了随着温度的升高,AASCM的质量损失逐渐加重的结论,20~200 ℃作用后,质量损失主要归结于毛细水的蒸发,200~400 ℃作用后,质量损失主要归结于凝胶水的蒸发,400~600 ℃后,质量损失主要归结于结晶水的散失,600~800 ℃作用后,质量损失主要归结于水化硅酸钙凝胶和碳酸钙的分解,以及新产物镁黄长石($Ca_2MgSi_2O_7$)的生成。

通过对比高温后AASCM胶砂件抗压强度与常温抗压强度比随温度变化情况可知,在200 ℃以前,AASCM和OPC的抗压强度均随温度升高而增加,二者相当于经历了"高温养护"作用,结构均更加密实。200~400 ℃作用后,AASCM胶砂件抗压强度随温度升高逐渐增大,而OPC强度开始降低;400 ℃作用后,AASCM的胶砂件抗压强度较常温时提高13%左右;600 ℃作用后,AASCM胶砂件抗压强度不断减小,但仍高于常温时的强度,而OPC的强度有大幅降低;可见,AASCM高温后抗压强度随着温度的升高,经历了一个先增加后减小的过程,其临界温度为400 ℃;AASCM物相组成发生变化的温度段为600~800 ℃;800 ℃作用后,AASCM的高温后抗压强度为峰值强度的40%~50%。作为环氧树脂胶的替代产品,AASCM的耐高温性能明显增强。

笔者通过试验研究了用AASCM粘贴单层碳纤维布加固混凝土梁、板抗火性能。为防止碳纤维丝高温氧化,选取了两种防火涂料:①厚型隧道防火涂料;②厚型钢结构防火涂料对加固构件进行防火绝氧保护。4根加固梁和5块加固板底部中心处的碳纤维布经历的最高温度分别为320~470 ℃和90~300 ℃,跨中最大位移分别为2.50~11.01 mm和7.99~36.82 mm。火灾后除去两种防火涂料,发现碳纤维布及面胶均保持完好。试验结果表明:①厚型钢结构防火涂料和厚型隧道防火涂料均对碳纤维布起到了绝氧防护作用,但由于前者在火灾下严重开裂脱落,其保护效果劣于后者;②火灾下 AASCM 作为胶黏剂保证了碳纤维布与混凝土梁、板共同工作,可有效提高加固构件的抗火性能。

国内外学者在碱激发胶凝材料方面也开展了积极探索。史才军等的著作中对矿渣的胶凝性研究做了较为详细的总结,认为早在 1930 年德国的 Kuhl 就已经开始研究了氢氧化钾激发矿渣胶凝材料的性能;1937 年 Chassevent 用氢氧化钠和氢氧化钾溶液测试了矿渣的活性;1940 年 Purdon 研究了氢氧化钠激发矿渣以及碱性盐、碱激发矿渣无熟料水泥。乌克兰学者 Glukhovskij 于 1957 年用钠、钾、苛性钠(NaOH)、苛性钾(KOH)或水玻璃等碱性材料激发粒化高炉矿渣、生石灰和硅酸盐水泥,得到了稳定性良好且强度较高的碱矿渣水泥,其尺寸为 20 mm×20 mm×20 mm 的立方体试件 28 d 抗压强度高达 120 MPa;1986 年 Malek 等研制了一些可用于固化放射性废弃物的碱−激发水泥,1989 年 Roy and Langton 发现这些碱−激发水泥与古代的混凝土有一定的相似之处。Antonio A 等的研究结果表明,硅酸钠激发剂的含量影响碱激发矿渣胶凝材料的干缩率,在水化的早期阶段影响最为明显,并且收缩率随着水玻璃中 Na 的含量的增加而增大。Vladimir Zivica 的研究结果表明,水玻璃对矿渣的激发效果要优于氢氧化钠、硫酸钠等,更有利于碱激发矿渣微粉体系中 C−S−H 凝胶的形成。J. Toman 总结了碱激发矿渣胶凝材料在高温领域中的应用,并对其在该领域中对水泥的替代性提出了合理的建议。西班牙、澳大利亚等国家对碱矿渣水泥的制备进行了深入研究,我国于 1980 年开始研究碱矿渣水泥和碱矿渣混凝土的水化性能。国内外学者大多致力于将碱矿渣胶凝材料作为常规建筑材料,Chen Jian−xiong 等研究了碱激发矿渣胶凝材料在长龄期下的性能变化,特别是对抗压性能的研究,证明了碱激发矿渣胶凝材料的抗压强度会随着时间的增长而增长,不存在较长龄期后强度下降等问题。闫文涛等研究了水玻璃在高温下对矿渣的激发效果,证明激发产物与常温相同,硬化时间随碱含量的增加而加速的结论,但高温下水化硅酸钙凝胶的结晶度变差。清华大学王旻等针对普通地聚物材料需高温养护(50~180 ℃)的缺点,研制出一种可在常温环境下(5~30 ℃)实现固化反应的地聚物,其 7 d 面内剪切强度达 1.43 MPa,与环氧树脂胶基本持平,且随着温度的升高(20~1 000 ℃),地聚物的强度不仅没有降低,反而有所提高;南京化工大学和重庆建筑大学分别对矿渣的结构、碱矿渣水泥的水化机理和碱矿渣水泥及混凝土的制备、耐久性、缓凝技术、碱集料反应等问题进行了系统研究;武汉理工大学王兴肖进行了植物纤维增强砌块砌体的轴心抗压强度、抗剪强度和弯曲抗拉强度试验研究。

1.3　碱矿渣胶凝材料应用前景

用 AASCM 在混凝土表面粘贴碳纤维布,其黏结性能与环氧类有机胶基本持平,且在历经最高温度不高于 600 ℃时其高温后抗压强度不降低,若用 AASCM 替代环氧类有机胶粘贴碳纤维布加固混凝土结构,可有效提高加固结构的耐火性能。若用 AASCM 制成耐高温砌块替代混凝土砌块和黏土砖,同时用 AASCM 替代砌筑砂浆,用于砌筑 AASCM 砌块墙,可丰富现代砌体结构的内涵,同时为淘汰落后产能和发展新型砌体做贡献。由于 AASCM 每立方米约合 330 元,价格与混凝土基本相当,若用 AASCM 替代混凝土,与受力筋一道制成配筋 AASCM 梁、板、柱、墙及节点等,既节能环保,又耐高温,提高实际工程的抗火能力。

第 2 章　AASCM 的制备及反应机理

2.1　试验原料

2.1.1　矿渣

在高炉冶炼生铁时,得到的以硅铝酸盐为主要成分的熔融物,经淬冷成粒后具有潜在水硬活性的材料,即为粒化高炉矿渣(Ground Granulated Blast-furnace Slag,GGBFS),简称矿渣。随着我国钢铁行业的迅猛发展,矿渣已成为产量巨大的一种工业副产品。

依据《用于水泥中的粒化高炉矿渣》(GB/T 203—2008),矿渣活性可通过质量系数、碱性系数和活度因子 3 个指标来衡量。矿渣活性随指标的增大而增加,由矿渣化学成分的质量比计算的质量系数 K 为

$$K = \frac{w(\mathrm{CaO}) + w(\mathrm{MgO}) + w(\mathrm{Al_2O_3})}{w(\mathrm{SiO_2}) + w(\mathrm{MnO}) + w(\mathrm{TiO_2})} \tag{2.1}$$

由矿渣中碱性氧化物和酸性氧化物的质量分数比计算的碱性系数 M_0 为

$$M_0 = \frac{w(\mathrm{CaO}) + w(\mathrm{MgO})}{w(\mathrm{SiO_2}) + w(\mathrm{Al_2O_3})} \tag{2.2}$$

根据 M_0 可将矿渣分成酸性、中性和碱性 3 种类别。保证矿渣活性,K 不应小于 1.2。当 $M_0 > 1$ 时,表示碱性氧化物多于酸性氧化物,称为碱性矿渣;当 $M_0 = 1$ 时,称为中性矿渣;当 $M_0 < 1$ 时,称为酸性矿渣。

根据 $\mathrm{Al_2O_3}$ 和 $\mathrm{SiO_2}$ 质量分数比不同,可按式(2.3)计算活度因子 M_n,M_n 应大于 0.12。

$$M_n = \frac{w(\mathrm{Al_2O_3})}{w(\mathrm{SiO_2})} \tag{2.3}$$

根据《用于水泥和混凝土中的粒化高炉矿渣粉》(GB/T 18046—2008)由式(2.4)计算活度因子 A_n,可将矿渣分为 3 个质量等级,即 S105,S95,S75,技术指标见表 2.1。

$$A_n = \frac{R_n \times 100}{R_{0n}} \tag{2.4}$$

式中　R_{0n}——养护龄期为 n d,尺寸为 40 mm×40 mm×160 mm 的对比样品
胶砂件抗压强度,MPa,按《水泥胶砂强度试验方法(ISO
法)》(GB/T 17671—1999)进行试验,对比样品应为符合国
标《硅酸盐水泥、普通硅酸盐水泥》(GB 175—1999)规定的
强度等级为 42.5 的硅酸盐水泥;

　　　　R_n——养护龄期为 n d、尺寸为 40 mm×40 mm×160 mm 的试验样品
胶砂件抗压强度,MPa;

　　　　A_n——活度因子,即同龄期的试验样品与对比样品抗压强度比,%。

表 2.1　矿渣的技术指标

项目		级别		
		S105	S95	S75
比表面积/(m² · kg⁻¹) ≥		500	400	300
活度因子/% ≥	7 d	95	75	55
	28 d	105	95	75

　　为研究矿渣比表面积对 AASCM 抗压强度的影响,本书选用 3 种矿渣
进行试配,分别为:①S75 级比表面积为 420 m²/kg 的鞍山矿渣,由鞍山钢
铁集团矿渣处理公司提供;②S95 级比表面积为 475 m²/kg 的辽源矿渣,由
辽源金刚水泥有限公司提供;③S105 级比表面积为 550 m²/kg 的唐山矿渣,
由唐山铁兰公司提供。3 种矿渣的化学成分和各项活性指标,见表 2.2 和
表 2.3。

表 2.2　矿渣的化学成分　　　　　　　　　　　　　%

产地与名称	$w(SiO_2)$	$w(Al_2O_3)$	$w(CaO)$	$w(MgO)$	$w(TiO_2)$	$w(Fe_2O_3)$	$w(MnO)$	$w(K_2O)$	烧失量
鞍山矿渣	33.70	14.40	41.70	6.40	1.10	0.37	0.50	0.31	0.28
辽源矿渣	33.36	14.65	40.41	9.13	0.18	0.33	0.16	0.25	0.30
唐山矿渣	36.90	15.66	37.57	9.30	—	0.36	—	—	—

表 2.3　矿渣的活性指标

产地与名称	质量系数 K	碱性系数 M_0	活度因子 M_n/%
鞍山矿渣	1.77	1	0.43
辽源矿渣	1.91	1.03	0.44
唐山矿渣	1.69	0.97	0.42

2.1.2 粉煤灰

热力发电厂将煤磨成100 μm以下的煤粉,在锅炉内经高温燃烧后,由收尘器收集的球形不燃颗粒称为粉煤灰,也称飞灰(Fly Ash,FA),它是我国排量较大的工业废渣之一。现阶段我国年排渣量已达到3亿t,大量废渣的处理和利用问题已引起国内学者的广泛关注。

通常根据粉煤灰中CaO质量分数的不同,可分为两类:

(1)CaO质量分数大于10%的高钙型粉煤灰。

(2)CaO质量分数不大于10%的低钙型粉煤灰。

粉煤灰是具有火山灰活性的材料,其含有较高活性的玻璃微珠。质量等级可依据《用于水泥和混凝土中的粉煤灰》(GB/T 1596—2005)分为3级,即Ⅰ级、Ⅱ级、Ⅲ级。其具体技术指标见表2.4。

表2.4　粉煤灰的技术指标 %

项目	技术要求		
	Ⅰ级	Ⅱ级	Ⅲ级
细度(45 μm方孔筛筛余)≤	12.0	25.0	45.0
需水量比≤	95	105	115
烧失量≤	5.0	8.0	15.0

本书选用了比表面积为600 m²/kg的Ⅰ级低钙型粉煤灰,由黑龙江双达电力设备集团粉煤灰制品分公司提供。表2.5为粉煤灰的主要化学成分。

表2.5　粉煤灰的主要化学成分 %

$w(SiO_2)$	$w(Al_2O_3)$	$w(CaO)$	$w(MgO)$	$w(Fe_2O_3)$	$w(SO_3)$
57.60	30.80	3.00	1.70	5.80	1.30

2.1.3 水玻璃

水玻璃是一种黏稠的矿物胶,无杂质时无色透明,含杂质时呈青灰色或淡黄色。其俗称泡花碱,可溶于水,水解形成的溶胶具有良好的胶结能力。水玻璃由碱金属硅酸盐组成,其化学式为 $R_2O \cdot nSiO_2$。根据碱金属氧化物种类不同,可分为钠水玻璃($Na_2O \cdot nSiO_2$)、钾水玻璃($K_2O \cdot nSiO_2$)和钾钠水玻璃($K \cdot Na \cdot O \cdot nSiO_2$)等。钠水玻璃的实际应用相对普遍,钾水玻璃常应用于工程技术要求较高的情况,这是因为钾水玻璃的激发效果一般优于钠水玻璃。

水玻璃的两个重要参数分别为模数和波美度。水玻璃模数即指分子式中的 n 值,可用 M_s 表示,是 SiO_2 与碱金属氧化物的摩尔比值。一般 M_s 为 $1.5 \sim 3.5$,当 $M_s \geqslant 3.0$ 时,称为中性水玻璃;当 $M_s < 3.0$ 时,称为碱性水玻璃。二者水解后的水溶液均呈碱性(pH 值为 $11 \sim 12$)。M_s 是影响水玻璃物理和化学性质的重要因素,也反映水玻璃的组分比例。水玻璃在水中的溶解能力随 M_s 值的增大而降低。密度和波美度则表征了水玻璃溶液中溶质的质量分数。密度为 $1.36 \sim 1.50$ g/cm³ 和波美度为 $38.4 \sim 48.3$ 的水玻璃在土木工程中应用最为普遍,水玻璃的黏度随密度的增加而增大。

根据国标《建筑防腐蚀工程施工及验收规范》(GB 50212—2002),当购买的钾水玻璃模数不符合规范规定时,可通过加入氧化钾或氢氧化钾以及硅胶粉来调整模数。为降低水玻璃的 M_s,可加入 K_2O 或 KOH;为提高水玻璃的 M_s,可加入硅胶粉。但不能随意调整 M_s。将高模数水玻璃调整为低模数时,K_2O 或 KOH 的加入量可按公式(2.5)计算:

$$G = \frac{U_1 - U_x}{U_x R} \times W \times Q_1 \times 1.19 \times 100\% \tag{2.5}$$

式中　1.19——K_2O 换算成 KOH 的换算系数,当加入 KOH 时无需乘以 1.19;

　　　U_1——调整前 $K_2O \cdot nSiO_2$ 的 M_s;

　　　U_x——调整后 $K_2O \cdot nSiO_2$ 的 M_s;

　　　R——K_2O(或 KOH)的纯度,%;

　　　W——调整前 $K_2O \cdot nSiO_2$ 中 K_2O 的质量分数,%;

　　　Q_1——调整前 $K_2O \cdot nSiO_2$ 的质量,kg。

将低模数水玻璃调整为高模数时,硅胶粉的加入量可按公式(2.6)计算:

$$G = \frac{U_x - U}{UR} \times W \times Q_1 \times 100\% \tag{2.6}$$

式中　W——调整前 $K_2O \cdot nSiO_2$ 中 SiO_2 的质量分数,%;

　　　R——硅胶粉的纯度,%。

本书所用 $K_2O \cdot nSiO_2$ 由天津市惠达成化工厂提供,具体情况见表2.6。

表 2.6　钾水玻璃的技术指标

20 ℃		模数 M_s	质量分数/%	
波美度	密度/(g·cm⁻³)		K_2O	SiO_2
46.3	1.465	2.76	15.98	28.15

2.1.4　氢氧化钠

氢氧化钠(NaOH)俗称烧碱、苛性钠,其水溶液呈强碱性。本书选用哈尔滨理工化学试剂有限公司生产的 NaOH(分析纯),其质量分数大于等于96.0%。

2.1.5　水泥

本书选用 P.O42.5 级普通硅酸盐水泥(Ordinary Portland Cement,OPC),由哈尔滨天鹅水泥厂提供。水泥石采用水灰比为 0.5,尺寸为40 mm×40 mm×160 mm 的胶砂件测试其抗折强度和抗压强度,按《水泥胶砂强度试验方法(ISO 法)》(GB/T 17671—1999)进行试验,水泥的化学成分和物理力学性能分别见表 2.7 和表 2.8。

表 2.7　水泥的化学成分　　　　　　　　　%

$w(SiO_2)$	$w(CaO)$	$w(Al_2O_3)$	$w(Fe_2O_3)$	$w(MgO)$	烧失量
21.40	64.48	5.45	3.50	1.46	2.51

表 2.8　水泥的物理力学性能

抗折强度/MPa		抗压强度/MPa		细度/%	安定性(3 d)
$3d$	$28d$	$3d$	$28d$	1.8	合格
4.8	6.8	21.3	50.8		

2.1.6　碳酸钠

碳酸钠(Na_2CO_3)俗称纯碱、苏打,其水溶液呈碱性。本书选用无水碳酸钠(分析纯),其质量分数大于等于99.8%,由哈尔滨市化工试剂厂提供。

2.1.7　水

试验用水为哈尔滨自来水(H_2O)。

2.2　AASCM 配合比试验

2.2.1　试验设备

如图 2.1 所示,AASCM 配合比试验采用的主要设备如下:

(1) MP51001 型电子天平。

(2) JJ-5 型行星式水泥胶砂搅拌机。

(3) 40 mm×40 mm×160 mm 三联钢模(即同批次可制得 3 个试件的模具)。

(4) HJZ-1.0 型高频混凝土振动台。

(5) 哈尔滨工业大学标准养护室。

(6) YAW-300 型全自动压折试验机。

(7) YH-40B 型水泥恒温恒湿养护箱。

　　(a) 搅拌机　　　　　　(b) 振动台　　　　　(c) 恒温恒湿养护箱

图 2.1　试验设备

2.2.2　搅拌成型

AASCM 制备过程中的投料顺序、搅拌时间及养护制度,均要按一定要求进行。首先将称量好的硅铝质材料和碱性激发剂依次倒入胶砂搅拌机,干拌 1 min 后,在搅拌过程中缓慢加入称量好的水,低速慢搅 6 min,直至胶凝材料混合均匀后出料。将拌合物注入 40 mm×40 mm×160 mm 的钢模,在混凝土振动台上经高频振动成型,将试件放在(20 ±1)℃、相对湿度不低于 50% 的恒温恒湿标准养护箱中养护,直至相应龄期进行试验。

13

2.2.3　抗压强度测试方法

参照《水泥胶砂强度检验方法（ISO 法）》（GB/T 17671—1999），确定测试 AASCM 抗压强度试件尺寸为 40 mm×40 mm×160 mm。首先将 40 mm×40 mm×160 mm 的胶砂件置于 YAW-300 型全自动压折试验机上折成两半，抗折试验加载设备如图 2.2 所示；然后将折断后棱柱体试件的一半（尺寸约为 40 mm×40 mm×80 mm）居中施压，受压面为试件成型时的两个侧面，采用标准抗压夹具可确保受压面为 40 mm×40 mm。抗压试验加载设备如图 2.3 所示，试验机的加载速率均为 0.25 kN/s。

尺寸为 40 mm×40 mm×160 mm 的 AASCM 棱柱体试件胶砂件抗压强度的计算式为

$$f_{l,40} = \frac{F_l}{A} \tag{2.7}$$

式中　$f_{l,40}$——AASCM 抗压强度，MPa；

　　　F_l——试件破坏时的最大荷载，N；

　　　A——试件承压面积，mm^2，此处为 40 mm×40 mm。

抗压强度试验结果可由一组 6 个测定值求算术平均值得到，若一个测定值与平均值差距较大（大于±10%），则应放弃这个结果；若剩余的 5 个测定值还有超过其平均值±10% 的，则需放弃此组试验结果重新试验，最终计算结果精确至 0.01 MPa。

(a) 正面加载图

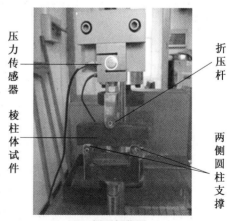

(b) 侧面加载图

图 2.2　抗折试验加载设备

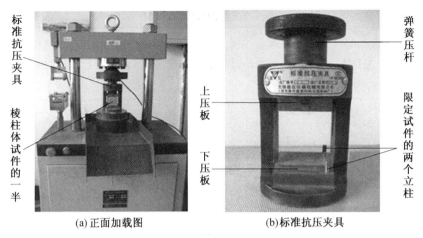

（a）正面加载图　　　　　　　　（b）标准抗压夹具

图 2.3　抗压试验加载设备

2.3　优化配比影响因素

2.3.1　原材料种类的影响

　　试验研究表明,矿渣的玻璃体结构聚合度较低,是分散的网络体,具有潜在水硬性和较好的活性。粉煤灰具有火山灰活性,但活性发挥的速度较缓慢,无法单独被碱性激发剂激活。因此,为考察硅铝质材料种类对试件抗压强度的影响,采用两种方案试配:①单独用鞍山矿渣与碱性激发剂试配;②取粉煤灰和鞍山矿渣的质量比为 4∶6 与碱性激发剂试配。

　　大量研究表明,很多碱性激发剂均可用作碱性激发剂,如 NaOH,KOH,Na_2SO_4,Na_2CO_3,$CaSO_4$ 和钠(钾)水玻璃等。因此,本书选用钾水玻璃($K_2O \cdot nSiO_2$),NaOH,P. O42.5 水泥(OPC)掺少量 Na_2CO_3 等 3 种碱性激发剂进行试配,碱性激发剂的用量以质量分数计。具体试验方案见表 2.9 和表 2.10,试验结果如图 2.4 所示。

表2.9　单独用矿渣试配

试件编号	GGBFS的质量/g	$K_2O \cdot nSiO_2$与GGBFS的质量分数比	NaOH与GGBFS的质量分数比	OPC与GGBFS的质量分数比	Na_2CO_3与GGBFS的质量分数比
A1	800	8	—	—	—
A2	800	10	—	—	—
A3	800	12	—	—	—
B1	800	—	8	—	—
B2	800	—	10	—	—
B3	800	—	12	—	—
C1	800	—	—	8	2
C2	800	—	—	10	2
C3	800	—	—	12	2

注:GGBFS代表粒化高炉矿渣

表2.10　用矿渣和粉煤灰混合试配

试件编号	GGBFS的质量/g	FA的质量/g	$K_2O \cdot nSiO_2$与GGBFS和FA总质量分数比	NaOH与GGBFS的质量分数比	OPC与GGBFS的质量分数比	Na_2CO_3与GGBFS的质量分数比
A4	800	533.33	8	—	—	—
A5	800	533.33	10	—	—	—
A6	800	533.33	12	—	—	—
B4	800	533.33	—	8	—	—
B5	800	533.33	—	10	—	—
B6	800	533.33	—	12	—	—
C4	800	533.33	—	—	8	2
C5	800	533.33	—	—	10	2
C6	800	533.33	—	—	12	2

注:FA代表粉煤灰

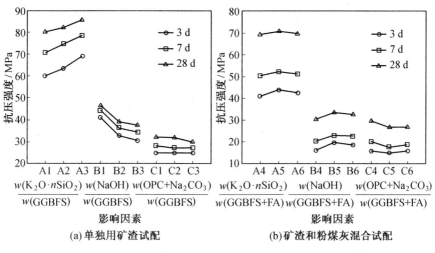

图 2.4　原材料种类对试件抗压强度的影响

由图 2.4 可知,单独用矿渣试配的方案明显优于矿渣和粉煤灰混合试配方案。因此,后续试验中仅采用矿渣作为主要原料。由图 2.4 还可以看出,3 种碱性激发剂的激发效果依次为:钾水玻璃>NaOH>P. O42.5 水泥。其主要原因在于:①水玻璃和 NaOH 比 OPC 的碱性更高,而强碱环境是保证水化反应顺利进行的基础;②水玻璃激发矿渣生成的水化产物——水化硅酸钙凝胶、水滑石和水化铝酸四钙等比 NaOH 的水化产物——Ga(OH)$_2$和水化铝酸钙的结构更致密,强度也更高。因此,本书选取钾水玻璃作为碱性激发剂,其最佳用量应不低于 12%。

2.3.2　水玻璃模数的影响

试验研究表明,水玻璃模数存在最佳模数范围,基本为 1.0~1.5。而用水量过多或过少,均会给 AASCM 作为胶黏剂粘贴碳纤维布的施工带来不便。因此,本书选择水玻璃模数 $n = M_s = 0.8 \sim 2.4$,水玻璃用量和用水量分别占矿渣质量的 12% 和 35% 时的试件抗压强度为研究对象,具体配比见表 2.11。水玻璃模数对试件抗压强度的影响如图 2.5 所示。

表 2.11   不同水玻璃模数的配合比数据

试件编号	M_s	$K_2O \cdot nSiO_2$ 与 GGBFS 的质量分数比	H_2O 与 GGBFS 的质量分数比	GGBFS 的质量/g	$K_2O \cdot nSiO_2$ 的质量/g	NaOH 的质量/g	H_2O 的质量/g
M8	0.8	12	35	800	137.28	45.74	193.04
M10	1.0	12	35	800	153.12	36.66	186.24
M12	1.2	12	35	800	166.00	29.35	180.64
M16	1.6	12	35	800	185.47	18.29	172.24
M20	2.0	12	35	800	199.44	10.84	166.24
M24	2.4	12	35	800	210.00	4.28	161.68

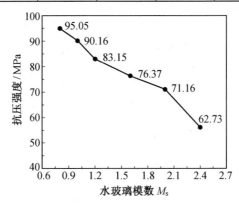

图 2.5   水玻璃模数对试件抗压强度的影响

由图 2.5 可知,试件的抗压强度随水玻璃模数的增加而逐渐降低。又由试验现象可知,当水玻璃模数为 0.8 时,水玻璃变得黏稠,几乎丧失流动性,静置一段时间后,会出现少量结晶体沉淀;而当水玻璃模数增加为 1.0 时,水玻璃的流动性相对较好,没有出现结晶体沉淀,胶件的抗压强度可达 90.16 MPa。因此,本书选用钾水玻璃模数为 1.0。

2.3.3　水玻璃用量的影响

取水玻璃模数为 1.0,测试水玻璃的用量为 8% ~ 22%,用水量占矿渣质量的 35%时的试件抗压强度。具体配比见表 2.12。试件在水泥恒温恒湿标准养护箱养护 28 d 后的抗压强度如图 2.6 所示。

表 2.12　不同水玻璃用量的配合比数据

试件编号	M_s	$K_2O \cdot nSiO_2$ 与 GGBFS 的质量分数比	H_2O 与 GGBFS 的质量分数比	GGBFS 的质量 /g	$K_2O \cdot nSiO_2$ 的质量 /g	NaOH 的质量/g	H_2O 的质量/g
K8	1.0	8	35	800	102.09	24.44	217.47
K10	1.0	10	35	800	127.61	30.55	201.83
K12	1.0	12	35	800	153.12	36.66	186.24
K14	1.0	14	35	800	178.66	42.77	170.57
K16	1.0	16	35	800	204.18	48.88	154.94
K18	1.0	18	35	800	229.71	54.99	139.30
K20	1.0	20	35	800	255.23	61.10	123.67
K22	1.0	22	35	800	280.75	67.21	108.04

注:本表中 K12 与表 2.11 中 M10 属于同一配合比

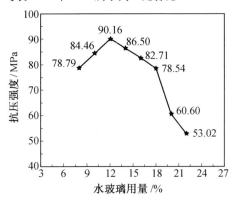

图 2.6　水玻璃用量对试件抗压强度的影响

由图 2.6 可知,AASCM 的抗压强度随水玻璃用量的增加经历一个先增加后降低的过程,水玻璃用量存在一个最佳区间。在水化过程中,当水玻璃用量偏少时,反应不能进行彻底,矿渣的潜在活性未能被完全激发。用量过多时会对胶凝材料强度产生负面影响,这是因为过量的碱与空气中的 CO_2 发生反应生成碳酸盐,导致胶凝材料强度降低;此外,当 OH^- 离子的浓度过高时,在矿渣颗粒表面快速反应产生的水化物形成一层保护膜,阻止了反应的进一步进行,导致后期强度发展缓慢。因此,本书选取钾水玻璃用量为 12%。

2.3.4 用水量的影响

AASCM 的力学性能和黏结性能,以及对碳纤维布的浸润能力和施工可操作性,均与 AASCM 的用水量息息相关。考察用水量对试件抗压强度的影响,选取用水量占矿渣质量的 32% ~48% 进行测试,具体配比数据见表 2.13。用水量对试件抗压强度的影响如图 2.7 所示。

由图 2.7 可知,用水量占矿渣质量的 32% ~48% 时,随着用水量增加,试件抗压强度逐渐减小。但当用水量占矿渣质量的 42% 时,试件抗压强度却相对较大,达到 80.88 MPa。当用水量过少时,AASCM 浆液黏稠,初凝时间也较短;当用水量过大时,AASCM 溶液的黏聚力变差,均不便于粘贴碳纤维布的施工操作。因此,后续试验选取用水量占矿渣质量的 35% 和 42%,即配比 W35 和 W42 作为 AASCM 的较优配比进行研究。

表 2.13 不同用水量的配合比数据

试件编号	M_s	$K_2O \cdot nSiO_2$ 与 GGBFS 的质量分数比	H_2O 与 GGBFS 的质量分数比	GGBFS 的质量/g	$K_2O \cdot nSiO_2$ 的质量/g	NaOH 的质量/g	H_2O 的质量/g
W32	1.0	12	32	800	153.12	36.66	162.14
W35	1.0	12	35	800	153.12	36.66	186.24
W38	1.0	12	38	800	153.12	36.66	210.19
W42	1.0	12	42	800	153.12	36.66	242.24
W45	1.0	12	45	800	153.12	36.66	266.24
W48	1.0	12	48	800	153.12	36.66	290.27

注:本表中 W35 与表 2.11 中 M10,以及表 2.12 中 K12 均属于同一配比,在后续试验中统一记为 W35

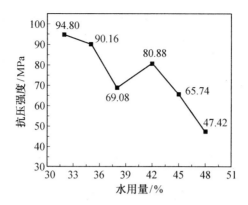

图 2.7　用水量对试件抗压强度的影响

2.3.5　矿渣比表面积的影响

部分学者认为矿渣颗粒越细,比表面积越大,表面能也越大。从而使矿渣的活性得到显著的提高,胶凝材料的强度得到提高且凝结更快。但事实证明胶凝材料的收缩变形也随矿渣比表面积的增加而增大。因此,可知矿渣有一个最佳细度,并非比表面积越大越好。

鉴于上述情况,本书选用了 3 种具有不同比表面积的矿渣:①鞍山 S75 级矿渣,比表面积为 420 m²/kg;②辽源 S95 级矿渣,比表面积为 475 m²/kg;③唐山 S105 级矿渣,比表面积为550 m²/kg。采用相同的配比,即水玻璃模数 M_s = 1.0,水玻璃用量与用水量分别占矿渣质量的 12% 和 42%,对比研究了矿渣比表面积对 AASCM 抗压强度的影响,以确定矿渣的最佳细度。矿渣比表面积对试件抗压强度的影响如图 2.8 所示。

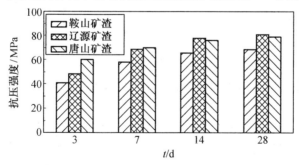

图 2.8　矿渣比表面积对试件抗压强度的影响

由图 2.8 可知,28 d 时辽源矿渣强度最高,唐山矿渣强度前期增长较快,后期增长缓慢。其原因在于:①矿渣比表面积较大,即增大水玻璃和矿渣水化反应的表面积,随比表面积的增加,AASCM 的早期强度增长较快;②胶凝材料的需水量随比表面积的增加而增大,致使 AASCM 浆液的和易性变差,浆液中的气泡难以排净;③比表面积过大,矿渣颗粒表面会过早地生成一层保护膜,将影响后期强度的增长。因此,本书后续试验选用了辽源矿渣作为主要原料。

2.3.6　养护条件的影响

在 AASCM 水化过程中,不同的养护条件对于 C-S-H 凝胶的生成及其形貌的影响很大;适当地提高养护温度,能够在较短的养护时间内完成对矿渣水硬活性的激发。相关研究表明,单独依靠热激发而不采用任何激发剂,矿渣也能在一定周期内产生相应的强度,并且 C-S-H 凝胶的形貌发展良好。在使用激发剂的情况下对胶凝材料采用高温养护,相当于同时对其采用热激发和化学激发,依靠热量对其激发剂的活性成分如 OH⁻ 等进行催化,使其最大限度地对矿渣进行激发,是一种既节能又省时的制备方法。

高温养护虽然可增大 OH⁻ 对矿渣微观结构进行解体的极化能,使材料中 C-S-H 凝胶数量增多,凝胶在高温下不断溶出和固结,促使胶凝材料在较短的养护时间内获得较高的抗压强度。但鉴于 AASCM 作为胶黏剂被用于加固混凝土结构,为便于施工操作,本书仅对 AASCM 进行了常温下两种不同湿度养护条件的研究,这两种养护条件分别为:①温度保持在 (20±2)℃,相对湿度不低于 95% 的标准养护条件下静置 24 h 后拆模,然后继续在标准养护条件下养护至相应龄期;②温度保持在(20±1)℃,相对湿度不低于 50% 的恒温恒湿养护箱内养护至 24 h 后拆模后,继续在温度为(20±1)℃,相对湿度不低于 50% 的恒温恒湿养护条件下养护至相应龄期,试验结果如图 2.9 所示。

由图 2.9 可以看出,随着养护湿度的降低,AASCM 试件的抗压强度有所提高。其原因可能在于:①AASCM 未固结时,湿度过大将对配比中的用水量有所影响,导致浆体和易性差,强度增长缓慢;②AASCM 在水化反应中脱水,其脱水后的多余水分将以自由水的形式从试件内部析出;若试件表面湿度过大,试件内部的多余水分不易向试件表面迁移,导致试件内部空隙增多孔洞增大,结构不致密,最终导致其机械强度有所下降。因此,试件在相对湿度不低于 50% 的条件下养护,更有利于 AASCM 试件强度的增长。

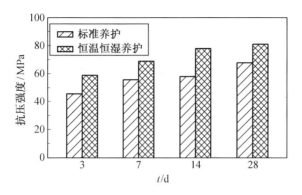

图 2.9　养护条件对试件抗压强度的影响

2.4　AASCM 的反应机理

研究表明,矿渣玻璃体的主要结构单元是硅氧四面体$[SiO_4]^{4-}$和铝氧四面体$[AlO_4]^{5-}$,碱性激发剂能使玻璃体的$[SiO_4]^{4-}$,$[AlO_4]^{5-}$结构解离,并重新排列生成水化硅酸钙(C–S–H)凝胶和水化铝酸钙。

2.4.1　矿渣玻璃体结构

在高炉淬冷过程中,矿渣由熔融态向无定型玻璃态发生转变。一般条件下,矿渣–水浆体并不具有水硬性,只有处于碱性环境下,矿渣才具有水硬活性,即矿渣具有潜在水硬活性。另外,由于矿渣玻璃态具有一定的活性,处于介稳状态。因此,矿渣在建筑行业中已得到广泛的应用。一般被用作水泥和高性能混凝土掺合料,生产无熟料高性能碱矿渣混凝土和作为制备微晶玻璃的原料,此外,也可用于污水处理等领域。

在硅酸盐为主的玻璃体中,存在着$[SiO_4]^{4-}$,$[Si_2O_7]^{6-}$,$[Si_6O_{18}]^{12-}$等多种负离子基团,这些基团时分时合。随着温度下降,聚合过程逐渐占优势,形成由不等数目的$[SiO_4]^{4-}$四面体以不同的连接方式聚合而成的链状或网状结构。

综上可知,矿渣玻璃体是以$[SiO_4]^{4-}$四面体为基本结构单元,$[SiO_4]^{4-}$之间由“桥氧”连接成空间网络,而四配位的Al^{3+}以$[AlO_4]^{5-}$四面体的形式参与组网。Ca^{2+},Mg^{2+}以及六配位的Al^{3+}等离子处于网络链条之外,但又以一定的配位状态分布于网络结构中。矿渣玻璃体结构如图 2.10 所示。

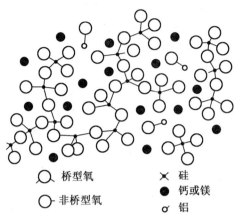

○ 桥型氧　　✕ 硅

〇 非桥型氧　　● 钙或镁

　　　　　　ơ 铝

图 2.10　矿渣玻璃体结构示意图

2.4.2　水玻璃胶粒结构

水玻璃为强碱弱酸盐,遇水易水解,是一个复杂的反应过程。水玻璃遇水时首先与水结合,生成化学组成不固定的水合物,反应式为

$$Na_2O \cdot nSiO_2 + mH_2O \longrightarrow Na_2O \cdot nSiO_2 \cdot mH_2O \qquad (2.8)$$

水合物进一步溶解变成溶液,溶解度的大小取决于水玻璃中 SiO_2 的含量,SiO_2 含量越高,溶解度越小。$Na_2O \cdot nSiO_2 \cdot mH_2O$ 水解产生游离的苛性钠,反应式为

$$Na_2O \cdot nSiO_2 \cdot mH_2O \longrightarrow 2NaOH + nSiO_2 + (m-1)H_2O \qquad (2.9)$$

NaOH 又会进一步电离成 Na^+ 和 OH^-,从而使水玻璃溶液呈碱性。水玻璃中(特别是 $M_s > 2$ 时)复杂的复合物分解生成的 SiO_2 能与 NaOH 生成胶溶,同时硅酸钠溶液也会电离生成简单离子和复杂离子,反应式为

$$Na_2SiO_3 \longrightarrow 2Na^+ + SiO_3^{2-} \qquad (2.10)$$

水玻璃溶液是一种既有胶体特征又有溶液特征的胶体溶液,其胶粒结构如图 2.11 所示。

胶粒的胶核由 SiO_2 的聚结体构成,具有很强的吸附性。溶液中被电离出的 n 个 SiO_3^{2-} 离子被胶核所吸附。同时 Na_2SiO_3 中又有 $2n$ 个 Na^+ 电离出来,其中 $2(n-x)$ 个 Na^+ 又被吸附在 SiO_3^{2-} 周围,这样就组成了胶粒。胶核所吸附的 SiO_3^{2-} 和一部分较近的 Na^+ 形成吸附层使胶粒带负电。另一部分较远的 Na^+ 则扩散到吸附层外形成扩散层。

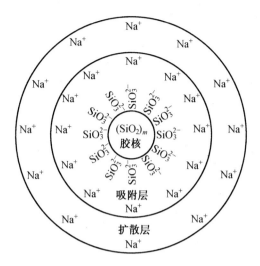

图 2.11　水玻璃胶粒结构示意图

2.4.3　反应机理分析

矿渣由多数连续的富钙相和少数不连续的富硅相组成,富硅相被富钙相严密包裹,形成矿渣玻璃体的主要结构特征。富钙相中的 Ca—O,Mg—O 键比富硅相中的 Si—O 键弱得多,具有较高的热力学不稳定性。因此,矿渣是一种分相玻璃体,富钙相是矿渣玻璃体具有较高水硬活性的根源。

虽然矿渣具有一定的活性,但若直接用于水泥混凝土中,常得不到所要的水泥、混凝土结构的优异性能,而经碱激发的矿渣,不仅具有很高的活性,而且在应用中,性能非常优异。

用钾水玻璃激发矿渣的水化过程,大致可分为以下 3 个阶段:

(1)水化初期。水玻璃水解,矿渣尚未参与水化反应,反应式为

$$2K_2O \cdot nSiO_2 + 2(n+1)H_2O \longrightarrow 2KOH + nSi(OH)_4 \qquad (2.11)$$

(2)水化早期。水玻璃继续水解,矿渣玻璃体溶解、分散,反应式为

$$
\begin{array}{c}
\quad\ \ \overset{\displaystyle O}{\underset{\displaystyle O}{|}}\qquad\quad \overset{\displaystyle O}{\underset{\displaystyle O}{|}}\qquad\qquad\qquad\qquad \overset{\displaystyle O}{\underset{\displaystyle O}{|}}\\
O\!-\!Si\!-\!O\!-\!Ca\!-\!O\!-\!Si\!-\!O\ +2KOH \longrightarrow 2(\,O\!-\!Si\!-\!O\!-\!K\,)+Ca(OH)_2
\end{array}
$$

$$\qquad (2.12)$$

(3)水化中后期。硅酸脱水,矿渣完全水化,硬化,反应式为

$$Si(OH)_4 \longrightarrow SiO_2 + 2H_2O \qquad (2.13)$$

$$SiO_2 + m_1 Ca(OH)_2 + m_2 H_2O \longrightarrow m_1 CaO \cdot SiO_2 \cdot (m_1 + m_2) H_2O$$
$$(2.14)$$
$$Al_2O_3 + M_1 Ca(OH)_2 + M_2 H_2O \longrightarrow M_1 CaO \cdot Al_2O_3 \cdot (M_1 + M_2) H_2O$$
$$(2.15)$$

矿渣-水浆体无活性,而在碱性激发剂作用下可形成胶凝材料的根本原因是:碱性激发剂克服激发活化能,破坏了矿渣硅氧网络结构层,即破坏玻璃体表面的"保护膜"。水化过程表明:钾水玻璃激发矿渣的终产物是水化硅酸钙(C–S–H)凝胶和水化铝酸钙,二者的形成导致 Ca^{2+} 离子浓度下降,加速了 OH^- 离子向矿渣内部扩散,使 $Ca(OH)_2$ 晶体显著减少,直至全部消耗殆尽,从而使硬化的胶凝材料更加致密。

2.5 小 结

(1)原材料种类是影响 AASCM 力学性能的重要因素,与粉煤灰相比,矿渣的活性更易于激发。由试验结果可知,矿渣与粉煤灰混合制备的 AASCM 抗压强度比单独用矿渣制备的 AASCM 抗压强度有显著降低,因此后续试验仅采用矿渣作为主要原料。3 种碱性激发剂的激发效果依次为:钾水玻璃>NaOH>P. O42.5 水泥。因此,选用钾水玻璃作为碱性激发剂。

(2)通过考察用水量、水玻璃模数和用量对 AASCM 抗压强度的影响,确定了 AASCM 的较优配比为用水量占矿渣质量的 35% 和 42%,水玻璃用量占矿渣质量的 12%,水玻璃模数为 1.0。

(3)试验结果表明:随着养护湿度的降低,AASCM 试件的抗压强度有所提高。因此,确定后续试验中 AASCM 试件的养护条件为:温度在 (20±1)℃,相对湿度不低于 50%。

(4)通过分析矿渣的玻璃体结构和水玻璃的胶粒结构,探索 AASCM 的反应机理,确定了 AASCM 的水化过程大致分为 3 个阶段,并初步推断出 AASCM 的水化产物主要为水化硅酸钙和水化铝酸钙。

第3章 AASCM 常温下的力学性能

3.1 试验方案

3.1.1 试件尺寸确定

依据《水泥胶砂强度检验方法(ISO 法)》(GB/T 17671—1999),确定用于测定 AASCM 抗折强度和胶砂件抗压强度的试件尺寸为 40 mm×40 mm×160 mm;参照《建筑砂浆基本性能试验方法标准》(JGJ/T 70—2009),确定用于测定 AASCM 立方体抗压强度的试件尺寸为 70.7 mm×70.7 mm×70.7 mm,用于测定 AASCM 轴心抗压强度和单轴抗压应力-应变曲线的试件尺寸为 70.7 mm×70.7 mm×228 mm,用于测定 AASCM 劈裂抗拉强度的试件尺寸为70.7 mm×70.7 mm×70.7 mm。AASCM 的轴心抗拉试验所用的试件尚无特定标准,一般轴心抗拉试验可采用 3 种方法,即粘贴法、预埋法和外夹法,具体情况如图 3.1 所示。

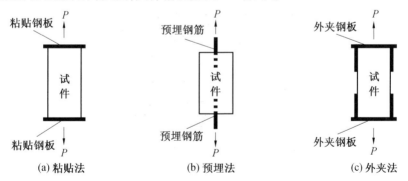

(a) 粘贴法　　　　(b) 预埋法　　　　(c) 外夹法

图 3.1　轴心抗拉试验方法

因此,本试验选用轴心抗拉试验外夹法,自行设计的哑铃型试件尺寸如图 3.2 所示,试模尺寸如图 3.3 所示,试模的拆装情况如图 3.4 所示。为方便拆装哑铃型试件试模,如图 3.4 所示,将试模设计为上、下两层,上层包括左、右两部分,上层试模厚度为 45 mm;下层为一个整体,平面尺寸为 200 mm×125 mm,即由图 3.3 所示的上层试模的外边缘尺寸每侧向外延伸 5 mm。下层试模厚度为 10 mm。如图 3.3 所示,在上层试模的两侧贯穿布置两枚直径为 5 mm($\phi5$)的螺钉,记为螺钉 1 和螺钉 2,这两枚螺钉起到将上层试模的左、右两部分连接在一起的目的;在上层试模的上表面布置了两枚 $\phi5$ 的螺钉,记为螺钉 3 和螺钉 4,这两枚螺钉起到将试模的上、下两层连接在一起的目的。

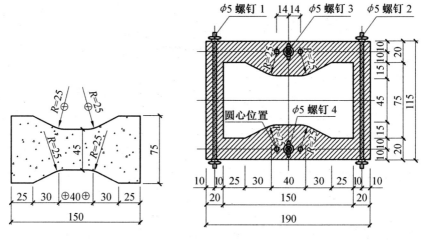

图 3.2　哑铃型试件(试件厚 45 mm)　　图 3.3　哑铃型试模上层尺寸

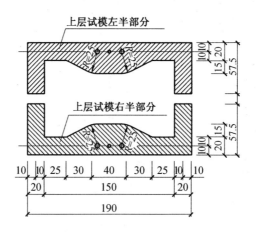

图 3.4　哑铃型试模拆装图

为考察龄期变化对 AASCM 各项力学指标的影响,不同尺寸的试件各测试 10 组,每组 3 个。为使 AASCM 在相应龄期(3 d,7 d 和 28 d)内完全水化,便于考察其微观结构,确定 AASCM 进行 SEM 扫描电镜和 XRD 衍射分析的试件尺寸为 20 mm×20 mm×20 mm。

3.1.2　试件制作与养护

首先,为将钾水玻璃的模数调整为 1.0,应向钾水玻璃中加入称量好的氢氧化钠并搅拌均匀,再将钾水玻璃静置约 1 h,释放由氢氧化钠溶解放出的热量;其次,将称量好的矿渣和调完模数后的钾水玻璃倒入搅拌机(图 3.5(a))内,并使搅拌机低速慢搅约 1 min,再向搅拌锅内缓慢加入称量好的水,低速慢搅约 6 min,直至胶凝材料混合均匀后出料;再次,将拌合物注入上述尺寸的试模中,并在混凝土振动台上振动成型;然后,将试件放入温度为(20±1)℃、相对湿度不低于 50% 的恒温恒湿标准养护箱中养护,待试件静置 24 h 后拆模;最后,将脱模后的试件继续在温度为(20±1)℃、相对湿度不低于 50% 的恒温恒湿养护箱中养护,直至相应龄期(1 d,3 d,7 d,14 d,28 d,60 d,90 d,120 d,150 d 和 180 d)进行试验。试件制备与养护所用的主要设备及成型过程如图 3.5 所示。

(a)搅拌机　　　　　　(b)恒温恒湿养护箱　　　　　(c)试件成型照片

图 3.5　试件制备与养护

3.1.3　试件强度测定公式

1. 抗折强度

参照《水泥胶砂强度检验方法(ISO 法)》(GB/T 17671—1999),将尺寸为 40 mm×40 mm×160 mm 的胶砂件,置于 YAW-300 型全自动压折试验机上进行抗折试验,抗折面为试件成型时的两个侧面,加载过程如图 3.6 所示,试验加载速率为 0.25 kN/s。抗折强度的计算式为

$$f_f = \frac{1.5 F_f L}{b^3} \tag{3.1}$$

式中　f_f——AASCM 抗折强度,MPa;

　　　F_f——施加于试件跨中的破坏荷载,N;

　　　L——两圆柱支撑间的距离,mm,此处为 100 mm;

　　　b——棱柱体试件的截面边长,mm,此处为 40 mm。

以一组 3 个抗折强度测定值的平均值为试验结果,若 3 个测定值中有 1 个大于平均值±10% 时,应舍弃此值再取平均值作为计算结果,计算结果精确至 0.01 MPa。

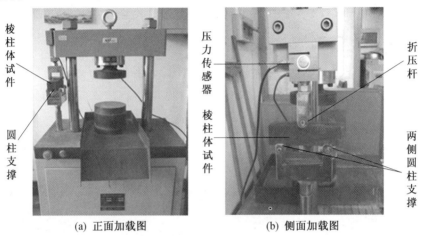

　(a) 正面加载图　　　　　　　　　(b) 侧面加载图

图 3.6　抗折试验加载图

2. 胶砂件抗压强度

对 40 mm×40 mm×160 mm 的胶砂件进行抗折试验后,将折断后棱柱体试件的一半(尺寸约为 40 mm×40 mm×80 mm)居中,施压受压面为试件成型时的两个侧面,采用标准抗压夹具可确保受压面积为 40 mm×40 mm。抗压试验加载装置如图 3.7 所示,试验机的加载速率均为0.25 kN/s。

以下均称 AASCM 棱柱体试件的一半(尺寸约为 40 mm×40 mm×80 mm)居中受压的抗压强度为胶砂件抗压强度,其计算式为

$$f_{l,40}=\frac{F_l}{A} \tag{3.2}$$

式中　$f_{l,40}$——AASCM 胶砂件抗压强度,MPa;

　　　F_l——试件破坏荷载,N;

　　　A——试件承压面积,mm²,此处为 40 mm×40 mm。

胶砂件抗压强度试验结果可由一组 6 个测定值求平均值得到,若有 1 个测定值与平均值的差大于±10% 时,则应舍弃此值;若剩余的 5 个测定值

（a）正面加载图　　　　　　　（b）标准抗压夹具

图 3.7　胶砂件抗压试验加载装置

还有超过其平均值±10%的,则需舍弃此组试验结果,重新试验,最终计算结果精确至 0.01 MPa。

3. 立方体抗压强度

参照《普通混凝土力学性能试验方法标准》（GB/T 50081—2002）,将 AASCM 的 70.7 mm×70.7 mm×70.7 mm 立方体试件置于 YA-2000 型电液式压力试验机上进行抗压试验,受压面为试件成型时的两个侧面,加载速率为 0.25 kN/s。加载情况如图 3.8 所示。

图 3.8　立方体抗压试验加载图

AASCM 的立方体抗压强度的计算式为

$$f_{cu,70.7} = \frac{F_c}{A} \tag{3.3}$$

式中　$f_{cu,70.7}$——AASCM 立方体抗压强度,MPa;

　　　F_c——试件破坏荷载,N;

　　　A——试件承压面积,mm^2,此处为 70.7 mm×70.7 mm。

4.轴心抗压强度

由于 AASCM 脆性较大,其 70.7 mm×70.7 mm×228 mm 棱柱体试件仅用来测量常温下 AASCM 轴心抗压强度和抗压应力-应变关系曲线,抗压试验在 YA-2000 电液式压力试验机上进行,按照《普通混凝土力学性能试验方法标准》(GB/T 50081—2002)的要求进行操作,加载速率为 0.25 kN/s,加载情况如图 3.9 所示,轴心抗压强度的计算式为

$$f_c = \frac{F_c}{A} \tag{3.4}$$

式中　f_c——AASCM 轴心抗压强度,MPa;

　　　A——试件承压面积,mm^2,此处为 70.7 mm×70.7 mm。

图 3.9　轴心抗压试验加载图

5.轴心抗拉强度

图 3.10 为哑铃型试件轴心抗拉试验加载图。AASCM 轴心抗拉试验采用外夹式端部提拉试件的方法,通过自制夹具在 WE300A 型 30 t 液压式万能试验机上进行轴心抗拉试验,采用力加载控制,加载速率为 0.25 kN/s。轴心抗拉强度的计算式为

$$f_t = \frac{F}{A_z} \tag{3.5}$$

式中　f_t——AASCM 轴心抗拉强度,MPa;

　　　F——试件轴心抗拉破坏荷载,N;

　　　A_z——试件承拉面积,mm^2,此处为 45 mm×45 mm。

图 3.10　哑铃型试件轴心抗拉试验加载图

6.劈拉强度

如图 3.11 所示,参照《普通混凝土力学性能试验方法标准》(GB/T 50081—2002),在YA-2000型电液式压力试验机上进行 AASCM 的劈拉试验,加载速率为 0.25 kN/s;在试件与上、下压头之间放置的 $\phi 8$ 钢垫条方向,应与试件成型时的顶面垂直。劈拉强度的计算式为

$$f_{ts}=\frac{2F}{\pi A}=0.637\frac{F}{A} \tag{3.6}$$

式中　f_{ts}——AASCM 劈拉强度,MPa;

　　　F——试件劈拉破坏荷载,N;

　　　A——试件劈裂面面积,mm^2,此处为 70.7 mm×70.7 mm。

图 3.11　劈拉试验加载图

AASCM 试件立方体抗压强度、轴心抗压强度、轴心抗拉强度、劈拉强度应符合以下规定:①以一组 3 个劈拉强度测定值的算术平均值为试验结

果;②将 3 个测定值中的最小值和最大值分别与中间值作差,当 2 个差值中有 1 个大于中间值的 15% 时,则取中间值为试验结果;当 2 个差值均大于中间值的 15% 时,则需舍弃此组试验结果重新试验,计算结果均精确至0.01 MPa。

3.2　AASCM 强度随龄期变化规律

3.2.1　胶砂件抗压强度

将 AASCM 的 40 mm×40 mm×160 mm 胶砂件折断成两半后,对棱柱体试件的一半(尺寸约为 40 mm×40 mm×80 mm)居中施压,受压面积为40 mm×40 mm,受压面为成型时的两个侧面,得到胶砂件抗压强度 $f_{l,40}$。以矿渣为原料,模数 $M_s=1.0$ 的钾水玻璃为碱性激发剂,水玻璃用量占矿渣质量的 12%,用水量分别占矿渣质量的 35% 和 42% 的两种较优配比W35 和 W42,在不同龄期的胶砂件抗压强度见表 3.1 和表 3.2。其中,由于 40 mm×40 mm×160 mm 棱柱体试件折断成两半施压,一个棱柱体试件可测得 2 个胶砂件抗压强度;一种较优配比的每个龄期压 3 个试件,即得到 6 个胶砂件抗压强度。测试一种较优配比 10 个龄期的变化情况,即压30 个试件,测试两种较优配比 10 个龄期的变化情况,共需压 60 个试件。

表 3.1　W35 胶砂件抗压强度

龄期/d	各试件实测压应力值/MPa						$f_{l,40}$/MPa
	A01	A02	B01	B02	C01	C02	
1	50.42	52.90	54.25	52.59	51.38	52.66	52.37
3	67.06	67.31	72.82	77.35	73.63	77.88	72.67
7	77.25	79.31	80.25	82.56	82.13	82.65	80.69
14	82.55	84.63	81.75	83.54	85.67	84.98	83.85
28	85.50	90.48	89.87	90.91	92.82	91.38	90.16
60	101.40	103.81	105.12	104.38	104.82	105.49	104.17
90	111.75	113.86	112.89	114.03	115.64	114.80	113.82
120	116.39	118.57	118.88	117.81	119.36	118.63	118.27
150	118.14	119.23	120.75	121.62	118.77	119.84	119.73
180	120.59	122.65	119.44	120.86	122.24	121.31	121.18

表 3.2 W42 胶砂件抗压强度

龄期/d	各试件实测压应力值/MPa						$f_{l,40}$/MPa
	D01	D02	E01	E02	F01	F02	
1	35.86	34.33	35.61	32.35	35.02	38.24	35.23
3	49.41	42.35	48.84	48.59	51.89	50.05	48.52
7	66.60	69.78	68.48	67.03	71.87	69.32	68.84
14	76.25	75.12	80.38	80.36	78.09	76.64	77.80
28	80.81	79.88	79.56	78.94	85.97	80.13	80.88
60	89.96	90.52	92.04	93.27	91.17	90.62	91.26
90	98.77	100.31	99.84	100.19	98.90	99.64	99.61
120	101.22	103.79	102.27	104.38	103.95	102.48	103.02
150	104.56	105.25	107.57	106.15	105.56	104.31	105.57
180	105.84	106.08	107.27	106.13	104.75	106.15	106.04

由表 3.1 和表 3.2 可知,随着龄期的增长,两种较优配比 W35 和 W42 的 AASCM 胶砂件抗压强度均有不同程度的增长,W35 的胶砂件抗压强度比 W42 的略高。图 3.12 为 AASCM 胶砂件抗压强度随龄期变化曲线,其中 OPC 为 P.O42.5 级普通硅酸盐水泥(表 2.7 和表 2.8),采用水灰比为 0.5 制得的水泥石,与 AASCM 的 40 mm×40 mm×160 mm 胶砂件采用相同尺寸和相同养护方式。

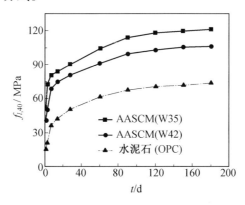

图 3.12 胶砂件抗压强度随龄期变化曲线

由图 3.12 可以看出,1~3 d 内 AASCM 的抗压强度发展最快,1 d 和 3 d 时的抗压强度可分别达 28 d 时的 54% 和 72%;3~7 d 内 AASCM 的抗压强度发展趋缓,7 d 时的抗压强度可达 28 d 时的 88%;7 d 后 AASCM 的抗压强度发展缓慢,但强度仍随着龄期的增加而增大,直至 120~180 d 时强度趋于稳定。由图 3.12 还可以看出,在相同养护条件下,AASCM 的胶砂件抗压强度明显优于 P. O42.5 制备的水泥石(OPC)抗压强度,可知 AASCM 是一种硬化速度快、早期强度高的 AASCM 凝材料。

3.2.2　立方体抗压强度

表 3.3 为 AASCM 边长为 70.7 mm 立方体试件抗压强度随龄期变化结果。其中,一种较优配比的每个龄期压 3 个立方体试件,即得到 3 个立方体抗压强度。测试一种较优配比 10 个龄期的变化情况,即压 30 个试件,测试两种较优配比 10 个龄期的变化情况,共需压 60 个立方体试件。

表 3.3　不同龄期立方体抗压强度

龄期 /d	W35 各试件实测压应力值			$f_{cu,70.7}$ /MPa	W42 各试件实测压应力值			$f_{cu,70.7}$ /MPa
	G0	H0	I0		J0	K0	L0	
1	40.68	42.55	41.79	41.67	27.37	28.87	28.31	28.18
3	57.92	58.23	57.33	57.83	38.61	39.16	38.68	38.82
7	63.65	64.69	64.29	64.21	54.01	53.95	55.08	54.35
14	65.91	66.42	67.84	66.72	61.17	62.69	61.85	61.91
28	71.69	72.24	71.31	71.75	63.73	65.24	64.58	64.53
60	81.92	82.75	84.01	82.89	75.95	76.40	75.53	73.01
90	89.56	90.21	91.95	90.57	78.22	81.01	79.83	79.69
120	93.76	94.52	94.07	94.12	81.97	82.70	82.58	82.43
150	94.52	95.76	95.55	95.28	83.25	85.39	84.73	84.46
180	96.53	95.11	97.65	96.43	84.07	85.27	85.16	84.83

由表 3.3 可知,随着龄期的增长,AASCM 的两种较优配比 W35 和 W42 的立方体试件抗压强度均有不同程度的增长,W35 试件的胶砂件抗压强度比 W42 的略高。在测定 AASCM 立方体试件的抗压强度时,试验现象为:临近极限荷载时,抗压试件发出清脆的破裂声;当破坏时试件发出巨大的脆响,同时伴有碎片向四周飞溅。与普通混凝土抗压试件相似,AASCM 试件抗压破坏形态呈两个对顶的角锥体,如图 3.13 所示。

(a) 立方体试件   (b) 抗压破坏形态

图 3.13　立方体试件抗压破坏形态

3.2.3　轴心抗压强度

AASCM 的 70.7 mm×70.7 mm×228 mm 棱柱体试件的轴心抗压强度随龄期变化结果,见表 3.4。其中,一种较优配比的每个龄期压 3 个棱柱体试件,即得到 3 个轴心抗压强度。测试一种较优配比 10 个龄期的变化情况,即压 30 个试件,测试两种较优配比 10 个龄期的变化情况,共需压 60 个棱柱体试件。

表 3.4　不同龄期轴心抗压强度

龄期/d	W35 各试件实测应力值			f_c/MPa	W42 各试件实测应力值			f_c/MPa
	M0	N0	O0		P0	Q0	R0	
1	32.65	33.87	31.97	32.84	23.86	25.51	25.06	24.81
3	40.82	41.67	42.04	41.51	30.41	31.83	31.38	31.20
7	44.90	43.94	45.38	44.74	38.78	40.82	39.52	39.71
14	45.31	46.14	46.51	45.99	42.86	44.02	43.88	43.59
28	47.78	48.59	48.96	48.44	44.35	44.71	45.64	44.90
60	53.67	54.22	53.26	53.72	48.32	49.27	49.56	49.05
90	56.75	57.35	57.61	57.24	51.87	52.35	52.46	52.22
120	58.49	59.77	58.24	58.83	53.31	54.68	52.52	53.51
150	58.92	59.84	59.29	59.35	54.89	54.63	53.81	54.44
180	59.18	59.75	60.65	59.86	54.38	55.23	54.27	54.61

AASCM 的 70.7 mm×70.7 mm×228 mm 棱柱体试件抗压时的试验现

象为:在加载过程中,AASCM 试件表面无明显裂纹;加载至极限荷载的
40% ~60% 时,有轻微的破裂声,时断时续;加载至极限荷载的 80% ~
90% 时,试件发出明显的破裂声,并从试件表面飞溅出大量的碎片和碎
块;试件中部在破坏瞬时呈片状崩裂,同时伴有巨大响声,属于脆性破坏,
破坏形态如图 3.14 所示。

<table>
<tr><td>(a) 1 d</td><td>(b) 3 d</td><td>(c) 7 d</td><td>(d) 14 d</td><td>(e) 28 d</td></tr>
<tr><td>(f) 60 d</td><td>(g) 90 d</td><td>(h) 120 d</td><td>(i) 150 d</td><td>(j) 180 d</td></tr>
</table>

图 3.14　棱柱体试件的抗压破坏形态

3.2.4　试件抗压强度的关系

由表 3.1 至表 3.3 的试验数据可知,AASCM 试件尺寸对其抗压强度
具有一定影响。随着 AASCM 试件尺寸的增大,其抗压强度有所降低。图
3.15 为 AASCM 两种较优配比 W35 和 W42 的胶砂件抗压强度和立方体试
件抗压强度之间的关系曲线。

两种较优配比 W35 和 W42 的胶砂件抗压强度与立方体抗压强度的比
值($f_{l,40}/f_{cu,70.7}$)随龄期变化情况,可采用式(3.7)表达。式(3.7)的拟合曲
线与实测值的对比如图 3.16 所示。

$$f_{l,40} = 1.25 f_{cu,70.7} \tag{3.7}$$

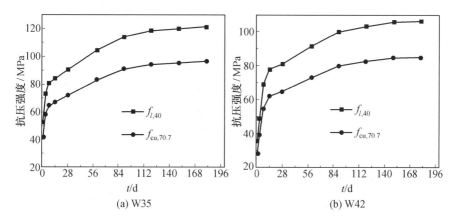

(a) W35 　　　　　　　　　　　(b) W42

图 3.15　胶砂件抗压强度与立方体试件抗压强度的关系

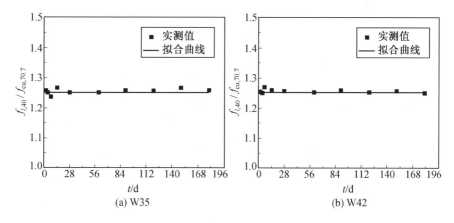

(a) W35 　　　　　　　　　　　(b) W42

图 3.16　拟合曲线与实测值对比

由图 3.16 可知,AASCM 胶砂件抗压强度和立方体试件抗压强度具有相似的发展趋势,即随着龄期的增长,其抗压强度有所增长,且试件尺寸越小,抗压强度越大。由式(3.7)可知,常温下 AASCM 两种较优配比 W35 和 W42 的尺寸换算系数基本相同,平均值可取为 1.25。分析其原因在于:相对于大尺寸试件而言,小尺寸试件水化过程更为迅速,先期强度增长较快,随着龄期的增长,小尺寸试件将更早达到目标强度。

图 3.17 为 AASCM 两种较优配比 W35 和 W42 的立方体试件抗压强度和棱柱体试件轴心抗压强度之间的关系曲线。

两种较优配比 W35 和 W42 的轴心抗压强度与立方体抗压强度的比值($f_c/f_{cu,70.7}$)随龄期变化情况,可采用式(3.8)表达。式(3.8)的拟合曲线与实测值的对比如图 3.18 所示。

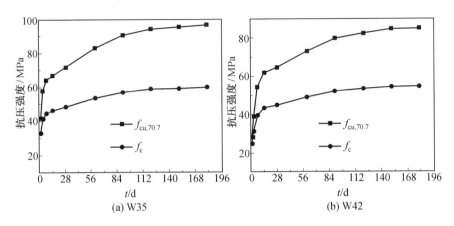

图 3.17   立方体试件与棱柱体试件抗压强度的关系

$$f_c = 2.27 \left(f_{cu,70.7} \right)^{0.716} \tag{3.8}$$

由图 3.18 可知,AASCM 试件的高宽比越小,抗压强度越大,强度发展速率越高。分析其原因在于:与立方体抗压强度相比,轴心抗压强度克服了钢压板"环箍效应"的影响,能更好地反映 AASCM 的实际抗压能力;且尺寸越大,试件内部出现裂缝和疏松等缺陷的概率也越大,导致抗压强度变小。由式(3.8)可知,轴心抗压强度和立方体抗压强度呈函数关系,二者有相似的变化趋势,即随着龄期的增长,抗压强度均有不同程度提高。对比图 3.16 和图 3.18 可知,随着抗压强度的增加,试件对尺寸的敏感度有所降低;胶砂件抗压强度总体上大于立方体抗压强度,立方体抗压强度总体上大于轴心抗压强度。

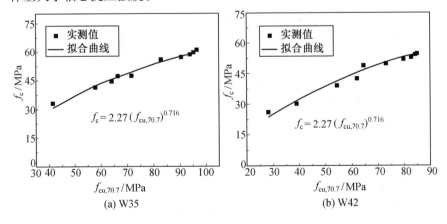

图 3.18   拟合曲线与实测值对比

3.2.5 抗折强度

AASCM 两种较优配比 W35 和 W42 的 40 mm×40 mm×160 mm 胶砂件,在恒温恒湿条件下养护至相应龄期后,测得其抗折强度随龄期变化结果,见表 3.5。其中,一种较优配比的每个龄期测试 3 个棱柱体试件,即得到 3 个抗折强度。测试一种较优配比 10 个龄期的变化情况,即测试 30 个试件抗折强度,测试两种较优配比 10 个龄期的变化情况,共测试 60 个棱柱体试件抗折强度。

表 3.5 不同龄期抗折强度

龄期 /d	W35 各试件实测应力值			f_{f}/MPa	W42 各试件实测应力值			f_{f}/MPa
	A0	B0	C0		D0	E0	F0	
1	4.36	4.75	5.36	4.82	3.71	4.60	3.34	3.88
3	5.68	5.74	6.29	5.91	4.59	4.12	5.30	4.67
7	7.25	6.85	8.21	7.44	5.65	6.45	5.91	6.01
14	8.48	8.56	9.25	8.76	6.57	7.46	7.88	7.30
28	9.97	10.23	10.38	10.19	8.98	9.40	9.17	9.18
60	11.35	11.62	12.36	11.78	10.73	10.32	11.50	10.85
90	13.16	12.95	13.45	13.19	10.98	11.41	12.53	11.64
120	14.77	14.20	13.82	14.26	12.31	12.52	13.19	12.67
150	15.53	16.45	14.90	15.63	1.46	13.95	14.37	13.93
180	15.68	16.62	17.38	16.56	14.51	14.93	15.58	15.01

图 3.19 为 AASCM 两种较优配比 W35 和 W42 与水泥石(OPC)的抗折强度随龄期变化规律。

由图 3.19 可知,随着龄期的增长,AASCM 的抗折强度不断增加。在 14 d 以前,抗折强度发展较快,28 d 以后,抗折强度发展趋于平缓,W35 试件的抗折强度明显高于 W42 和 OPC 试件的抗折强度。AASCM 试件的破坏过程大致为:随着荷载的增大,试件抗拉区先出现一道明显裂纹;达到极限荷载时,试件破坏。AASCM 和水泥石试件抗折破坏形态,如图 3.20 所示。

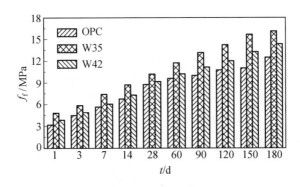

图 3.19　抗折强度随龄期变化规律

(a) AASCM　　　　　　　　　　　　　(b) OPC

图 3.20　AASCM 与水泥试件抗折破坏形态

3.2.6　轴心抗拉强度

两种较优配比的轴心抗拉强度 f_t 随龄期变化情况,见表 3.6 和图 3.21。其中,一种较优配比的每个龄期测试 3 个哑铃型试件,即得到 3 个抗拉强度。测试一种较优配比 10 个龄期的变化情况,即测试 30 个试件抗拉强度,测试两种较优配比 10 个龄期的变化情况,共测试 60 个哑铃型试件抗拉强度。

表 3.6　不同龄期 AASCM 的轴心抗拉强度

龄期 /d	W35 各试件实测应力值			f_t/MPa	W42 各试件实测应力值			f_t/MPa
	S0	T0	U0		V0	W0	X0	
1	1.34	1.49	1.58	1.47	1.15	1.03	0.94	1.04
3	2.38	2.35	2.30	2.34	1.61	1.54	1.59	1.58
7	2.77	2.98	2.79	2.85	2.34	2.49	2.46	2.43
14	3.06	3.14	3.14	3.11	2.80	3.07	2.80	2.89
28	3.52	3.43	3.45	3.47	3.27	3.24	3.21	3.24

续表 3.6

龄期 /d	W35 各试件实测应力值			f_t/MPa	W42 各试件实测应力值			f_t/MPa
	S0	T0	U0		V0	W0	X0	
60	3.89	3.95	4.04	3.96	3.51	3.48	3.42	3.47
90	4.15	4.12	4.24	4.17	3.73	3.58	3.64	3.65
120	4.38	4.29	4.35	4.34	3.62	3.77	3.95	3.78
150	4.45	4.42	4.40	4.42	3.84	3.97	3.89	3.90
180	4.42	4.47	4.46	4.45	3.95	4.10	34.01	4.02

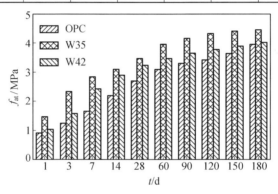

图 3.21　轴心抗拉强度随龄期变化

由图 3.21 可知,AASCM 的抗拉强度与抗压强度和抗折强度相同,随龄期的增加而逐渐增大;W35 试件的轴心抗拉强度最高,W42 的次之,OPC 的最低。常温下 AASCM 试件 1 d,3 d,7 d 的抗拉强度比可达 28 d 时抗拉强度的 33%,51% 及 78%。60 d 后,AASCM 的抗拉强度增速放缓;180 d 后,AASCM 的抗拉强度比 28 d 时提高了 26%。通过对比可知,AASCM 的 28 d 抗折强度为胶砂件抗压强度的 1/23～1/9,而轴心抗拉强度为胶砂件抗压强度的 1/34～1/25,说明随龄期的增加轴心抗拉强度增长缓慢,且强度比抗折强度低。

图 3.22 为不同龄期 AASCM 轴心抗拉试件的破坏形态。由图 3.22 可知,AASCM 轴拉破坏均为横向拉断,只有一条主裂纹;试件一裂即断,破坏后断口平整,轮廓清晰,断裂面两侧 AASCM 仍很密实,无掉渣现象,为突然的脆性破坏。

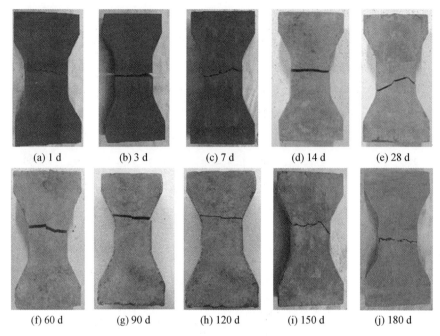

| (a) 1 d | (b) 3 d | (c) 7 d | (d) 14 d | (e) 28 d |
| (f) 60 d | (g) 90 d | (h) 120 d | (i) 150 d | (j) 180 d |

图 3.22　不同龄期 AASCM 轴心抗拉试件的破坏形态

3.2.7　劈拉强度

参照《普通混凝土力学性能试验方法标准》(GB/T 50081—2002),采用边长为 70.7 mm 的立方体试件测定 AASCM 两种较优配比 W35 和 W42 在不同龄期的劈裂抗拉强度 f_{ts},试验结果见表 3.7。在试验过程中,在试件与上、下压头之间分别放置由直径为 10 mm(ϕ10)不锈钢制作的劈裂垫条,根据试件劈裂时的荷载计算 AASCM 试件的劈拉强度。一种较优配比的每个龄期测试 3 个立方体试件,即得到 3 个劈拉强度。测试一种较优配比 10 个龄期的变化情况,即测试 30 个试件劈拉强度,测试两种较优配比 10 个龄期的变化情况,共测试 60 个立方体试件劈拉强度。

表 3.7　不同龄期劈拉强度

龄期 /d	W35 各试件实测应力值			f_{ts} /MPa	W42 各试件实测应力值			f_{ts} /MPa
	PA0	PB0	PC0		PD0	PE0	PF0	
1	1.47	1.28	1.36	1.37	0.89	0.92	1.10	0.97
3	2.12	2.26	2.18	2.19	1.43	1.48	1.51	1.47
7	2.63	2.75	2.59	2.66	2.25	2.18	2.37	2.27

续表 3.7

龄期 /d	W35 各试件实测应力值			f_{ts} /MPa	W42 各试件实测应力值			f_{ts} /MPa
	PA0	PB0	PC0		PD0	PE0	PF0	
14	2.97	2.84	2.90	2.91	2.63	2.75	2.71	2.70
28	3.41	3.25	3.04	3.23	2.96	3.12	2.99	3.02
60	3.65	3.59	3.84	3.69	3.27	3.35	3.10	3.24
90	3.91	4.03	3.73	3.89	3.36	3.47	3.39	3.41
120	4.02	3.97	4.15	4.06	3.51	3.49	3.58	3.53
150	4.08	4.16	4,.14	4.13	3.55	3.59	3.78	3.64
180	4.22	4.19	4.04	4.15	3.64	3.81	3.80	3.75

　　AASCM 试件的劈拉破坏形态如图 3.23 所示。劈裂缝将试件沿中线分为两半,裂缝界面清晰,近似平面,面上 AASCM 试件很少损伤,其余表面无裂缝。通过对比 W35 和 W42 试件的轴心抗拉强度和劈拉强度,可知常温下二者强度换算系数 f_{ts}/f_t 基本相同,平均值可取为0.933。

图 3.23　AASCM 试件的劈拉破坏形态

3.2.8　折拉比

　　折拉比即材料的塑性系数,材料的折拉比越大,说明材料的抗弯能力越强。表 3.8 为不同龄期 AASCM 两种较优配比 W35 和 W42 的折拉比。

表 3.8　AASCM 折拉比随龄期变化

龄期/d	f_f/f_t	
	W35	W42
1	3.27	3.73
3	2.53	2.96
7	2.61	2.47
14	2.82	2.53
28	2.94	2.83
60	2.97	3.13
90	3.16	3.19
120	3.29	3.35
150	3.54	3.57
180	3.72	3.73

由表 3.8 可以看出,不同龄期内 AASCM 的折拉比(f_f/f_t)不同,即随着龄期的增长,折拉比总体上逐渐增大;AASCM 两种较优配比 W35 和 W42 的折拉比变化相近,W35 的折拉比总体上略小于 W42 的折拉比,可知较高的用水量对抗折强度的提高幅度大于抗拉强度,但整体影响不大。180 d 时,AASCM 的折拉比提高到 3.72 左右。

3.3　AASCM 抗压应力-应变关系

3.3.1　上升段方程

为测定 AASCM 抗压应力-应变曲线和横向变形,在试件的侧面粘贴横竖两个应变片。所有数据由 DH-3818 静态应变测试仪采集,在 YA-2000 型电液式压力试验机上进行试验,加荷速度控制在 0.3 MPa/s。棱柱体试件轴心抗压试验如图 3.24 所示。棱柱体试件的轴心抗压破坏形态如图 3.25 所示。

试验数据显示,AASCM 抗压应力-应变曲线只测出近似直线的上升段,未测出下降段。试验现象为:从开始加载至应力达 $60\% f_c$ 左右时,AASCM 试件均无明显裂纹;表面裂缝在($60\% \sim 80\%$)f_c 时延伸开展,但试件整体处于稳定状态;AASCM 试件裂缝的数量和宽度在(80% ~90%)f_c时急剧增加,试件不断发出劈裂声,并有碎渣从试件表面崩出,裂缝呈贯通趋势,试件整体进入不稳定阶段;破坏时 AASCM 试件发出巨响,碎片四溅,发生脆性破坏。此时峰值应力为 AASCM 棱柱体的抗压强度 f_c,相应的应变为峰值应变 ε_0。表 3.9 给出了 AASCM 棱柱体试件的主要力学性能指标。其中,一种较优配比的每个龄期测试 3 个棱柱体试件,即得到 3 个轴心抗压强度。测试一种较优配比 6 个龄期的变化情况,即测试 18 个试件轴心抗压强度,测试两种较优配比 6 个龄期的变化情况,共测试 36 个棱柱体试件轴心抗压强度。

图 3.24　棱柱体试件轴心抗压试验　　图 3.25　棱柱体试件的轴心抗压破坏形态

表 3.9　AASCM 棱柱体试件的力学性能指标

龄期 /d		W35				W42		
		f_c /MPa	$\varepsilon_0 \times 10^{-6}$	E_c /(10^4 MPa)	μ	$f_{c,70.7}$ /MPa	$\varepsilon_0 \times 10^{-6}$	E_c /(10^4 MPa)	μ
平均值	28	48.96	1 813	3.06	0.1 539	44.79	1 795	2.97	0.1 504
	60	53.68	1 832	3.09	0.1 542	49.28	1 814	3.00	0.1 511
	90	57.42	1 848	3.10	0.1 560	52.36	1 827	3.02	0.1 528
	120	58.75	1 854	3.18	0.1 581	53.42	1 831	3.12	0.1 472
	150	59.49	1 857	3.32	0.1 544	54.39	1 835	3.26	0.1 436
	180	59.93	1 859	3.47	0.1 508	54.67	1837	3.41	0.1 400

注:f_c 为棱柱体试件轴心抗压强度;ε_0 为峰值应变;E_c 为弹性模量;μ 为泊松比

由表 3.9 可知,AASCM 的轴心抗压强度随龄期增长而逐渐增加,

AASCM的峰值应变随龄期增长而有所增加,但其平均值为 1 828 个微应变,仍略低于普通混凝土的峰值应变 2 000 个微应变。弹性模量为 $0.5f_c$ 处的割线模量,AASCM 的弹性模量平均值约为 $3.17×10^4$ MPa。

泊松比 μ 即材料在弹性阶段的横向变形 ε_y 与纵向变形 ε_x 之比的绝对值,又称横向变形系数,是反映材料横向变形的弹性常数。本书取应力比(即应力 σ 与轴心抗压强度 f_c 之比)为 0.5 时的横向变形系数为泊松比 μ。根据试验数据,计算得到 AASCM 的泊松比平均值为 $0.14 \sim 0.15$。参照《混凝土结构设计规范》(GB 50010—2010),混凝土的泊松比可按 0.2 计算。可见,AASCM 的泊松比小于普通混凝土的泊松比。

根据试验结果,拟合得到式(3.9)和式(3.10),分别代表 AASCM 的轴心抗压强度和立方体抗压强度与峰值应变 ε_0 之间的关系式。图 3.26 为公式(3.9)拟合曲线与实测值的对比曲线,由图可知二者吻合较好。

$$\varepsilon_0 = (1\ 607 + 4.2f_c) \times 10^{-6} \tag{3.9}$$
$$\varepsilon_0 = (1\ 634 + 2.5f_{cu,70.7}) \times 10^{-6} \tag{3.10}$$

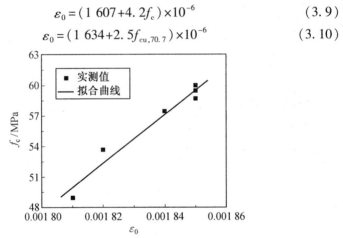

图 3.26　拟合曲线与实测值对比

基于普通混凝土应力-应变曲线上升段趋近线性性质与 AASCM 抗压试验结果相类似,可通过参数修正典型的混凝土单轴抗压应力-应变关系方程,拟合得到 AASCM 的应力-应变上升段方程。图 3.27 为 Hognestad 建议的经典混凝土本构模型,他将混凝土本构关系曲线分为上升段和下降段,分别用式(3.11)和式(3.12)表示。上升段采用二次抛物线形式,而下降段采用斜直线形式。研究表明,Hognestad 公式的上升段满足典型混凝土单轴抗压应力-应变关系曲线的要求,但其下降段采用斜直线形式未反映出混凝土破坏过程的缓急和混凝土的延性,不能满足典型混凝土单轴抗压应力-应变关系曲线下降段的要求。因此,其下降段只能作为工程上的一个近似公式使用。

上升段：
$$\sigma = f_c \left[2\left(\frac{\varepsilon}{\varepsilon_0}\right) - \left(\frac{\varepsilon}{\varepsilon_0}\right)^2 \right], \varepsilon \leqslant \varepsilon_0 \qquad (3.11)$$

下降段：
$$\sigma = f_c \left(1 - 0.15 \frac{\varepsilon - \varepsilon_0}{\varepsilon_u - \varepsilon_0} \right), \varepsilon_0 < \varepsilon \leqslant \varepsilon_u \qquad (3.12)$$

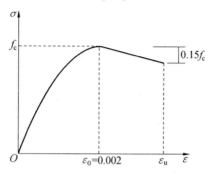

图 3.27　Hognestad 建议的混凝土本构模型

研究表明,应用比较广泛的几个混凝土本构模型,如 Hognestad 本构模型、Rusch 本构模型和 Kent 本构模型等,其上升段均采用二次抛物线形式。因此,基于上述分析,本书引入系数 m 对式(3.11)进行参数修正,最终得到 AASCM 的上升段本构方程如下:

$$\sigma = f_c \left[(2-m)\frac{\varepsilon}{\varepsilon_0} - (1-m)\left(\frac{\varepsilon}{\varepsilon_0}\right)^2 \right] \qquad (3.13)$$

根据试验结果并结合式(3.13),拟合得到式(3.14)和式(3.15),其分别代表 AASCM 的轴心抗压强度和立方体抗压强度与系数 m 之间的关系式。

$$m = 6.67\ln f_c - 25.53 \qquad (3.14)$$
$$m = 4.78\ln f_{cu,70.7} - 20.05 \qquad (3.15)$$

综合公式(3.8),(3.10),(3.13),(3.15),可由立方体强度推出 AASCM 应力-应变曲线上升段方程为

$$\begin{cases} f_c = 2.27(f_{cu,70.7})^{0.716} \\ \varepsilon_0 = (1\,634 + 2.5 f_{cu,70.7}) \times 10^{-6} \\ \sigma = f_c \left[(2-m)\frac{\varepsilon}{\varepsilon_0} - (1-m)\left(\frac{\varepsilon}{\varepsilon_0}\right)^2 \right] \\ m = 4.78\ln f_{cu,70.7} - 20.05 \end{cases} \qquad (3.16)$$

按式(3.16)计算的理论曲线与实测曲线对比,如图 3.28 所示。其中,AASCM 养护 28 d 第 1 个试件的实测曲线,可用 S28-1 表示;按式(3.16)计算得到试件养护 28 d 的理论曲线,可用 S28 表示,依此类推。由图 3.28

可知,理论曲线与实测曲线吻合较好。

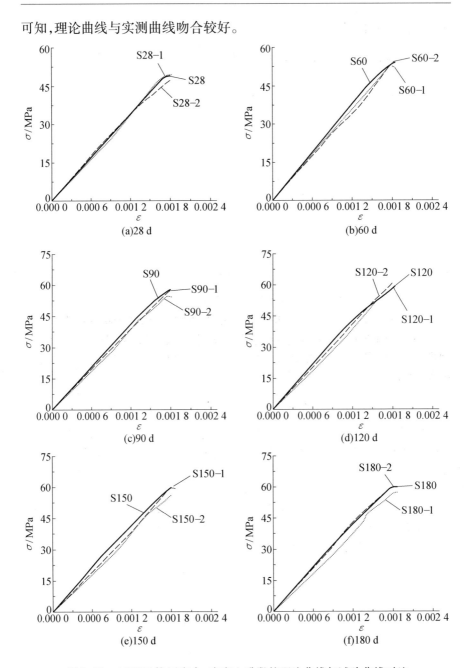

图 3.28　AASCM 抗压应力-应变上升段的理论曲线与试验曲线对比

3.3.2　下降段方程

在测定 AASCM 本构关系曲线时,仅得到稳定的上升段。试件达到峰值应力后强度降低,引起试验机受力减小,由于试验机刚度不足需释放多余能量以恢复变形,即对试件施加附加应变,最终导致试件迅速破坏。因此,未测出 AASCM 本构关系曲线下降段。分析表明,材料强度越高,这种现象越明显。

为得到 AASCM 应力–应变曲线的下降段,对 6 个 40 mm×40 mm×160 mm棱柱体试件进行粘贴 UT70–30 型碳纤维布加固。在加固试件的顶面、侧面以及碳纤维布上粘贴应变片,并用 YAW–300 型全自动压折试验机进行受弯试验,所有数据由 DH–3818 静态应变测试仪采集。加载装置及试件破坏形态如图 3.29 所示。

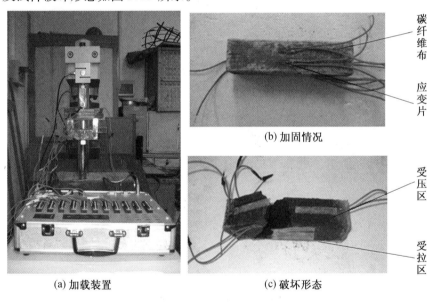

(a) 加载装置　　　　　(b) 加固情况　　　　　(c) 破坏形态

图 3.29　加载装置及试件破坏形态

图 3.30 为加固试件跨中截面的应变分布。通过单轴抗压试验可知,AASCM 峰值应变为 1 800 个微应变左右,而通过在加固试件受压边缘布置应变片,并对其进行受弯试验,测得试件受压边缘极限压应变均为 3 000个微应变左右,远大于峰值应变 1 800 个微应变。因此,可以认为是由于试验机刚度不足而未测出下降段,AASCM 的本构关系曲线应存在下降段。由图 3.30 可知,加固试件截面应变分布符合平截面假定。

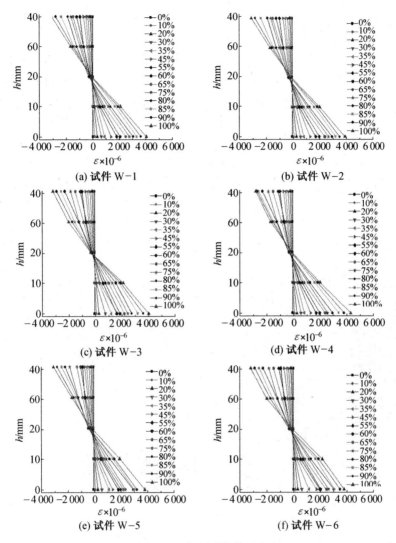

图 3.30　加固试件截面应变

本书认为:不妨换种思路,先假设 AASCM 抗压应力-应变曲线下降段为一条向右下方倾斜的直线段。参考 Hognestad 建议的本构模型并结合加固试件受弯试验的结果,取 3 000 个微应变作为 AASCM 的极限压应变 ε_{u},取 σ_{u} 作为与 ε_{u} 相对应的应力。通过应用平截面假定和假定的 AASCM 本构关系曲线方程,采用条带积分法对加固试件受压区 AASCM 进行积分得到合力 T_{u};再取碳纤维布拉应力 $E_{\mathrm{f}}\varepsilon_{\mathrm{f}}$ 与试件底部抗拉碳纤维布截面面积 A_{cf} 的乘积为合力 U_{f},然后令 $T_{\mathrm{u}}=U_{\mathrm{f}}$,便可得到加固试件受压区 AASCM 的

σ_u 的平均值为 40.9 MPa(图 3.31)。AASCM 峰值应力(48.7 MPa)与 σ_u 平均值的比值为 1.19。

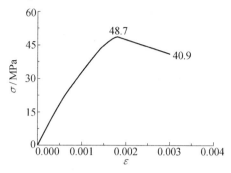

图 3.31 *AASCM* 的抗压应力-应变关系曲线

根据试验结果,拟合得到 AASCM 应力-应变关系曲线下降段方程为

$$\sigma = f_c - 6.72(\varepsilon - \varepsilon_0) \times 10^3, \varepsilon_0 < \varepsilon \leqslant \varepsilon_u \tag{3.17}$$

综合轴心抗压试验中得到的 AASCM 抗压应力-应变曲线上升段方程,以及通过拟合得到 AASCM 抗压应力-应变曲线下降段方程,可以得到 AASCM 应力-应变全曲线方程为

$$\begin{cases} f_c = 2.27(f_{cu,70.7})^{0.716} \\ \varepsilon_0 = (1\ 634 + 2.5 f_{cu,70.7}) \times 10^{-6} \\ \varepsilon_u = 3\ 000 \times 10^{-6} \\ m = 4.78\ln(f_{cu,70.7}) - 20.05 \\ \sigma = f_c \left[(2-m)\dfrac{\varepsilon}{\varepsilon_0} - (1-m)\left(\dfrac{\varepsilon}{\varepsilon_0}\right)^2 \right], \varepsilon \leqslant \varepsilon_0 \\ \sigma = f_c - 6.72(\varepsilon - \varepsilon_0) \times 10^3, \varepsilon_0 < \varepsilon \leqslant \varepsilon_u \end{cases} \tag{3.18}$$

3.4 常温下 AASCM 的微观结构

采用 Scanning Electron Microscope(SEM)扫描电镜,分析了常温 AASCM 的微观形貌;采用 X-ray Diffractometer(XRD)衍射技术,分析常温 AASCM 的物相组成,并推断其水化产物的形成和发展过程,以验证其反应机理。

3.4.1 SEM 扫描电镜分析

SEM 扫描电镜可从样品中激发出各种电子和射线等特征信息,通过检测这些有效信息,并观察样品的显微结构,最终确定其元素组成。本书采用 Quanta 200 型 SEM 扫描电镜,由荷兰 PhiliPs–FEI 公司提供。选取 1 000倍的放大倍数对 AASCM 水化 3 d,7 d,28 d 的产物和对照样品 OPC 水化28 d 的产物进行扫描。试验流程为:①将相应龄期的 AASCM 和 OPC 试样从恒温恒湿养护箱中取出,敲碎试样并取其核芯部位;②为终止试样水化,将其放入无水乙醇溶液中浸泡 24 h;③临近测试时,将试样放入 100 ℃ 的烘箱内烘干 2 h,并在导电胶上固定较平整的小块试样,然后在抽真空条件下进行喷金处理;④用 SEM 扫描电镜观测其水化产物形貌,电镜照片如图3.32 所示。

(a)AASCM(3 d)　　　　　　　　(b)AASCM(7 d)

(c)AASCM(28 d)　　　　　　　　(d)OPC(28 d)

图 3.32　AASCM 和 OPC 不同龄期的 SEM 图

由图 3.32 可以看出,AASCM 水化 3 d 时,水化产物较少;水化 7 d 时,矿渣颗粒表面发生了一定程度的水化反应,生成的水化产物分布在矿渣颗粒之间及其表面;水化 28 d 时,形成大量颗粒状凝聚结构,几乎将矿渣颗粒完全覆盖。OPC 水化 28 d 时,水化产物中存在大量针状、纤维状钙矾石和板状氢氧化钙,交错生长在 C-S-H 凝胶表面及内部,没有同龄期 AAS-CM 的水化产物结构致密。

3.4.2　XRD 射线衍射分析

XRD 衍射分析是目前研究晶体结构(如原子、离子及其基团的种类和位置分布,晶胞形状和大小等)最有力的方法,可以定性或定量地对材料物相组成进行精细分析。本书采用 D/max-γB 型 XRD 衍射仪,由日本理学电机株式会社提供;其额定功率 12 kW,以 5(°)/min 的速度对恒温恒湿养护 3 d,7 d,28 d 的 AASCM,以及同等条件养护 28 d 的 OPC 进行衍射分析,衍射图谱如图 3.33 所示。

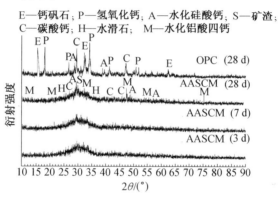

图 3.33　不同龄期 AASCM 和 OPC 的 XRD 图谱

由图 3.33 可知,不同龄期 AASCM 的 XRD 图谱基本相同,只在 28 d 时出现几条新的衍射峰,经分析这些尖锐的衍射峰主要是 C-S-H 凝胶,水滑石以及水化铝酸四钙(($(C,M)_4AH_{13}$)等非晶质物相。OPC 养护 28 d 时水化产物中存在大量针状、纤维状钙矾石($Ca_6[Al(OH)_6]_2(SO_4)_3 \cdot 26H_2O$)、板状氢氧化钙($Ca(OH)_2$)以及碳酸钙($CaCO_3$)(由 Ca^{2+} 与空气中 CO_2 和 H_2O 反应生成)等晶体物质,这与 AASCM 的水化产物即含碱的 C-S-H 凝胶固溶体明显不同。

3.5　小　　结

(1)通过对常温下不同龄期的两种较优配比 W35 和 W42,进行各项基本力学性能研究(包括立方体抗压强度、轴心抗压强度、抗折强度、轴心抗拉强度和劈拉强度),结果表明,AASCM 的早期强度较高,3 d 和 7 d 抗压强度是 28 d 抗压强度的 72% 和 88%，其各项强度随龄期的增长而不断增加；W35 比 W42 的各项力学性能更优异；由于抗折强度反映了材料的抗弯性能，初步确定当 AASCM 用作加固胶黏剂时，采用用水量占矿渣质量的 35% 的配合比 W35 较好。

（2）通过 AASCM 棱柱体轴压试验，得到 AASCM 轴心抗压强度、峰值应变、弹性模量和泊松比等力学性能指标，获得了 AASCM 单轴受压应力–应变曲线的上升段。为得到 AASCM 应力–应变曲线的下降段，借助对 6 个 AASCM 的 40 mm×40 mm×160 mm 棱柱体试件进行粘贴碳纤维布加固的受弯试件，测得受弯试件受压边缘极限压应变；通过应用平截面假定和假设 AASCM 下降段为斜直线，采用条带积分法求得加固试件受压区 AASCM 的合力；再使受压区 AASCM 的合力等于受弯试件受拉区碳纤维布的合力，便可得到加固试件受压区 AASCM 的极限压应力，从而得到 AASCM 受压应力–应变关系全曲线方程。

（3）利用 SEM 扫描电镜和 XRD 衍射分析 AASCM 和 OPC 的微观形貌和物相组成，确定 AASCM 的终产物为水化硅酸钙凝胶、水滑石和水化铝酸四钙等非晶质物相，进一步验证了 AASCM 的反应机理，为分析 AASCM 的高温力学性能提供参考。

第4章 用 AASCM 在混凝土中植筋的锚固性能

4.1 试验概况

4.1.1 植筋试件设计

考虑混凝土强度(3 个强度等级)、锚固深度(6 个锚固深度)和钢筋直径(6 种直径)等关键参数,按正交设计共设计了 108 个植筋试件。在设计强度等级为 C20,C30 和 C40,尺寸分别为 800 mm×800 mm×450 mm,1 500 mm×1 500 mm×450 mm 和 800 mm×800 mm×450 mm 的 3 个素混凝土块上,按 8d,10d,12d,14d,16d 和 18d(d 为钢筋直径)的锚固深度植筋。钢筋选用直径为 12 mm,14 mm,16 mm,18 mm,20 mm 和 22 mm 的 HRB335 级钢筋。钻孔直径 D 比钢筋直径 d 大 4 mm。所植钢筋间距为 150 mm,边部钢筋距混凝土边缘距离为 150 mm,植筋概貌如图 4.1 所示。

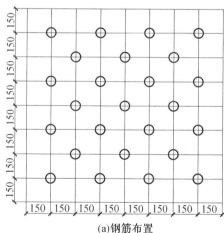

(a)钢筋布置　　　　　　　　(b)植筋图

图 4.1　植筋概况

4.1.2 材料性能

同条件养护 28 d 的设计强度等级分别为 C20,C30,C40 的混凝土,标准立方体抗压强度实测平均值分别为 25.3 MPa,32.5 MPa,41.4 MPa,抗拉强度分别为 2.06 MPa,2.24 MPa,2.51 MPa。钢筋的材料性能见表 4.1。

表 4.1 钢筋的材料性能

钢筋直径/mm	12	14	16	18	20	22
屈服强度 f_y/MPa	360	377	354	388	381	383
极限强度 f_u/MPa	548	584	537	628	573	594

AASCM 的原材料:水玻璃采用天津泡花碱厂生产的钾水玻璃,主要技术指标见表 4.2,模数通过加 NaOH 调整;矿渣粉采用鞍山钢铁集团矿渣处理公司生产的 S75 级矿渣粉,比表面积为 420 m^2/kg,化学成分见表 4.3;水为可饮用的纯净水。

表 4.2 水玻璃主要技术指标

波美度 B_e(20 ℃)	密度(20 ℃)/(g·cm^{-3})	模数	$w(K_2O)$/%	$w(SiO_2)$/%
46.0	1.47	2.79	16.27	28.95

表 4.3 矿渣的化学成分 %

$w(SiO_2)$	$w(Al_2O_3)$	$w(CaO)$	$w(MgO)$	$w(TiO_2)$	$w(FeO)$	$w(MnO)$	$w(K_2O)$
33.7	14.4	41.7	6.4	1.1	0.37	0.5	0.31

4.1.3 加载及量测方案

试验采用 JC-45 钢筋拉拔器提供拉拔力、电动油泵加压、荷载传感器控制拉拔力、卷尺量测锚固深度及百分表测滑移。加载方案按《混凝土结构试验方法标准》的要求分级加载,加载及量测装置如图 4.2 所示。

试验加载制度为:预加载至钢筋屈服荷载的 20% 后卸载,钢筋屈服前每 20% 钢筋屈服强度为一加载等级,钢筋屈服后取适量荷载为一加载等级,每个加载等级读取钢筋滑移量值,同时观察试件混凝土开裂情况,直至试件破坏。

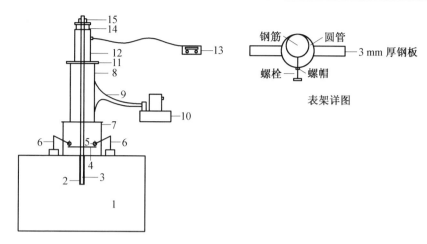

图 4.2　加载及量测装置

1—素混凝土;2—耐高温无机胶;3—钢筋;4—表架;5—百分表;6—磁性表座;
7—反力架;8—钢筋拉拔器;9—油管;10—电动液压油泵;11—钢板;12—荷载传感器;
13—YE2537 程控静态应变仪;14—锚杯;15—夹片

4.2　试验现象与数据

4.2.1　试验现象

　　用 AASCM 在混凝土中植筋的拉拔试验破坏过程:在钢筋屈服以前,滑移量很小,钢筋加载端的位移主要由胶筋界面的滑移提供。钢筋屈服后,随着拉拔力的增加,加载端位移的增长速度明显变快,并伴随轻微的混凝土开裂声,钢筋周围的混凝土表面逐渐出现环状裂缝。这是因为随拉拔力的增加,胶筋界面的峰值黏结力沿埋深向内部不断延伸,混凝土内部沿埋深不断形成倒锥体形裂缝,当锥体混凝土的拉应变超过混凝土的极限拉应变时,混凝土表面便出现环状裂缝。继续加载,不断有混凝土碎屑弹起。当锚固深度较小时,最后钢筋还没有达到抗拉强度时,所植钢筋上部周围的混凝土发生锥体破坏,锥体以下的锚固段发生滑移破坏,即锥体黏结破坏,如图 4.3(a)所示;当锚固深度较大时,钢筋被拉断,如图 4.3(b)所示;还有少量试件由于植筋界面黏结性能较差,钢筋从混凝土中拔出,即发生黏结破坏,如图 4.3(c)所示。

　　在 $f_{cu} = 25.3$ N/mm^2 的混凝土中植筋:当锚固深度 $8d \leqslant l_a < 16d$ 时,钢筋能够达到屈服强度,并进入屈服强化阶段,然后连同 AASCM 一起被拔出,

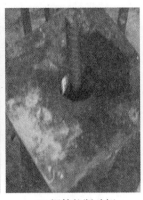

(a) 锥体黏结破坏　　　　　(b) 钢筋拉断破坏　　　　　(c) 黏结破坏

图 4.3　植筋破坏模式

混凝土基材有表层浅锥体破坏,浅锥体平均深度为 25.6 mm,平均宽度为 10.1 cm,破坏形式为混合破坏;当锚固深度 $l_a \geqslant 16d$ 时,钢筋能够屈服并进入强化阶段,最后钢筋被拉断,混凝土同样有浅锥形破坏,但是此时的浅锥体要比混合破坏时的浅锥体小,浅锥体平均深度为 18.1 mm,平均宽度为 9.3 cm。

在 $f_{cu} = 32.5$ N/mm^2 的混凝土中植筋:当锚固深度 $8d \leqslant l_a < 14d$,钢筋能够达到屈服强度,并进入屈服强化阶段,然后连同 AASCM 一起被拔出,混凝土基材有表层浅锥体破坏,浅锥体平均深度为 25.6 mm,平均宽度为 10 cm,破坏形式为混合破坏;当锚固深度 $l_a \geqslant 14d$ 时,钢筋能够屈服并进入强化阶段,最后钢筋被拔断,混凝土同样有浅锥形破坏,但是此时的浅锥体要比混合破坏时的浅锥体小,浅锥体平均深度为 15.1 mm,平均宽度为 7.6 cm。

在 $f_{cu} = 41.4$ N/mm^2 的混凝土中植筋:当锚固深度 $8d \leqslant l_a < 14d$ 时,钢筋能够达到屈服强度,并进入屈服强化阶段,然后连同 AASCM 一起被拔出,混凝土基材有表层浅锥体破坏,浅锥体平均深度为 20.9 mm,平均宽度为 10 cm,破坏形态为混合破坏;当锚固深度 $l_a \geqslant 14d$ 时,钢筋能够屈服并进入强化阶段,最后钢筋拉断,混凝土同样有浅锥形破坏,但是此时的浅锥体要比混合破坏时的浅锥体小,浅锥体平均深度为 13.5 mm,平均宽度为 7.6 cm。

4.2.2　试验数据

1. 黏结力

用 AASCM 在标准立方体抗压强度 f_{cu} 为 25.3 N/mm²,32.5 N/mm² 和 41.4 N/mm² 的混凝土中植筋的 108 个试件,破坏过程主要经历黏结阶段、滑移阶段和破坏阶段,其弹性黏结强度、极限黏结强度和破坏模式分别见表 4.4 ~ 4.6。

表 4.4　在 f_{cu} = 25.3 MPa 的混凝土上植筋的黏结力

钢筋直径/mm	设计锚固深度	实际锚固深度/mm	弹性黏结力/kN	极限黏结力/kN	破坏模式
12	8d	100	37.6	44.9	锥体黏结破坏
	10d	110	39.9	45.6	锥体黏结破坏
	12d	148	39.7	62.1	钢筋拉断
	14d	168	40.2	62.2	钢筋拉断
	16d	191	39.9	61.9	钢筋拉断
	18d	206	38.9	61.7	钢筋拉断
14	8d	127	50.7	60.2	锥体黏结破坏
	10d	146	51.1	64.6	锥体黏结破坏
	12d	168	61.9	90.7	钢筋拉断
	14d	207	51.5	89.2	钢筋拉断
	16d	234	50.5	89.2	钢筋拉断
	18d	262	49.6	90.6	钢筋拉断
16	8d	108	73.1	94.4	锥体黏结破坏
	10d	156	68.8	98.8	锥体黏结破坏
	12d	196	70.1	106.0	锥体黏结破坏
	14d	234	73.5	110.8	钢筋拉断
	16d	260	70.9	110.8	钢筋拉断
	18d	298	68.6	107.4	钢筋拉断

续表 4.4

钢筋直径/mm	设计锚固深度	实际锚固深度/mm	弹性黏结力/kN	极限黏结力/kN	破坏模式
18	8d	144	94.4	115.5	锥体黏结破坏
	10d	184	101.6	121.2	锥体黏结破坏
	12d	203	88.6	123.5	锥体黏结破坏
	14d	255	102.2	159.8	钢筋拉断
	16d	287	99.8	160.6	钢筋拉断
	18d	326	88.1	159.1	钢筋拉断
20	8d	137	121.0	147.2	锥体黏结破坏
	10d	205	122.3	168.6	锥体黏结破坏
	12d	228	118.7	175.6	锥体黏结破坏
	14d	309	119.1	179.7	钢筋拉断
	16d	330	117.8	177.3	钢筋拉断
	18d	358	119.5	181.1	钢筋拉断
22	8d	180	134.5	167.8	锥体黏结破坏
	10d	221	135.2	165.8	锥体黏结破坏
	12d	242	142.7	203.8	锥体黏结破坏
	14d	319	145.1	204.8	锥体黏结破坏
	16d	349	146.5	221.4	钢筋拉断
	18d	402	144.1	221.5	钢筋拉断

表 4.5   在 $f_{cu}=32.5$ MPa 的混凝土上植筋的黏结力

钢筋直径/mm	设计锚固深度	实际锚固深度/mm	弹性黏结力/kN	极限黏结力/kN	破坏模式
12	8d	96	39.2	53.0	锥体黏结破坏
	10d	120	38.6	58.4	锥体黏结破坏
	12d	158	40.7	62.1	钢筋拉断
	14d	161	42.5	62.2	钢筋拉断
	16d	190	39.6	62.0	钢筋拉断
	18d	218	39.1	62.5	钢筋拉断

续表 4.5

钢筋直径/mm	设计锚固深度	实际锚固深度/mm	弹性黏结力/kN	极限黏结力/kN	破坏模式
14	8d	124	58.6	64.6	锥体黏结破坏
	10d	138	58.2	77.8	锥体黏结破坏
	12d	170	60.0	88.4	钢筋拉断
	14d	196	52.8	89.2	钢筋拉断
	16d	230	57.1	89.2	钢筋拉断
	18d	250	59.4	90.6	钢筋拉断
16	8d	130	71.0	94.2	锥体黏结破坏
	10d	160	61.1	101.8	锥体黏结破坏
	12d	200	74.3	105.9	锥体黏结破坏
	14d	228	74.5	110.8	钢筋拉断
	16d	256	63.8	110.8	钢筋拉断
	18d	285	71.6	108.3	钢筋拉断
18	8d	129	91.7	109.4	锥体黏结破坏
	10d	166	90.6	119.4	锥体黏结破坏
	12d	210	94.7	123.8	锥体黏结破坏
	14d	262	98.5	158.1	钢筋拉断
	16d	285	99.1	157.9	钢筋拉断
	18d	304	102.0	162.1	钢筋拉断
20	8d	167	105.6	123.9	锥体黏结破坏
	10d	187	113.8	173.5	锥体黏结破坏
	12d	238	121.6	177.6	钢筋拉断
	14d	279	119.4	179.7	钢筋拉断
	16d	311	105.0	177.5	钢筋拉断
	18d	367	116.4	174.4	钢筋拉断

续表 4.5

钢筋直径/mm	设计锚固深度	实际锚固深度/mm	弹性黏结力/kN	极限黏结力/kN	破坏模式
22	8d	170	141.1	198.3	锥体黏结破坏
	10d	210	140.6	208.3	锥体黏结破坏
	12d	229	143.1	218.4	钢筋拉断
	14d	302	135.1	220.9	钢筋拉断
	16d	348	147.9	221.5	钢筋拉断
	18d	385	149.2	217.4	钢筋拉断

表 4.6 在 $f_{cu}=41.4$ MPa 的混凝土上植筋的黏结力

钢筋直径/mm	设计锚固深度	实际锚固深度/mm	弹性黏结力/kN	极限黏结力/kN	破坏模式
12	8d	106	38.4	43.7	锥体黏结破坏
	10d	119	39.2	53.6	锥体黏结破坏
	12d	144	38.4	62.7	钢筋拉断
	14d	169	37.8	62.2	钢筋拉断
	16d	191	40.6	61.8	钢筋拉断
	18d	216	38.9	60.9	钢筋拉断
14	8d	112	53.1	66.2	锥体黏结破坏
	10d	142	49.3	77.4	锥体黏结破坏
	12d	168	60.2	90.5	钢筋拉断
	14d	189	59.9	88.7	钢筋拉断
	16d	230	55.3	89.2	钢筋拉断
	18d	258	60.1	88.3	钢筋拉断
16	8d	109	72.7	89.1	锥体黏结破坏
	10d	163	65.2	104.8	锥体黏结破坏
	12d	190	74.1	108.5	钢筋拉断
	14d	228	71.2	109.4	钢筋拉断
	16d	269	66.8	109.4	钢筋拉断
	18d	280	70.6	107.2	钢筋拉断

续表 4.6

钢筋直径/mm	设计锚固深度	实际锚固深度/mm	弹性黏结力/kN	极限黏结力/kN	破坏模式
18	8d	140	85.4	111.8	锥体黏结破坏
	10d	185	91.0	148.8	锥体黏结破坏
	12d	203	92.4	154.5	锥体黏结破坏
	14d	256	95.9	161.1	钢筋拉断
	16d	291	97.6	160.7	钢筋拉断
	18d	318	93.1	159.4	钢筋拉断
20	8d	170	108.3	166.9	锥体黏结破坏
	10d	194	117.9	173.2	锥体黏结破坏
	12d	223	102.2	171.0	锥体黏结破坏
	14d	288	116.5	178.1	钢筋拉断
	16d	323	119.9	178.1	钢筋拉断
	18d	360	117.8	178.3	钢筋拉断
22	8d	147	138.2	176.8	锥体黏结破坏
	10d	226	147.1	207.7	锥体黏结破坏
	12d	270	144.1	217.9	钢筋拉断
	14d	312	146.0	220.9	钢筋拉断
	16d	355	147.0	220.5	钢筋拉断
	18d	386	145.6	219.4	钢筋拉断

2. 荷载-滑移曲线

发生锥体黏结破坏时,试验测量所得加载端荷载-滑移曲线主要分为弹性段、弹塑性段、钢筋屈服强化阶段和下降段,如图 4.4(a) 所示。发生钢筋拉断时,试验测量所得加载端荷载-滑移曲线主要分为弹性段、弹塑性段及钢筋屈服强化段,如图 4.4(b) 所示。

当荷载小于某一值时,加载端的滑移与荷载保持直线关系,即弹性阶段,弹性阶段最大荷载约为钢筋屈服荷载 70%,对应的滑移量约为 0.3 mm。继续加载,植筋试件进入弹塑性阶段,荷载滑移曲线呈非线形,对应的滑移量约为 0.8 mm。当植筋试件进入钢筋屈服强化阶段后,在荷载变化很小的情况下,滑移量迅速增大。发生锥体黏结破坏时,达到极限承

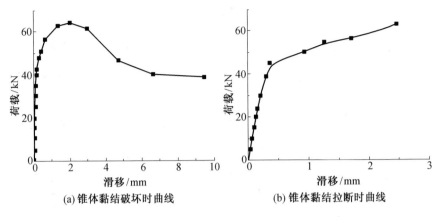

图 4.4　荷载-滑移曲线

载力 F_u(与钢筋的极限强度接近)后曲线进入下降段,黏结材料界面发生破坏,钢筋被拔出。用AASCM植筋破坏时有明显预兆,属于延性破坏,能满足工程需要。

4.3　锚固承载力计算

4.3.1　平均黏结应力的计算

Cook 的研究表明,胶层与混凝土之间的最大黏结应力 τ_{max} 与发生极限破坏时的平均黏结应力 τ_0 之比为 $1.02 \sim 1.10$。因此可假设胶层与混凝土之间的黏结应力为均匀分布。则平均黏结应力

$$\tau_0 = \frac{F_u}{CL}$$

式中　F_u——植筋极限拉拔力;

　　　　C——破坏截面周长,$C = \pi D$;

　　　　L——有效锚固深度。

考虑混凝土抗压强度和相对锚固深度(l_a/d)的影响,采用二元线性回归得到适用于锥体黏结破坏和钢筋拉断植筋试件的平均黏结应力计算公式为

$$\tau_0 = 14.42 + 0.03 f_{cu} - 0.39 \frac{l_a}{d} \qquad (4.1)$$

式中　f_{cu}——混凝土立方体抗压强度平均值。

用 AASCM 在混凝土中植筋的平均黏结应力计算值与试验值之比的平均值 $\overline{X}=1.02$，标准差 $\sigma=0.08$，变异系数 $\delta=0.08$。

4.3.2　发生锥体黏结破坏锚固承载力的计算

当发生锥体黏结破坏时，植筋锚固承载力由上端锥体部分承受的拉力和下端锚固体与混凝土之间的黏结力两部分组成。由于钢筋和黏结胶之间的黏结力大于混凝土与黏结胶之间的黏结力，所以植筋下端的拉拔力取决于锚固体与混凝土之间的黏结力。因此，为了研究锥体黏结破坏时的极限承载能力，可以分别研究发生锥体或黏结破坏时的极限承载力。

1. 发生锥体破坏时的锚固承载力计算

文献[63]、[64]针对短埋螺栓发生锥体破坏提出其极限拔出力计算公式，植筋的极限抗拔力等于锥体水平投影面积上拉力之和，其表达式为

$$\begin{cases} F_c(x)=f_t A_c(x) \\ A_c(x)=\pi\left[\left(x\tan\theta+\dfrac{D}{2}\right)^2-\left(\dfrac{D}{2}\right)^2\right] \end{cases} \quad (4.2)$$

式中　$F_c(x)$——发生锥体破坏时的极限拉拔力，kN；

　　　　$A_c(x)$——混凝土锥体的水平投影面积，mm^2；

　　　　f_t——混凝土抗拉强度，MPa；

　　　　x——锥体的高度，mm；

　　　　D——钻孔直径，mm，本书取 $D=d+4$；

　　　　θ——锥体的角度。

由于 θ 一般取为 $45°$，式（4.2）可简化为

$$F_c(x)=f_t\pi(x^2+Dx) \quad (4.3)$$

2. 发生黏结破坏时的锚固承载力计算

当植筋试件发生黏结破坏时，破坏面为混凝土和锚固体的交界面。假设混凝土和钢筋之间的胶层体为剪切层，钢筋和胶层、胶层与混凝土之间变形协调。根据力平衡条件，植筋拉拔力等于钢筋周围的剪应力与截面周长和锚固深度之积。钢筋周围的剪应力胶层的剪应力相等，而胶层的剪应力等于胶层的剪切变形角与剪切模量 G 的乘积，所以取任一单元分析，有

$$EA\frac{\partial^2 U}{\partial^2 x}-\frac{G\pi D}{t}U=0 \quad (4.4)$$

式（4.4）的边界条件为

$$\begin{cases} \left.\dfrac{\partial U}{\partial x}\right|_{x=1} = \dfrac{F_b}{AE} \\ \left.\dfrac{\partial U}{\partial x}\right|_{x=0} = 0 \end{cases} \tag{4.5}$$

由式(4.4),(4.5)得

$$F_b = \tau_{max} \pi D \frac{th(\omega l_a)}{\omega} \tag{4.6}$$

式中　F_b——发生黏结破坏时的极限拉拔力,kN;

　　　l_a——锚固深度,mm;

　　　τ_p——植筋试件的最大黏结应力,MPa;

　　　A——钢筋截面面积,mm^2;

　　　E——钢筋弹性模量,MPa;

　　　t——AASCM 的厚度,mm。

3. 发生锥体黏结破坏时的锚固承载力计算

当发生锥体黏结破坏时,设钢筋的锚固深度为 l_a,破坏时锥体的高度为 x,则钢筋的极限拉拔力 $F_u = F_c(x) + F_b$。由式(4.3),(4.6)得

$$F_u = f_t \pi (x^2 + Dx) + \tau_{max} \pi D \frac{th(\omega l_a)}{\omega} \tag{4.7}$$

Cook 的研究表明,胶层与混凝土之间的最大黏结应力 τ_{max} 与发生极限破坏时的平均黏结应力 τ_0 之比为 1.02～1.10。因此可假设胶层与混凝土之间的黏结应力为均匀分布。则式(4.7)可简化为

$$F_u = f_t \pi (x^2 + Dx) + \tau_0 \pi D (l_a - x) \tag{4.8}$$

令 $\dfrac{\partial U}{\partial x} = 0$,则得极限承载力取最小值时的高度为

$$x = 0.5 \left(\frac{\tau_0}{f_t} - 1 \right) D \tag{4.9}$$

则发生锥体黏结破坏时的极限抗拔力为

$$F_u = f_t \pi D^2 \left[\frac{\tau_0}{f_t} \frac{l_a}{D} - 0.25 \left(\frac{\tau_0}{f_t} - 1 \right)^2 \right] \tag{4.10}$$

由式(4.10)所得用 AASCM 作胶黏剂植筋试件极限拉拔力的计算值 F_u^c 与实测值 F_u^t 的对比见表4.7。用 AASCM 作胶黏剂植筋试件极限拉拔力的计算值与试验值之比的平均值 $\overline{X} = 1.03$,标准差 $\sigma = 0.10$,变异系数 $\delta = 0.10$。

表 4.7　锚固承载力计算值与实测值的比较

混凝土抗压强度 f_{cu}/MPa	钢筋直径/mm	锚固深度	F_u^c/kN	F_u^t/kN	F_u^c/F_u^t
25.3	12	$8d$	47.1	44.9	1.05
		$10d$	56.8	45.6	1.25
	14	$8d$	65.4	60.2	1.09
		$10d$	76.7	64.6	1.19
	16	$8d$	85.8	94.4	0.91
		$10d$	104.0	98.8	1.05
	18	$8d$	106.6	115.5	0.92
		$10d$	129.0	121.2	1.06
		$12d$	147.3	123.5	1.19
	20	$8d$	129.4	147.2	0.87
		$10d$	156.6	168.6	0.93
		$12d$	178.8	175.6	1.02
	22	$8d$	154.5	167.8	0.92
		$10d$	186.8	165.8	1.13
		$12d$	213.2	203.8	1.05
		$14d$	233.8	204.8	1.14
32.5	12	$8d$	51.8	53.0	0.98
		$10d$	63.0	58.4	1.08
	14	$8d$	68.3	64.6	1.06
		$10d$	83.0	77.8	1.07
	16	$10d$	105.7	101.8	1.04
		$12d$	121.0	105.9	1.14
	18	$8d$	108.1	109.4	0.99
		$10d$	140.0	119.4	1.17
	20	$8d$	131.3	123.9	1.06
		$10d$	159.1	173.5	0.92
	22	$10d$	190.0	208.3	0.91

续表 4.7

混凝土抗压强度 f_{cu}/MPa	钢筋直径/mm	锚固深度	F_u^c/kN	F_u^t/kN	F_u^c/F_u^t
41.4	12	$8d$	52.9	43.7	1.21
		$10d$	64.6	53.6	1.21
	14	$10d$	85.1	77.4	1.10
	16	$8d$	89.1	89.1	1.00
		$10d$	108.4	104.8	1.03
	18	$8d$	110.5	111.8	0.99
		$10d$	134.5	148.8	0.90
		$12d$	154.4	154.5	1.00
	20	$8d$	134.3	166.9	0.80
		$10d$	163.3	173.2	0.94
		$12d$	187.3	171.0	1.10
	22	$8d$	160.3	176.8	0.91
		$10d$	194.9	207.7	0.94

4.4 基于可靠度分析的锚固深度取值建议

4.4.1 黏结锚固性能的影响因素

影响植筋黏结锚固性能的因素较多,如混凝土强度、胶黏剂强度、钢筋外形及锚固端样式、钢筋直径、钻孔直径、锚固深度以及其他因素。本书主要考虑了混凝土强度、钢筋直径和锚固深度对平均黏结应力 τ_0 的影响。

1.混凝土强度

在标准立方体抗压强度为 $25.3~\text{N/mm}^2$, $32.5~\text{N/mm}^2$ 和 $41.4~\text{N/mm}^2$ 的混凝土上植筋,植筋试件破坏时的平均黏结应力 τ_0,如图4.5所示。由图4.5可知,AASCM 在混凝土中植筋的平均黏结锚固强度随混凝土强度的提高而提高,但是提高幅度不大。

2.钢筋直径

在锚固深度变化不大($l_a/d = 8 \sim 10$)的情况下,当试件发生锥体黏结破坏时,钢筋直径对平均黏结应力的影响,如图4.6所示。由图4.6可知,当试件发生锥体黏结破坏时,随着钢筋直径的增大,平均黏结应力有所提高。而当试件发生钢筋拉断的破坏模式时,植筋的最大拉拔力不仅与钢筋直径有关,还受到自身材料性质的影响。

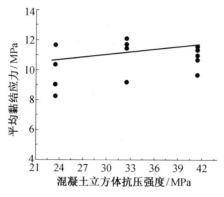

图 4.5　混凝土强度的影响

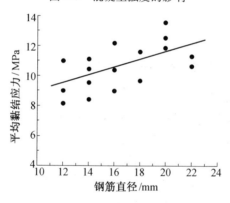

图 4.6　钢筋直径的影响

3. 锚固深度

试验表明,如图 4.7 所示,极限拉拔力 F_u 随着锚固深度的增大而增大,但是平均黏结应力却减小。这是因为锚固深度较大时应力分布不均匀,高应力区相对较短,即黏结应力比平均黏结应力大的钢筋长度 l_b 与有效锚固深度 l_a 的比值较小,故平均黏结应力较低;锚固深度较小时,高应力区相对较长,即黏结应力比平均黏结应力大的钢筋长度 l_b 与有效锚固深度 l_a 的比值较大,故平均黏结应力相对较高,如图 4.8 所示。

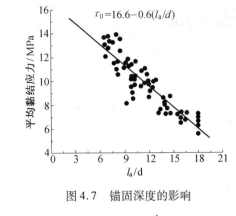

图 4.7　锚固深度的影响

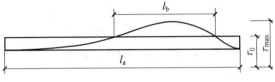

图 4.8　黏结应力分布图

4.4.2　基于可靠度分析的锚固深度取值建议

1. 极限状态方程

对于给定的钢筋、混凝土和 AASCM，钢筋的屈服力不变，锚固力在一定范围内随锚固深度改变而变化。因此，在某一特定的锚固深度下，锚固力可等于钢筋屈服力，即黏结锚固失效与钢筋屈服同时发生。此锚固深度称为临界锚固深度，而锚固力与屈服力相等的状态称为锚固极限状态。可见，临界锚固深度 l_a 实际上就是当极限拉拔力 F_u 达到屈服力时钢筋不被拔出时所需的最小锚固深度，而锚固极限状态就是钢筋的屈服力和极限黏结应力同时达到的状态。一般来说，钢筋的屈服和锚固力都是随机变量，所以临界锚固深度 l_a 也是随机变量，锚固极限状态是不确定的。因此，可以采用可靠度预测方法来确定设计锚固深度 l_a。

在锚固极限状态下，试件的抗力 R 和效应 S 分别为

$$R = f_{tm} \pi (d+4)^2 \left[\frac{14.42 + 0.03 f_{cu,m} - 0.39 l_a/d}{f_{tm}} \cdot \frac{l_a}{d+4} - \right.$$
$$\left. 0.25 \left(\frac{14.42 + 0.03 f_{cu,m} - 0.39 l_a/d}{f_{tm}} - 1 \right)^2 \right] \tag{4.11}$$

$$S = F_u = \frac{\pi d^2 f_y}{4} \tag{4.12}$$

式中　f_{tm}——混凝土立方体抗拉强度,N/mm² ;

　　　$f_{cu,m}$——混凝土立方体抗压强度,N/mm² ;

　　　l_a——钢筋临界锚固深度,mm;

　　　d——钢筋直径,mm;

　　　f_y——HRB335 钢筋抗拉强度,N/mm²。

2. 基本随机变量的统计参数

混凝土及钢筋的随机性主要源于材料品质、制作工艺、质量检测和环境条件等因素的随机性。而混凝土和钢筋的材料性能近似服从正态分布。选定全国有代表性的若干地区的施工现场和预制构件厂,对所配置的不同强度等级混凝土制作标准立方体试件,并测试其抗压强度 f_{cu},根据实验数据,按照正态分布规律,进行满足 95% 保证率的统计分析,得到混凝土立方体抗拉强度和立方体抗压强度统计参数见表 4.8。

表 4.8　混凝土立方体抗压强度和抗拉强度统计参数

混凝土强度等级	C20	C30	C40
抗压强度平均值 $f_{cu,m}$/MPa	28.4	39.0	49.8
抗拉强度平均值 f_{tm}/MPa	2.19	2.61	2.98
变异系数 δ	0.18	0.14	0.12

为了与现行规范协调,参考现行设计规范和其他钢筋的统计分布,取规范规定钢筋强度标准值 f_{yk} 及相关资料统计的变异系数 $\delta f_y = 0.064$,按 95% 保证率原则反算出 HRB335 级钢筋的统计参数为

$$\mu f_y / MPa = f_{yk} / (1 - 1.645 \delta f_y) = 374.5$$

构件几何尺寸偏差的统计参数见表 4.9。其中 l_a^0,l_a^d 分别为锚固深度实际值和锚固深度设计值;d^0,d^d 分别为钢筋直径实测值和设计值。

表 4.9　几何尺寸偏差统计

几何尺寸	l_a^0 / l_a^d	d^0 / d^d
平均值 μ	0.99	1.00
变异系数 δ	0.05	0.02

3. 植筋试件的可靠度指标计算

按照《建筑结构可靠度设计统一标准》(GB 50068—2001)的定义,结构可靠度为结构在规定的时间内,在规定的条件下,完成预定功能的概率。在工程实际应用中,通常采用一次二阶距理论的演算点或 JC 法进行结构可靠度指标计算。本书采用 JC 法求植筋试件的可靠度指标,可靠度指标

计算公式为

$$Z = g(x_1^*, x_2^*, \cdots, x_n^*) = 0 \tag{4.13}$$

$$\beta = \sum_{i=1}^{n} \left.\frac{\partial g}{\partial x_i}\right|_{p^*} (\mu_{x_i} - x_i^*) \Big/ \left[\sum_{i=1}^{n} \left(\left.\frac{\partial g}{\partial x_i}\right|_{p^*} \sigma_{x_i} \right)^2 \right]^{\frac{1}{2}} \tag{4.14}$$

$$x_i^* = \mu_{x_i} + \beta \sigma_{x_i} \cos\theta_{x_i} \tag{4.15}$$

$$\cos\theta_{x_i} = - \sum_{i=1}^{n} \left.\frac{\partial g}{\partial x_i}\right|_{p^*} \sigma_{x_i} \Big/ \left[\sum_{i=1}^{n} \left(\left.\frac{\partial g}{\partial x_i}\right|_{p^*} \sigma_{x_i} \right)^2 \right]^{\frac{1}{2}} \tag{4.16}$$

$$\mu_{x_i} = x_i^* - \Phi^{-1}[F_i(x_i^*)]\sigma_{x_i} \tag{4.17}$$

$$\sigma_{x_i} = \varphi\{\Phi^{-1}[F_i(x_i^*)]\} / f_i(x_i^*) \tag{4.18}$$

式中　　x_i —— 正态基本随机变量,$i = 1,2,\cdots,n$;

$\mu x_i, \sigma x_i$ —— $x_i(i = 1,2,\cdots,n)$ 的平均值和标准差;

$F_i(x_i^*), f_i(x_i^*)$ —— x_i 在设计演算点处的概率分布函数和概率密度函数;

$\Phi^{-1}(\cdot), \varphi(\cdot)$ —— 标准正态概率分布函数的反函数和概率密度函数;

$\dfrac{\partial g}{\partial x_i}$ —— 函数 $g(x)$ 对 x_i 的偏导数在设计演算点 p^* 处赋值。

用 AASCM 作胶黏剂分别在 C20,C30,C40 混凝土中植直径 $d = 12,14,16,18,20,22$ mm 的 HRB335 级钢筋的可靠度指标如图 4.9 所示。

可见,当相对锚固深度较小时,植筋试件的可靠度指标随着混凝土强度的增加有较大程度的提高;当相对锚固深度较大时,植筋试件的可靠度指标随着混凝土强度的增加而提高不大。用 AASCM 作胶黏剂在同一强度等级混凝土中植同种类钢筋,试件可靠度指标随着钢筋直径增大而降低。

4.基于可靠度反分析的锚固深度取值建议

对于某一给定的可靠度指标 $\beta = \beta_T$,采用逆可靠度方法可得到钢筋的锚固深度平均值。结构可靠度反问题是已知结构的极限状态方程,需要确定设计参数,以达到在一定的保证率下,结构的抗力不低于荷载效应。因而问题可以看作是在指定可靠度指标的前提下,求解极限状态方程中影响结构的某些设计参数。对于目标可靠度指标 β,反问题可以表示为:已知 β,求解 μ_y(y 的均值)或 σ_y(y 的标准差),满足 $\min\beta = \sqrt{\sum_{i=1}^{n+1} \left(\dfrac{x_i - \mu_{x_i}}{\sigma_{x_i}} \right)^2}$ 且 $g(x,y) = g(x_1, x_2, \cdots, x_n, y) = 0$。为了书写方便,记 $x_{n+1} = y$,即 $x = (x_1, x_2, \cdots, x_n, x_{n+1})$。

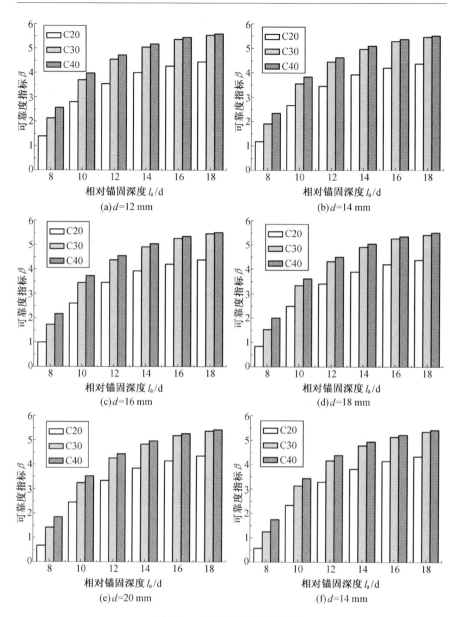

图 4.9 植筋试件可靠度指标

由可靠度分析方法可以看出,在验算点处必须满足

$$u_i^* = \frac{x_i^* - \mu_{x_i}}{\sigma_{x_i}} \qquad (4.19)$$

可靠指标 β 由式(4.20)给定:

$$\beta = \sum_{i=1}^{n+1} \frac{\partial g}{\partial x_i}\bigg|_{p^*} (\mu_{x_i} - x_i^*) \Big/ \Big[\sum_{i=1}^{n} \Big(\frac{\partial g}{\partial x_i}\bigg|_{p^*} \sigma_{x_i} \Big)^2 \Big]^{\frac{1}{2}} \qquad (4.20)$$

联立式(4.19)和式(4.20)，可得

$$x_i^* = \mu_{x_i} + \alpha_i \beta \sigma_{x_i} \qquad (4.21)$$

假定 $\dfrac{x_i^* - \mu_{x_i}}{\sigma_{x_i}}$ 为经当量正态化后的标准正态向量，功能函数 G 的值可以通过计算 x 和 y 获得。假定求解的参数为 y，在对功能函数进行 Taylor 级数线性展开，则

$$Z_L = g(x_1^*, x_2^*, \cdots, x_n^*, y^*) + \sum_{i=1}^{n} \frac{\partial g}{\partial x_i}\bigg|_{\mu} (\mu_{x_i} - x_i^*) + \frac{\partial g}{\partial y}\bigg|_{\mu} (y - y^*) = 0$$

$$(4.22)$$

得

$$y = y^* - \frac{g(_1^*, x_2^*, \cdots, x_n^*, y^*) + \sum_{i=1}^{n} \dfrac{\partial g}{\partial x_i}\bigg|_{\mu} (\mu_{x_i} - x_i^*)}{\partial g / \partial y\big|_{\mu}} \qquad (4.23)$$

给定 y 的初始值，计算极限状态函数相应的梯度，由上述公式得到一个新的向量 $\boldsymbol{x}$，同时满足 $\min \beta = \sqrt{\sum_{i=1}^{n+1} \Big(\dfrac{x_i - \mu_{x_i}}{\sigma_{x_i}} \Big)^2}$；继而得到新的 y 值，重复以上过程，直至 y 和 x_i^* 全部收敛。

《建筑结构可靠度设计统一标准》(GB 50068—2001)规定，对于安全等级为二级的结构构件，当延性破坏时，取设计可靠指标 $\beta = 3.2$。在不同等级混凝土中植直径 HRB335 级钢筋的锚固深度基本值见表 4.10。

表 4.10　锚固深度基本值　　　　　　　　　　　　mm

钢筋直径	12	14	16	18	20	22
C20	132	156	182	207	233	261
C30	113	137	159	181	211	224
C40	106	125	144	165	185	206

锚固深度基本值是建立在锚固承载力极限状态基础上，而实际工程中的设计锚固深度必须有一定的安全储备，为此需要合理地确定可供实际工程使用的锚固深度设计值。锚固深度设计值是在承载能力极限状态设计中采用的锚固深度代表值，用锚固深度基本值乘以相应的分项安全系数来计算。

$$\frac{l_a}{d} = \gamma \left(\frac{l_a}{d} \right)_k \tag{4.24}$$

式中　γ——分项安全系数。

4.5　小　　结

通过对 108 个用 AASCM 作胶黏剂在混凝土中植筋的锚固性能试验，获得了植筋试件的破坏模式、锚固承载力和荷载滑移曲线等试验数据，得出如下结论：

（1）对用 AASCM 作胶黏剂在混凝土中以 $8d$,$10d$,$12d$,$14d$,$16d$ 和 $18d$ 的锚固深度所植 HRB335 钢筋进行拉拔试验，主要出现锥体黏结破坏和钢筋拉断两种比较理想的破坏模式，表明用 AASCM 作胶黏剂在混凝土中植筋试件锚固性能良好，可以用于工程建设。

（2）用 AASCM 作胶黏剂在混凝土中植筋的锚固性能受混凝土强度和钢筋直径影响不大，主要由锚固深度决定。

（3）提出了用 AASCM 作胶黏剂在混凝土中植筋试件发生锥体黏结破坏模式的锚固承载力的计算公式，计算值与试验结果吻合良好。通过可靠度反分析，给出了锚固深度取值建议。

第 5 章　常温下用 AASCM 粘贴的碳纤维布与混凝土间的黏结锚固性能

5.1　双剪试验概况

5.1.1　试验方案

研究表明,用于考察纤维布与混凝土界面黏结性能的试验方法,主要包括单剪、双剪和梁式黏结试验 3 种方法,试验形式如图 5.1 所示。其中,被广泛应用的是单剪和双剪试验方法,原因在于二者主要考察界面的受剪性能,受力情况明确,试验装置简单,并有大量的试验结果可供对比。因此,本书采用双剪试验方法研究用 AASCM 粘贴的碳纤维布与混凝土间的黏结性能。

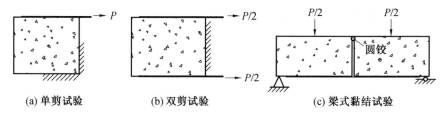

(a) 单剪试验　　　　(b) 双剪试验　　　　(c) 梁式黏结试验

图 5.1　界面黏结性能试验方法示意图

用 AASCM 在 100 mm×100 mm×100 mm 的混凝土立方体试件两侧,对称粘贴一层碳纤维布,碳纤维布与每侧混凝土的粘贴面积取为 100 mm×70 mm,粘贴碳纤维布的双剪试件情况如图 5.2 所示。

本课题组自行设计了一套双剪试验装置,如图 5.3 所示。双剪试验装置由上、下两半部分组成。装置上半部分用于固定混凝土试件,荷载通过装置上半部分抗拉端杆施加;为固定侧板以避免加载时两侧板发生弯曲变形,在装置上半部分两侧板的外侧焊接两个钢片;装置下半部分用于固定碳纤维布加载端,荷载通过装置下半部分抗拉端杆施加。图 5.4 为双剪试件放入双剪试验装置内的情况。

如图 5.4 所示,将双剪试件放入双剪试验装置中的流程为:①将双剪

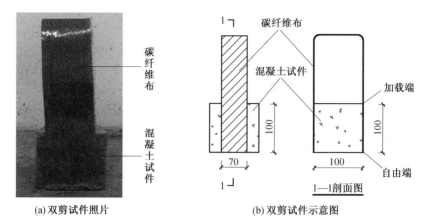

(a) 双剪试件照片　　　(b) 双剪试件示意图

图 5.2　粘贴碳纤维布的双剪试件图

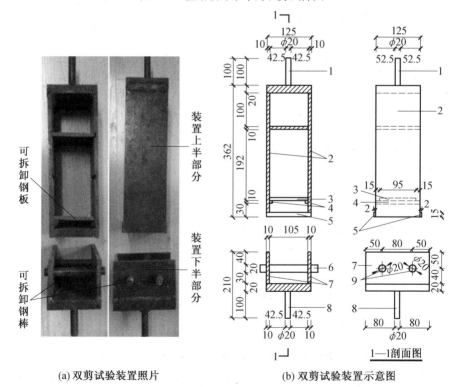

(a) 双剪试验装置照片　　　(b) 双剪试验装置示意图

图 5.3　双剪试验装置图

1—装置上半部分受拉端杆;2—装置上半部分侧板;3—可拆卸钢板;4—装置上半部分焊接钢条;5—装置上半部分焊接钢片;6—可拆卸钢棒;7—装置下半部分侧板;8—装置下半部分受拉端杆;9—装置下半部分预留孔洞

试件放入装置上半部分的两侧板内,此时双剪试件的碳纤维布非锚固区段应朝下放置;②将可拆卸钢板放在双剪试件和焊接钢条中间,用以支撑双剪试件;③用两根直径 20 mm(ϕ20)的可拆卸钢棒,将双剪试件碳纤维布的非锚固区段固定,使其与装置下半部分共同受力。

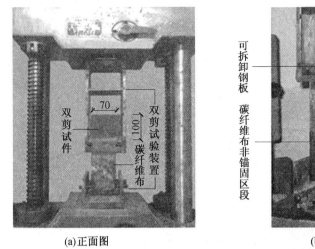

(a)正面图　　　　　　　　　　　　　　(b)侧面图

图 5.4　双剪试件放入双剪试验装置图

通过双剪试验得到的双剪试件面内平均剪切强度,可采用公式(5.1)进行计算。

$$\tau = \frac{P_u}{2b_f L_f} \tag{5.1}$$

式中　τ——面内平均剪切强度,MPa;

　　　P_u——破坏荷载,kN;

　　　b_f——纤维布的黏结宽度,mm;

　　　L_f——纤维布的黏结长度,mm。

5.1.2　材料性能

为考察混凝土强度对界面黏结性能的影响,采用了 3 种混凝土设计强度等级,依次为 C30,C40 和 C50。同时各制作 2 组(每组 3 个)共 6 个 150 mm×150 mm×150 mm 的标准立方体试件,自然养护 28 d 时,任选 3 组测得混凝土标准立方体抗压强度实测平均值分别为31.55 MPa,43.57 MPa 和49.90 MPa。双剪试验前再对剩余 3 组分别做强度测试,测得混凝土标准立方体抗压强度实测平均值分别为 33.70 MPa,46.82 MPa 和

51.21 MPa。本书还测得设计强度等级为 C30 混凝土的直径 150 mm、高度 300 mm(ϕ150 mm×300 mm)圆柱体的抗压强度平均值为 25.47 MPa。

为考察纤维布种类对界面黏结性能的影响,本书选取 3 种纤维布进行研究,由厂家提供的 3 种纤维各力学性能指标见表 5.1。其中,面密度是指纤维布的单位面积质量。

表 5.1 纤维布的力学性能指标

纤维布名称	面密度 /(g·m^{-2})	计算厚度 /mm	拉伸强度标准值 /MPa	弹性模量 /(10^4 MPa)	伸长率 /%
UT70-20 型 碳纤维布	200	0.111	4114	24.3	1.72
UT70-30 型 碳纤维布	300	0.167	4125	24.4	1.71
BUF13-380 型 玄武岩纤维布	380	0.180	2300	9.1	2.60

用来进行双剪试验分析的 3 种纤维布,有两种是碳纤维布,一种是玄武岩纤维布。其中,碳纤维布为 UT70-20 型和 UT70-30 型碳纤维布,主要由日本东丽公司提供;BUF13-380 型玄武岩纤维布,主要由浙江石金玄武岩纤维有限公司提供。

为考察胶黏剂类型对界面黏结性能的影响,本书选用中国建研院建研建材有限公司生产的昆仑牌 MS 系列碳纤维配套环氧树脂胶进行对比分析,常规环氧树脂胶的力学性能指标,见表 5.2。其中,用尺寸为 10 mm× 10 mm×25 mm 的环氧树脂棱柱体来测试胶黏剂的压缩强度。

表 5.2 常规环氧树脂胶的力学性能指标

产品名称	拉伸强度 /MPa	压缩强度 /MPa	拉伸剪切 强度/MPa	正拉黏结 强度/MPa	弹性模量 /(10^4 MPa)	伸长率 /%
MS 系列 环氧树脂胶	39.12	71.55	19.23	5.61	1.90	2.56

5.1.3 试验流程

由于 AASCM 是无机聚合材料,其终产物主要是水化硅酸钙(C-S-H)凝胶、水滑石和水化铝酸四钙[(C,M)$_4$AH$_{13}$]等大分子结构,其溶液呈现悬浊液形式,属于胶体粗分散体系。另一方面,碳纤维布由碳纤维丝单向编织而成,丝束内分布许多毛细管。当不做任何处理用 AASCM 直接粘贴碳纤维布时,AASCM 中的水分极易被干燥的碳纤维布汲取而充斥在碳纤维布的毛细管中,剩下 AASCM 的大分子溶质被致密的碳纤维丝束过滤出来,分布在碳纤维布表面,导致固液分离现象发生。

因此,本书参照美国《外贴纤维加固混凝土结构设计与施工指南》(ACI440.2R-08)和我国《碳纤维片材加固修复混凝土结构技术规程》(CECS146:2003)的施工工艺,以及 Badanoiu 的做法,即在粘贴碳纤维布之前,对碳纤维布进行表面处理。具体做法为:将碳纤维布浸泡在 AASCM 胶液中,并用平滑宽大的滚筒杵捣碳纤维布 15 min,可获得良好的黏结效果。其原因在于:①用 AASCM 对碳纤维布进行处理可改善胶与碳纤维丝间的结合界面;②降低了胶黏剂与碳纤维布之间的过渡区孔隙率,使过渡区致密化;③杵捣可使碳纤维布变得松散,促进 AASCM 的大分子颗粒向碳纤维布内部渗透。此外,浸泡和杵捣碳纤维布还可达到使 AASCM 充分浸透碳纤维布,对碳纤维布起到绝氧保护,并避免碳纤维丝被氧化的目的。另一方面,用塑料刮板挤出 AASCM 与碳纤维布之间及 AASCM 与混凝土之间过渡区的气泡,使双剪试件的胶层厚度保持一致,可进一步改善 AASCM 对碳纤维布的浸润能力,并保证破坏形式的合理性。

由于 AASCM 流动性较好,可起到一般找平材料填平混凝土表面凹陷部位的作用。因此,本书采用同一配比的 AASCM 实现底涂、找平和浸渍 3 种胶黏剂功能。图 5.5 和图 5.6 分别为用 AASCM 粘贴碳纤维布加固混凝土棱柱体施工流程和双剪试验流程。具体情况如下:

(1)将混凝土表面打磨平整,剔除混凝土表面疏松层,去除表层浮尘、油污等杂质;并在混凝土表面洒少量水,以保持混凝土表面湿润,此做法避免了干燥的混凝土表面汲取 AASCM 内部水分,可使混凝土与 AASCM 有较好的黏结。

(2)按需要裁剪碳纤维布,用透明胶带对双剪试件上的碳纤维布粘贴区与非粘贴区分区(图 5.5(d)),以及在浸泡和杵捣碳纤维布时,非粘贴区域不会被胶液浸润或滚筒滚压松散。

(3)将搅拌好的 AASCM 倒入槽型容器中,在 AASCM 中浸润碳纤维布,并用平滑宽大的滚筒沿单向杵捣碳纤维布 15 min,此种施工方法的目的在于:①用 AASCM 对碳纤维布进行浸润和杵捣处理,降低胶黏剂与碳纤维布之间的过渡区孔隙率,使过渡区致密化;②杵捣可使碳纤维布变得松散,促进 AASCM 的大分子颗粒向碳纤维布内部渗透。

（4）在混凝土表面刷涂 2 mm 厚 AASCM 底胶,将碳纤维布受杵捣一面朝下粘贴在混凝土表面;并用塑料刮板挤出气泡,刷涂 2 mm 厚 AASCM 面胶,施工流程如图 5.5 所示。

(a)清理混凝土表面

(b)浸润并杵捣碳纤维布

(c)刷涂 AASCM 底胶

(d)粘贴碳纤维布

(e)用塑料刮板挤出气泡

(f)碳纤维布外表刷涂 AASCM 面胶

图 5.5　粘贴碳纤维布的施工流程

（5）将粘贴好碳纤维布的双剪试件,放入温度为(20±1)℃相对湿度不低于 50% 的恒温恒湿标准养护箱中养护,直至 AASCM 预定龄期(3 d,7 d,28 d)时,再进行双剪试验。

（6）如图 5.6 所示,在 WE-30B 型液压式万能试验机上进行双剪试验流程为:①用试验机的上夹口夹住双剪试验装置上半部分抗拉端杆;②将双剪试件放入双剪试验装置上半部分的两侧板内;③将可拆卸钢板放在双剪试件和焊条中间以支撑双剪试件;④用试验机的下夹口夹住双剪试验装置下半部分抗拉端杆;⑤用可拆卸钢棒将双剪试件的碳纤维布加载端固定;⑥调整双剪试验装置的上、下两部分和双剪试件的位置,使三者严格对中,再开动试验机进行双剪试验。

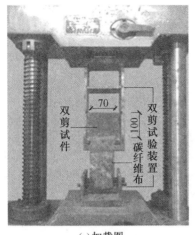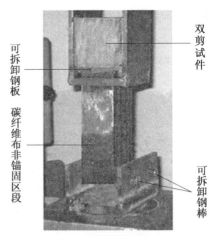

(a) 加载图　　　　　　　　(b) 双剪试验装置

图 5.6　双剪试验加载图

5.1.4　破坏形式

如图 5.7 所示,纤维布与混凝土黏结界面分为 5 个层次,相应的受剪剥离破坏主要有以下 6 种破坏形式:

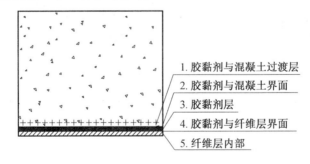

1. 胶黏剂与混凝土过渡层
2. 胶黏剂与混凝土界面
3. 胶黏剂层
4. 胶黏剂与纤维层界面
5. 纤维层内部

图 5.7　纤维布与混凝土黏结界面示意图

(1)破坏形式 1:与胶层毗邻的混凝土撕裂剥离。

(2)破坏形式 2:胶层内部发生面内滑脱导致的剥离破坏。

(3)破坏形式 3:纤维布被拉断。

(4)破坏形式 4:混凝土撕裂剥离与胶层面内滑脱同时发生。

(5)破坏形式 5:混凝土撕裂剥离与纤维布被拉断同时发生。

(6)破坏形式 6:混凝土撕裂剥离与胶层面内滑脱的同时,纤维布被拉断。

针对上述 6 种破坏形式,可知破坏形式 1 一般在胶层强度高于混凝土强度,纤维布的锚固长度不足时出现。破坏形式 2 一般在胶层强度较低,混凝土强度相对较高,纤维布的锚固长度不足时出现;若纤维布在胶黏剂中充分浸润,且胶层强度又高于混凝土强度,则破坏形式 2 在施工可靠的情况下一般不会出现,也是粘贴纤维布加固混凝土结构所不容许出现的一种破坏形式。破坏形式 3 一般在胶层强度和混凝土强度均较高,且纤维布的锚固长度足够时出现。破坏形式 4、破坏形式 5 和破坏形式 6 是在多种因素共同影响时才会出现。因此,当纤维布的锚固长度不足时,理想的界面破坏是胶层下混凝土被撕下一层,即破坏形式 1,其剥离破坏示意图如图 5.8 所示。

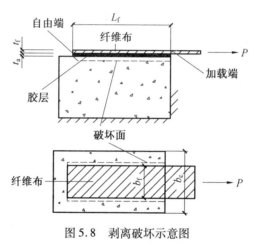

图 5.8 剥离破坏示意图

其中,t_a 表示底面胶层的厚度,取值范围是 $0 \leqslant t_a \leqslant 2$ mm;t_f 表示单层纤维布的计算厚度,取值范围是 $0 \leqslant t_f \leqslant 0.2$ mm;b_c 表示混凝土试件的宽度;b_f 表示粘贴单层纤维布的宽度,取值范围是 $0 \leqslant b_f \leqslant b_c$;$L_f$ 表示纤维布的黏结长度。

5.2 界面黏结性能的影响因素

5.2.1 用水量的影响

结合第 3 章内容可知,AASCM 两种较优配比 W35 和 W42 的各项力学性能均较优异,二者的主要差别在于用水量不同。试验表明,用水量的大小既与 AASCM 的强度和黏结性能有直接关系,又对 AASCM 的浸润性和施工可操作性有重要影响。因此,为进一步探讨用水量对 AASCM 黏结性能的影响,本书选取用水量分别占矿渣质量的 35%,42% 和 45%,水玻璃模数 $M_s = 1.0$,水玻璃用量占矿渣质量 12% 的配比,来制备 3 种胶黏剂 W35,W42 和 W45。双剪试件是用 3 种胶黏剂粘贴 0.167 mm 厚的 UT70-30 型碳纤维布,双剪试验时标准立方体抗压强度为 33.70 MPa 的混凝土试件。试验结果见表 5.3。剥离破坏形式如图 5.9 所示。其中,每个配比的 AASCM 养护龄期均为 3 d,7 d 和 28 d,每个龄期测试 3 个双剪试件,即每个配比测试 9 个双剪试件。共测试 3 种配比随龄期变化情况,即共测试 27 个双剪试件。

表 5.3 用水量对界面黏结性能的影响

配比编号	AASCM 养护龄期/d	面内剪切强度/MPa			破坏形式	平均剪切强度/MPa
		A—1	A—2	A—3		
W35	3	1.27	1.32	1.31	破坏形式 4	1.30
	7	1.29	1.45	1.51	破坏形式 1	1.41
	28	1.47	1.52	1.48	破坏形式 1	1.49
W42	3	1.10	1.09	1.17	破坏形式 4	1.12
	7	1.24	1.33	1.30	破坏形式 1	1.29
	28	1.28	1.36	1.28	破坏形式 1	1.34
W45	3	0.84	1.01	0.88	破坏形式 4	0.91
	7	0.98	1.10	1.07	破坏形式 4	1.05
	28	1.01	1.12	1.15	破坏形式 4	1.09

表 5.3 中剪切强度是指双剪试件发生与胶层毗邻的混凝土撕裂剥离破坏时的剪应力,既可是胶层发生面内滑脱时的剪应力,也可是同时发生混凝土撕裂剥离和胶层面内滑脱破坏时的剪应力。

由表 5.3 和图 5.9 可知,W35 和 W42 养护龄期为 3 d 时,以及 W45 养护龄期为 3 d,7 d 和 28 d 时,双剪试件破坏形式均属于破坏形式 4,即同时发生了与胶层毗邻混凝土撕裂剥离和胶层面内滑脱的混合破坏。W35 和 W42 配比的双剪试件上粘有部分胶黏剂,说明 AASCM 养护龄期较短时,部分胶层强度低于混凝土强度,胶黏剂发生面内滑脱而留在混凝土试件表面;另一部分胶层强度增长较快,可将与胶层毗邻的混凝土部分撕裂剥离。W45 配比的双剪试件发生破坏时,面内滑脱的胶层上只粘有少量混凝土,胶层也未残留在双剪试件上,说明该配比胶黏剂强度较低,与混凝土黏结界面相对薄弱,未到达良好的黏结效果。W35 和 W42 养护龄期为 7 d 和

(a) W35 (3 d)　　　　　(b) W42 (3 d)　　　　　(c) W45 (3 d)

(d) W35 (7 d)　　　　　(e) W42 (7 d)　　　　　(f) W45 (7 d)

(g) W35 (28 d)　　　　　(h) W42 (28 d)　　　　　(i) W45 (28 d)

图 5.9　用水量对界面黏结性能的影响

28 d 时,出现了与胶层毗邻的混凝土撕裂剥离的破坏形式 1,说明随着 AASCM 养护龄期的增长,W35 和 W42 配比的胶黏剂强度明显提高,胶层强度均高于混凝土强度,起到了良好的黏结加固效果。

图 5.10 为 AASCM 扩展流动度的检测方法。表 5.4 为 W35,W42 和 W45 这 3 种 AASCM 新拌胶的流动度结果。

由表 5.3 可知,当用水量为 35%,W35 养护龄期为 28 d 时,双剪试件的面内剪切强度可达 1.49 MPa;但由新拌胶的流动度(见表 5.4)和试验现象可知,此时胶液比较黏稠,初凝时间仅为 30 min,难以满足施工对时间的要求。当用水量为 42%,W42 养护龄期为 28 d 时,碳纤维布与 100 mm× 100 mm×100 mm 混凝土试件的面内剪切强度可达 1.34 MPa,比 W35 的面内剪切强度略低,但胶液黏度适中,初凝时间可达 45 min,终凝时间为 80 min,可充分浸润并杵捣碳纤维布以完成粘贴任务。当用水量为 45%

(a)模套　　　　　　　　　　　　　　(b)实测直径

图 5.10　AASCM 流动度检测方法

时,胶液黏聚性变差,强度也变小。因此,选择用水量占矿渣质量 42% 配比 W42 为后续应用研究对象。

表 5.4　AASCM 的流动度

配比编号	实测最大直径/mm	在碳纤维布上的流动度/mm
W35	105～107	106
W42	118～126	129～132
W45	129/132	130.5

注:表中流动度值是在碳纤维布上的值,非标准试验值

5.2.2　纤维布种类的影响

为考察纤维布种类对界面黏结性能的影响,本书用 W42 配比胶黏剂在混凝土表面分别粘贴 0.111 mm 厚的 UT70-20 型碳纤维布、0.167 mm 厚 UT70-30 型碳纤维布和 0.180 mm 厚的 BUF13-380 型玄武岩纤维布(材料性能见表 5.1)。双剪试验时混凝土试件标准立方体抗压强度为 33.70 MPa,按图 5.6 进行双剪试验,试验结果见表 5.5,其中,AASCM 养护龄期为 3 d,7 d 和 28 d,每个纤维布类型每个龄期测试 3 个双剪试件,即每个纤维布类型测试 9 个双剪试件。共测试 3 个纤维布类型情况,即共测试 27 个双剪试件。纤维布种类对界面黏结性能的影响如图 5.11 所示。

表 5.5　纤维布种类对界面黏结性能的影响

纤维布种类	W42 养护龄期 /d	试件编号	面内剪切强度 /MPa	破坏形式	混凝土剥离面积比 /%	平均剪切强度 /MPa
UT70-20 型碳纤维布（厚度为 0.111 mm）	3	B-1	0.86	破坏形式 5	60	≥0.95
		B-2	0.95	破坏形式 5	70	
		B-3	1.04	破坏形式 1	75	
	7	B-4	0.94	破坏形式 5	90	≥1.03
		B-5	1.05	破坏形式 1	85	
		B-6	1.09	破坏形式 5	95	
	28	B-7	1.13	破坏形式 5	85	≥1.20
		B-8	1.18	破坏形式 1	95	
		B-9	1.31	破坏形式 1	90	
UT70-30 型碳纤维布（厚度为 0.167 mm）	3	B-10	1.03	破坏形式 4	30	1.12
		B-11	1.11	破坏形式 4	45	
		B-12	1.16	破坏形式 4	60	
	7	B-13	1.17	破坏形式 4	70	1.29
		B-14	1.33	破坏形式 1	75	
		B-15	1.38	破坏形式 1	85	
	28	B-16	1.26	破坏形式 1	80	1.34
		B-17	1.29	破坏形式 1	85	
		B-18	1.45	破坏形式 1	95	

续表 5.5

纤维布种类	W42 养护龄期/d	试件编号	面内剪切强度/MPa	破坏形式	混凝土剥离面积比/%	平均剪切强度/MPa
BUF13-380 型玄武岩纤维布（厚度为 0.180 mm）	3	B-19	0.62	破坏形式 4	30	0.65
		B-20	0.64	破坏形式 4	50	
		B-21	0.66	破坏形式 2	–	
	7	B-22	0.76	破坏形式 4	65	0.77
		B-23	0.76	破坏形式 2	–	
		B-24	0.80	破坏形式 4	70	
	28	B-25	0.78	破坏形式 4	80	0.83
		B-26	0.84	破坏形式 2	–	
		B-27	0.87	破坏形式 4	85	

注:1.剥离面积比即通过坐标纸量测得到混凝土剥离面积与实际粘贴面积的比值;

2. 双剪试件 B-1,B-2,B-4,B-6 和 B-7 发生混凝土撕裂剥离和碳纤维布被拉断并存的破坏形式 5,实际面内剪切强度应不小于表中数值;

3. "-"表示混凝土未被撕裂剥离,而发生胶层面内滑脱

对比分析可知,0.111 mm 厚的 UT70-20 型碳纤维布相对较薄,破断荷载较低,经 AASCM 浸泡和杵捣施工工艺后,黏结较好。破坏时呈现混凝土撕裂剥离与碳纤维布被拉断共存的破坏(破坏形式 5)。部分碳纤维布被拉断使相应部位胶层未发挥作用,因此实际面内剪切强度应不小于表5.5 中的数值。

0.167 mm 厚的 UT70-30 型碳纤维布薄厚适中,当 W42 养护龄期较短(3 d)时,因 AASCM 强度较低,导致双剪试件发生胶层内部滑脱和部分混凝土剥离并存的破坏(破坏形式 4);随着龄期的增长,当 W42 养护龄期为7 d 和 28 d 时,经 AASCM 浸润并杵捣后双剪试件发生与胶层毗邻的混凝土整体撕裂剥离的破坏形式 1;由表 5.5 和图 5.11 可知,整个面层均匀受力,双剪试件的界面承载力较高,当 W42 养护龄期为 28 d 时,双剪试件的面内平均剪切强度可达1.34 MPa。

0.180 mm 厚的 BUF13-380 型玄武岩纤维布相对密实,浸润性较差,对混凝土的黏结效果不好;当 W42 养护龄期为 3 d,7 d 和 28 d 时,双剪试件发生了两种破坏形式:①发生混凝土撕裂剥离和胶层内部滑脱的混合破

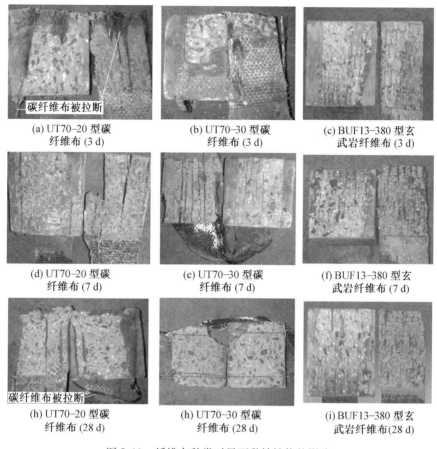

(a) UT70-20 型碳 　　　(b) UT70-30 型碳 　　　(c) BUF13-380 型玄
纤维布 (3 d) 　　　　　　纤维布 (3 d) 　　　　　武岩纤维布 (3 d)

(d) UT70-20 型碳 　　　(e) UT70-30 型碳 　　　(f) BUF13-380 型玄
纤维布 (7 d) 　　　　　　纤维布 (7 d) 　　　　　武岩纤维布 (7 d)

(h) UT70-20 型碳 　　　(h) UT70-30 型碳 　　　(i) BUF13-380 型玄
纤维布 (28 d) 　　　　　纤维布 (28 d) 　　　　武岩纤维布(28 d)

图 5.11　纤维布种类对界面黏结性能的影响

坏(破坏形式 4);②发生胶层面内滑脱的破坏(破坏形式 2),其面内剪切强度较小。当 W42 胶层养护龄期为 28 d 时,粘贴 0.180 mm 厚的 BUF13-380 型玄武岩纤维布双剪试验时,其面内平均剪切强度仅为 0.83 MPa,明显低于两种碳纤维布面内平均剪切强度(1.20 MPa 和 1.34 MPa)。综上可知,碳纤维布的黏结效果比玄武岩纤维布的黏结效果好。

5.2.3　混凝土强度的影响

为考察混凝土强度对界面黏结性能的影响,选择混凝土试件养护龄期为 28 d,即开始粘贴碳纤维布时标准立方体抗压强度实测值分别为31.55 MPa,43.57 MPa 和 49.90 MPa,以及双剪试验时标准立方体抗压强度实测值分别为 33.70 MPa,46.82 MPa 和 51.21 MPa 的 3 种混凝土试件进行双剪试验。用 W42 粘贴 0.167 mm 厚的 UT70-30 型碳纤维,其面内剪切试验结果见表 5.6,剥离情况如图 5.12 所示。

表 5.6　混凝土强度对界面黏结性能的影响

双剪试验时与试件对应的混凝土标准立方体抗压强度实测值/MPa	W42 养护龄期/d	面内剪切强度/MPa			破坏形式	平均剪切强度/MPa
		C-1	C-2	C-3		
33.70	3	1.10	1.09	1.17	破坏形式 4	1.12
	7	1.24	1.33	1.30	破坏形式 1	1.29
	28	1.28	1.36	1.28	破坏形式 1	1.34
46.82	3	1.23	1.30	1.25	破坏形式 4	1.26
	7	1.34	1.43	1.46	破坏形式 1	1.41
	28	1.37	1.55	1.52	破坏形式 1	1.48
51.21	3	1.26	1.38	1.35	破坏形式 4	1.33
	7	1.44	1.51	1.46	破坏形式 4	1.47
	28	1.52	1.64	1.67	破坏形式 1	1.61

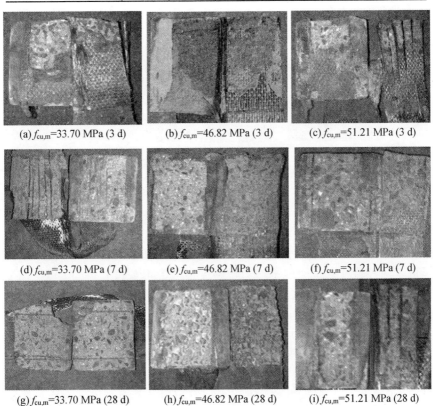

(a) $f_{cu,m}$=33.70 MPa (3 d)　　(b) $f_{cu,m}$=46.82 MPa (3 d)　　(c) $f_{cu,m}$=51.21 MPa (3 d)

(d) $f_{cu,m}$=33.70 MPa (7 d)　　(e) $f_{cu,m}$=46.82 MPa (7 d)　　(f) $f_{cu,m}$=51.21 MPa (7 d)

(g) $f_{cu,m}$=33.70 MPa (28 d)　　(h) $f_{cu,m}$=46.82 MPa (28 d)　　(i) $f_{cu,m}$=51.21 MPa (28 d)

图 5.12　混凝土强度对界面黏结性能的影响

其中,AASCM 养护龄期均为 3 d,7 d 和 28 d,双剪试验时每个混凝土强度每个龄期测试 3 个双剪试件,即每个混凝土强度测试 9 个双剪试件。共测试 3 种混凝土强度随龄期变化情况,即共测试 27 个双剪试件。由表5.6 和图 5.12 可知,试件的面内平均剪切强度随混凝土强度的提高而增大。其原因可能在于:当胶层强度大于混凝土强度时,随着混凝土强度的提高,混凝土与胶层之间的黏结界面可承担更大的剪力,欲将与胶层毗邻的混凝土撕裂剥离,所需破坏荷载更大。此外,当混凝土标准立方体抗压强度实测值分别为 33.70 MPa 和 46.82 MPa 时,双剪试件破坏形式随着W42 胶黏剂养护龄期的增长,由胶层滑脱与混凝土撕裂剥离混合的破坏(破坏形式 4)逐渐转变为混凝土撕裂剥离的破坏(破坏形式 1)。其原因可能在于:AASCM 养护龄期较短(3 d)时,胶层强度相对较低,发生与胶层毗邻的混凝土撕裂剥离和胶层内部滑脱的混合破坏(破坏形式 4);AASCM养护龄期较长(不少于 7 d)时,胶层强度提高很快,且大于混凝土强度,此时破坏形式即转变为与胶层毗邻的混凝土撕裂剥离的破坏(破坏形式 1),获得良好的黏结加固效果。

对于双剪试验时混凝土标准立方体抗压强度实测值为 51.21 MPa 的试件,由于其混凝土强度相对较高,使得在 W42 养护龄期为 3 d 和 7 d 时,均发生与胶层毗邻的混凝土撕裂剥离和胶层内部滑脱的混合破坏(破坏形式 4),说明此时胶层强度相对较低;当 W42 养护龄期为28 d 时,胶层强度高于混凝土强度,破坏形式转变为与胶层毗邻的混凝土撕裂剥离的破坏形式 1。综上可知,混凝土强度对破坏形式有一定影响,且当 W42 养护龄期为 28 d 时,其强度高于一般混凝土基材强度。

3 种混凝土强度对界面黏结性能的影响情况如图 5.13 所示。

由图 5.13 可以看出,双剪试件的面内平均剪切强度随混凝土强度的提高而增大,原因在于:混凝土强度越高,发生与胶层毗邻的混凝土撕裂剥离时所需破坏荷载越大;当 W42 养护龄期为 28 d 后,胶层强度提高较快,胶层强度高于一般混凝土基材强度,最终使面内平均剪切强度随混凝土强度增加而增大。由图 5.13 可知,W42 养护龄期为 3 d 和 7 d 的面内平均剪

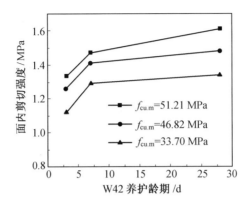

图 5.13　混凝土强度对界面黏结性能的影响

切强度可分别达到 28 d 强度的 83.78% 和 94.27% 左右，与 AASCM 的抗压强度发展规律基本一致（图 3.12）。由此可见，AASCM 是一种快硬早强的胶凝材料，适用于工程加固补强。

5.2.4　胶黏剂类型的影响

为考察胶黏剂类型对界面黏结性能的影响，本书选取 AASCM 和 MS 系列树脂胶（材料性能见表 5.2）进行双剪试验。用 W42 和常规环氧树脂胶粘贴 0.111 mm 厚的 UT70-20 型和 0.167 mm 厚的 UT70-30 型碳纤维布进行双剪试验。双剪试验时混凝土标准立方体抗压强度为 33.70 MPa。试验结果见表 5.7，剥离情况如图 5.14 所示。其中，AASCM 养护龄期为 28 d，用每种胶黏剂粘贴每种碳纤维布测试 3 个双剪试件，用两种胶黏剂（AASCM 和常规环氧树脂胶）粘贴每种碳纤维布共测试 6 个双剪试件，用两种胶黏剂（AASCM 和常规环氧树脂胶）粘贴两种碳纤维布（0.111 mm 厚的 UT70-20 型和 0.167 mm 厚的 UT70-30 型碳纤维布），共测试 12 个双剪试件。

表 5.7 胶黏剂类型对界面黏结性能的影响

纤维布种类	胶黏剂类型	试件编号	面内剪切强度/MPa	破坏形式	混凝土剥离面积比/%	平均剪切强度/MPa
UT70-20 型碳纤维布（厚度为 0.111 mm）	AASCM	D-1	1.13	破坏形式 5	85	1.20
		D-2	1.18	破坏形式 1	95	
		D-3	1.31	破坏形式 1	90	
	树脂胶	E-1	1.14	破坏形式 1	85	1.19
		E-2	1.25	破坏形式 1	90	
		E-3	1.18	破坏形式 1	95	
UT70-30 型碳纤维布（厚度为 0.167 mm）	AASCM	D-4	1.26	破坏形式 1	80	1.34
		D-5	1.29	破坏形式 1	85	
		D-6	1.45	破坏形式 1	95	
	树脂胶	E-4	1.38	破坏形式 1	85	1.33
		E-5	1.33	破坏形式 1	95	
		E-6	1.29	破坏形式 1	100	

碳纤维布拉断

(a) AASCM(28 d)(UT70-20 型碳纤维布)

(b) 常规环氧树脂胶(UT70-20 型碳纤维布)

(c) AASCM(28 d)(UT70-30 型碳纤维布)

(d) 常规环氧树脂胶(UT70-30 型碳纤维布)

图 5.14 胶黏剂类型对界面黏结性能的影响

对比分析可知，当 AASCM 养护龄期为 28 d 时，用 AASCM 粘贴 0.111 mm 厚的 UT70-20 型碳纤维布的双剪试件面内平均剪切强度为 1.20 MPa，与常规环氧树脂胶的面内平均剪切强度1.19 MPa基本持平；但用 AASCM 粘贴 0.111 mm 厚的 UT70-20 型碳纤维布的双剪试件，多发生碳纤维布被拉断与混凝土撕裂剥离共存的破坏形式5（同表5.5 中试件 B-7），而用常规环氧树脂胶粘贴 0.111 mm 厚的 UT70-20 型碳纤维布的双剪试件，均发生与胶层毗邻的混凝土撕裂剥离的破坏形式 1。当 AASCM 养护龄期为 28 d 时，用 AASCM 粘贴 0.167 mm 厚的 UT70-30 型碳纤维布的双剪试件，其面内平均剪切强度为 1.34 MPa，与采用常规环氧树脂胶的双剪试件的面内平均剪切强度 1.33 MPa 基本持平，且二者破坏形式均为与胶层毗邻的混凝土撕裂剥离的破坏形式 1。

表 5.7 和图 5.14 结果说明 AASCM 粘贴 0.111 mm 厚的 UT70-20 型碳纤维布的黏结效果与常规环氧树脂胶基本相当。由表 5.7 和图 5.14 可以看出，用 AASCM 粘贴 0.167 mm 厚的 UT70-30 型碳纤维布试件撕下的混凝土面积和厚度较大；而用常规环氧树脂胶粘贴 0.167 mm 厚的 UT70-30 型碳纤维布的双剪试件破坏时，碳纤维布仅撕下薄薄一层混凝土，个别试件碳纤维布成条带破坏。说明与常规环氧树脂胶相比，用 AASCM 粘贴 0.167 mm 厚的 UT70-30 型碳纤维布更能实现碳纤维布的整体受力，证明 AASCM 的黏结效果不比常规环氧树脂胶差，可用于替代常规环氧树脂胶粘贴碳纤维布加固混凝土结构。

5.3　碳纤维布黏结锚固性能的试验概况

5.3.1　试件设计

为确定常温下 AASCM 粘贴碳纤维布所需的黏结锚固长度，选用 0.111 mm厚的 UT70-20 型碳纤维布和 0.167 mm 厚的 UT70-30 型碳纤维布进行双剪试验，碳纤维布粘贴宽度取为70 mm。共设计 10 个尺寸为 $b×h×l$ =160 mm×160 mm×1 000 mm 的混凝土棱柱体试件，用于碳纤维布常温黏结锚固性能研究，粘贴碳纤维布的混凝土棱柱体双剪试件设计，如图 5.15(a)所示。混凝土试件养护龄期为 28 d，即开始粘贴碳纤维布时的混凝土标准立方体抗压强度实测值为 31.55 MPa；双剪试验时，混凝土标准立方体抗压强度实测值为 33.70 MPa。混凝土保护层厚度为 c =20 mm，在混凝土棱柱体内对称配置了 4 ⌀ 12 受力钢筋和双肢φ6@150 箍筋（图

5.15(a)),钢筋的力学性能指标见表5.8。

  每个混凝土棱柱体可在其端部区域两侧面粘贴碳纤维布进行双剪试验,即每个混凝土试件可粘贴两次碳纤维布作为两个双剪试件使用。常温下 AASCM 粘贴碳纤维布的双剪试件设计,如图5.15(b)所示,其中 L_f 为碳纤维布锚固区段的粘贴长度。

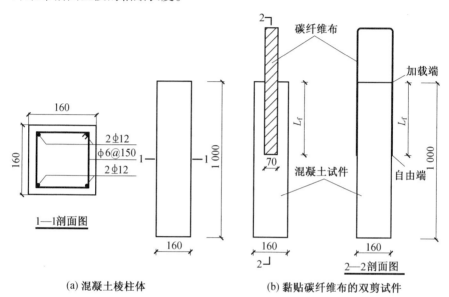

图 5.15 试件设计

表 5.8 钢筋的力学性能指标

钢筋类型	屈服强度/MPa	极限强度/MPa	弹性模量/(10^5 MPa)
φ12	358.83	533.75	2.0
φ6	278.21	431.54	2.0

  为考察碳纤维布种类对黏结锚固长度的影响,对 20 个常温下粘贴 UT70-20 型和 UT70-30 型碳纤维布的双剪试件进行研究,试件参数见表5.9。具体情况为:在尺寸为 $l×b×h = 1\ 000$ mm×160 mm×160 mm 的混凝土棱柱体试件端部区域两侧面,用 W42 配比的 AASCM 粘贴一层 0.111 mm 厚的 UT70-20 型碳纤维布或 0.167 厚的 UT70-30 型碳纤维布,碳纤维布粘贴宽度取为 70 mm,碳纤维布粘贴长度取为 120 ~ 300 mm。混凝土养护龄期为 28 d,即开始粘贴碳纤维布时的混凝土标准立方体抗压强度实测值为 31.55 MPa;双剪试验时混凝土标准立方体抗压强度实测值为 33.70 MPa。

表 5.9　双剪试件参数和碳纤维布黏结长度情况

试件编号	碳纤维布种类	面密度 /(g·m^{-2})	计算厚度 /mm	黏结长度 /mm	弹性模量 /(10^4 MPa)
T-1	UT70-20 型碳纤维布	200	0.111	120	24.3
T-2					
T-3				140	
T-4					
T-5				160	
T-6					
T-7				180	
T-8					
T-9				200	
T-10					
T-11	UT70-30 型碳纤维布	300	0.167	220	24.4
T-12					
T-13				240	
T-14					
T-15				260	
T-16					
T-17				280	
T-18					
T-19				300	
T-20					

5.3.2　试验方案

图 5.16 为双剪试件的应变量测和加载装置图。整个加载装置形成一个自平衡系统,即通过 250 kN 螺旋千斤顶向直径为 160 mm 的半圆钢块施加荷载,使绕过半圆钢块的碳纤维布加载端两侧同时承抗拉力,拉力通过碳纤维布加载端逐渐传递给粘贴在混凝土试件两侧面的碳纤维布锚固区段,再通过布置在碳纤维布锚固区段的电阻应变片,量测双剪试件碳纤维布的应变发展,以确定剪应力变化规律。

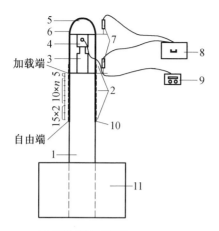

(a) 试验装置示意图

(b) 试验照片

(c) DH3816 静态电阻测试系统

(d) YE2537 程控静态应变仪

图 5.16　应变量测与加载装置图

1—混凝土棱柱体;2—电阻应变片;3—250 kN 螺旋千斤顶;4—300 kN 压力传感器;
5—直径为 160 mm 的半圆钢块;6—碳纤维布;7—位移计;8—DH3816 静态电阻测试系统;
9—YE2537 程控静态应变仪;10—碱矿渣胶凝材料;11—混凝土工作台

应变片布置情况为:在碳纤维布锚固区段从距离碳纤维布加载端
5 mm开始,每隔 10 mm 粘贴一个电阻应变片,远离加载端的最后 3 个电阻
应变片间距均为 15 mm,如图 5.16(a)所示。为防止碳纤维布剥离时双剪
试件失稳倾倒,导致双剪试件损坏,如图 5.16(a)所示,制作了一个混凝土
工作台用于固定双剪试件。工作台尺寸为 $b \times h \times l = 1\ 200$ mm$\times 1\ 200$ mm$\times$
450 mm,在其正中间开有一个尺寸为 $b \times h \times l = 170$ mm$\times 170$ mm$\times 450$ mm 的
矩形孔。矩形孔贯通整个工作台,将双剪试件插入矩形孔中,可使双剪试
件底部直接压在试验室地面上。

5.3.3　试验流程

图 5.17 为粘贴碳纤维布施工过程。用 W42 配比的 AASCM 粘贴 UT70-20 型或 UT70-30 型碳纤维布于混凝土棱柱体试件两侧,混凝土试件养护龄期为 28 d,即开始粘贴碳纤维布时的标准立方体抗压强度实测平均值为 31.55 MPa,双剪试验时混凝土标准立方体抗压强度实测平均值为 33.70 MPa。具体试验流程如下:

(1)将混凝土表面打磨平整,剔除混凝土表面疏松层,去除表层浮尘、油污等杂质;并在混凝土表面洒少量水,以保持混凝土表面湿润,此做法避免了干燥的混凝土表面汲取 AASCM 内部水分,可使混凝土与 AASCM 有较好的黏结。

(2)按需要裁剪碳纤维布,用透明胶带对双剪试件上的碳纤维布粘贴区与非粘贴区域分区(图 5.17(d)),在浸泡和杵捣碳纤维布时,非粘贴区域不会被胶液浸润或滚筒滚压松散。

(3)将搅拌好的 AASCM 倒入槽型容器中,在 AASCM 中浸润碳纤维布,并用平滑宽大的滚筒沿单向杵捣碳纤维布 15 min。此种施工方法的目的在于:①用 AASCM 对碳纤维布进行浸润和杵捣处理,降低胶黏剂与碳纤维布之间的过渡区孔隙率,使过渡区致密化;②杵捣可使碳纤维布变得松散,促进 AASCM 的大分子颗粒向碳纤维布内部渗透。

(4)在混凝土表面刷涂 2 mm 厚 AASCM 底胶,将碳纤维布受杵捣一面朝下粘贴在混凝土表面;并用塑料刮板挤出气泡,刷涂 2 mm 厚 AASCM 面胶,施工流程如图 5.17 所示。

(5)如图 5.17(f)所示,待胶层终凝后,用潮湿的海绵和塑料薄膜覆盖于加固部位表面,以保证加固部位湿润。

(6)AASCM 养护龄期为 28 d 时,进行双剪试验。双剪试验流程为:①将双剪试件插入混凝土工作台的矩形孔内;②如图 5.16(a)所示,在碳纤维布锚固端依次粘贴应变片,并连接好导线使 DH3816 静态应变采集系统及时记录应变片量测的数据;③将 250 kN 螺旋千斤顶放置在双剪试件的碳纤维布加载端中间;④将 300 kN 压力传感器安放在千斤顶上,半圆钢块放置在压力传感器上;为防止碳纤维布剥离时双剪试件失稳,导致压力传感器和半圆钢块滑落损坏,在进行双剪试验前,应在压力传感器和半圆钢块上绑扎安全绳;⑤布置好两个位移计,分别用于测量半圆钢块移动量和混凝土试件压缩量;⑥调整好螺旋千斤顶、压力传感器和半圆钢块的位置,使三者严格对中,再进行双剪试验,具体加载情况如图 5.18 所示。

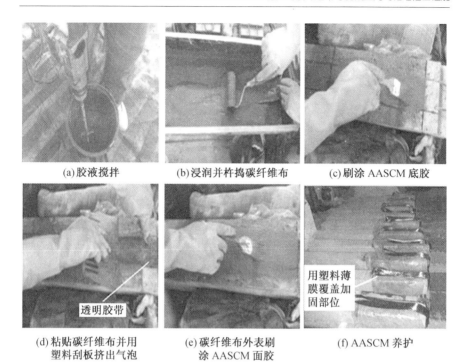

    (a)胶液搅拌   (b)浸润并杵捣碳纤维布   (c)刷涂 AASCM 底胶

(d)粘贴碳纤维布并用   (e)碳纤维布外表刷   (f) AASCM 养护
    塑料刮板挤出气泡   涂 AASCM 面胶

图 5.17　粘贴碳纤维布的施工流程

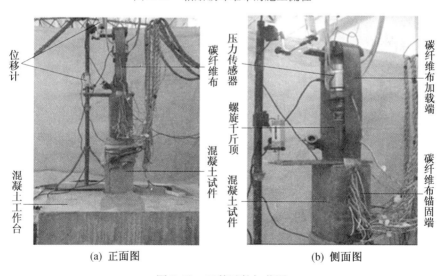

     (a) 正面图   (b) 侧面图

图 5.18　双剪试件加载图

5.4 碳纤维布黏结锚固性能的试验结果及分析

5.4.1 试件破坏形态

图 5.19 为不同黏结长度 L_f 的双剪试件破坏形态。常温下对 20 个用 W42 配比的 AASCM 在混凝土棱柱体两侧面粘贴 0.111 mm 厚 UT70-20 型碳纤维布和 0.167 厚 UT70-30 型碳纤维布试件进行双剪试验。如图 5.19 所示,不同粘贴长度 L_f 的双剪试件破坏形式,仍可分为以下 6 种破坏形式:①破坏形式 1:与胶层毗邻的混凝土撕裂剥离;②破坏形式 2:胶层内部发生面内滑脱导致的剥离破坏;③破坏形式 3:纤维布被拉断;④破坏形式 4:混凝土撕裂剥离与胶层面内滑脱同时发生;⑤破坏形式 5:混凝土撕裂剥离与纤维布被拉断同时发生;⑥破坏形式 6:混凝土撕裂剥离与胶层面内滑脱的同时,纤维布被拉断。

如图 5.19 所示,试件 T-1,T-3,T-4,T-6,T-11,T-13 和 T-15,均发生与胶层毗邻的混凝土整体撕裂剥离的破坏(破坏形式 1)。在加载过程中,有大小不等的声响出现,当加载至极限荷载 P_u 时,伴随着一声巨响,碳纤维布锚固段沿纵向突然撕脱,与胶层毗邻的混凝土整体撕裂剥离,混凝土被撕下一层。部分试件碳纤维布撕下 2~5 mm 厚的混凝土(图 5.19(d)),个别试件碳纤维布撕下的混凝土剥离层上还带有 40 mm×20 mm×10 mm 的三角柱状混凝土(图5.19(f))。说明 AASCM 黏结效果良好,属于"成功"的剥离破坏形式。试件发生与胶层毗邻的混凝土整体撕裂剥离破坏的主要原因在于:当胶层强度高于混凝土强度,但碳纤维布锚固长度不足时,黏结界面的承载力不足以承担由碳纤维布加载端传递给碳纤维布锚固段持续增加的外荷载,说明碳纤维布的黏结长度不满足锚固长度要求。试件 T-2,T-5,T-12,T-14 和 T-16,均发生与胶层毗邻的混凝土撕裂剥离和胶层内部发生面内滑脱的混合破坏(破坏形式 4)。试件 T-7,T-8,T-17 和 T-18,均发生与胶层毗邻的混凝土撕裂剥离和碳纤维布被拉断的混合破坏(破坏形式 5)。试件发生碳纤维布被拉断的同时与胶层毗邻的混凝土被撕脱时的碳纤维布的黏结长度,即为碳纤维布锚固长度。试验结果表明,用 AASCM 在混凝土棱柱体两侧面粘贴 0.111 mm 厚 UT70-20 型碳纤维布的黏结长度 180 mm,可作为其锚固长度实测值;用AASCM在混凝土棱柱体两侧面粘贴 0.167 mm 厚 UT70-30 型碳纤维布的黏结长度280 mm,可作为其锚固长度实测值。试件 T-9,T-10,T-19 和 T-20,均发生碳纤维布被拉断的破坏(破坏形式 3),其破坏过程大致为:当加载至 $60\% P_u$ 左右时,听到明显的响声,声响最初是由胶黏剂与混凝土侧表面发生剪切错动趋势引起的,后期声响是由于继续加荷时碳纤维布单丝断裂引起的。当加载至极限荷载 P_u 时,碳纤维布被拉断,断面形状呈锯齿状,断面位置多出现在碳纤维布非锚固区段(图 5.19(i)),说明碳纤维布的黏结长度已超过了碳纤维布的锚固长度,满足碳纤维布锚固要求。

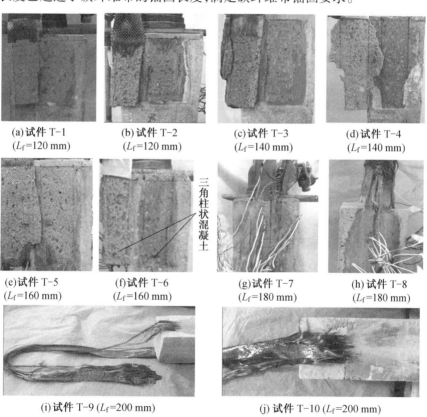

(a)试件 T-1
(L_f=120 mm)

(b)试件 T-2
(L_f=120 mm)

(c)试件 T-3
(L_f=140 mm)

(d)试件 T-4
(L_f=140 mm)

(e)试件 T-5
(L_f=160 mm)

(f)试件 T-6
(L_f=160 mm)

三角柱状混凝土

(g)试件 T-7
(L_f=180 mm)

(h)试件 T-8
(L_f=180 mm)

(i)试件 T-9 (L_f=200 mm)

(j)试件 T-10 (L_f=200 mm)

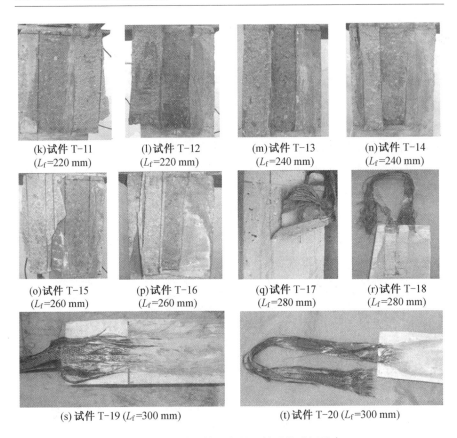

(k)试件 T-11
(L_f=220 mm)

(l)试件 T-12
(L_f=220 mm)

(m)试件 T-13
(L_f=240 mm)

(n)试件 T-14
(L_f=240 mm)

(o)试件 T-15
(L_f=260 mm)

(p)试件 T-16
(L_f=260 mm)

(q)试件 T-17
(L_f=280 mm)

(r)试件 T-18
(L_f=280 mm)

(s)试件 T-19 (L_f=300 mm)

(t)试件 T-20 (L_f=300 mm)

图 5.19　不同黏结长度的双剪试件破坏形态

5.4.2　试验结果

表 5.10 为碳纤维布不同黏结长度 L_f 的双剪试验结果。表中剪切强度是指双剪试件发生与胶层毗邻的混凝土撕裂剥离破坏或混凝土撕裂剥离与胶层面内滑脱混合破坏对应的破坏应力。黏结应力是指双剪试验时碳纤维布被拉断而未发生黏结破坏时锚固段的剪应力。

表 5.10　碳纤维布不同黏结长度的试验结果

碳纤维布种类	试件编号	黏结长度/mm	破坏荷载/kN	破坏形式	混凝土剥离面积比/%	剪切强度或黏结应力/MPa	平均剪切强度或平均黏结应力/MPa
UT70-20 型碳纤维布（厚度为 0.111 mm）	T-1	120	16.9	破坏形式 1	95	1.00	1.02
	T-2		17.5	破坏形式 4	80	1.04	
	T-3	140	18.4	破坏形式 1	75	0.94	0.93
	T-4		18.1	破坏形式 1	90	0.92	
	T-5	160	18.8	破坏形式 1	85	0.84	0.85
	T-6		19.2	破坏形式 1	95	0.86	
	T-7	180	19.7	破坏形式 5	25	0.78	0.78
	T-8		19.4	破坏形式 5	10	0.77	
	T-9	200	19.8	破坏形式 3	—	0.71	0.71
	T-10		20.1	破坏形式 3	—	0.72	
UT70-30 型碳纤维布（厚度为 0.167 mm）	T-11	220	20.8	破坏形式 1	95	0.68	0.68
	T-12		21.3	破坏形式 4	80	0.69	
	T-13	240	21.9	破坏形式 1	85	0.65	0.66
	T-14		22.5	破坏形式 4	75	0.67	
	T-15	260	23.4	破坏形式 1	60	0.64	0.65
	T-16		23.9	破坏形式 4	45	0.66	
	T-17	280	24.2	破坏形式 5	20	0.62	0.61
	T-18		23.8	破坏形式 5	75	0.61	
	T-19	300	24.0	破坏形式 3	—	0.57	0.58
	T-20		24.7	破坏形式 3	—	0.59	

　　由表 5.10 可以看出,随着试件碳纤维布黏结长度的增加,破坏时试件界面极限承载力逐渐增加,但平均剪切强度或平均黏结应力逐渐减少,混凝土剥离面积比也逐渐减小。这说明碳纤维布的黏结长度若小于某一数值时,随着黏结长度的增加,其界面承载力会有相应的提高;然而一旦碳纤维布的黏结长度超过此数值时,即使大幅增加黏结长度,其界面承载力也基本不会有明显提高。即随着碳纤维布黏结长度的增加,试件实际参与受

力的碳纤维布长度趋于某一定值。

图 5.20 为双剪试件的应变发展情况。

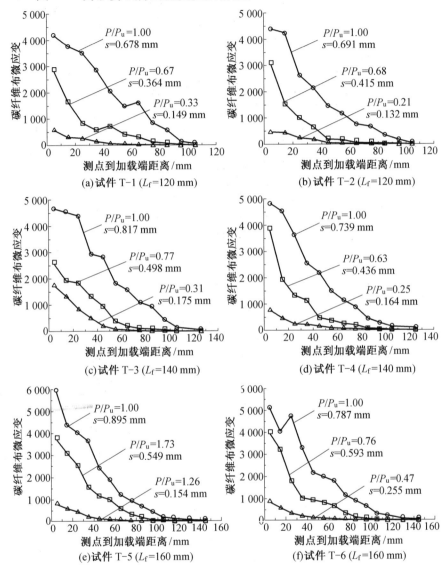

(a) 试件 T-1 (L_f=120 mm)

(b) 试件 T-2 (L_f=120 mm)

(c) 试件 T-3 (L_f=140 mm)

(d) 试件 T-4 (L_f=140 mm)

(e) 试件 T-5 (L_f=160 mm)

(f) 试件 T-6 (L_f=160 mm)

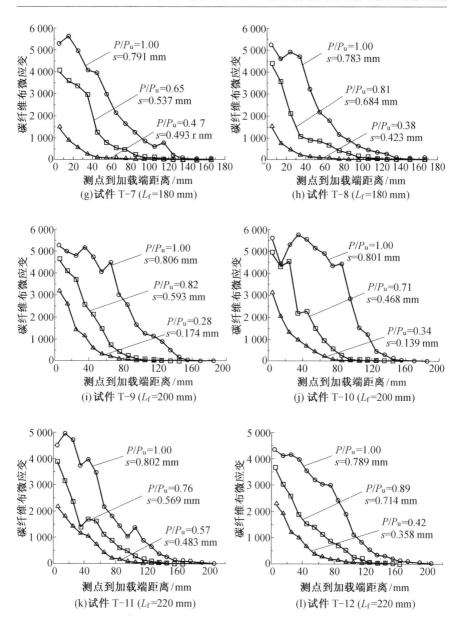

(g) 试件 T-7 (L_f=180 mm)

(h) 试件 T-8 (L_f=180 mm)

(i) 试件 T-9 (L_f=200 mm)

(j) 试件 T-10 (L_f=200 mm)

(k) 试件 T-11 (L_f=220 mm)

(l) 试件 T-12 (L_f=220 mm)

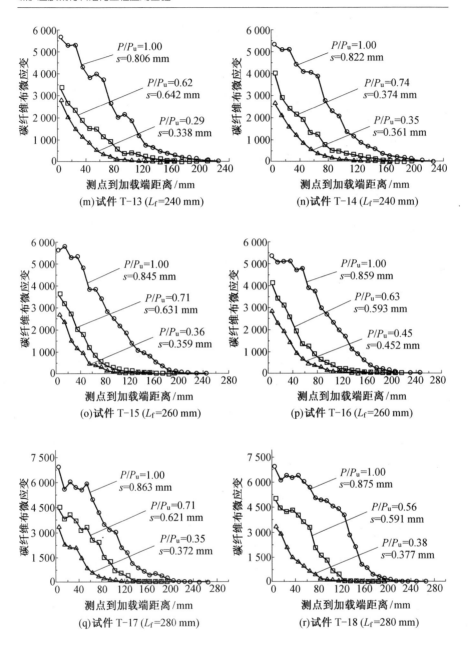

(m)试件 T-13 (L_f=240 mm)

(n)试件 T-14 (L_f=240 mm)

(o)试件 T-15 (L_f=260 mm)

(p)试件 T-16 (L_f=260 mm)

(q)试件 T-17 (L_f=280 mm)

(r)试件 T-18 (L_f=280 mm)

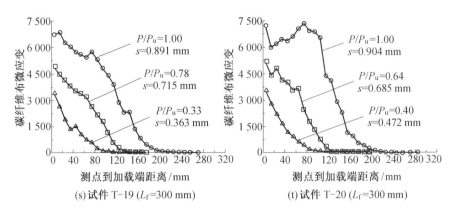

图 5.20　双剪试件的碳纤维布应变发展

图中 P 为碳纤维布加载端承受的总荷载；P_u 为总极限承载力；s 为碳纤维布加载端滑移量；测点应变为双剪试件两侧相同位置量测点读数平均值。

由图 5.20 可以看出，在加载初期，只有加载端附近的碳纤维布承受荷载，随着荷载的增大，参与受力的碳纤维布长度增加。当参与受力的碳纤维布长度达到一定数值时，破坏荷载趋于稳定，碳纤维布锚固段远离加载端的拉应变趋近于零。

综上可知，在一定拉力作用下，剪应力的分布沿黏结长度方向从加载端向自由端逐渐减小，直至剪应力等于零。从加载端到剪应力为零这一区段长度为碳纤维布的有效黏结长度。超过有效黏结长度的部分，基本不再承担荷载。当发生碳纤维布被拉断的破坏形式 3 时，说明碳纤维布的黏结长度不小于碳纤维布的锚固长度。

由表 5.10 和图 5.20，基于 T-9，T-10 试验结果，笔者建议 0.111 mm 厚的 UT70-20 型碳纤维布的有效黏结长度为 160 mm；基于 T-19，T-20 试验结果，建议 0.167 mm 厚的 UT70-30 型碳纤维布的有效黏结长度为 220 mm。试验现象表明，当 UT70-20 型和 UT70-30 型碳纤维布的黏结长度为 200 mm（T-9，T-10）和 300 mm（T-19，T-20）时，分别大于各自有效黏结长度 160 mm 和 220mm，呈现碳纤维布被拉断的破坏形式 3，说明碳纤维布的黏结长度超过了锚固长度，碳纤维布满足锚固要求。而当 UT70-20 型和 UT70-30 型碳纤维布的黏结长度为 180 mm（T-7，T-8）和 280 mm（T-17，T-18）时，发生与胶层毗邻的混凝土撕裂剥离与碳纤维布被拉断的混合破坏（破坏形式 5），说明碳纤维布的黏结长度刚好达到锚固长度，故建议0.111 mm 厚的 UT70-20 型碳纤维布的锚固长度为 180 mm，0.167 mm

厚的 UT70-30 型碳纤维布的锚固长度为 280 mm。

5.4.3 有效黏结长度计算公式

碳纤维布与混凝土黏结界面的剪应力分布沿黏结长度方向从加载端向锚固端逐渐减小,直至剪应力等于零时的这段长度,称为碳纤维布的有效黏结长度 L_e。由表 5.10 和图 5.20 的试验结果表明,碳纤维布的有效黏结长度小于碳纤维布的锚固长度。近年来,针对常规环氧树脂胶粘贴碳纤维布的有效黏结长度 L_e 计算模型有很多,其中,应用最为广泛的计算模型有以下 4 种:

1. Maeda 建议的有效黏结长度 L_e 经验模型

1997 年,Maeda 等进行了一系列碳纤维布粘贴混凝土试件的双剪试验,得到了碳纤维布有效黏结长度 L_e 与碳纤维布每单位宽度的轴向刚度 $E_f t_f$ 之间关系的经验公式为

$$L_e = e^{6.13-0.58\ln(E_f t_f)} \qquad (5.2)$$

式中　L_e——碳纤维布的有效黏结长度,mm;

　　　E_f——碳纤维布的弹性模量,MPa;

　　　t_f——碳纤维布的计算厚度,mm。

2. Khalifa 建议的有效黏结长度 L_e 计算模型

1998 年,Khalifa 等考虑到碳纤维布与混凝土之间的弹性模量比 E_f/E_c 和碳纤维布每单位宽度的刚度 $E_f t_f$ 对碳纤维布有效黏结长度 L_e 的影响,提出了有效黏结长度 L_e 的计算模型为

$$L_e = \frac{23\ 300}{(n_f E_f t_f)^{0.58}} \qquad (5.3)$$

式中　E_f——碳纤维布的弹性模量,MPa;

　　　E_c——混凝土的弹性模量,MPa;

　　　n_f——碳纤维布与混凝土的弹性模量比,即 E_f/E_c;

　　　t_f——碳纤维布的计算厚度,mm。

3. 陈建飞和滕锦光建议的有效黏结长度 L_e 计算模型

2001 年,陈建飞和滕锦光认为有必要将碳纤维布有效黏结长度 L_e 与易于测量的参数如混凝土强度联系起来,提出了碳纤维布的有效黏结长度 L_e 与混凝土圆柱体抗压强度的平方根 $\sqrt{f_c'}$ 相关,可表示为 $\sqrt{f_c'}$ 的函数,即

$$L_e = \sqrt{\frac{E_f t_f}{\sqrt{f_c'}}} \qquad (5.4)$$

式中 E_f——碳纤维布的弹性模量,MPa;

　　　 t_f——碳纤维布的计算厚度,mm;

　　　 f'_c——混凝土圆柱体抗压强度,MPa。

4. 袁洪建议的有效黏结长度 L_e 计算模型

2004 年,基于断裂力学分析,袁洪等认为当混凝土断裂破坏时,双折线型的黏结应力-滑移关系曲线与实际情况最为接近,可用图 5.21 的三角形模型表示。通过进行碳纤维布与混凝土间的单剪试验,袁洪等认为碳纤维布、胶层和混凝土棱柱体三者的宽度、弹性模量和厚度均与有效黏结长度 L_e 有关,提出了有效黏结长度 L_e 的计算模型为

$$L_e = \frac{2}{\lambda_1} \tag{5.5}$$

式(5.5)中 λ_1 定义为

$$\lambda_1^2 = \frac{\tau_f}{\delta_1 E_f t_f}(1+\alpha_Y) \tag{5.6}$$

$$\alpha_Y = \frac{b_f E_f t_f}{b_c E_c t_c} \tag{5.7}$$

式中 τ_f——黏结应力-滑移曲线上的最大剪应力,MPa;

　　　 δ_1——最大剪应力 τ_f 对应的滑移,mm;

　　　 b_f——碳纤维布的宽度,mm;

　　　 E_c——混凝土的弹性模量,MPa;

　　　 t_c——混凝土棱柱体的厚度,mm;

　　　 t_c——混凝土棱柱体的宽度,mm;

　　　 α_Y——碳纤维布与混凝土搭接接头的刚度比。

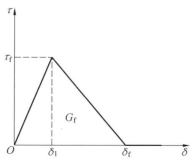

图 5.21　碳纤维布与混凝土界面的黏结应力-滑移模型

研究表明,袁洪建议的有效黏结长度 L_e 计算模型,不但考虑了碳纤维布轴向刚度 $b_f E_f t_f$ 的影响,还计入了黏结-滑移关系中 τ_f 的影响,由图 5.22

也可以看出,其理论曲线与试验曲线吻合较好。因此,在计算 AASCM 粘贴碳纤维布与混凝土间的有效黏结长度 L_e 时,拟参考 Yuan H 模型。

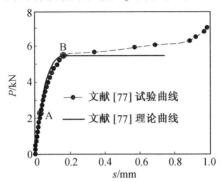

图 5.22　典型的荷载-位移关系曲线

袁洪等通过常规环氧树脂胶粘贴碳纤维布与混凝土间的单剪试验,得到如图 5.22 所示的荷载-位移(P-s)关系曲线。图中,P 为碳纤维布加载端承受的荷载(单侧荷载),kN;s 为碳纤维布加载端滑移量,mm;点 $A(u_1,P_1)$ 为弹性阶段与塑性阶段分界点;点 $B(u_2,P_2)$ 为剥离阶段起始点。

由于图 5.22 为单剪试验结果,针对本书双剪试验结果得到的总破坏荷载 P_u,应与袁洪单剪试验的结果有如下关系:破坏荷载 $P_2 = P_u/2 = 0.5P_u$,P_1 与 P_u 的关系大致为荷载 $P_1 \approx 0.4P_2 \approx 0.2P_u$。在文献[77]中,碳纤维布弹性模量 E_f 为 2.56×10^5 MPa,截面面积 $A_f = b_f t_f = 25 \times 0.165 = 4.125$ mm^2,轴向刚度 $b_f E_f t_f = 1.056 \times 10^5$ MPa;混凝土弹性模量 E_c 为 2.86×10^4 MPa,截面面积 $A_c = b_c t_c = 150 \times 150 = 22\ 500$ mm^2,轴向刚度 $b_c E_c t_c = 6.435 \times 10^8$ MPa,可得刚度比 $\alpha_Y = 1.64 \times 10^{-4}$。袁洪等假设碳纤维布轴向刚度 $b_f E_f t_f$ 远小于混凝土的轴向刚度 $b_c E_c t_c$,即当 $\alpha_Y \approx 0$ 时,可获得如下参数表达式:

$$s_1 = u_1 \tag{5.8}$$

也可用式(5.8)验证 s_1 的准确性:

$$s_1 = \frac{P_1^2}{E_f t_f b_f^2 \tau_f} \tag{5.9}$$

$$s_f = u_2 \tag{5.10}$$

$$\tau_f = \frac{P_2^2}{E_f t_f b_f^2 u_2} \tag{5.11}$$

将式(5.6)~(5.11)和 $\alpha_Y \approx 0$ 代入式(5.5),可得常规环氧树脂胶粘

贴碳纤维布的有效黏结长度 L_e 计算模型为

$$L_e = \frac{1.6E_f t_f b_f s_f}{P_u} \qquad (5.12)$$

式中　τ_f——黏结应力-滑移曲线上的最大剪应力,MPa;

　　　s_1——最大剪应力 τ_f 对应的滑移量,mm;

　　　s_f——破坏时碳纤维布加载端的最大滑移量,mm;

　　　E_f——碳纤维布的弹性模量,MPa;

　　　t_f——碳纤维布的计算厚度,mm;

　　　b_f——碳纤维布的宽度,mm;

　　　P_u——总破坏荷载,kN。

由表 5.10 和图 5.20 的试验结果,确定了 0.111 mm 厚的 UT70-20 型碳纤维布的有效黏结长度 L_e 试验值为 160 mm,0.167 mm 厚的 UT70-30 型碳纤维布的有效黏结长度 L_e 试验值为 220 mm。并已知 UT70-20 型和 UT70-30 型碳纤维布弹性模量 E_f 分别为 2.43×10^5 MPa 和 2.44×10^5 MPa,碳纤维布截面面积 $A_f = b_f t_f$ 分别为 7.77 mm² 和 11.69 mm²,混凝土弹性模量 E_c 为 3×10^4 MPa,截面面积 $A_c = b_c t_c$ 为 25 600 mm²。得到 UT70-20 型和 UT70-30 型碳纤维布的 α_Y 分别为 0.002 5 和 0.003 7,均近似等于 0。因此,以袁洪建议的有效黏结长度 L_e 计算模型为基础,结合本书试验测得的 AASCM 粘贴碳纤维布与混凝土间的总破坏荷载 P_u 和破坏时碳纤维布加载端滑移量 s_f(图 5.20),拟合得到 AASCM 粘贴碳纤维布与混凝土间的有效黏结长度 L_e 的计算公式为

$$L_e = \frac{2.11E_f t_f b_f s_f}{P_u} \qquad (5.13)$$

将粘贴长度范围为 180~300 mm 的双剪试件 T-7,T-8,T-9,T-10,T-13,T-14,T-15,T-16,T-17,T-18,T-19 和 T-20 的碳纤维布弹性模量 E_f、计算厚度 t_f、粘贴宽度 b_f、加载端最大滑移量 s_f 和总破坏荷载 P_u 代入式(5.13),得到碳纤维布有效黏结长度计算值 L_e^c,与试验值 L_e^t 进行比较的结果见表 5.11。L_e^c/L_e^t 平均值 $\bar{x} = 0.998\ 6$,标准差 $\sigma = 0.012\ 2$,变异系数 $\delta = 0.012\ 8$。可见,碳纤维布有效黏结长度的计算值 L_e^c 与试验值 L_e^t 吻合较好。

表 5.11　破坏荷载下碳纤维布有效黏结长度计算值与试验值的比较

| 试件编号 | 碳纤维布 | | | | | 破坏荷载/kN | 有效黏结长度/mm | | |
	种类	弹性模量/GPa	计算厚度/mm	粘贴宽度/mm	加载端最大滑移量/mm		计算值(L_e^c)	试验值(L_e^t)	$\dfrac{L_e^c}{L_e^t}$
T-7	UT70-20型碳纤维布	243	0.111	70	0.791	19.7	160	160	1.00
T-8					0.783	19.4	161		1.01
T-9					0.806	19.8	162		1.02
T-10					0.801	20.1	158		0.99
T-13	UT70-30型碳纤维布	244	0.167		0.806	21.9	222	220	1.01
T-14					0.822	22.5	220		1.00
T-15					0.845	23.4	217		0.99
T-16					0.859	23.9	216		0.98
T-17					0,863	24.2	215		0.98
T-18					0.875	23.8	221		1.01
T-19					0.891	24.0	224		1.02
T-20					0.904	24.7	220		1.00

5.4.4　锚固长度计算公式

良好的施工质量和足够的锚固长度,是保证碳纤维布与混凝土试件共同受力的前提,直接影响到加固效果。表 5.10 和图 5.20 的试验结果表明,当碳纤维布的锚固长度不足时,碳纤维布与混凝土间易发生与胶层毗邻的混凝土整体撕裂剥离的破坏形式 1。当发生混凝土撕裂剥离与碳纤维布被拉断的混合破坏(破坏形式 5)或混凝土撕裂剥离与胶层面内滑脱的同时纤维布被拉断(破坏形式 6)时,说明碳纤维布的黏结长度刚好达到锚固长度。当继续增大碳纤维布黏结长度时,将呈现碳纤维布被拉断的破坏(破坏形式 3),说明此时碳纤维布的黏结长度已超过锚固长度。

根据《混凝土结构加固设计规范》(GB 50367—2006)可知,粘贴碳纤维布加固混凝土受弯构件时,锚固长度的计算简图如图 5.23 所示。由图 5.23 可知,M 端为碳纤维布的充分利用截面,N 端为碳纤维布的理论截断点,由碳纤维布的充分利用截面 M 至碳纤维布的理论截断点 N 的距离

MN,即为碳纤维布的锚固长度 L_a;碳纤维布的截断位置从充分利用截面 M 点算起至理论截断点 N,并应延伸至不需要碳纤维布截面之外的 O 点,NO 距离不应小于 200 mm,距离 MO 为碳纤维布的黏结延伸长度 L_c。碳纤维布承受的拉力为 $T_f = \Psi_1 f_f A_f$,其中,Ψ_1 为修正系数;f_f 为碳纤维布抗拉强度实测值;A_f 为实际粘贴的单层碳纤维布截面面积,取 $A_f = b_f t_f$;b_f 为碳纤维布粘贴宽度;t_f 为碳纤维布计算厚度。碳纤维布与混凝土之间的黏结力为 $U_{f,v} = f_{f,v} L_a b_f$,其中,$f_{f,v}$ 为碳纤维布与混凝土之间的黏结强度实测值;L_a 为碳纤维布锚固长度。由力的平衡条件 $T_f = U_{f,v}$,便可得到粘贴碳纤维布加固混凝土受弯构件的锚固长度 L_a 的计算公式为

$$L_a = \frac{\psi_1 f_f A_f}{f_{f,v} b_f} \tag{5.14}$$

$$f_f = \frac{P_u}{2 b_f t_f} \tag{5.15}$$

式中　L_a——碳纤维布的锚固长度,mm;

　　　Ψ_1——修正系数;对重要构件,取 $\Psi_1 = 1.45$,对一般构件,取 $\Psi_1 = 1.0$;

　　　f_f——碳纤维布抗拉强度实测值,MPa;

　　　A_f——粘贴单层碳纤维布的截面面积,取 $A_f = b_f t_f$,mm^2;

　　　b_f——碳纤维布的粘贴宽度,mm;

　　　t_f——碳纤维布的计算厚度,mm;

　　　$f_{f,v}$——碳纤维布与混凝土之间的黏结强度实测值,MPa。

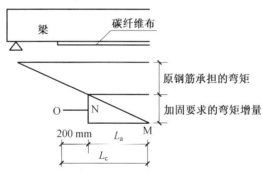

图 5.23　锚固长度计算简图

　　由表 5.10 和图 5.19 的试验结果可知,0.111 mm 厚的 UT70-20 型碳纤维布的锚固长度实测值为 180 mm,0.167 mm 厚的 UT70-30 型碳纤维布的锚固长度实测值为 280 mm。将双剪试件 T-7,T-8,T-17 和 T-18 的总破坏荷载 P_u、碳纤维布计算厚度 t_f、粘贴宽度 b_f、碳纤维布与混凝土之间的

黏结强度实测值 $f_{f,v}$（图 5.19）代入式（5.14）和式（5.15），得到 AASCM 粘贴碳纤维布与混凝土间的锚固长度计算值 L_a^c，将计算值 L_a^c 与试验值 L_a^t 进行比较，比较结果见表 5.12，L_a^c/L_a^t 平均值 $\bar{x}=0.9978$，标准差 $\sigma=0.0027$，变异系数 $\delta=0.0031$。可见，碳纤维布锚固长度的计算值 L_a^c 与试验值 L_a^t 吻合较好。

基于国家标准《混凝土结构加固设计规范》（GB 50367—2006）的要求，当采用 AASCM 选定配比粘贴碳纤维布加固混凝土构件时，混凝土强度不得高于 C40；碳纤维布与混凝土之间的黏结强度设计值取 $0.4f_t$，f_t 为混凝土抗拉强度设计值，按《混凝土结构设计规范》（GB 50010—2010）规定值采用；当 $0.4f_t$ 计算值低于 0.40 MPa 时，取 0.4 MPa；当 $0.4f_t$ 计算值高于 0.70 MPa 时，取 0.7 MPa。

表 5.12 碳纤维布锚固长度计算值与试验值的比较

试件编号	碳纤维布					锚固长度/mm		
	种类	计算厚度/mm	粘贴宽度/mm	破坏荷载/kN	黏结强度实测值/MPa	计算值（L_a^c）	试验值（L_a^t）	$\dfrac{L_a^c}{L_a^t}$
T–7	UT70-20 型碳纤维布	0.111	70	19.7	0.78	180.40	180	1.002
T–8				19.4	0.77	179.96		0.998
T–17	UT70-30 型碳纤维布	0.167	70	24.2	0.62	278.80	280	0.996
T–18				23.8	0.61	278.69		0.995

5.4.5　界面黏结应力–滑移关系

试验记录了 20 个常温下 AASCM 粘贴 UT70-20 型和 UT70-30 型碳纤维布的双剪试件碳纤维布加载端两侧所承担的荷载 P 及其对应的加载端位移量 s，因此可得到荷载–位移（P–s）关系曲线。假设碳纤维布与混凝土界面应力沿有效黏结长度均匀分布，则有效黏结长度 L_e 范围内的平均黏结应力 τ 可由式（5.16）求得，碳纤维布加载端一侧滑移量 s 可由式（5.17）求得，碳纤维布加载端一侧伸长量 Δ_3 可根据材料力学知识由式（5.18）计算得到，于是便可将 P–s 关系曲线转换成平均黏结应力–滑移（τ–s）关系曲线，具体情况如图 5.24 所示。

$$\tau = \frac{P}{2L_f b_f} \tag{5.16}$$

$$s = \Delta_1 + \Delta_2 - \Delta_3 \qquad (5.17)$$

$$\Delta_3 = \frac{PL}{4E_f A_f} \qquad (5.18)$$

式中　τ——有效黏结长度 L_e 范围内的平均黏结应力,MPa;

　　　P——碳纤维布加载端两侧所承担的总荷载,kN;

　　　L_f——碳纤维布锚固区段的黏结长度,当 $L_f < L_e$ 时,L_f 取实际黏结长度,当 $L_f \geqslant L_e$ 时,取 $L_f = L_e$,mm;

　　　s——碳纤维布加载端一侧滑移量,mm;

　　　Δ_1——位移计测量的钢块移动量,mm;

　　　Δ_2——位移计测量的混凝土压缩量,mm;

　　　Δ_3——碳纤维布加载端一侧的伸长量,mm;

　　　L——碳纤维布非锚固区段的总长度,取 1 541 mm;

　　　E_f——碳纤维布的弹性模量,MPa。

20 个双剪试件的平均黏结应力-滑移(τ-s)关系曲线如图 5.24 所示。

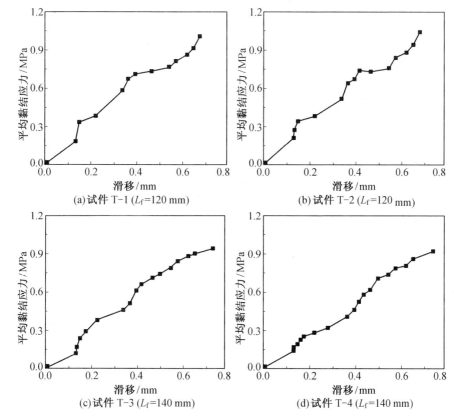

(a)试件 T-1 (L_f=120 mm)　　(b)试件 T-2 (L_f=120 mm)

(c)试件 T-3 (L_f=140 mm)　　(d)试件 T-4 (L_f=140 mm)

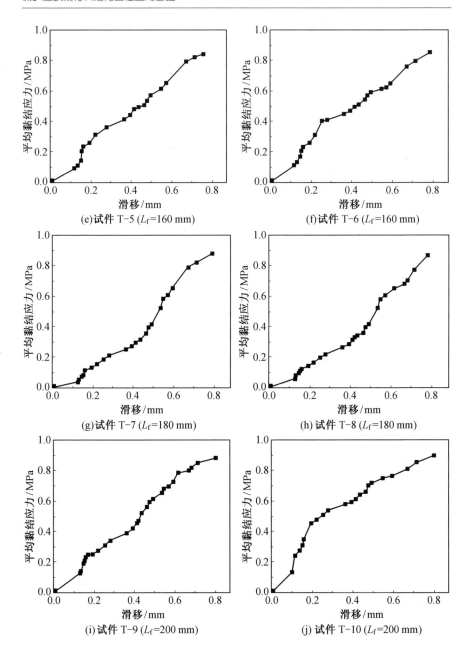

(e) 试件 T-5 (L_f=160 mm)

(f) 试件 T-6 (L_f=160 mm)

(g) 试件 T-7 (L_f=180 mm)

(h) 试件 T-8 (L_f=180 mm)

(i) 试件 T-9 (L_f=200 mm)

(j) 试件 T-10 (L_f=200 mm)

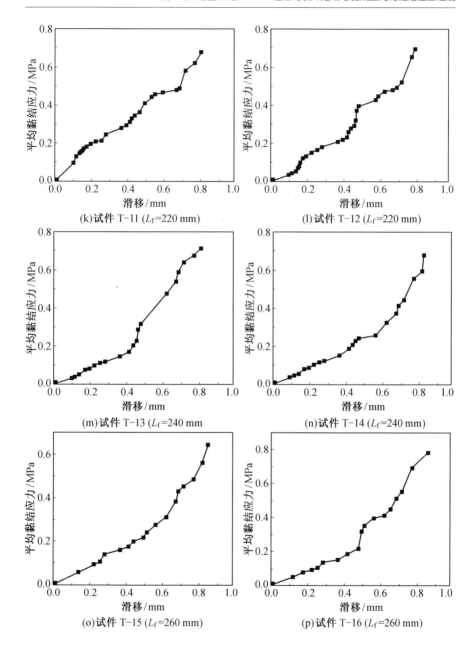

(k)试件 T-11 (L_f=220 mm)

(l)试件 T-12 (L_f=220 mm)

(m)试件 T-13 (L_f=240 mm)

(n)试件 T-14 (L_f=240 mm)

(o)试件 T-15 (L_f=260 mm)

(p)试件 T-16 (L_f=260 mm)

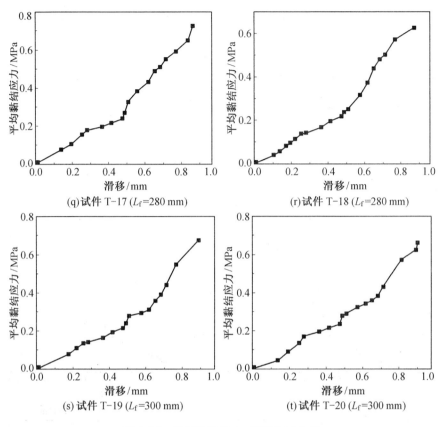

图 5.24 界面黏结应力-滑移关系曲线

由图 5.24 可以看出,试验测得的平均黏结应力-滑移曲线与常规环氧树脂胶粘贴碳纤维布的双剪试件平均黏结应力-滑移曲线基本相同。

5.5 小 结

本章考察了常温下 AASCM 粘贴碳纤维布与混凝土间的黏结锚固性能,为 AASCM 作为胶黏剂粘贴碳纤维布加固混凝土构件提供了基础素材。通过双剪试验得出以下结论:

(1)用水量变化对 AASCM 的黏结性能有一定影响。试验结果表明,以矿渣为原料,碱性激发剂采用模数 $M_s=1.0$ 的钾水玻璃,水和水玻璃用量分别占矿渣质量的 42% 和 12% 的配比 W42 黏度适中,初凝时间为 45 min,终凝时间为 80 min,可充分浸润并杵捣碳纤维布以完成粘贴任务。以边长为 100 mm 的混凝土立方体试块两对面粘贴宽度为 70 mm、长为

100 mm 的碳纤维布条带的双剪试件为试验对象,面内剪切强度可达 1.34 MPa,与常规环氧树脂胶的基本相当(即 1.33 MPa)。因此,确定 W42 为 AASCM 作为碳纤维布胶黏剂的选定配比。

(2)本书建议 0.111 mm 厚的 UT70-20 型碳纤维布的有效黏结长度实测值为 160 mm,锚固长度实测值为 180 mm;0.167 mm 厚的 UT70-30 型碳纤维布的有效黏结长度实测值为220 mm,锚固长度实测值为 280 mm。

(3) AASCM 粘贴碳纤维布的有效黏结长度和锚固长度计算公式,为用 AASCM 作胶剂粘贴纤维布加固混凝土构件提供基础素材。

第6章 用 AASCM 粘贴碳纤维布加固钢筋混凝土梁受弯性能

6.1 加固未破损钢筋混凝土梁的试验概况

6.1.1 试件设计

设计 3 种配筋,每种 2 根,共 6 根钢筋混凝土简支梁。梁截面尺寸 $l \times b \times h = 2\,400\ mm \times 150\ mm \times 200\ mm$,计算跨度 $l_0 = 2\,250\ mm$。混凝土强度等级为 C30,混凝土保护层厚度 $c = 20\ mm$,剪弯段架立筋和箍筋为直径 8 mm 的 HPB235 级钢筋,纯弯段未设架立钢筋和箍筋。采用如下两种加固方案:粘贴相同量的碳纤维布加固不同配筋率(3 种配筋率)的混凝土梁;粘贴不同量(两种宽度)的碳纤维布加固相同配筋率的混凝土梁。试验梁加固前配筋构造如图 6.1 所示。加固前 6 根梁的各项参数见表 6.1,其中试件编号中的 1,2,3 分别表示为第 1,2,3 种配筋情况的梁;a,b 分别表示为用 150 mm 宽、120 mm 宽的碳纤维布加固的梁。

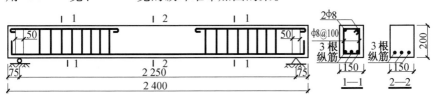

图 6.1 试件尺寸及配筋图

表 6.1 试验梁的主要参数

试件编号	底部纵筋	A_s / mm^2	配筋率/%
B-1-a	2Φ10+1Φ8	207.3	0.79
B-1-b	2Φ10+1Φ8	207.3	0.79
B-2-a	3Φ12	339.0	1.29
B-2-b	3Φ12	339.0	1.29
B-3-a	2Φ14+1Φ16	509.1	1.94
B-3-b	2Φ14+1Φ16	509.1	1.94

在不同配筋率的 3 根钢筋混凝土简支梁的梁底粘贴一层碳纤维布加固，加固宽度 $b' = 150$ mm，锚固长度 $l' = 700$ mm；另外 3 根试验梁粘贴一层宽度 $b' = 120$ mm 的碳纤维布加固，锚固长度 $l' = 600$ mm。所有混凝土梁的梁底碳纤维布加固长度均为 2 100 m，并设置 U 形箍加强锚固，如图 6.2 所示。

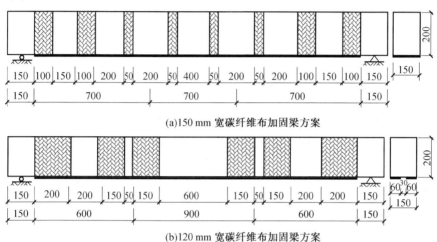

(a)150 mm 宽碳纤维布加固梁方案

(b)120 mm 宽碳纤维布加固梁方案

图 6.2　试验梁加固示意图

6.1.2　材料性能

试验梁混凝土标准立方体实测抗压强度 $f_{cu} = 32.5$ N/mm^2，弹性模量实测值 $E_c = 3.01 \times 10^4$ N/mm^2。试验采用钢筋的力学性能见表 6.2，其中 f_y 为钢筋屈服强度实测值；f_u 为钢筋极限强度实测值；E_s 为钢筋弹性模量实测值。碳纤维布是日本东丽有限公司生产的单向碳纤维布，依据 10 个标准碳纤维布试件的材性试验结果，测得其材性性能见表 6.3。

表 6.2　钢筋力学性能

钢筋种类	φ8	φ10	φ12	φ14	φ16
$f_y/(\mathrm{N \cdot mm^{-2}})$	298	331	359	396	380
$f_u(\mathrm{N \cdot mm^{-2}})$	446	462	534	584	543
$E_s/(10^5\mathrm{N \cdot mm^{-2}})$	1.77	1.65	1.63	1.85	1.77

表 6.3 碳纤维布材性性能

密度 $\rho/(\text{g} \cdot \text{m}^{-3})$	计算厚度 t_{cf}/mm	抗拉强度 $f_{cf}/$ $(\text{N} \cdot \text{mm}^{-2})$	伸长率/%	弹性模量 $E_{cf}/$ $(10^5 \text{ N} \cdot \text{mm}^{-2})$
200	0.111	3430	1.77	2.50

6.1.3 施工工艺

按模数为 1.0 的水玻璃用量为矿渣质量的 12%,用水量为矿渣质量的 42% 的配比制备出 AASCM。将裁好的碳纤维布在 AASCM 中浸泡并杵捣 20 min 后,加固试验梁。具体实施工艺如下:

(1)将市售钾水玻璃模数通过加 KOH 调整到 1.0;待水玻璃冷却后, 将模数为 1.0 水玻璃和饮用水倒入矿渣粉中,搅拌 6 min 左右,搅拌速度不 得小于 60 rad/m。制备好的 AASCM 如图 6.3 所示。

(2)将少量 AASCM 注入到一个长度稍大于用于加固试验梁的碳纤维 布长度,宽度大于用于加固试验梁的碳纤维布宽度的槽形容器中;然后用 滚筒将 AASCM 均匀覆盖在容器底部(AASCM 注入量以恰能覆盖槽形容器 底部为宜)。将碳纤维布展开铺在 AASCM 上。在碳纤维布上浇注 AASCM,然后用滚筒沿碳纤维布长度方向轻轻滚压碳纤维布 15 min 左右, 如图6.4 所示。

(3)在打磨平整并清洗干净的混凝土表面涂一层 AASCM 后,将浸泡 好的碳纤维布粘贴在混凝土表面,用滚筒轻轻滚压,将碳纤维布与混凝土 表面充分接触,然后粘贴 U 形箍,最后在碳纤维布表面涂一层面胶,如图 6.5 所示。

(4)AASCM 初凝后,要浇水养护 7 d,如图 6.6 所示。

(a) AASCM 的制备   (b) AASCM 的形貌

图 6.3 AASCM 制备图

(a) 向容器内注入 AASCM

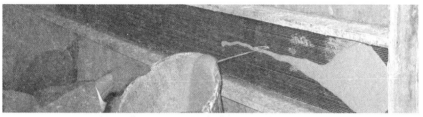

(b) 在碳纤维布上浇注 AASCM

(c) 用滚筒滚压碳纤维布

图 6.4　浸泡碳纤维布的过程

(a) 在混凝土表面涂抹 AASCM

(b) 粘贴碳纤维布

(c)用滚筒滚压碳纤维布

图 6.5　粘贴碳纤维布的过程

图 6.6　养护加固混凝土梁

6.1.4　加载及量测方案

为了消除剪力对正截面受弯的影响,采用手动千斤顶两点对称加载,如图 6.7 所示。试验时先进行预加载,使各测量仪表进入正常的工作状态,变形和荷载的关系趋于稳定。当受压区混凝土被压碎时,认为梁达到极限承载力,结束加载。

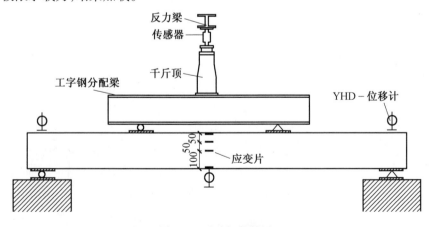

图 6.7　试验加载装置

试验测量内容包括观察裂缝出现、分布及开展的过程和形态;测量在外荷载作用下的裂缝宽度;在梁支座及跨中布置位移计,测量跨中挠度。跨中受拉钢筋、混凝土和梁底碳纤维布应变采用应变片测量。

6.2　加固未破损钢筋混凝土梁的试验结果及分析

6.2.1　试验现象

梁 B-1-a:当外荷载达 6.13 kN 时,纯弯段出现裂缝。之后裂缝缓慢发展。当外载达 15.13 kN 时,听到轻微的碳纤维布与混凝土剥离声,此时,最大裂缝宽度为 0.1 mm。当外荷载达 16.13 kN 时,跨中梁侧碳纤维布有宽为 20 mm、长为 50 mm 的纵向剥离,此时最大裂缝为 0.16 mm。当外荷载达 16.63 kN 时,碳纤维布表面 AASCM 出现横向的贯穿裂缝。在外荷载达 17.13 kN 时,碳纤维布出现大面积剥离,最大裂缝宽度为 0.45 mm。在加载至 19.44 kN 时,最大裂缝处碳纤维布被拉断。继续加载至受压区混凝土被压碎,最终破坏模式如图 6.8 所示。试验梁的挠度为 74 mm。

(a) 碳纤维布被拉断

(b) 混凝土被压碎

(c) 梁 B-1-a 破坏时的变形

图 6.8　梁 B-1-a 最终破坏情况

梁 B-2-a：当外荷载达 9.13 kN 时,纯弯段出现裂缝,之后裂缝缓慢发展。当外荷载达 26.13 kN 时,梁跨中边部碳纤维布与混凝土有宽为 10 mm、长约为 35 mm 的纵向剥离,最大裂缝为 0.18 mm。当外荷载达 29.13 kN时,剥离长约 100 mm,最大裂缝为 0.3 mm。在外荷载达 31.13 kN时,最大裂缝处有约 15 mm 宽的梁侧碳纤维布断裂。当外荷载达 31.66 kN 时,最大裂缝处碳纤维布被拉断。继续加载至受压区混凝土被压碎,最终破坏模式如图 6.9 所示。试验梁的挠度为 63 mm。

 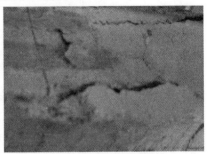

(a) 碳纤维布被拉断　　　　　　　(b) 混凝土被压碎

(c) 梁 B-2-a 破坏时的变形

图 6.9　梁 B-2-a 最终破坏情况

梁 B-3-a：当外荷载达 12.13 kN 时,跨中纯弯段出现裂缝。之后裂缝缓慢发展。当外荷载达 39.13 kN 时,试验梁纯弯段有轻微碳纤维布与混凝土剥离声,但观察不到剥离现象,最大裂缝宽度为 0.18 mm。当外荷载达 40.13 kN 时,纯弯段最大裂缝处碳纤维布表面出现横向贯通裂缝,纯弯段还有两处梁侧碳纤维布与混凝土发生小面积纵向剥离,最大裂缝宽度为 0.41 mm。在外荷载达到 44.36 kN 时,最大裂缝处碳纤维布被拉断。继续加载至受压区混凝土被压碎, 最终破坏模式如图 6.10 所示。试验梁挠度为 38 mm。

梁 B-1-b：当外荷载达 7.35 kN 时,纯弯段出现裂缝。之后裂缝缓慢发展。当外荷载达 20.35 kN 时,试验梁纯弯段有轻微碳纤维布与混凝土剥离声,但观察不到剥离现象,此时,裂缝宽度为 0.1 mm。当外荷载达

(a) 碳纤维布被拉断　　　　　　　　(b) 混凝土被压碎

(c) 梁 B-3-a 破坏时的变形

图 6.10　梁 B-3-a 最终破坏情况

21.35 kN 时,最大裂缝处碳纤维布表面的 AASCM 出现较小的横向裂缝,梁侧最大裂缝宽度达 0.3 mm。当外荷载达 22.35 kN 时,梁底横向裂缝贯通。裂缝处碳纤维布与混凝土剥离。当外荷载达 23.67 kN 时,最大裂缝处碳纤维布被拉断。继续加载至受压区混凝土被压碎,最终破坏模式如图6.11所示。试验梁的挠度为 52 mm。

梁 B-2-b:当外荷载达 11.35 kN 时,纯弯段出现裂缝。之后裂缝持续缓慢发展。当外荷载达 29.35 kN 时,试验梁纯弯段有轻微碳纤维布与混凝土剥离声,此时,最大裂缝宽度达0.09 mm。在加载到 32.35 kN 时,最大裂缝处梁侧碳纤维布与混凝土有宽 23 mm、长 50 mm 的纵向剥离。当外荷载达 33.67 kN 时,最大裂缝处碳纤维布被拉断。继续加载至受压区混凝土被压碎,最终破坏模式如图 6.12 所示。试验梁挠度为 38 mm。

梁 B-3-b:当外荷载达 10.35 kN 时,跨中纯弯段出现裂缝。之后裂缝持续缓慢发展。当外荷载达 36.85 kN 时,纯弯段有轻微碳纤维布与混凝土剥离声,此时,最大裂缝宽度为0.1 mm。在之后加载到 42.35 kN 的过程中,剥离声时断时续,裂缝没有向上发展,不过宽度逐渐增大。当加载到 44.85 kN 时,最大裂缝处梁侧碳纤维布与混凝土剥离,剥离长度为 100 mm。压区混凝土出现纵向的小裂缝。当外荷载达 45.14 kN 时,最大裂

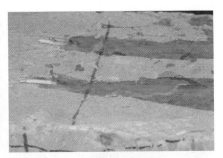

(a) 碳纤维布被拉断　　　　　　　　(b) 混凝土被压碎

(c) 梁 B-1-b 破坏时的变形

图 6.11　梁 B-1-b 最终破坏情况

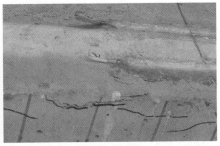

(a) 碳纤维布被拉断　　　　　　　　(b) 混凝土被压碎

(c) 梁 B-2-b 破坏时的变形

图 6.12　梁 B-2-b 最终破坏情况

缝处碳纤维布被拉断。继续加载至受压区混凝土被压碎,最终破坏模式如图 6.13 所示。挠度为 41 mm。

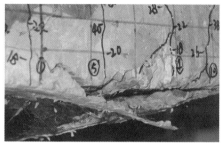

(a)碳纤维布被拉断　　　　　　　　(b)混凝土被压碎

(c)梁 B-3-b 破坏时的变形

图 6.13　梁 B-3-b 最终破坏情况

可见,6 根试验梁破坏模式为:受拉钢筋达到屈服强度后,碳纤维布达到极限拉应变而被拉断,而受压区边缘混凝土尚未达到极限压应变。发生这种破坏模式的机理为:在加载初期,当荷载很小且碳纤维布与混凝土表面黏结良好时,由于截面的变形协调碳纤维将有一定的变形,这种变形将在黏结界面处产生黏结剪应力和剥离正应力。当加载达到一定水平,随着碳纤维布拉力继续增大,裂缝的扩展趋势将大于黏结滑移量,界面上将产生较大的应力集中。当最大剪应力大于混凝土的抗剪强度时,裂缝与纤维布交接处的剥离应力达到了混凝土的剥离极限,裂缝处将首先发生局部剥离。继续加载,碳纤维布在开裂截面处断裂。

6.2.2　试验数据

1. 裂缝开展情况

在加载初期,加固梁由弯曲应力引起的主裂缝发展较为缓慢。主裂缝宽度变化明显,长度相对变化不大。随着梁底主裂缝的张开受到碳纤维布的限制,当碳纤维布受力很大时,引起的碳纤维布与混凝土界面产生局部剥离的短斜裂缝,部分与主裂缝相交。最后碳纤维布由裂缝开展较大处剥离,并向两端发展。在碳纤维布断裂前,随着碳纤维布与混凝土间的局部黏结应力增大,使得主裂缝之间的拉应力达到混凝土抗拉强度,产生短小的次裂缝。这些次裂缝位于较宽的主要正截面裂缝之间,由于碳纤维与混凝土间的局部黏结应力影响,裂缝高度和宽度均较小,在相应下部碳纤维布空鼓后基本不再发展。加固梁裂缝具体开展情况如图6.14所示。

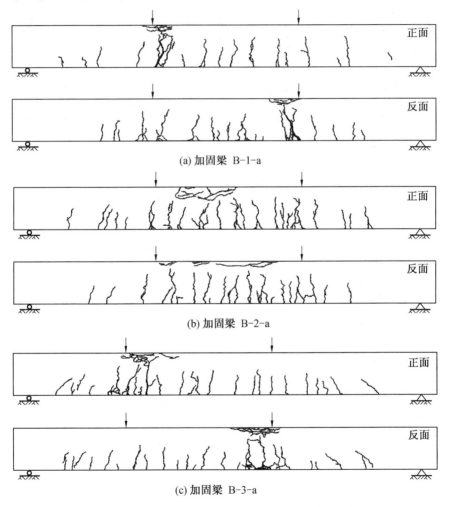

(a) 加固梁 B-1-a

(b) 加固梁 B-2-a

(c) 加固梁 B-3-a

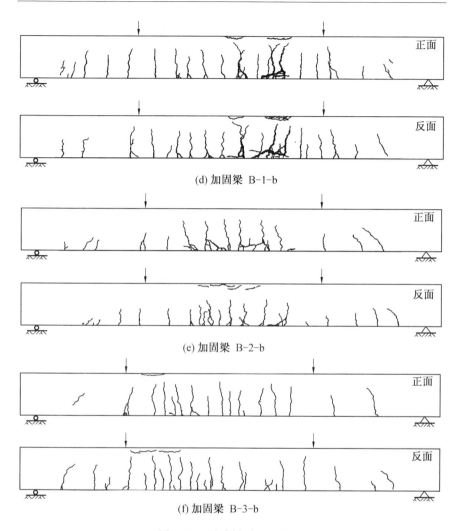

(d) 加固梁 B-1-b

(e) 加固梁 B-2-b

(f) 加固梁 B-3-b

图 6.14 试验梁裂缝展开图

平均裂缝宽度与荷载的关系曲线如图 6.15 所示。数据来自裂缝基本出齐到受拉钢筋屈服的钢筋混凝土梁工作的第 Ⅱ 阶段。

2. 平截面假定验证

在各级荷载作用下梁跨中控制截面的应变如图 6.16 所示。

可见,试验梁跨中控制截面从加载到破坏基本符合平截面假定。

3. 弯矩-曲率曲线

试验梁弯矩-跨中曲率曲线呈现不开裂弹性、开裂弹性和塑性发展 3 个阶段,如图 6.17 所示。

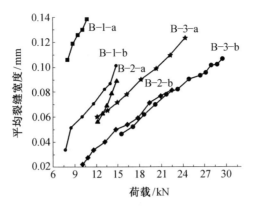

图 6.15　平均裂缝宽度-荷载曲线图

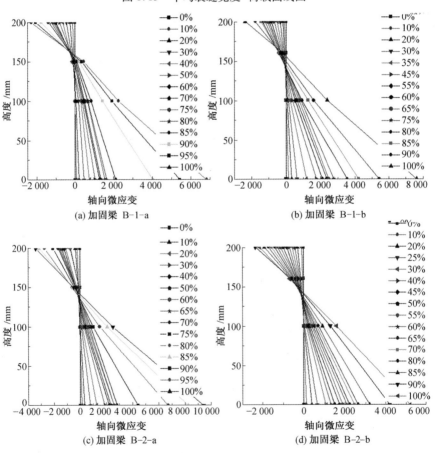

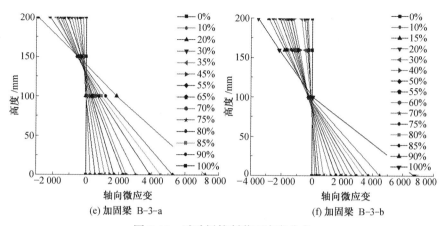

图 6.16 试验梁控制截面应变分布

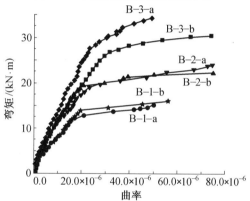

图 6.17 试验梁弯矩-跨中曲率曲线

总体来说,加固梁的挠度在受拉钢筋屈服前,随着配筋量配布量的增加,挠度相差逐渐增加。受拉钢筋屈服后,同一等级荷载作用下,加固梁的挠度增长缓慢。试验梁开裂弯矩、屈服弯矩和极限弯矩见表 6.4。

表 6.4 开裂弯矩、屈服弯矩和极限弯矩实测值   kN·m

梁编号	开裂弯矩	屈服弯矩	极限弯矩
B-1-a	3.54	14.19	15.07
B-2-a	6.64	19.04	24.54
B-3-a	8.96	19.89	34.38
B-1-b	3.83	13.96	15.98
B-2-b	5.80	19.35	22.73
B-3-b	5.86	25.43	30.47

由表 6.4 可知,碳纤维布加固量的增加、梁的配筋率增大均能提高加

固构件的正截面承载力。

4. 钢筋及碳纤维布弯矩-应变曲线

试验梁钢筋及碳纤维布实测弯矩-应变曲线如图 6.18 所示。

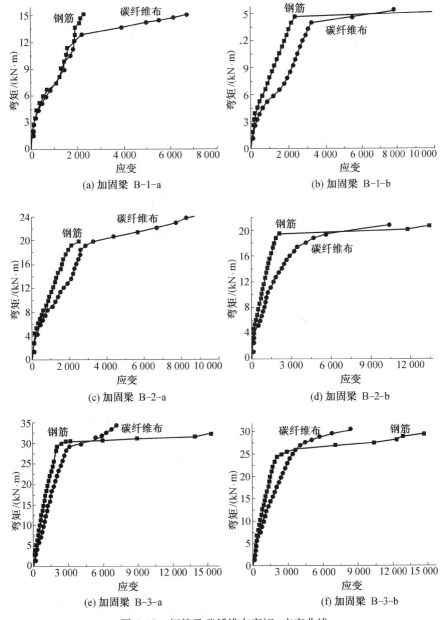

图 6.18　钢筋及碳纤维布弯矩-应变曲线

由图6.18可知,碳纤维布应变与钢筋应变发展可分为 3 个阶段:第一阶段为混凝土开裂前,在此过程中纤维应变很小,钢筋与碳纤维布的应变相差不大;第二阶段为开裂后至受拉纵筋屈服,碳纤维布的应变增长较钢筋的应变快,这是因为随混凝土底部裂缝开展,内力重分布后使得碳纤维布和钢筋的应变增大,但二者的应变增长趋势相同,在钢筋屈服时,两者的应变差值达到最大;第三阶段为钢筋屈服后至试验梁承载力极限状态,碳纤维布的应变增长极快,主要是由于钢筋屈服后,增加的荷载主要由碳纤维布承担。在试件接近破坏时,两者的应变差又达到一个较小值,这说明碳纤维布与梁共同作用良好。

6.2.3　正截面抗弯承载力的计算方法

1. 基本假定

计算 AASCM 粘贴碳纤维布加固混凝土梁受弯承载力时,采用如下假定:

(1)梁受力变形后仍保持平截面。

(2)混凝土的受压应力-应变关系、钢筋的应力-应变关系采用《混凝土结构设计规范》(GB 50010—2010)给定的应力-应变关系。

(3)混凝土开裂后,不考虑受拉混凝土的作用。

(4)碳纤维布的应力-应变关系为碳纤维布应变乘以弹性模量。

2. 破坏模式的判定

当加固梁的受压区混凝土被压碎,同时梁底碳纤维布被拉断的界限破坏模式发生时,界限相对受压区高度 ξ_{cfb}^0 的计算公式为

$$\xi_{cfb}^0 = \frac{\varepsilon_{cu}}{\varepsilon_{cu} + \varepsilon_{cf,u}} \tag{6.1}$$

式中　$\varepsilon_{cf,u}$——碳纤维布的极限拉应变,此类加固梁的正截面受弯承载力通过条带平衡法求得。

由式(6.1)所得界限相对受压区高度 ξ_{cfb}^0,可判别加固梁的破坏形式。设实际相对受压区高度为 ξ_{cf}^0,若 $\xi_{cf}^0 > \xi_{cfb}^0$,则破坏形式为受压区混凝土被压碎,梁底碳纤维布未被拉断;若 $\xi_{cf}^0 < \xi_{cfb}^0$,则破坏形式为梁底碳纤维布被拉断,受压区混凝土未被压碎;若 $\xi_{cf}^0 = \xi_{cfb}^0$,则破坏形式为界限破坏。经计算,6 根加固梁的破坏形式均为梁底碳纤维布被拉断,受压区混凝土未被压碎。

3. 正截面承载力计算方法

当 $\xi_{cf} < \xi_{cfb}$ 时,发生梁底碳纤维布被拉断,受压区混凝土未被压碎破坏

模式的加固梁正截面受弯承载力计算简图如图 6.19 所示。将试验梁截面在混凝土受压区沿高度方向分为 n 个条带,根据平截面假定可以分别得到第 i 条混凝土的压应变 ε_{ci}、钢筋的应变 ε_s 和受压区边缘混凝土应变 ε_c 与碳纤维布的应变 ε_{cf} 关系式。由力平衡条件,通过迭代法求出混凝土实际受压区高度 $x_{0,u}$。再对钢筋合力点取矩,求得试验梁正截面受弯承载力。

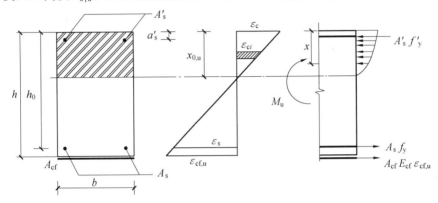

图 6.19　加固梁的正截面承载力计算简图

6.2.4　承载力计算值与试验值比较

对用 AASCM 粘贴碳纤维布加固梁的正截面抗弯承载力进行计算,结果见表 6.5,其中 M_t^u 为试验梁的极限承载力实测值;M_c^u 为试验梁的极限承载力计算值。

表 6.5　极限承载力计算值与试验值比较　　　　kN·m

试验梁	B–1–a	B–1–b	B–2–a	B–2–b	B–3–a	B–3–b
M_t^u	15.07	15.98	24.54	22.73	34.38	30.47
M_c^u	17.33	16.03	24.94	23.74	32.45	31.91
M_c^u/M_t^u	1.15	1.00	1.02	1.04	0.94	1.05

由表 6.5 可以得出,试验梁的正截面抗弯承载力计算值与试验值之比的平均值 $\overline{X}=1.03$,标准差 $\sigma=0.06$,变异系数 $\delta=0.06$。

6.2.5　试验梁刚度计算

根据平截面假定,可得平均曲率为

$$\varphi=\frac{\varepsilon_{cm}+\varepsilon_{sm}}{h_0} \tag{6.2}$$

式中　ε_{cm}——纯弯段受压区边缘混凝土的平均压应变;

ε_{sm}——受拉钢筋重心处的平均拉应变;

h_0——截面的有效高度。

裂缝截面处受压区边缘混凝土、受拉钢筋和碳纤维布的应变的计算公式为

$$\begin{cases} \varepsilon_{cm} = \psi_c \dfrac{\sigma_c}{\nu E_c} \\[2mm] \varepsilon_{sm} = \psi_s \dfrac{\sigma_s}{E_s} \\[2mm] \varepsilon_{cfm} = \psi_{cf} \dfrac{\sigma_{cf}}{E_{cf}} \end{cases} \tag{6.3}$$

式中　ε_{cfm}——为纯弯段碳纤维布的平均拉应变,在正常使用阶段,$\varepsilon_{cf}/\varepsilon_s$ 可取为常数,结合试验数据,本书取 $\varepsilon_{cfm}/\varepsilon_{sm} = 1.2$;

E_c,E_s,E_{cf}——混凝土、钢筋和碳纤维布的弹性模量;

ν——混凝土弹性特征系数;

ψ_c,ψ_s,ψ_{cf}——受压区混凝土应变不均匀系数、裂缝间钢筋应变、碳纤维布应变不均匀系数。在正常使用阶段,裂缝处碳纤维布约束混凝土和钢筋的变形,使得裂缝间受拉混凝土对碳纤维布的影响程度与对钢筋的影响程度相当,即 $\psi_{cf} = \psi_s$。

加固梁在正常使用阶段

$$M = \sigma_s(A_s + A_{cf}) \left(1 + \frac{\sigma_{cf} - \sigma_s}{\sigma_s} \cdot \frac{A_{cf}}{A_s + A_{cf}} + \frac{\sigma_{cf}}{\sigma_s} \frac{A_{cf}}{A_s + A_{cf}} \cdot \frac{a}{\eta_s h_0} \right) \eta_s h_0$$

近似取

$$\frac{\varepsilon_{cf}}{\varepsilon_s} = 1.2, E_{cf} = 250 \text{ GPa}, E_s = 200 \text{ GPa}, \frac{h}{h_0} = 1.2, \frac{a}{h_0} = 0.18$$

内力臂系数 η 可取为常数。由试验数据,取 $\eta_s = 0.87$,$\eta_c = 0.58$。M 可简化为

$$M = \sigma_s(A_s + A_{cf}) \eta_s h_0 \left(1 + \frac{1.13 A_{cf}}{A_s + A_{cf}} \right)$$

取

$$\rho_{te} = \frac{A_s + A_{cf}}{0.5bh}$$

则钢筋应力不均匀系数为

$$\psi_s = 1.1\left(1 - \frac{M_c}{M}\right) = 1.1 - \frac{0.71f_t}{\sigma_s\rho_{te} \cdot \frac{1.13A_{cf}}{A_s + A_{cf}}}$$

忽略受拉混凝土的影响,建立裂缝截面处力平衡方程和弯矩平衡方程

$$\begin{cases} \omega\sigma_c b\xi_0 h_0 = \sigma_s A_s + \sigma_{cf} A_{cf} \\ M = \sigma_s A_s \eta_s h_0 + \sigma_{cf} A_{cf}(\eta_s h_0 + a) \end{cases} \tag{6.4}$$

式中　ω——压应力图形丰满程度系数;

　　　ξ_0——裂缝截面处受压区高度系数。

由式(6.3),(6.4)得到加固梁的短期刚度 B_s,即

$$B_s = \frac{E_s A_s h_0^2 + 1.2E_{cf}A_{cf}h_0(h_0 + a/\eta_s)}{\dfrac{\rho_s\alpha_{sE}}{\zeta} + 1.2\dfrac{\rho_{cf}\alpha_{fE}}{\zeta} + \dfrac{\psi_{cf}}{\eta_s}} \tag{6.5}$$

式中　α_{sE}——钢筋弹性模量与混凝土弹性模量的比值;

　　　α_{fE}——碳纤维布弹性模量与混凝土弹性模量的比值;

　　　ρ_s——纵向受拉钢筋的配筋率;

　　　ρ_{cf}——碳纤维布加固率,$\rho_{cf} = A_{cf}/(bh_0)$;

　　　$\zeta = \omega\nu\xi_0\eta_s/\psi_c$——受压区边缘混凝土平均应变综合系数,由 $\zeta = M/(\varepsilon'_{cm}bh_0^2 E_c)$,通过试验数据算出。

令 $k = \rho_s\alpha_s E/\zeta + 1.2\rho_{cf}\alpha_{fE}/\zeta$,对试验数据进行统计,如图 6.20 所示。

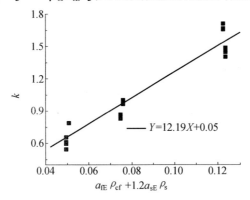

图 6.20　k 的变化规律

则截面刚度综合变化系数 k 的表达式为

$$k = 12.19(\rho_s\alpha_{sE} + 1.2\rho_{cf}a_{fE}) + 0.05 \tag{6.6}$$

用 AASCM 粘贴碳纤维布加固钢筋混凝土梁正常使用阶段短期刚度的计算公式为

$$B_s = \frac{E_s A_s h_0^2 + 1.2 E_{cf} A_{cf} h_0 (h_0 + a/\eta_s)}{12.19(\rho_s \alpha_{sE} + 1.2 \rho_{cf} a_{fE}) + 0.05 + \dfrac{\psi_s}{\eta_s}} \tag{6.7}$$

6.2.6　刚度计算值与试验值比较

45%,70% 左、右极限弯矩下试验梁刚度计算值 B_s^c 与试验值 B_s^t 的对比见表 6.6,其中 M_k/M_u 表示实测抗弯承载力与极限承载力之比。

表 6.6　试验梁刚度计算值与试验值比较

试验梁编号	M_k/M_u	$B_s^c/(10^{11}\ \mathrm{N \cdot mm^2})$	$B_s^t/(10^{11}\ \mathrm{N \cdot mm^2})$	B_s^c/B_s^t
B-1-a	0.44	9.12	9.6	1.05
	0.70	7.87	8.11	1.03
B-1-b	0.45	8.71	9.4	1.08
	0.70	7.71	8.10	1.05
B-2-a	0.46	10.09	10.03	0.99
	0.71	9.16	9.36	1.02
B-2-b	0.44	11.00	10.21	0.93
	0.70	9.64	9.37	0.97
B-3-a	0.46	12.24	11.54	0.94
	0.71	11.51	11.12	0.97
B-3-b	0.46	11.42	11.64	1.02
	0.70	10.46	11.17	1.07

令 $X = B_s^c/B_s^t$,则其平均值 $\overline{X} = 1.01$,标准差为 $\sigma = 0.05$,变异系数 $\delta = 0.05$。

6.2.7　试验梁裂缝计算分析

设首条裂缝截面处的钢筋和碳纤维布的应力分别为 σ_s,σ_{cf},距其 l_m 处即将出现第二条裂缝处的混凝土拉应力、钢筋应力和碳纤维布与混凝土的黏结应力分别为 f_t,$\sigma_s + \Delta \sigma_s$,$\sigma_{cf} + \Delta \sigma_{cf}$,钢筋与混凝土、碳纤维布与混凝土的黏结应力分别为 τ_s,τ_{cf}。裂缝间距计算简图如图 6.21 所示。

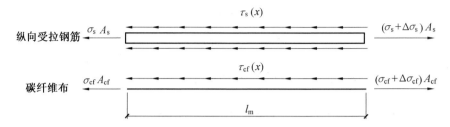

图 6.21 裂缝间距计算模型

受拉钢筋和碳纤维布隔离体力平衡方程为

$$\begin{cases} \Delta\sigma_s A_s = \tau_s u_s l_m \\ \Delta\sigma_{cf} A_{cf} = \tau_{cf} b_{cf} l_m \end{cases} \quad (6.8)$$

式中 u_s——钢筋混凝土接触面周长；

b_{cf}——碳纤维布与混凝土接触面宽度。

混凝土截面开裂弯矩 $M_{cr} = A_{te} f_{tk} \eta_c h$，根据弯矩平衡条件有

$$\Delta M_{c,s} + \Delta M_{c,cf} = M_{cr} \quad (6.9)$$

令 $\Delta M_{c,s} / \Delta M_{c,cf} = \alpha$，则有

$$\frac{\Delta\sigma_s A_s \eta_s h_0}{\Delta\sigma_{cf} A_{cf} (\eta_s h_0 + a)} = \frac{E_s A_s \eta_s h_0}{E_{cf} A_{cf} (\eta_s h_0 + a)} \chi = \alpha \quad (6.10)$$

令 $K_1 = \dfrac{\alpha}{4\tau_s \eta h_{0s}}$，$K_2 = \dfrac{1}{\tau_{cf} \eta_{cf} h}$，$K_3 = \dfrac{f_{tk} \eta_c h}{1+\alpha}$，由式(6.7)、(6.8)、(6.9)得

$$l_m = K_3 \left(K_1 \frac{d_s}{\rho_s} + K_2 \frac{t_{cf}}{\rho_{cf}} \right) \quad (6.11)$$

式中 $\rho_s = A_s / 0.5bh$，$\rho_{cf} = A_{cf} / 0.5bh$；

d_s——纵向受拉钢筋的直径；

t_{cf}——碳纤维布的厚度。

τ_s根据 Мурашев 在大量试验基础上给出的 f_{tk} / τ_s 的比值确定，当纵向钢筋为变形钢筋时，$f_{tk} / \tau_s = 0.7$；由文献[82]得 $\tau_{cf} = 1.5 \sqrt{\dfrac{2.25 - b_{cf}/b_c}{1.25 + b_{cf}/b_c}} f_{tk}$。

考虑混凝土保护层厚度对裂缝间距的影响，平均裂缝间距可表示为

$$l_m = 1.9c + K_3 \left(K_1 \frac{d_s}{\rho_s} + K_2 \frac{t_{cf}}{\rho_{cf}} \right) \quad (6.12)$$

由式(6.12)所得试验梁平均裂缝间距计算值 l_m^c 与实测值 l_m^t 之比的平均值 $\overline{X} = 1.05$，标准差 $\sigma = 0.05$，变异系数 $\delta = 0.05$。

在正常使用阶段，裂缝截面处弯矩平衡方程为

$$M_k = \sigma_s A_s \eta h_{0s} + \sigma_{cf} A_{cf} \eta_{cf} h$$

令 $\delta_f = \dfrac{E_{cf} A_{cf} \eta_{cf} h}{\chi E_s A_s \eta_s h_{0s}}$，则裂缝截面处钢筋应力为

$$\sigma_{sk} = \frac{M_k}{A_s \eta_s h_{0s} + \dfrac{\sigma_{cf} A_{cf} \eta_{cf} h}{\sigma_{sk}}} = \frac{M_k}{A_s \eta_s h_s (1 + \delta_f)}$$

平均裂缝宽度 w_m 是裂缝间一段范围内钢筋和混凝土伸长量之差，即

$$w_m = (\varepsilon_{sm} l_m - \varepsilon_{ctm} l_m) = \varepsilon_{sm} \left(1 - \frac{\varepsilon_{ctm}}{\varepsilon_{sm}} \right) l_m \tag{6.13}$$

式中　ε_{ctm}——与纵向受拉钢筋相同水平处表面混凝土的平均拉应变。

裂缝间混凝土伸长对裂缝宽度的影响系数 $\alpha_c = 1 - \varepsilon_{ctm} / \varepsilon_{sm}$，取为 0.85。

$$w_m = 0.85 \psi_s \sigma_{sk} \frac{l_m}{E_s} \tag{6.14}$$

在荷载的标准组合作用下，试验梁最大裂缝宽度 $w_{s,max}$ 可根据平均裂缝宽度乘以考虑裂缝开展不均匀影响的扩大系数 τ_s 求得。按 95% 的保证率考虑，可算得 $\tau_s = 1.76$。则在荷载的标准组合作用下的最大裂缝宽度计算公式为

$$w_{s,max} = 1.76 \alpha_c \psi_s \frac{\sigma_{sk}}{E_s} l_m \tag{6.15}$$

按式(6.15)所得试验梁最大裂缝宽度计算值与实测值见表 6.7。最大裂缝宽度计算值与实测值比值 $X = w_m^c / w_m^t$ 的平均值 $\overline{X} = 1.07$，标准差 $\sigma = 0.18$，变异系数 $\delta = 0.17$。

表 6.7　试验梁最大裂缝宽度计算值与实测值对比

试验梁	w_m^c/mm	w_m^t/mm	w_m^c / w_m^t
B-1-a	0.11	0.13	0.85
B-1-b	0.11	0.10	1.10
B-2-a	0.11	0.09	1.22
B-2-b	0.12	0.09	1.33
B-3-a	0.12	0.12	1.00
B-3-b	0.10	0.11	0.91

6.3　加固经历极限荷载混凝土梁的试验概况

研究表明，中等预应力度以上（$PPR \geqslant 0.45$）的预应力混凝土结构构

件,即使经历了承载能力极限状态,卸荷后,仍具有良好的变形恢复和裂缝闭合能力。对其进行加固与修复后,仍能较好地满足相关设计标准的要求。相关的技术标准尚未涉及经历承载能力极限状态的混凝土梁的加固问题。

8 根内置预应力圆钢管桁架–混凝土组合简支梁和 6 根预应力混凝土两跨连续梁均经历了承载能力极限状态,但由于预应力的存在,卸载后,试验梁变形大部分得到恢复,残余变形较小。对 8 根经历极限荷载组合梁和 6 根预应力混凝土连续梁用无机胶粘贴一层碳纤维布进行加固,并完成加固梁的抗弯性能试验。考察加固梁的破坏模式、裂缝开展与变形发展、无黏结筋应力变化及控制截面平截面假定的符合程度等。

6.3.1 原梁设计

1. 组合梁设计

4 根无黏结内置预应力圆钢管桁架–混凝土组合梁的截面尺寸为 $b \times h = 300~\text{mm} \times 400~\text{mm}$,实际长度为 4 200 mm,计算跨度为 3 800 mm。混凝土强度等级为 C40,保护层厚度为 25 mm。每个试件均在下弦钢管内张拉 1 根 $f_{ptk} = 1~860~\text{N/mm}^2$ 的 $\phi^s 15$ 预应力钢筋,其余预应力筋在梁体内通过挤压锚张拉。4 根无黏结内置预应力圆钢管桁架–混凝土组合梁,编号分别为 B–1,B–2,B–3,B–4 的主要试验参数见表 6.8,钢桁架详细构造及预应力筋布置如图 6.22 所示。

表 6.8 组合梁基本参数一览表

试件编号	上弦钢管 $d_0 \times t_0$	下弦钢管 $d'_0 \times t'_0$	竖腹杆 $d_1 \times t_1$	斜腹杆 $d_2 \times t_2$	预应力筋	σ_{con}	ξ	λ_p
B–1	45×3.5	60×3.5	38×4	42×6	4U $\phi^s 15$	1166	0.20	0.59
B–2	45×3.5	45×3.5	38×4	42×6	2U $\phi^s 15$	1425	0.10	0.53
B–3	45×3.5	51×5.0	38×4	42×6	5U $\phi^s 15$	1156	0.29	0.61
B–4	45×3.5	60×3.5	38×4	42×6	5U $\phi^s 15$	1370	0.28	0.67
B–5	45×3.5	70×3.5	38×4	42×6	10 $\phi^p 5$	1252	0.21	0.49
B–6	45×3.5	60×3.5	38×4	42×6	12 $\phi^p 5$	1252	0.21	0.59
B–7	45×3.5	63.5×5.0	38×4	42×6	12 $\phi^p 5$	1252	0.27	0.49
B–8	45×3.5	70×3.5	38×4	42×6	14 $\phi^p 5$	1252	0.26	0.59

注:ξ 为混凝土相对受压区高度;λ_p 为预应力度,$\lambda_p = \sigma_{pe} A_p / (\sigma_{pe} A_p + f_y A_s)$

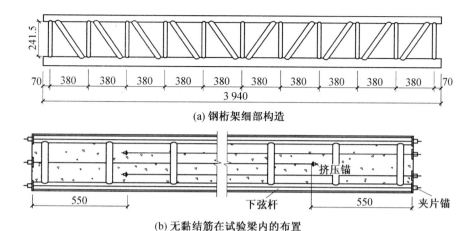

(a) 钢桁架细部构造

(b) 无黏结筋在试验梁内的布置

图 6.22 无黏结内置预应力圆钢管桁架–混凝土组合梁细部构造

4 根有黏结预应力内置圆钢管桁架混凝土组合梁的截面尺寸为 $b \times h =$ 300 mm×400 mm,实际长度为 4 500 mm,计算跨度为 3 800 mm。混凝土强度等级均为 C40,保护层厚度均为25 mm。预应力筋布置在桁架下弦圆钢管内,选用抗拉强度标准值为 $f_{ptk} = 1\ 670\ N/mm^2$ 的 $\phi^P 5$ 低松弛高强钢丝,其弹性模量为 $E_p = 2.05 \times 10^5\ MPa$。预应力锚具采用镦头锚,待试验梁混凝土结硬后再用撑角式千斤顶进行张拉,张拉控制应力取 $\sigma_{con} = 0.75 f_{ptk}$。由于试验梁截面宽度较窄不能满足张拉要求,因此在组合梁预应力张拉端设置钢筋混凝土扩大端头以保证张拉在梁端顺利进行。4 根有黏结预应力内置圆钢管桁架混凝土组合梁,编号分别为 B-5,B-6,B-7,B-8 的主要试验参数见表 6.8。内置钢桁架以及组合梁的构造如图 6.23 所示。

2. 预应力混凝土连续梁设计

由于 1 根无黏结预应力混凝土连续梁在经历承载能力极限状态时,预应力筋被拉断,所以在用 AASCM 粘贴碳纤维布加固时,被视为钢筋混凝土连续梁。

钢筋混凝土连续梁(编号为 UPC-0)和无黏结预应力混凝土连续梁(编号分别为 UPC-1,UPC-2,UPC-3,UPC-4,UPC-5)截面尺寸均为 $b \times h = 210\ mm \times 310\ mm$,混凝土强度等级为 C40,保护层厚度为 25 mm。钢筋混凝土及无黏结预应力混凝土连续梁均为两等跨连续梁,UPC-0(UPC-1),UPC-2,UPC-3,UPC-4(UPC-5)单跨计算跨度分别为 3.0 m,3.5 m,

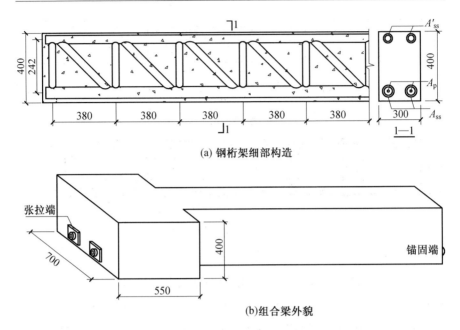

图 6.23　有黏结圆钢管桁架混凝土组合梁钢桁架细部构造

4.0 m,4.5 m。

预应力筋采用抗拉强度标准值为 $f_{ptk}=1\ 670\ N/mm^2$ 的低松弛高强钢丝,非预应力受力纵筋采用 HRB335 级钢筋,架立筋及箍筋采用 HPB235 级钢筋。为保证中支座控制截面综合配筋指标满足设计要求,在距中支座控制截面 530 mm(约为 $2h_0$)以外对跨中非预应力筋进行了分批截断或弯起,非预应力筋的布置如图 6.24 所示。为实现对无黏结筋的有效张拉,同时与工程实践相一致,预应力筋成束布置为距张锚端一定长度范围内的斜直线加跨内连续多段抛物线的组合线型,且将试验梁两端面设计为与预应力筋垂直的斜面,预应力筋的线型如图 6.25 所示。钢筋混凝土及预应力混凝土连续梁受力筋配置情况见表 6.9。

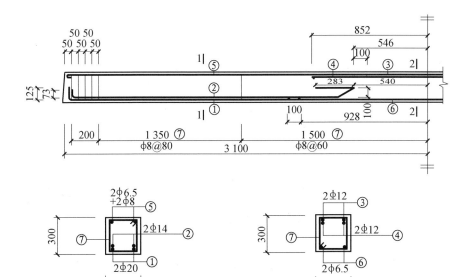

钢筋表

编号	钢筋简图	规格	单根长度	根数
①	$\quad$ 2 137	Φ14	2 262	4
②	2 400 $\quad$ 283	Φ20	2 912	4
③	1 092	Φ12	1 092	2
④	1 704	Φ12	1 704	2
⑤	41 $\quad$ 2 629	Φ6.5	2 670	4
⑥	2 056	Φ6.5	2 056	2
⑦	150 $\quad$ 250	Φ8	880	100

图 6.24 试验梁 UPC-1 非预应力筋配筋图(mm)

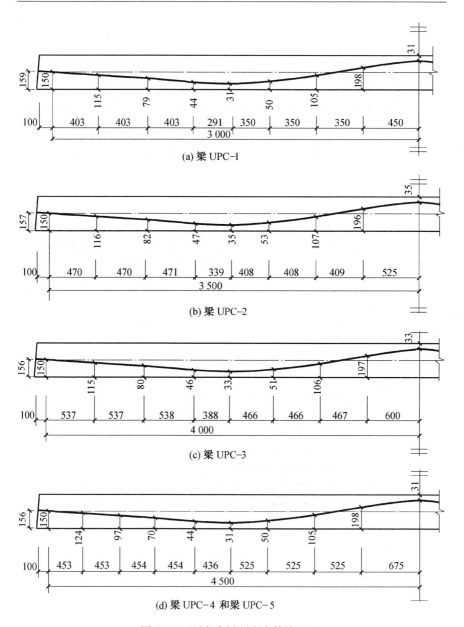

(a) 梁 UPC-1

(b) 梁 UPC-2

(c) 梁 UPC-3

(d) 梁 UPC-4 和梁 UPC-5

图 6.25　预应力梁预应力筋线型图

表 6.9 试验梁受力筋配置情况

梁编号	预应力筋	中支座非预应力筋	跨中非预应力筋	$\beta_{0,i}$	α	λ_i	L/h
UPC-0	0	2 Φ 12	2 Φ 16+2 Φ 14	0	0	0	9.68
UPC-1	9 ϕ^p5	4 Φ 12	2 Φ 14+2 Φ 20	0.09	0.67	0.37	14.52
UPC-2	6 ϕ^p5	2 Φ 12	2 Φ 22	0.31	0.50	0.66	14.52
UPC-3	7 ϕ^p5	2 Φ 12	2 Φ 16+2 Φ 14	0.10	0.50	0.69	12.90
UPC-4	3 ϕ^p5	2 Φ 12	2 Φ 20	0.14	0.58	0.68	11.29
UPC-5	17 ϕ^p5	2 Φ 16	2 Φ 22	0.21	0.50	0.42	9.68

注:$\beta_{0,i}$ 为中支座控制截面综合配筋指标,$\beta_{0,i}=(\sigma_{pe}A_p+f_yA_s-f'_yA'_s)/(f_cbh_p)$;$\alpha$ 为张拉控制系数,$\alpha=\sigma_{con}/f_{ptk}$;$\lambda_i$ 为中支座控制截面预应力度,$\lambda_i=\sigma_{pe}A_p/(\sigma_{pe}A_p+f_yA_s)$;$L/h$ 为试验梁跨高比

6.3.2 材料性能

组合梁混凝土标准立方体实测抗压强度 $f_{cu}=40.5$ N/mm^2,弹性模量实测值 $E_c=3.27\times10^4$ N/mm^2。钢管为 Q345 无缝热轧钢管,力学性能见表 6.10。

表 6.10 钢管的力学性能

钢管	$f_y/(\text{N}\cdot\text{mm}^{-2})$	$f_u/(\text{N}\cdot\text{mm}^{-2})$	$E_s/(10^5\text{ N}\cdot\text{mm}^{-2})$	ν
45×3.5	315	360	1.98	0.29
51×5	330	442	1.98	0.29
60×3.5	310	381	1.98	0.29
63.5×5	330	360	1.98	0.29
70×3.5	328	442	1.98	0.29
42×6	330	442	1.98	0.29
38×4	330	440	1.98	0.29

注:f_y,f_u,E_s,ν 分别表示钢管实测屈服强度、实测极限抗拉强度、弹性模量及泊松比

预应力混凝土连续梁混凝土标准立方体实测抗压强度 $f_{cu}=48.0$ N/mm^2,弹性模量实测值 $E_c=3.42\times10^4$ N/mm^2。非预应力筋及预应力筋的物理力学性能分别见表 6.11 及表 6.12,其中 μf_y 及 $\mu\varepsilon_y$ 分别表示非

预应力筋屈服强度实测平均值和屈服应变的实测平均值。

表 6.11　非预应力筋物理力学指标

直径/mm	12	14	16	20	22
$\mu f_y/(N \cdot mm^{-2})$	394	398	347	347	365
$\mu \varepsilon_y$	1 970	1 990	1 735	1 735	1 825

表 6.12　预应力钢丝物理力学指标

直径/mm	破断强度/$(N \cdot mm^{-2})$	名义屈服强度/$(N \cdot mm^{-2})$	伸长率/%	断面收缩率/%
5.02	1 686	1 470	5	3.9

加固所用碳纤维布为日本东丽有限公司生产的单向碳纤维布,依据 10 个标准碳纤维片材试件的材性试验结果,测得其材性性能见表 6.13。

表 6.13　碳纤维布材性性能

密度 $\rho/(g \cdot m^{-3})$	计算厚度 t_{cf}/mm	抗拉强度 $f_{cf,k}/(N \cdot mm^{-2})$	伸长率/%	弹性模量 $E_{cf}/(10^5 N \cdot mm^{-2})$
200	0.111	3 430	1.77	2.50

6.3.3　加固方案

由于组合梁及预应力混凝土连续梁在达到承载能力极限状态时,受压区混凝土局部被压碎,卸载后,部分较宽裂缝未闭合。所以,在粘贴碳纤维布前,对受压区被压碎混凝土采用与原梁混凝土强度相同的细石微膨胀混凝土置换,而受拉区混凝土残余裂缝采用注入 AASCM 进行修复,如图6.26所示。

对修复后的组合梁及预应力混凝土连续梁采用 AASCM 粘贴碳纤维布进行加固。对经历极限荷载后的预应力圆钢管桁架-混凝土组合梁粘贴一层宽 300 mm 的碳纤维布进行加固,如图 6.27 所示。对修复后的钢筋混凝土及预应力混凝土连续梁采用 AASCM 粘贴一层宽210 mm碳纤维布进行加固,如图 6.28 所示。

(a) 去除压碎混凝土

(b) 修补试验梁

图 6.26　对受压区混凝土的处理

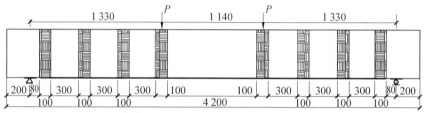

(a) 无黏结内置预应力圆钢管桁架－混凝土组合梁加固方案

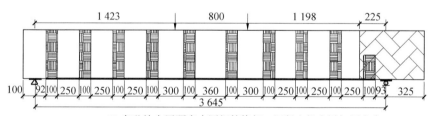

(b) 有黏结内置预应力圆钢管桁架－混凝土组合梁加固方案

图 6.27　组合梁加固方案

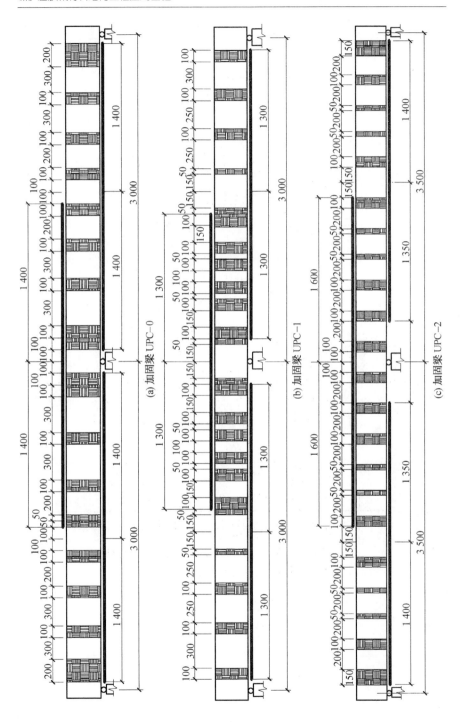

(a) 加固梁 UPC-0

(b) 加固梁 UPC-1

(c) 加固梁 UPC-2

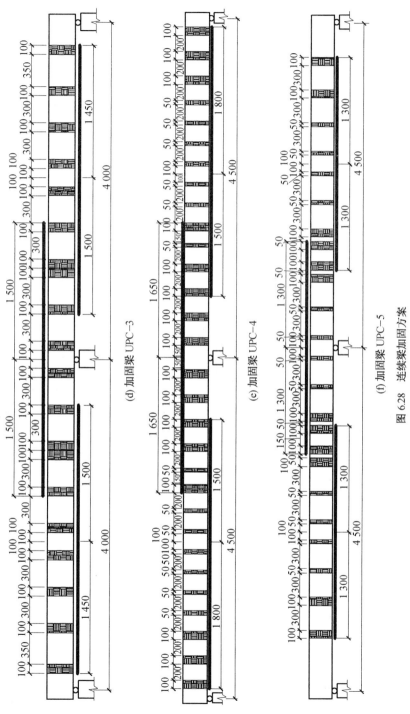

(d) 加固梁 UPC-3

(e) 加固梁 UPC-4

(f) 加固梁 UPC-5

图 6.28　连续梁加固方案

6.3.4 加载及量测方案

加固组合梁采用两点对称加载,如图 6.29 所示。试验时先进行预加载,使各测量仪表进入正常的工作状态,变形和荷载的关系趋于稳定。受压区混凝土被压碎时,认为梁达到极限承载力,结束加载。通过应变片测量跨中混凝土和碳纤维布应变,由位移引伸仪测量梁端和跨中位移。

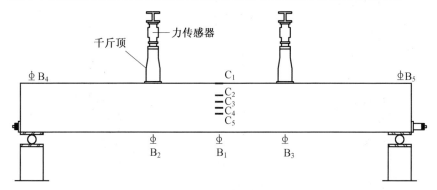

(a) 加载示意图

(b) 加载图

图 6.29　试验加载装置

加固预应力混凝土连续梁加载前,将预应力筋重新张拉至原梁预应力水平。调节中支座下方千斤顶高度,使各个支座反力与连续梁在自重及相关设备荷载作用下的支反力计算值相符合,近似形成两跨连续梁。各加固连续梁在每跨跨中通过千斤顶进行加载,如图 6.30 所示。试验时先进行预加载,使各测量仪表进入正常的工作状态,变形和荷载的关系趋于稳定。取两跨或两跨中任一跨集中荷载开始减小而变形继续增大时的荷载为极限荷载。

为了保证支座沉降不均匀带来的误差足够小,在试验过程中随时调整

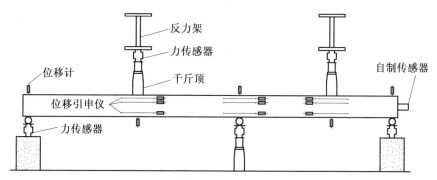

(a) 加载示意图

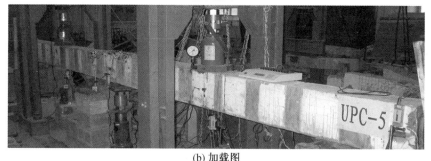

(b) 加载图

图 6.30　试验加载装置

中支座高度。各千斤顶所施加的荷载的大小及支座反力通过图 6.30 所示传感器来控制,预应力筋的应力水平及加载过程中的增量由自制传感器来反映,试验梁变形及支座沉降差控制由位移计或百分表来获得和实现。裂缝由 24 倍读数放大镜观测,钢筋、碳纤维布和混凝土应变通过应变片和位移引申仪测量。

6.4　加固经历极限荷载混凝土梁的试验结果及分析

6.4.1　试验现象

1. 加固组合梁试验现象

加固组合梁 B-1,当外荷载达 260 kN 时,组合梁未加固前的主裂缝下碳纤维布出现小面积的剥离。当外荷载达 260 kN 时,发生剥离的碳纤维布由梁边缘向内撕裂约 80 mm 长。当外荷载达 290 kN 时,碳纤维布被拉断,同时有部分混凝土被碳纤维布拉下。继续加载至 295 kN 时,试验梁受压区混凝土被压碎,最终破坏模式如图 6.31 所示。

(a) 碳纤维布被拉断

(b) 梁 B-1 破坏时的变形

图 6.31　梁 B-1 最终破坏情况

　　加固组合梁 B-2,当外荷载达 133.5 kN 时,跨中纯弯段一侧梁边碳纤维布与混凝土发生小面积的剥离。当外荷载达 165 kN 时,发生剥离的碳纤维布由梁边缘向内撕裂约 85 mm 长。当外荷载达 212 kN 时,碳纤维布被拉断,同时有较大体积的混凝土被碳纤维布拉下。继续加载至 222 kN 时,试验梁受压区混凝土被压碎,最终破坏模式如图 6.32 所示。

　　加固组合梁 B-3,当外荷载达 205 kN 时,组合梁未加固前纯弯段的主裂缝下碳纤维布出现小面积的剥离。当外荷载达 240 kN 时,发生剥离的碳纤维布由梁边缘向内撕裂约 120 mm 长。当外荷载达 300 kN 时,碳纤维布被拉断。继续加载至 305 kN 时,试验梁受压区混凝土被压碎,最终破坏模式如图 6.33 所示。

　　加固组合梁 B-4,当外荷载达 187 kN 时,纯弯段一侧梁边碳纤维布出现小面积的剥离。当外荷载达 230 kN 时,发生剥离的碳纤维布由梁边缘沿梁长方向有宽约 50 mm、长约 180 mm 的撕裂。当外荷载达 255 kN 时,发生剥离的碳纤维布由梁边缘向内有约长 150 mm 的撕裂。当外荷载达 300 kN 时,碳纤维布被拉断。继续加载至 305 kN 时,试验梁受压区混凝土

(a) 碳纤维布被拉断　　　　　　　　　(b) 混凝土被压碎

(c) 梁 B-2 破坏时的变形

图 6.32　梁 B-2 最终破坏情况

 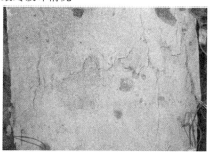

(a) 碳纤维布被拉断　　　　　　　　　(b) 混凝土被压碎

(c) 梁 B-3 破坏时的变形

图 6.33　梁 B-3 最终破坏情况

被压碎,最终破坏模式如图 6.34 所示。

(a) 碳纤维布被拉断

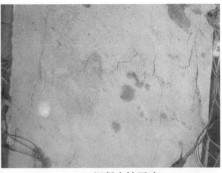
(b) 混凝土被压碎

(c) 梁 B-4 破坏时的变形

图 6.34 梁 B-4 最终破坏情况

加固组合梁 B-5,当外荷载达 50 kN 时,一加载点下方出现横向裂缝,其宽度约为0.02 mm;当外荷载达 166 kN 时,梁边碳纤维布与混凝土发生小面积剥离;当外荷载达207.5 kN时,跨中碳纤维布由梁边缘向内撕裂约100 mm 长。当外荷载达 290 kN 时,碳纤维布被拉断。继续加载至 295 kN 时,试验梁受压区混凝土被压碎,最终破坏模式如图 6.35 所示。

加固组合梁 B-6,当外荷载达 166.0 kN 时,一加载点下方碳纤维布有撕裂声。当外荷载达 194.0 kN 时,加载点下方碳纤维布一侧由梁边向内断裂约 100 mm 长,另一侧发生局部撕裂;当外荷载达 210.5 kN 时,断裂处碳纤维布与混凝土发生大面积剥离。当外荷载达254.5 kN时,梁底碳纤维布被拉断。继续加载至 277 kN 时,受压区混凝土被压碎,最终破坏模式如图 6.36 所示。

加固组合梁 B-7,当外荷载为 133.5 kN 时,碳纤维布与混凝土发生局部剥离。随着荷载的增加,试验梁上的横向裂缝显著增多,但裂缝宽度变化不明显,最大裂缝宽度为 0.10 mm。当外荷载为 200 kN 时,跨中碳纤维布由梁边缘向内断裂约 150 mm 长。当外荷载为300 kN时,跨中碳纤维布

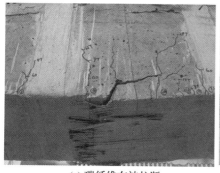

(a) 碳纤维布被拉断　　　　　　　　(b) 混凝土被压碎

(c) 梁 B-5 破坏时的变形

图 6.35　梁 B-5 最终破坏情况

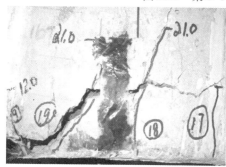

(a) 碳纤维布被拉断

(b) 梁 B-6 破坏时的变形

图 6.36　梁 B-6 最终破坏情况

被拉断,断裂处大面积混凝土被拉下。继续加载至 334 kN 时,受压区混凝土被压碎,最终破坏模式如图 6.37 所示。

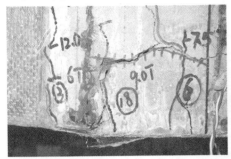

(a) 碳纤维布被拉断

(b) 梁 B-7 破坏时的变形

图 6.37   梁 B-7 最终破坏情况

加固组合梁 B-8,当外荷载达 187 kN 时,跨中纯弯段碳纤维布与混凝土发生局部剥离。当外荷载达 202.5 kN 时,跨中两侧碳纤维布均由梁边向内撕裂约 100 mm 长。当外荷载达 280.5 kN 时,跨中两侧碳纤维布继续向内撕裂,撕裂处有混凝土颗粒掉落。同时,加载点旁一 U 形箍有剥离现象。当外荷载达 304 kN 时,跨中碳纤维布被拉断。继续加载至 312 kN 时,受压区混凝土被压碎,最终破坏模式如图 6.38 所示。

2. 加固连续梁试验现象

对于加固钢筋混凝土连续梁 UPC-0,当外荷载达 125 kN 时,中支座碳纤维布发出剥离的噼啪声;当外荷载达 130 kN 时,中支座上方两侧沿梁向内碳纤维布与混凝土发生 1.5 cm 长的剥离;当外荷载达 140 kN 时,中支座上方碳纤维布断裂,如图 6.39(c)所示;当外荷载为 146 kN 时,一端跨中碳纤维布断裂,如图 6.39(a)所示,中支座受压区混凝土被压碎;当外荷载为 151 kN 时,另一端跨中碳纤维布断裂,如图 6.39(b)所示。继续加载至跨中受压区混凝土被压碎,如图 6.39(d)所示,试验梁最终破坏模式如图 6.39(e)所示。

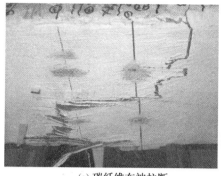 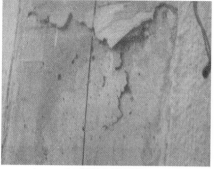

(a) 碳纤维布被拉断　　　　　　　　(b) 混凝土被压碎

(c) 梁 B-8 破坏时的变形

图 6.38　梁 B-8 最终破坏情况

对于加固预应力混凝土连续梁 UPC-1,当外荷载为 165 kN 时,梁的中支座处碳纤维布发出轻微剥离声。当外荷载为 280 kN 时,张拉端跨中加载点处有轻微的碳纤维布发出剥离声。当外荷载为 310 kN 时,两跨跨中加载点处沿梁侧向内均有 1.5 cm 长的碳纤维布被拉断。当外荷载为 320 kN 时,中支座的碳纤维布被拉断,如图 6.40(b)所示。当锚固端跨中加载点处外荷载为 314 kN 时,碳纤维布被拉断,如图 6.40(a)所示。张拉端跨中加载点处继续加荷至 329 kN 时,碳纤维布被拉断,如图 6.40(c)所示。继续加载至加载点处受压区混凝土被压碎,最终破坏模式如图 6.40(d),(e)所示。

(a) 张拉端跨中碳纤维布被拉断

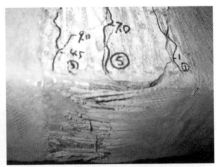

(b) 锚固端跨中碳纤维布被拉断

(c) 中支座碳纤维布被拉断

(d) 跨中混凝土被压碎

(e) 梁 UPC-0 破坏时的变形

图 6.39　梁 UPC-0 最终破坏情况

对于加固预应力混凝土连续梁 UPC-2,当外荷载达 90 kN 时,中支座处碳纤维布发出轻微的剥离声。当外荷载达 150 kN 时,中支座梁边两侧碳纤维布与混凝土发生剥离而出现大面积空鼓。当外荷载达 190 kN 时,中支座碳纤维布被拉断。当外荷载达 199 kN 时,两跨跨中碳纤维布几乎同时被拉断。随后,两跨加载点处混凝土被压碎,最终破坏模式如图 6.41所示。

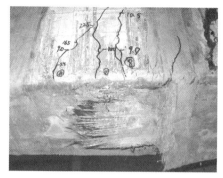

(a) 张拉端跨中碳纤维布被拉断　　　　(b) 锚固端跨中碳纤维布被拉断

(c) 中支座碳纤维布被拉断　　　　(d) 跨中混凝土被压碎

(e) 梁 UPC-1 破坏时的变形

图 6.40　梁 UPC-1 最终破坏情况

(a) 张拉端跨中碳纤维布被拉断

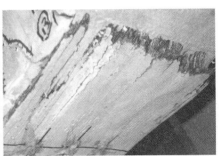
(b) 锚固端跨中碳纤维布被拉断

(c) 中支座碳纤维布被拉断

(d) 跨中混凝土被压碎

(e) 梁 UPC-2 破坏时的变形

图 6.41　梁 UPC-2 最终破坏情况

对于试验梁 UPC-3，当外荷载达 90 kN 时，中支座碳纤维布发出轻微地剥离声。随后的加载过程中，中支座碳纤维布剥离声逐渐增强。当外荷载为 130 kN 时，中支座一侧梁边碳纤维布出现小面积空鼓。当外荷载为 150 kN 时，中支座梁边向内有约 1 cm 宽碳纤维布被拉断；当外荷载为 160 kN时，锚固端跨中加载点处碳纤维布出现空鼓，同时中支座碳纤维布被拉断。当外荷载为 162.8 kN 时，锚固端跨中加载点处碳纤维布被拉断。当外荷载为 170.0 kN 时，张拉端跨中加载点处碳纤维布被拉断，同时锚固端跨中加载点处混凝土被压碎。继续加载至张拉端加载点处混凝土被压碎,破坏模式如图 6.42 所示。

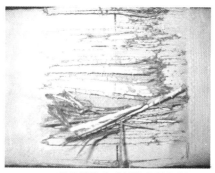

(a) 张拉端跨中碳纤维布被拉断　　　(b) 锚固端跨中碳纤维布被拉断

(c) 中支座碳纤维布被拉断　　　(d) 跨中混凝土被压碎

(e) 梁 UPC-3 破坏时的变形

图 6.42　梁 UPC-3 最终破坏情况

对于加固预应力混凝土连续梁 UPC-4,当外荷载达 90 kN 时,加载点及中支座碳纤维布发出轻微地剥离声。当外荷载达 100 kN 时,锚固端加载点处一侧梁边有约 1.0 cm 宽碳纤维布发生剥离,中支座一侧梁边有约 1.0 cm 宽碳纤维布发生剥离。当外荷载达 110 kN 时,加载点及中支座梁边碳纤维布出现空鼓,张拉端加载点下向中支座约 20 cm 处梁边向内约

3.0 cm宽碳纤维布被拉断,两个加载点处混凝土局部被压碎,中支座碳纤维布被拉断。当外荷载达 115 kN 时,张拉端加载点下向中支座约 20 cm 处梁底碳纤维布被拉断,锚固端加载点向中支座约 60 cm 处梁底碳纤维布整体被拉断,如图 6.43 所示。

(a) 张拉端跨中碳纤维布被拉断

(c) 中支座碳纤维布被拉断

(b) 锚固端跨中碳纤维布被拉断

(d) 跨中混凝土被压碎

(e) 梁 UPC-4 破坏时的变形

图 6.43 梁 UPC-4 最终破坏情况

　　对于加固预应力混凝土连续梁 UPC-5,当外荷载达 30 kN 时,中支座附近原主裂缝旁出现第一条新裂缝,这说明原梁裂缝经过灌浆处理后,再次受荷时不再开裂。当外荷载达 200 kN 时,两加载点处碳纤维布有轻微的剥离声,张拉端加载点处混凝土局部被压碎。当外荷载达 220 kN 时,锚固端加载点处碳纤维布发生剥离。当外荷载达 240 kN 时,锚固端加载点处混凝土被压碎,在持荷过程中,锚固端加载点处碳纤维布被拉断。当张拉端跨中外荷载达 248.7 kN 时,加载点处碳纤维布被拉断。继续加载至张拉端加载点处混凝土被压碎,中支座处碳纤维布仅仅在一侧梁边有约 9 cm 长的剥离,未被拉断。破坏情况如图 6.44 所示。

(a) 张拉端跨中碳纤维布被拉断

(b) 锚固端跨中碳纤维布被拉断

(c) 中支座碳纤维布被拉断

(d) 跨中混凝土被压碎

(e) 梁 UPC-5 破坏时的变形

图 6.44　梁 UPC-5 最终破坏情况

可见，14 根试验梁呈现继纵向受拉钢筋屈服后碳纤维布被拉断和继纵向受拉钢筋屈服后混凝土被压碎两种破坏模式（梁 UPC-4、梁 UPC-5）。发生这两种破坏模式的机理为：在加载初期，当荷载很小且碳纤维布与混凝土表面黏结良好时，由于截面的变形协调碳纤维将有一定的变形，这种变形将在黏结界面处产生黏结剪应力和正应力。当加载达到一定水平，随着碳纤维布拉力继续增大，裂缝的扩展趋势将大于黏结滑移量，界面上将产生较大的应力集中。当最大剪应力大于混凝土的抗剪强度时，裂缝与纤维片交接处的剥离应力达到了混凝土的剥离极限，裂缝处将首先发生局部剥离。继续加载，碳纤维布在开裂截面处断裂或者压区混凝土被压碎。

6.4.2 试验数据

1. 裂缝开展情况

在加载初期，加固组合梁由弯曲应力引起的主裂缝发展较为缓慢。主裂缝宽度变化明显，但是裂缝沿高度延伸并不明显。随着梁底主裂缝的张开受到碳纤维布的限制，当碳纤维布受力很大时，引起的碳纤维布与混凝土界面产生局部剥离的短斜裂缝，部分与主裂缝相交，引起混凝土的松动脱落。最后碳纤维布由裂缝开展较大处剥离，并向两端发展。在碳纤维布断裂前，随着碳纤维布与混凝土间的局部黏结应力增大，使得主裂缝之间的拉应力达到混凝土抗拉强度，产生短小的次裂缝。这些次裂缝位于较宽的主要正截面裂缝之间，由于碳纤维与混凝土间的局部黏结应力影响，裂缝高度和宽度均较小，在相应下部碳纤维布空鼓后基本不再发展。加固组合梁裂缝具体开展情况如图 6.45 所示。

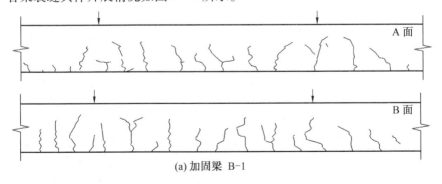

(a) 加固梁 B-1

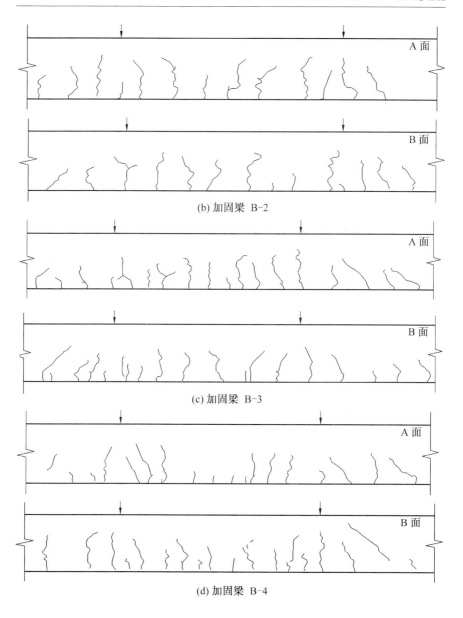

(b) 加固梁 B-2

(c) 加固梁 B-3

(d) 加固梁 B-4

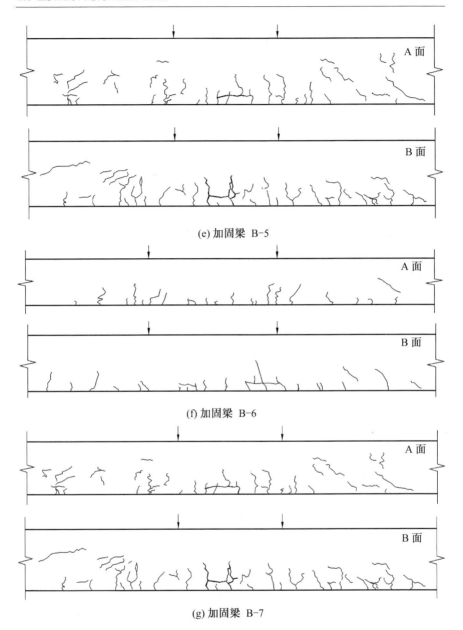

(e) 加固梁 B-5

(f) 加固梁 B-6

(g) 加固梁 B-7

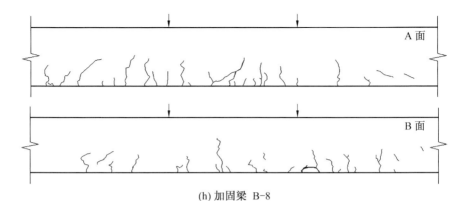

(h) 加固梁 B-8

图 6.45　加固组合续梁裂缝展开图

在对加固已经历极限荷载连续梁的抗弯性能试验中发现，加固连续梁主要裂缝通过用 AASCM 灌缝处理后，未再开裂，但未加固前的主裂缝附近均产生较宽的新裂缝。加固后连续梁裂缝间距和裂缝跨度均较未加固前小。各加固连续梁的裂缝展开图如图 6.46 所示。

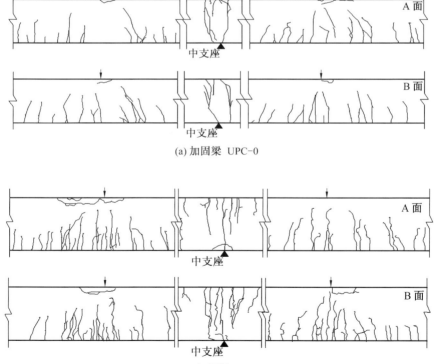

(a) 加固梁 UPC-0

(b) 加固梁 UPC-1

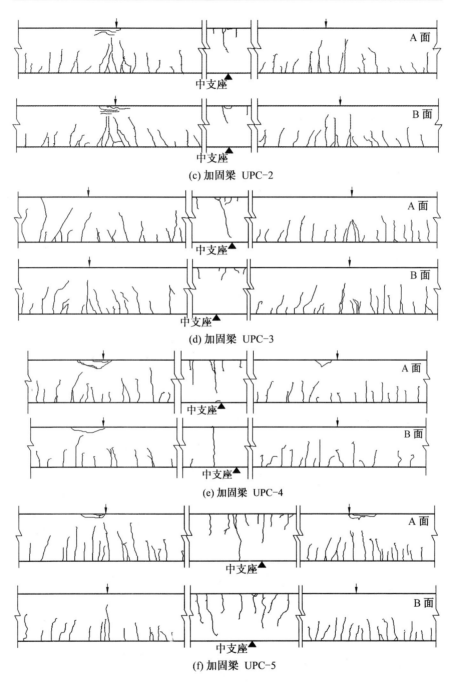

(c) 加固梁 UPC-2

(d) 加固梁 UPC-3

(e) 加固梁 UPC-4

(f) 加固梁 UPC-5

图 6.46　加固连续梁裂缝展开图

2. 平截面假定验证

在各级荷载作用下加固组合梁跨中控制截面应变分布,如图 6.47 所示。

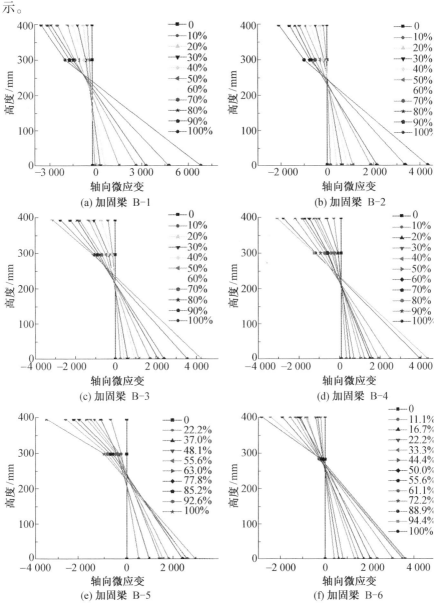

(a) 加固梁 B-1

(b) 加固梁 B-2

(c) 加固梁 B-3

(d) 加固梁 B-4

(e) 加固梁 B-5

(f) 加固梁 B-6

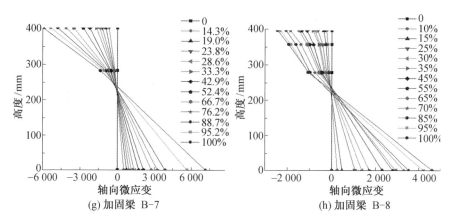

(g) 加固梁 B-7　　　　(h) 加固梁 B-8

图 6.47　加固组合梁控制截面应变分布

在各级荷载作用下加固连续梁跨中加载点处及中支座控制截面的应变,如图 6.48 所示。

由图 6.47 和图 6.48 可知,加固试验梁控制截面从加载到破坏基本符合平截面假定。

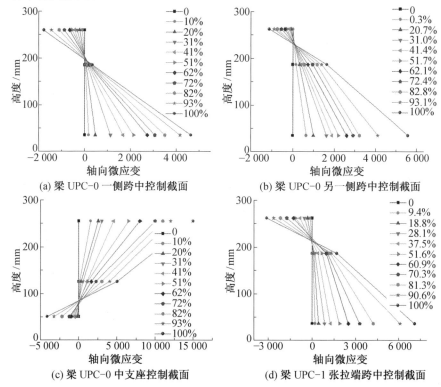

(a) 梁 UPC-0 一侧跨中控制截面　　(b) 梁 UPC-0 另一侧跨中控制截面

(c) 梁 UPC-0 中支座控制截面　　(d) 梁 UPC-1 张拉端跨中控制截面

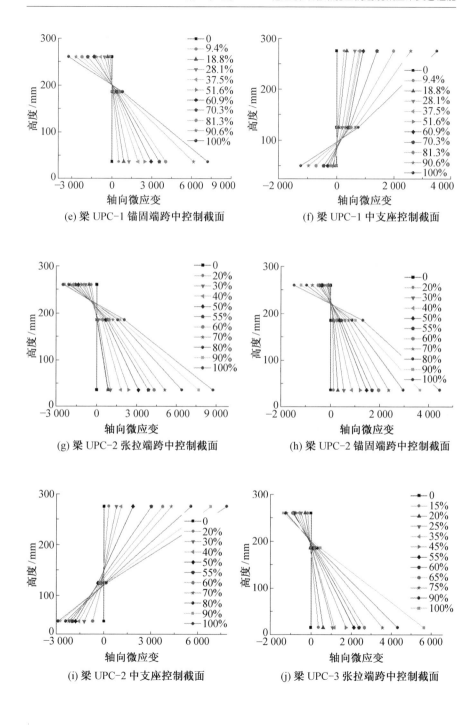

(e) 梁 UPC-1 锚固端跨中控制截面

(f) 梁 UPC-1 中支座控制截面

(g) 梁 UPC-2 张拉端跨中控制截面

(h) 梁 UPC-2 锚固端跨中控制截面

(i) 梁 UPC-2 中支座控制截面

(j) 梁 UPC-3 张拉端跨中控制截面

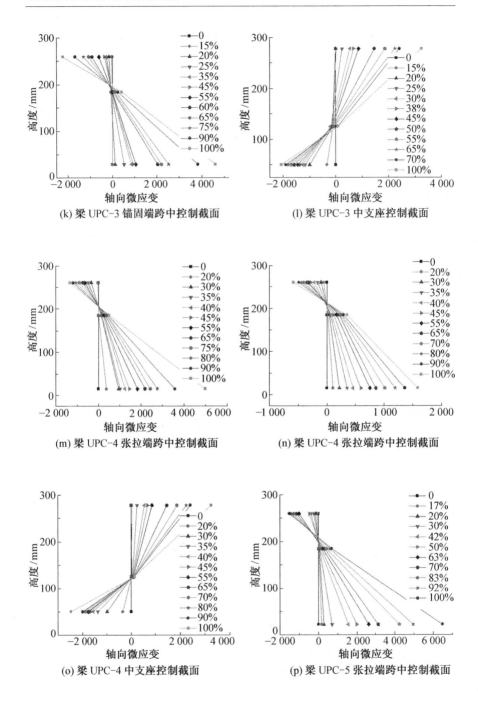

(k) 梁 UPC-3 锚固端跨中控制截面

(l) 梁 UPC-3 中支座控制截面

(m) 梁 UPC-4 张拉端跨中控制截面

(n) 梁 UPC-4 张拉端跨中控制截面

(o) 梁 UPC-4 中支座控制截面

(p) 梁 UPC-5 张拉端跨中控制截面

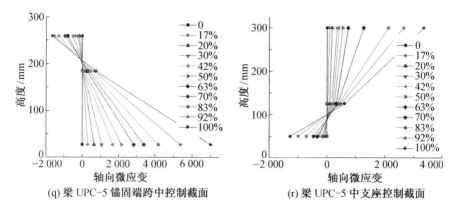

(q) 梁 UPC-5 锚固端跨中控制截面　　　(r) 梁 UPC-5 中支座控制截面

图 6.48　加固连续梁控制截面应变分布

3. 荷载-挠度曲线

由于组合梁和连续梁加固前已有部分裂缝存在,所以加固试验梁在加载过程中不存在不开裂弹性阶段。加固组合梁和加固连续梁的荷载-挠度曲线基本呈现开裂弹性和塑性发展,如图 6.49 所示。在达到相对应真实极限状态的极限荷载 70% 之前,加固梁刚度基本相同。

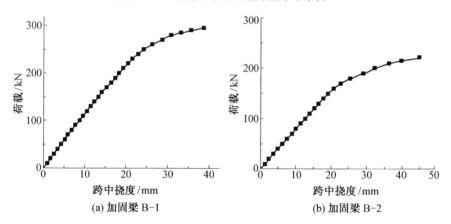

(a) 加固梁 B-1　　　　　　　　　　(b) 加固梁 B-2

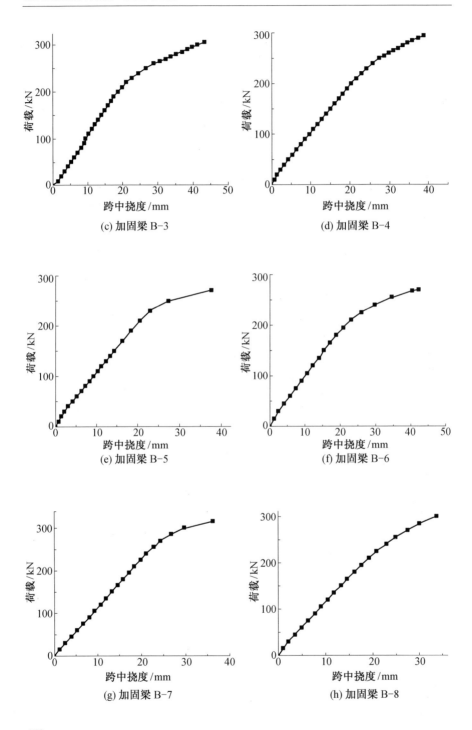

(c) 加固梁 B-3

(d) 加固梁 B-4

(e) 加固梁 B-5

(f) 加固梁 B-6

(g) 加固梁 B-7

(h) 加固梁 B-8

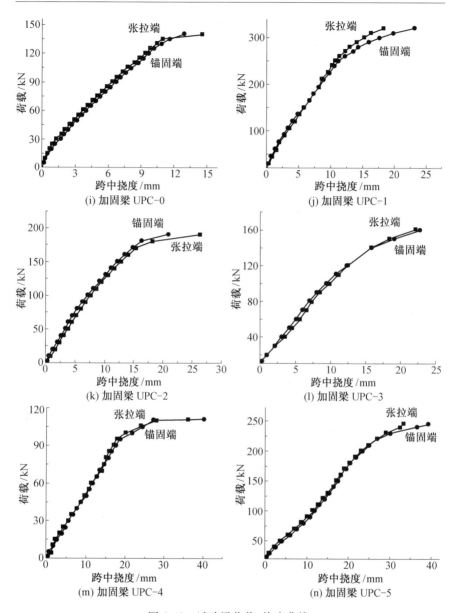

图 6.49　试验梁荷载–挠度曲线

4. 无黏结筋应力增量

无黏结筋的应变增量近似可由非预应力筋配筋指标 β_s 和预应力筋配筋指标 β_p 表示,取为 $\Delta\sigma_p = 663 - 1131\beta_p - 703\beta_s$。加固组合梁的应力增量见表 6.14。

表 6.14 试验梁应力增量 $\Delta\sigma_p$ MPa

试验梁	B-1	B-2	B-3	B-4
$\Delta\sigma_p$	386	487	297	296

从施加荷载至加固预应力混凝土连续梁破坏,荷载与试验梁中无黏结筋实测应力增量关系如图 6.50 所示。由图 6.50 可知,随着荷载的增加,无黏结筋的应力逐渐增大。

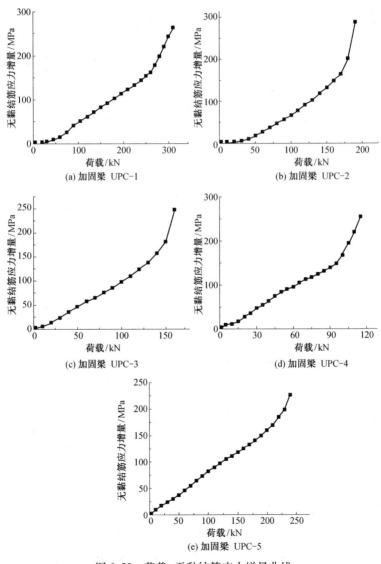

(a) 加固梁 UPC-1

(b) 加固梁 UPC-2

(c) 加固梁 UPC-3

(d) 加固梁 UPC-4

(e) 加固梁 UPC-5

图 6.50 荷载-无黏结筋应力增量曲线

6.4.3 抗弯承载力的分析方法

1.本构关系的确定

组合梁和预应力连续梁在经历承载能力极限状态后,非预应力筋的最大拉应变仍然在屈服平台上,预应力筋最大应力超过了条件屈服强度。对加固组合梁和加固连续梁进行受弯承载力计算时,非预应力筋应力–应变关系仍取《混凝土结构设计规范》推荐的应力–应变关系。预应力筋的受拉应力–应变关系曲线按图 6.51 取用。图中,$\sigma_{p,b}$ 为加固试验梁加荷时预应力筋的应力。碳纤维布的应力–应变关系为碳纤维布应变乘以弹性模量。

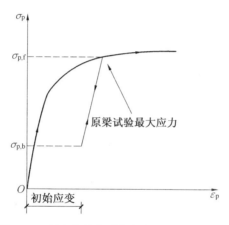

图 6.51 预应力筋的受拉应力–应变关系曲线

原组合梁和预应力混凝土连续梁在经历承载能力极限状态后,若混凝土的压应变小于峰值应力 f_c 对应的应变 ε_c,则在加固后重新加载时的混凝土本构关系采用《混凝土结构设计规范》推荐的应力–应变关系。若受压区混凝土局部被压碎,则采用较原混凝土强度高的细石混凝土进行修复,使修复处的破坏迟于其他部位。若混凝土的压应变大于 ε_c,小于极限压应变 ε_{cu},则在加固后重新加载时混凝土的本构关系按下列方法确定:首先按照《混凝土结构设计规范》建议的混凝土单轴受压应力–应变关系式(6.16),计算卸载点 U 的应变值 ε_u;然后采用过镇海提出的卸载曲线式(6.17)计算 P 点残余应变 ε_p;再用式(6.18)计算再加载曲线极值点 R 的应变值 ε_r;最后根据式(6.16)确定 R 点应力值 σ_r,即混凝土再次受荷的抗压强度,如图 6.52 所示。这里假定 PE 段和 EP 段重合且为直线,并近似认为再加载曲线的极值点 R 在混凝土单轴受压应力–应变曲线上。

当 $x>1$ 时,有

$$y = \frac{x}{\alpha_d\,(x-1)^2 + x} \qquad (6.16)$$

$$\varepsilon_p = 0.27\varepsilon_c\left(\frac{\varepsilon_u}{\varepsilon_c}\right)^{1.7} \qquad (6.17)$$

$$\varepsilon_r = 2.4\varepsilon_c\left(\frac{\varepsilon_p}{\varepsilon_c}\right)^{0.6} \qquad (6.18)$$

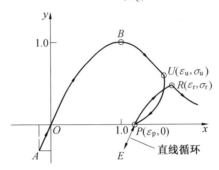

图 6.52　混凝土二次受荷应力–应变曲线

2. t 的确定

组合梁和连续梁经历极限荷载能力状态后,压应变介于峰值应力 f_c 所对应的应变 ε_c 和极限压应变 ε_{cu} 之间的纯弯区段受压区混凝土高度为 t。试验结果表明,加固后梁受荷过程中,控制截面新增应变沿梁高仍符合平截面假定,且高度 t 内混凝土再次受荷的极限压应变仍为 0.003 3,可取 $\varepsilon_{cu} = 0.003\ 3$。

高度值 t 的具体计算方法如下:由于梁受压区混凝土应力沿梁高的分布曲线(图 6.53)与混凝土单轴受压应力–应变关系曲线(图 6.54)形状相似,可根据几何相似关系得到 t 的表达式(6.19)。根据已知的初始荷载,计算控制截面初始弯矩,建立力平衡和弯矩平衡两个方程,即可解得 ε_b 和 x_0。

$$t = \frac{x_0(x_b - 1)}{x_b} \qquad (6.19)$$

3. 破坏模式的判定

当加固梁的受压区混凝土被压碎,同时梁底碳纤维布被拉断的界限破坏模式发生时,界限相对受压区高度 ξ_{cfb} 可由公式(6.20)计算:

$$\xi_{cfb} = \frac{\varepsilon_{cu}}{\varepsilon_{cu} + \varepsilon_{cf,u}} \qquad (6.20)$$

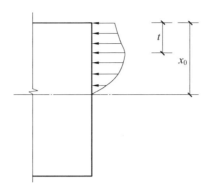

图 6.53 受压区混凝土应力分布

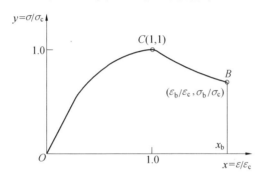

图 6.54 混凝土单轴受压应力-应变曲线

式中 $\varepsilon_{\mathrm{cf,u}}$——碳纤维布的极限拉应变,此类加固梁的正截面受弯承载力
通过条带平衡法求得。

由式(6.20)所得界限相对受压区高度 ξ_{cfb},可判别加固梁的破坏形式。
设实际相对受压区高度为 ξ_{cf},若 $\xi_{\mathrm{cf}} > \xi_{\mathrm{cfb}}$,则破坏形式为受压区混凝土被压
碎,梁底碳纤维布未被拉断;若 $\xi_{\mathrm{cf}} < \xi_{\mathrm{cfb}}$,则破坏形式为梁底碳纤维布被拉
断,受压区混凝土未被压碎;若 $\xi_{\mathrm{cf}} = \xi_{\mathrm{cfb}}$,则破坏形式为界限破坏。

4. 正截面承载力的计算方法

若 $\xi_{\mathrm{cf}} < \xi_{\mathrm{cfb}}$,发生梁底碳纤维布被拉断,受压区混凝土未被压碎破坏模
式的加固试验梁正截面受弯承载力计算简图如图 6.55(a)所示。

由力平衡方程(6.21)和弯矩平衡方程(6.22),可求得加固试验梁正
截面受弯承载力。

$$\frac{b\varepsilon_{\mathrm{cf,u}}}{h - x_{0,\mathrm{u}}} \int_0^{x_{0,\mathrm{u}}-t} f_{\mathrm{c}}(y_i)\,\mathrm{d}y - \frac{b\varepsilon_{\mathrm{cf,u}}}{h - x_{0,\mathrm{u}}} \int_{x_{0,\mathrm{u}}-t}^{x_{0,\mathrm{u}}} f'_{\mathrm{c}}(y_i)\,\mathrm{d}y + A'_{\mathrm{s}}\sigma'_{\mathrm{y}} =$$

$$A_{\mathrm{s}}f_{\mathrm{y}} + A_{\mathrm{p}}(\sigma_{\mathrm{pe}} + \Delta\sigma_{\mathrm{p}}) + A_{\mathrm{cf}}E_{\mathrm{cf}}\varepsilon_{\mathrm{cf,u}} \tag{6.21}$$

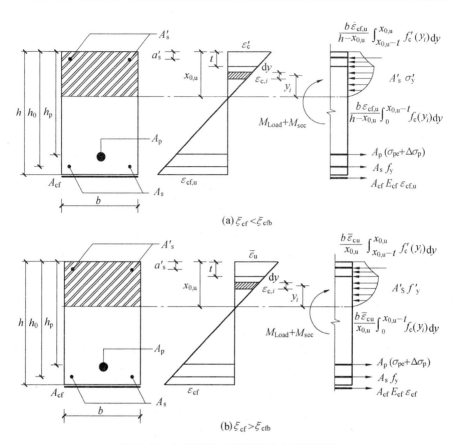

(a) $\xi_{cf} < \xi_{cfb}$

(b) $\xi_{cf} > \xi_{cfb}$

图6.55　加固梁的正截面承载力计算简图

$$M_{Load} + M_{sec} = A_s f_y (h_s - a'_s) + A_p (\sigma_{pe} + \Delta\sigma_p)(h_p - a'_s) +$$

$$A_{cf} E_{cf} \varepsilon_{cf,u}(h - a'_s) - \frac{b\varepsilon_{cf,u}}{h - x_{0,u}} \cdot$$

$$\int_0^{x_{0,u}-t}(x_{0,u} - y_i - a'_s)f_c(y_i)dy -$$

$$\frac{b\varepsilon_{cf,u}}{h - x_{0,u}} \int_{x_{0,u}-t}^{x_{0,u}}(x_{0,u} - y_i - a'_s)f'_c(y_i)dy \qquad (6.22)$$

式中　M_{Load}——包含初始弯矩的外荷载弯矩设计值,kN·m;

　　　M_{sec}——张拉预应力筋引起的支座反力在控制截面产生的次弯矩;

　　　b,h——矩形截面梁的宽度和高度;

　　　h_0——受拉非预应力钢筋合力点至截面受压边缘的距离;

　　　h_p——预应力筋合力点至截面受压边缘的距离;

$A_s, A_{s'}, A_p$——受拉非预应力钢筋、受压钢筋及预应力筋的截面面积；

E_{cf}——碳纤维布的弹性模量；

A_{cf}——负弯矩区所粘贴碳纤维布的计算截面面积，$A_{cf} = b_f \cdot t_f$，其中 b_f 为碳纤维布宽度，t_f 为碳纤维布厚度；

$\varepsilon_{cf}, \varepsilon_{cf,u}, \varepsilon_{cu}$——碳纤维布的拉应变、碳纤维布的极限拉应变及混凝土极限压应变；

f_y, f'_y——受拉非预应力钢筋抗拉强度设计值及受压钢筋抗压强度设计值；

f_c——混凝土轴心抗压强度设计值；

$f'_c(y_i), f_c(y_i)$——加固梁 t 厚度内第 i 层受压混凝土条带所对应的应力、受压区非 t 厚度内第 i 层受压混凝土条带所对应的应力；

$\sigma_{pe}, \Delta\sigma_p$——加固梁无黏结筋的有效预应力及无黏结筋应力增量；

$x, x_{0,u}$——等效矩形应力图形受压区高度及实际混凝土受压区高度；

ξ_{cfb}——碳纤维布达到其允许压应变与混凝土压坏同时发生时的界限相对受压区高度，取 $0.8\varepsilon_{cu}/(\varepsilon_{cu} + [\varepsilon_{cf}] + \varepsilon_i)$，其中 $[\varepsilon_{cu}]$ 为碳纤维布允许拉应变，取碳纤维布极限拉应变 ε_{cfu} 的 2/3 和 0.01 两者中较小值的 80%，ε_i 为考虑二次受力影响时，加固前构件在初始弯矩作用下的截面边缘拉应变；

a'_s, a'_s——受拉非预应力筋合力点、受压非预应力筋合力点至混凝土受压区边缘的距离。

若 $\xi_{cf} > \xi_{cfb}$，发生受压区混凝土被压碎，而梁底碳纤维布未被拉断破坏模式的加固试验梁正截面受弯承载力计算简图如图 6.55(b) 所示。由力平衡方程 (6.23) 和弯矩平衡方程 (6.24)，可求得加固组合梁正截面受弯承载力。

$$\frac{b\,\overline{\varepsilon}_{cu}}{x_{0,u}} \int_0^{x_{0,u}-t} f_c(y_i)\,\mathrm{d}y - \frac{b\,\overline{\varepsilon}_{cu}}{x_{0,u}} \int_{x_{0,u}-t}^{x_{0,u}} f'_c(y_i)\,\mathrm{d}y + A'_s f'_s =$$
$$A_s f_y + A_p(\sigma_{pe} + \Delta\sigma_p) + A_{cf}E_{cf}\varepsilon_{cf} \tag{6.23}$$

$$M_{\text{Load}} + M_{\text{sec}} = A_s f_y(h_s - a'_s) + A_p(\sigma_{pe} + \Delta\sigma_p)(h_p - a'_s) +$$
$$A_{cf}E_{cf}\varepsilon_{cf}(h - a'_s) - \frac{b\,\overline{\varepsilon}_{cu}}{x_{0,u}} \int_0^{x_{0,u}-t} (x_{0,u} - y_i - a'_s)f_c(y_i)\,\mathrm{d}y -$$
$$\frac{b\,\overline{\varepsilon}_{cu}}{x_{0,u}} \int_{x_{0,u}-t}^{x_{0,u}} (x_{0,u} - y_i - a'_s)f'_c(y_i)\,\mathrm{d}y \tag{6.24}$$

6.4.4 承载力计算值与试验值比较

对用 AASCM 粘贴碳纤维布加固组合梁的正截面抗弯承载力进行计算,结果见表 6.15。

对用 AASCM 粘贴碳纤维布加固预应力混凝土及钢筋混凝土连续梁的跨中和中支座抗弯承载力进行计算,结果见表 6.16。

表 6.15 加固组合梁极限承载力计算值与试验值比较 kN·m

梁编号	$M_{\mathrm{u}}^{\mathrm{t}}$	$M_{\mathrm{u}}^{\mathrm{c}}$	$M_{\mathrm{u}}^{\mathrm{c}}/M_{\mathrm{u}}^{\mathrm{t}}$
B-1	399.0	374.1	0.95
B-2	295.3	271.3	0.92
B-3	407.0	423.9	1.04
B-4	408.3	397.2	0.97
B-5	397.0	395.3	1.00
B-6	394.2	414.9	1.05
B-7	475.3	441.5	0.93
B-8	444.0	425.6	0.96

注:$M_{\mathrm{u}}^{\mathrm{t}}$ 为试验梁的极限承载力实测值;$M_{\mathrm{u}}^{\mathrm{c}}$ 为试验梁的极限承载力计算值

表 6.16 加固连续梁极限承载力计算值与试验值比较 kN·m

梁编号	跨中			中支座		
	$M_{\mathrm{u}}^{\mathrm{t}}$	$M_{\mathrm{u}}^{\mathrm{c}}$	$M_{\mathrm{u}}^{\mathrm{c}}/M_{\mathrm{u}}^{\mathrm{t}}$	$M_{\mathrm{i}}^{\mathrm{t}}$	$M_{\mathrm{i}}^{\mathrm{c}}$	$M_{\mathrm{i}}^{\mathrm{c}}/M_{\mathrm{i}}^{\mathrm{t}}$
UPC-0	87.7	79.6	0.91	41.6	38.9	0.94
UPC-1	153.2	162.1	1.06	124.6	127.5	1.02
UPC-2	121.5	138.8	1.14	77.0	88.2	1.15
UPC-3	120.4	117.6	0.98	85.4	81.7	0.96
UPC-4	95.7	104.9	1.10	67.5	79.1	1.17
UPC-5	178.7	187.0	1.05	156.8	172.9	1.10

注:$M_{\mathrm{u}}^{\mathrm{t}}$,$M_{\mathrm{i}}^{\mathrm{t}}$ 分别为试验梁跨中和中支座的抗弯承载力实测值;$M_{\mathrm{u}}^{\mathrm{c}}$,$M_{\mathrm{i}}^{\mathrm{c}}$ 分别为试验梁跨中和中支座的极限承载力计算值

由表 6.15、表 6.16 可以得出,加固组合梁和加固连续梁抗弯承载力计算值与试验值之比的平均值 $\overline{X}=1.02$,标准差 $\sigma=0.08$,变异系数 $\delta=0.08$。

6.4.5 基于试验结果的塑性铰分析

经加固后两跨连续梁的塑性铰是指其负弯矩区受拉非预应力钢筋应

变不小于屈服应变的区域。受拉非预应力筋达到屈服时刻所对应的曲率为截面屈服曲率(用φ_y表示),达到截面抗力或结构极限荷载时刻所对应的中支座控制截面的曲率为该截面的极限曲率(用φ_u表示)。当结构达到承载能力极限状态时塑性铰的塑性转角为

$$\theta_p = \int_0^{l_{p,0}} (\varphi - \varphi_y) \, dx$$

式中　$L_{p,0}$——实际塑性铰区长度;

　　　φ——塑性铰区范围内任意截面的曲率。

为简化计算,计算塑性铰的塑性转角的公式为

$$\theta_p = (\varphi_u - \varphi_y) L_p$$

式中　L_p——等效塑性铰区长度。

这样就将分析经加固后两跨连续梁中支座塑性铰的转动能力的问题,主要转化为如何计算中支座等效塑性铰区长度L_p的问题。这里需要指出因为中支座两侧控制截面转动是异向的,故其中支座中心两侧应作为两个塑性铰来对待。

1. 塑性铰区长度的确定

由于预应力混凝土及钢筋混凝土连续梁经历极限荷载后,用来测量加固后连续梁中支座非预应力筋的一部分应变片严重受损,导致所测数据不足以确定实际塑性铰区长度。所以本书从塑性铰区长度的基本概念出发,推导塑性铰区长度。在外荷载作用下,中支座的支反力作用区段内,受拉非预应力钢筋具有相同的应力水平,同时此区段内具有最大弯矩M_u截面的曲率为φ_u,此区段边缘截面的弯矩为M_y,曲率也下降为屈服曲率φ_y。将发生屈服曲率φ_y的截面与中支座控制截面间的距离定义为实际塑性铰区长度$L_{p,0}$。

首先确定加固梁在极限荷载P_u作用下的弯矩图,然后计算受拉非预应力钢筋屈服时截面的屈服弯矩M_y,最后根据中支座最大弯矩M_i,M_y以及跨中最大弯矩M_m在加固梁弯矩图上的几何关系确定塑性铰区长度y_1,如图 6.56 所示。

等效塑性铰长度可表示为

$$L_p = \frac{\int_0^{y_1} \varphi \, dy}{\varphi_u - \varphi_y} \tag{6.25}$$

式中　φ——M_y到$M_{i,u}$区段任一截面的曲率;

　　　φ_u——极限曲率。

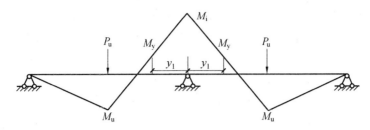

图 6.56　塑性铰长度的计算简图

2. 名义屈服曲率 φ_y 的计算方法

由于加固梁在进行受弯性能试验前已有部分细微裂缝,导致没有明显屈服点。本书将截面受拉非预应力钢筋屈服时刻的曲率称为截面的名义屈服曲率 φ_y。其计算思路为:从开始受荷到受拉非预应力钢筋屈服,加固梁受拉非预应力钢筋的应变增量用 ε_{sy} 表示,则加固梁的曲率增量为 $\Delta\varphi = \varepsilon_{sy}/(h_0-x_0)$。忽略加固梁受荷前的初始曲率,则加固梁的名义屈服曲率 $\varphi_y = \Delta\varphi$。将加固梁截面在混凝土受压区沿高度方向分为 n 个条带,根据平截面假定可以分别得到第 i 条混凝土的压应变 ε_i、碳纤维布的应变 ε_{cf}、受压非预应力筋应变 ε_s' 与受拉非预应力筋屈服时刻的应变 $\varepsilon_{sy}=f_y/E_s$ 关系式,如图 6.57 所示。而非预应力钢筋屈服时,无黏结筋应力增量很小,该时刻无黏结筋的应力仍取为 σ_{pe},由力平衡条件,通过迭代法求出混凝土实际受压区高度 $x_{0,u}$,进而可求出 φ_y。

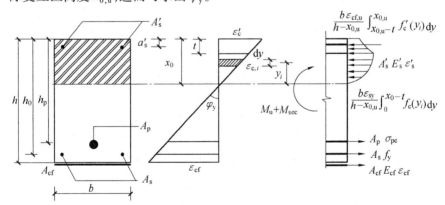

图 6.57　截面计算简图

3. 极限曲率 φ_u 的计算方法

5 根加固经历极限荷载预应力混凝土及 1 根钢筋混凝土连续梁发生两种受弯破坏模式,即继纵向受拉非预应力钢筋屈服后受压边缘混凝土被压碎和继纵向受拉非预应力钢筋屈服后碳纤维布被拉断。针对这两种破坏模式,分别给出相应极限曲率 φ_u 的计算方法。

发生继纵向受拉非预应力钢筋屈服后碳纤维布被拉断破坏模式时,极限曲率 φ_u 的计算方法:将加固连续梁截面在混凝土受压区沿高度方向分为 n 个条带,根据平截面假定可以分别得到第 i 条混凝土的压应变 ε_i、受压区边缘混凝土应变 ε_c 与碳纤维布的应变 $\varepsilon_{cf,u}$ 关系式,如图6.58(a)所示。由力平衡条件,通过迭代法求出混凝土实际受压区高度 $x_{0,u}$。根据平截面假定,可得到极限曲率 φ_u 的表达式为 $\varphi_u = \varepsilon_{cf,u} / (h - x_{0,u})$,进而可求得极限曲率 φ_u。

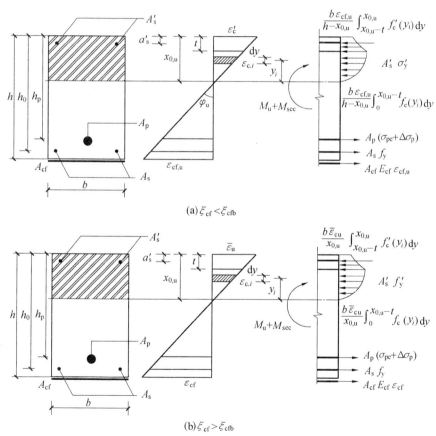

图6.58　截面计算简图

发生继纵向受拉非预应力钢筋屈服后受压边缘混凝土被压碎破坏模式时,极限曲率 φ_u 的计算方法:将加固连续梁截面在混凝土受压区沿高度

方向分为 n 个条带,根据平截面假定可以分别得到第 i 条混凝土的压应变 ε_i、碳纤维布的应变 ε_{cf} 与受压区边缘混凝土应变 $\varepsilon_{cu} = 0.003\ 3$ 关系式,如图 6.58(b)所示。由力平衡条件,通过迭代法求出混凝土实际受压区高度 $x_{0,u}$。根据平截面假定,可得到极限曲率 φ_u 的表达式为 $\varphi_u = \varepsilon_{cu}/x_{0,u}$,进而可求得极限曲率 φ_u。

4. 截面塑性转角的确定

5 根加固经历极限荷载预应力混凝土连续梁和 1 根加固经历极限荷载钢筋混凝土连续梁中支座截面的极限曲率 φ_u、名义屈服曲率 φ_y 和支座处等效塑性铰区长度 L_p 由上述计算方法求得。塑性转角 $\theta_p = (\varphi_u - \varphi_y)L_p$ 的计算数据见表 6.17。

表 6.17　塑性铰基本参数及弯矩调幅系数

梁编号	$\varphi_u(\times10^{-5})$	$\varphi_y(\times10^{-5})$	L_p/mm	$\theta_p(\times10^{-4})$
UPC-0	5.01	0.91	143	58.76
UPC-1	4.68	1.19	159	55.54
UPC-2	4.21	1.14	215	66.10
UPC-3	4.01	1.14	222	63.49
UPC-4	3.48	0.98	258	64.42
UPC-5	2.84	1.24	252	40.36

6.4.6　基于试验结果的弯矩调幅系数分析

根据外荷载施加过程中加固预应力混凝土及钢筋混凝土连续梁各支座传感器读数,可确定加固梁加荷全过程的实际支反力值,并据此可确定试验梁加荷全过程的跨中及中支座控制截面实际弯矩值 M_i^t。将 M_i^t 与 $M_i^c + M_{sec}$ 比较,即可得到加固梁调幅系数 β:

$$\beta = \frac{M_i^c + M_{sec} - M_i^t}{M_i^c + M_{sec}} \quad (6.26)$$

式中　M_i^c——加固梁中支座控制截面在极限荷载下的弹性弯矩计算值;

M_{sec}——张拉预应力筋引起的次弯矩值。

1 根无黏结预应力混凝土连续梁及 5 根加固预应力混凝土连续梁的弯矩调幅系数 β 对比情况,见表 6.18。

由表 6.18 可知,加固梁的弯矩调幅系数低于原梁的弯矩调幅系数。这是因为,中支座控制截面两侧塑性铰的转动受到了碳纤维布的限制,抗弯刚度有所提高;预应力混凝土及钢筋混凝土连续梁加固前均经历了极限荷载,加固梁中支座的受拉非预应力钢筋存在较大的残余应变,再次受荷时的屈服平台流幅小于原梁的屈服平台流幅。

表 6.18　连续梁加固前、后的弯矩调幅系数对比

梁编号	原梁			加固梁		
	$M_{i,e}^c + M_{sec}$ /(kN·m)	M_i^t /(kN·m)	β	$M_{i,e}^c + M_{sec}$ /(kN·m)	M_i^t /(kN·m)	β
UPC-0	94.8	34.0	0.64	81.1	41.6	0.49
UPC-1	135.3	82.3	0.39	177.0	124.6	0.30
UPC-2	99.0	57.5	0.42	121.2	77.0	0.37
UPC-3	105.7	62.3	0.41	123.9	85.4	0.31
UPC-4	82.7	54.4	0.45	101.6	67.5	0.34
UPC-5	147.7	111.8	0.26	207.6	156.8	0.25

6.4.7　基于试验结果的抗弯刚度分析

对于一般梁板而言,极限承载力的 45% 与荷载效应的标准组合值大致相当,极限承载力的 70% 与荷载效应的基本组合值大致相当。

在极限承载力的 45% 和 70% 两个受力状态下,对 8 根加固组合梁和 6 根加固连续梁的挠度实测值和弯矩试验值进行整理,由公式 $f = sMl_0^2/B$,可求得试验梁的受弯刚度值 $B_{0.45}$ 和 $B_{0.70}$,分别见表 6.19 和表 6.20。

表 6.19　加固组合梁受弯刚度 $B_{0.45}$,$B_{0.70}$

梁编号	挠度/mm		弯矩/(kN·m)		刚度/(10^{13} N·mm²)		$\dfrac{B_{0.45}}{B_{0.70}}$
	$f_{0.45}$	$f_{0.70}$	$M_{0.45}$	$M_{0.70}$	$B_{0.45}$	$B_{0.70}$	
B-1	11.95	21.10	179.55	299.30	2.27	2.14	1.06
B-2	12.69	21.75	132.89	206.71	1.58	1.54	1.03
B-3	13.01	39.62	183.15	284.90	2.13	2.04	1.04
B-4	13.96	24.19	183.74	285.84	1.98	1.91	1.04
B-5	11.77	18.31	178.66	277.54	2.01	2.01	1.00
B-6	12.69	19.61	177.38	275.55	1.85	1.86	1.01
B-7	13.29	18.97	213.88	332.34	2.30	2.32	1.01
B-8	12.34	17.69	199.79	310.40	2.14	2.04	0.95

注:f 是实测挠度值;s 是与荷载形式、支撑条件有关的挠度系数;M 是试验梁的弯矩值;B 是梁的刚度值;l_0 是梁的计算跨度

表 6.20　加固连续梁受弯刚度 $B_{0.45}$, $B_{0.70}$

梁编号		挠度/mm		弯矩/(kN·m)		刚度/(10^{12} N·mm^{-2})		$\dfrac{B_{0.45}}{B_{0.70}}$
		$f_{0.45}$	$f_{0.70}$	$M_{0.45}$	$M_{0.70}$	$B_{0.45}$	$B_{0.70}$	
UPC-0	原张拉端	3.71	7.31	39.47	61.39	6.78	5.73	1.18
	原锚固端	3.96	7.58	37.59	62.64	6.05	5.64	1.07
UPC-1	张拉端	5.62	9.24	70.86	110.11	5.34	5.06	1.06
	锚固端	5.46	9.01	67.50	105.33	5.29	4.94	1.07
UPC-2	张拉端	6.71	11.13	57.30	88.89	4.29	4.03	1.06
	锚固端	6.27	10.77	57.30	88.89	4.64	4.08	1.14
UPC-3	张拉端	6.58	11.38	56.89	88.04	5.57	5.21	1.07
	锚固端	6.29	10.52	55.23	85.79	5.67	4.99	1.14
UPC-4	张拉端	10.02	15.13	44.66	68.97	3.66	3.53	1.04
	锚固端	9.91	15.74	42.68	66.39	3.50	3.41	1.03
UPC-5	张拉端	13.55	20.56	81.69	126.91	5.94	5.66	1.05
	锚固端	13.23	19.48	78.77	122.54	6.03	5.58	1.08

由表 6.19 和表 6.20 可知, $B_{0.45}$ 和 $B_{0.7}$ 在数值上相差较小,因此认为在低于 70% 极限荷载的区间内,此类加固梁的受弯刚度变化不大,近似为一定值。

6.4.8　抗弯刚度公式

参照文献[97],在荷载效应的标准组合作用下,构建用 AASCM 粘贴碳纤维布加固组合梁和加固连续梁的短期刚度表达式为

$$B_s = \dfrac{0.85 E_c I_0}{a + \dfrac{b}{\alpha_E \rho}} \tag{6.27}$$

式中　E_c——混凝土弹性模量;

$\quad\quad I_0$——梁换算截面惯性矩;

$\quad\quad a$, b——实常数;

$\quad\quad \alpha_E$——钢管弹性模量与混凝土弹性模量的比值;

$\quad\quad \rho$——纵向受拉钢筋综合配筋率,取 $\rho = \dfrac{A_s + A_p + E_{cf} A_{cf}}{E_s / bh_0}$,其中 h_0 为梁的有效高度。

在荷载效应标准组合作用下加固梁的跨中截面挠度取为 $f_k \approx f_{0.45}$，可采用最小二乘法拟合刚度公式中的实常数 a 和 b，即由图乘法得到的第 i 根试验梁在荷载效应标准组合作用下的跨中挠度计算值 $f_{k,i}$ 和实测挠度值 $f_{0.45,i}$，令 $\Pi = \sum_{i=1}^{14} (f_{k,i} - f_{0.45,i})^2$，建立变分方程组 $\dfrac{\partial \Pi}{\partial a} = 0$ 和 $\dfrac{\partial \Pi}{\partial b} = 0$，得到 $a = 0.58, b = 0.31$。则此类加固梁在荷载效应标准组合作用下的短期刚度表达式为

$$B_s = \frac{0.85 E_c I_0}{0.58 + \dfrac{0.31}{\alpha_E \rho}} \tag{6.28}$$

公式(6.28)考虑了正截面破坏及粘贴碳纤维布对试验梁刚度的影响。由于极限承载力的 45% 与荷载效应的标准组合值大致相当，故在荷载效应的标准组合作用下，实测刚度取为极限承载力的 45% 时的刚度值。将相关物理量代入式(6.28)，即得到刚度计算值，刚度计算值 B_s^c 与实测值 B_s^t 见表 6.21。

表 6.21 可以得出，加固组合梁和加固连续梁的抗弯刚度计算值与试验值之比的平均值 $\overline{X} = 1.01$，标准差 $\sigma = 0.08$，变异系数 $\delta = 0.08$。

表 6.21　刚度计算值与实测值比较

梁号		$B_s^t/(10^{13}\ \mathrm{N \cdot mm^{-2}})$	$B_s^c/(10^{13}\ \mathrm{N \cdot mm^{-2}})$	B_s^c/B_s^t
B-1		2.27	1.96	0.86
B-2		1.58	1.72	1.09
B-3		2.24	2.24	1.00
B-4		1.98	2.04	1.03
B-5		2.01	1.89	0.94
B-6		1.85	1.75	0.95
B-7		2.30	2.41	1.05
B-8		2.14	2.16	1.01
UPC-0	原张拉端	6.78	7.25	1.07
	原锚固端	6.05	6.41	1.06
UPC-1	张拉端	5.34	5.02	0.94
	锚固端	5.29	4.87	0.92

续表 6.21

梁号		$B_s^t/(10^{13}\ N \cdot mm^{-2})$	$B_s^c/(10^{13}\ N \cdot mm^{-2})$	B_s^c/B_s^t
UPC-2	张拉端	4.29	4.63	1.08
	锚固端	4.64	4.87	1.05
UPC-3	张拉端	5.57	6.07	1.09
	锚固端	5.67	6.18	1.09
UPC-4	张拉端	3.66	3.26	0.89
	锚固端	3.50	3.19	0.91
UPC-5	张拉端	5.94	6.36	1.07
	锚固端	6.03	6.39	1.06

6.4.9　裂缝间距分析

设首条裂缝截面处的预应力筋、非预应力钢筋和碳纤维布的应力分别为 σ_p, σ_s, σ_{cf}, 距其 l_m 处即将出现第二条裂缝处的混凝土拉应力、预应力筋应力、非预应力钢筋应力和碳纤维布与混凝土的黏结应力分别为 f_t, $\sigma_p + \Delta\sigma_p$, $\sigma_s + \Delta\sigma_s$, $\sigma_{cf} + \Delta\sigma_{cf}$, 预应力筋与混凝土、非预应力筋与混凝土、碳纤维布与混凝土的黏结应力分别为 τ_p, τ_s, τ_{cf}。裂缝间距计算简图如图 6.59 所示。

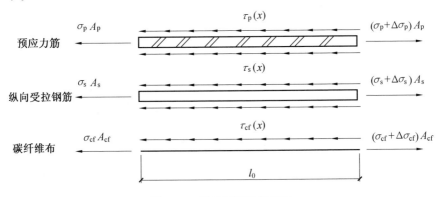

图 6.59　裂缝间距计算模型

受拉钢筋和碳纤维布隔离体力平衡方程为

$$\begin{cases} \Delta\sigma_p A_p = \tau_p u_p l_m \\ \Delta\sigma_s A_s = \tau_s u_s l_m \\ \Delta\sigma_{cf} A_{cf} = \tau_{cf} b_{cf} l_m \end{cases} \tag{6.29}$$

式中　u_p——预应力筋周长；

$\qquad u_s$——钢筋周长；

$\qquad b_{cf}$——碳纤维布与混凝土接触面宽度。

混凝土截面开裂弯矩

$$M_{cr} = A_{ta} f_{tk} \eta_c h$$

根据弯矩平衡条件有

$$\Delta M_{c,s} + \Delta M_{c,cf} = M_{cr} \tag{6.30}$$

令 $\Delta M_{c,s}/\Delta M_{c,cf} = \alpha$，$\Delta M_{c,p}/\Delta M_{c,cf} = \beta$，则有

$$\begin{cases} \dfrac{\Delta\sigma_s A_s \eta_s h_0}{\Delta\sigma_{cf} A_{cf}(\eta_s h_0 + a)} = \dfrac{E_s A_s \eta_s h_0}{E_{cf} A_{cf}(\eta_s h_0 + a)}\chi = \alpha \\[3mm] \dfrac{\Delta M_{c,p}}{\Delta M_{c,cf}} = \dfrac{\Delta\sigma_p A_p \eta_p h_p}{\Delta\sigma_{cf} A_{cf} \eta_{cf} h} = \dfrac{E_p A_p \eta_p h_p}{E_{cf} A_{cf} \eta_{cf} h}\zeta = \beta \end{cases} \tag{6.31}$$

令 $K_1 = \dfrac{\alpha}{4\tau_s \eta h_{0s}}$，$K_2 = \dfrac{\beta}{4\tau_p \eta_p h_p}$，$K_3 = \dfrac{1}{\tau_{cf} \eta_{cf} h}$，$K_4 = \dfrac{f_{tk} \eta_c h}{1+\alpha}$，由式（6.29）～

（6.31）得

$$l_m = K_4 \left(K_1 \dfrac{d_s}{\rho_s} + K_2 \dfrac{d_p}{\rho_p} + K_3 \dfrac{t_{cf}}{\rho_{cf}} \right) \tag{6.32}$$

式中　$\rho_s = A_s/0.5bh$，$\rho_{cf} = A_{cf}/0.5bh$，$\rho_{cf} = A_{cf}/0.5bh$；

$\qquad d_s$——纵向受拉钢筋直径；

$\qquad d_p$——预应力筋束直径；

$\qquad t_{cf}$——碳纤维布厚度；

$\qquad f_{tk}$——混凝土轴心抗拉强度标准值；

$\qquad \eta_s h_0$，$\eta_p h_p$，$\eta_{cf} h$，$\eta_c h$——非预应力筋、预应力筋、碳纤维布、有效受

$\qquad\qquad\qquad\qquad\qquad\qquad\qquad$拉混凝土形心与截面受压区合力作用点之

$\qquad\qquad\qquad\qquad\qquad\qquad\qquad$间的内力臂；

$\qquad \chi = (h_0 - y)/(h - y)$，$\zeta = (h_p - y)/(h - y)$；

$\qquad y$——中性轴到梁顶面的距离。

τ_s 根据 Мурашев 在大量试验基础上给出的 f_{tk}/τ_s 的比值确定，当纵向钢筋为变形钢筋时 $f_{tk}/\tau_s = 0.7$；由文献[82]得

$$\tau_{cf} = 1.5 \sqrt{\dfrac{2.25 - b_{cf}/b_c}{1.25 + b_{cf}/b_c}} f_{tk}$$

考虑混凝土保护层厚度对裂缝间距的影响,平均裂缝间距可表示为

$$l_m = 1.9c + K_4\left(K_1\frac{d_s}{\rho_s} + K_2\frac{d_p}{\rho_p} + K_3\frac{t_{cf}}{\rho_{cf}}\right) \tag{6.33}$$

按式(6.33)所得试验梁平均裂缝间距计算值 l_m^c 与实测值 l_m^t 之比的平均值 $\overline{X} = 0.97$,标准差 $\sigma = 0.09$,变异系数 $\delta = 0.09$。

6.5 小　结

通过用 AASCM 粘贴一层碳纤维布加固 6 根钢筋混凝土简支梁的正截面受弯承载力试验,以及用 AASCM 粘贴一层碳纤维布加固 8 根已经历极限荷载组合梁和 6 根已经历极限荷载 UPC 两跨连续梁的受弯承载力试验,获得了加固梁的破坏模式,裂缝分布与开展情况,受弯承载力,无黏结预应力筋应力增量,荷载-跨中挠度曲线,并得出如下结论:

(1)试验结果表明,用 AASCM 粘贴碳纤维布加固混凝土构件是可行的。若构造合理,可控制用 AASCM 粘贴碳纤维布加固的混凝土受弯构件出现继纵向受拉钢筋屈服后碳纤维布被拉断的破坏模式,提出了与这种破坏模式相对应的加固梁正截面受弯承载力计算方法。

(2)提出了用 AASCM 粘贴碳纤维布加固混凝土未破损梁的刚度及裂缝宽度计算方法,基于所提方法的计算值与实测值吻合良好。

(3)用 AASCM 粘贴碳纤维布加固已经历极限荷载的预应力组合梁和 UPC 两跨连续梁,出现继纵向受拉钢筋屈服后碳纤维布被拉断的破坏模式和继纵向受拉钢筋屈服后混凝土被压碎两种破坏模式。

(4)考察了碳纤维布加固已经历极限荷载 UPC 两跨连续梁的塑性调幅能力,并建立了该类梁弯矩调幅系数计算公式。基于试验结果,建立了考虑原梁受荷历程影响的用 AASCM 粘贴碳纤维布加固已经历极限荷载预应力组合梁和 UPC 两跨连续梁的受弯承载力计算方法,提出了与试验结果吻合良好的刚度、平均裂缝间距计算公式。

第7章 AASCM 在高温下和 高温后的力学性能

7.1 高温下 AASCM 的力学性能

7.1.1 试验方案

1.试验装置

（1）胶砂件抗压强度。

为测试高温下 AASCM 的胶砂件抗压强度,首先应在常温下将40 mm× 40 mm×160 mm 的胶砂件置于 YAW-300 型全自动压折试验机上折成两半,抗折试验加载图如图 7.1 所示。如图 7.2 所示,将折断后胶砂件的一半(尺寸约为 40 mm×40 mm×80 mm)置于高温试验炉内升温,并由 YE-1000 型液压万能试验机居中施压,受压面为胶砂件成型时的两个侧面,采用耐高温抗压夹具可确保受压面为 40 mm×40 mm。测试高温下 AASCM 胶砂件抗压强度的试验装置,主要由 YE-1000 型液压万能试验机、高温试验炉、耐高温压头、耐高温抗压夹具、球铰支座、钢支架、热电偶和温控仪等部分组成。O6Cr23Ni13 耐高温钢制作的压头和抗压夹具尺寸,分别如图 7.3 和图 7.4 所示。

本课题组自行研制了高温试验炉,可用于高温下 AASCM 各项力学性能试验。高温试验炉的平均升温速率可保持在 12 ℃/min,升温速度最高可达 15～16 ℃/min,工作温度最高可达 1 000 ℃。炉体的尺寸和构造如图 7.5 所示,主要由内径为 400 mm 的空心圆柱体炉壳、厚度为35 mm硬质硅酸铝板、内径为 250 mm 的碳化硅材质炉瓦炉膛、输出功率为 2.5 kW 的两根电阻丝、硅酸铝保温棉和把手等部分组成。硬质硅酸铝板用于炉膛上、下炉口隔热,硅酸铝保温棉用于炉瓦周围保温隔热。为缩短试验周期,本课题组同时加工了两个各项性能参数基本相同的高温试验炉交替使用。

如图 7.6 所示,高温下 AASCM 力学性能试验所用主要设备还包括温控仪和烘箱,温控仪与高温试验炉相连,向高温试验炉供电加热;为防止试件含水率过高而导致爆裂,以及控制试件含水率使其接近实际工作状态,需将试件放入烘箱内烘干 24 h;烘箱功率为 2 kW,控温范围为 20 ~ 250 ℃。

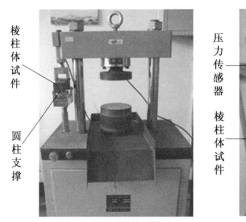

(a) 正面加载图

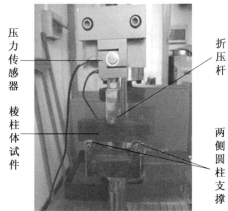

(b) 侧面加载图

图 7.1　抗折试验加载图

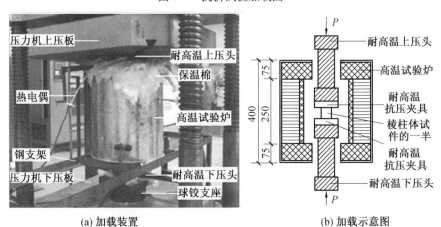

(a) 加载装置

(b) 加载示意图

图 7.2　高温下抗压试验加载图(mm)

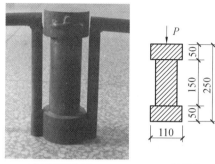

(a) 耐高温压头　　　(b) 示意图

图 7.3　耐高温压头尺寸图(mm)

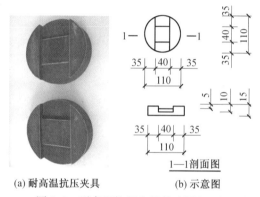

(a) 耐高温抗压夹具　　　(b) 示意图

图 7.4　耐高温抗压夹具尺寸图(mm)

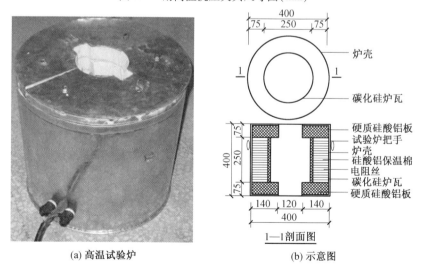

(a) 高温试验炉　　　(b) 示意图

图 7.5　高温下力学性能试验用电炉

199

(a) 温控仪　　　　　　　　　　　　(b) 烘箱

图 7.6　高温下力学性能试验设备

（2）立方体抗压强度。

为测试 AASCM 立方体抗压强度,将 70.7 mm×70.7 mm×70.7 mm 的立方体试件置于高温试验炉内,并由 YE-1000 型液压万能试验机居中施压,受压面为试件成型时的两个侧面,如图 7.7 所示。按照《普通混凝土力学性能试验方法标准》（GB/T 50081—2002）和《水泥胶砂强度检验方法（ISO 法）》（GB/T 17671—1999）,在 YE-1000 型液压万能试验机上完成高温下抗压试验。

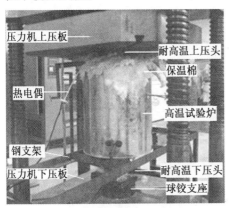
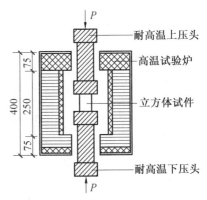

(a) 加载装置　　　　　　　　　　　(b) 加载示意图

图 7.7　高温下抗压试验加载图

高温下抗压试验流程为:①将在恒温恒湿养护箱养护 28 d 的边长为 70.7 mm 立方体试件放入烘箱内烘干 24 h;②在 YE-1000 型液压万能试验机上放好球铰支座和高温试验炉,再确保试件和上、下压头严格对中;③将热电偶端部置于高温试验炉中部,并避免其端部与试件直接接触;

④用保温棉塞严上、下炉口,并通过温控仪设定程序升温;⑤达到目标温度后,恒温一定时间,然后进行高温下AASCM抗压试验。

(3)抗折强度。

参照《水泥胶砂强度检验方法(ISO法)》(GB/T 17671—1999),本课题组自制了耐高温抗折试验夹具,如图7.8所示,耐高温抗折试验夹具主要由一个直径为10 mm(ϕ10)圆柱折压杆和距离为100 mm的两个支撑组成。高温下抗折试验流程为:①将在恒温恒湿养护箱养护28 d的40 mm×40 mm×160 mm的胶砂件放入烘箱内烘干24 h;②在YE-1000型液压万能试验机上放好球铰支座和高温试验炉,确保上、下压头、耐高温抗折试验夹具和胶砂件严格对中,抗折面为胶砂件成型时的两个侧面;③将热电偶端部置于高温试验炉中部,并避免其端部与试件直接接触;④用保温棉塞严上、下炉口,并通过温控仪设定程序升温;⑤达到目标温度后,恒温一定时间,然后进行高温下AASCM抗折试验。

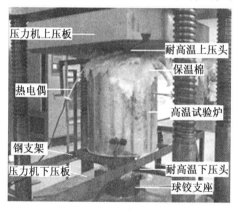

(a)加载装置

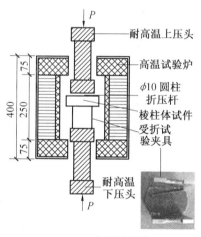

(b)加载示意图

图7.8 高温下抗折试验加载图

(4)轴心抗拉强度。

本课题组自制了耐高温抗拉试验夹具,如图7.9所示,耐高温抗拉试验夹具的上、下两部分均由半个哑铃型夹具和端杆组成。高温下抗拉试验流程为:①将在恒温恒湿养护箱养护28 d的哑铃型试件放入烘箱内烘干24 h;②在YE-1000型液压万能试验机上放好高温试验炉,将耐高温抗拉试验夹具夹于试验机上、下夹口内,再将哑铃型试件置于耐高温抗拉试验夹具内,并使夹具和哑铃型试件在同一平面内;③将热电偶端部置于高温试验炉中部,并避免其端部与试件直接接触;④用保温棉塞严上、下炉口,并通过温控仪设定程序升温;⑤达到目标温度后,恒温一定时间,然后进行高温下 AASCM 抗拉试验。

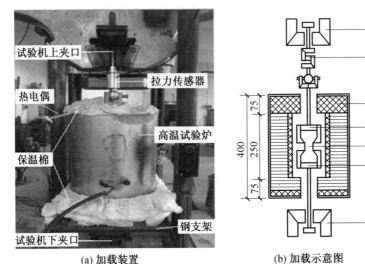

(a) 加载装置　　　　　　(b) 加载示意图

图 7.9　高温下抗拉试验加载图

2. 升温制度

本书选取 100～800 ℃作为高温下力学性能试验的升温范围。为避免含水率过大而导致升温过程中 AASCM 试件发生爆裂,以及使试件含水率接近正常工作状态,将 200～800 ℃高温试验所用试件在烘箱内进行 24 h 烘干,烘干温度为 100 ℃。此外,为确保升温过程中试件内外温度趋于一致,防止升温速度过快导致试件爆裂,最终将升温速率设定为 4 ℃/min。

为保证试件内部温度与炉温趋于一致,要确定试验的恒温时间。因此,本书在 40 mm×40 mm×160 mm 的胶砂件中心部位,边长为 70.7 mm 的立方体试件中心部位,以及哑铃型试件的中心部位预埋热电偶,以便进行炉膛温度与试件中心温度的对比测量。试件内置热电偶的具体情况如图 7.10 所示。

采用 W42 配比的 40 mm×40 mm×160 mm 棱柱体试件,边长为 70.7 mm 的立方体试件和哑铃型试件测试恒温时间。每个温度测试 2 个试件,100～800 ℃共 8 个温度,测试 16 个棱柱体试件、16 个立方体试件和 16 个哑铃型试件。恒温时间的测定结果见表 7.1。

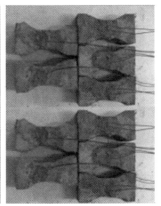

(a) 棱柱体试件　　　(b) 立方体试件　　　(c) 哑铃型试件

图 7.10　内置热电偶试件

表 7.1　试件中心温度随恒温时间变化情况　　　　　　　℃

炉温	棱柱体试件			立方体试件			哑铃型试件		
	恒温 2 h	恒温 3 h	恒温 4 h	恒温 2 h	恒温 3 h	恒温 4 h	恒温 2 h	恒温 3 h	恒温 4 h
100	82	86	87	72	81	84	81	84	86
200	178	182	183	169	—	—	177	—	—
300	271	273	275	258	264	269	268	271	274
400	384	386	387	374	—	—	382	—	—
500	477	483	489	469	—	—	475	—	—
600	567	574	581	561	571	577	564	568	574
700	668	673	678	662	—	—	665	—	—
800	778	781	785	769	—	—	776	—	—

由表 7.1 可知,恒温 2 h 后,40 mm×40 mm×160 mm 胶砂件中心温度比炉温低 16 ~ 33 ℃;70.7 mm×70.7 mm×70.7 mm 立方体试件中心温度比炉温低 26 ~ 42 ℃;哑铃型试件中心温度比炉温低 18 ~ 36 ℃;再将 3 种试件恒温 3 ~ 4 h 后,胶砂件中心温度分别比炉温低 14 ~ 27 ℃和 11 ~ 25 ℃;立方体试件中心温度分别比炉温低 19 ~ 36 ℃和 16 ~ 33 ℃;哑铃型试件中心温度分别比炉温低 16 ~ 32 ℃和 14 ~ 26 ℃;温度差距未见明显缩小。因此,确定恒温时间均为 2 h。

图 7.11 为实测高温试验炉与 3 种试件中心温度的升温曲线。

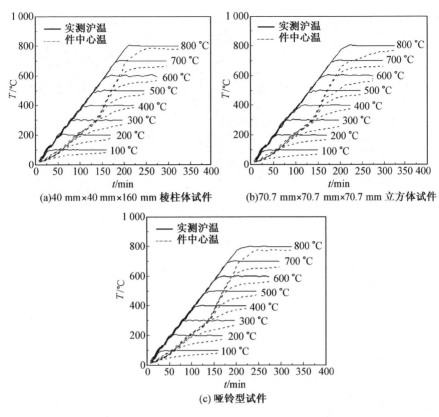

图 7.11　炉温与试件中心温度的升温曲线

由于热电偶埋置在胶砂件、立方体试件和哑铃型试件内部的深度不同,分别为 20 mm,35.35mm 和 22.5 mm。由表 7.1 和图 7.11 可以看出,胶砂件中心部位升温曲线最接近炉温,其次是哑铃型试件中心部位升温曲线比较接近炉温,而立方体试件中心部位升温曲线与炉温差距最大;但恒温2 h 后再延长恒温时间,并不能明显缩小试件中心部位温度与炉温的差距。基于上述分析,可确定本试验升温制度为:升温速度选取 4 ℃/min,当炉温达到目标温度后恒温 2 h,再对 3 种试件进行高温下各力学性能试验。

7.1.2　试件升温过程中的试验现象

当加热温度升高到 260 ℃ 左右时,观察到高温炉口缝隙处有少量白色烟雾逸出,340 ℃ 左右,白色烟雾有所增加,炉口缝隙处凝聚大量水珠,温度升高到 360 ~ 500 ℃ 时,观察到逸出大量白色烟雾;温度升至 600 ℃ 时,烟雾颜色变为蓝色,升温到 670 ℃ 时,烟雾基本消失,但陆续听到噼啪的开裂声。综上可知,AASCM 在 260~670 ℃有烟雾逸出。

高温试验中,AASCM 两种较优配比 W35 和 W42 的试件外观变化情况基本一致。AASCM 的 40 mm×40 mm×160 mm 胶砂件表面特征随温度变化情况,见表 7.2。图 7.12 为 AASCM 胶砂件外观形貌随温度变化的照片。

表 7.2　胶砂件表面特征随温度变化情况

温度/℃	颜色	裂缝	掉皮	缺角	疏松
20	深蓝色	无	无	无	无
100	蓝灰色	无	无	无	无
200	蓝灰色	无	无	无	无
300	深灰色	无	无	无	无
400	深灰色	少量细纹	无	无	无
500	深灰色	少量细纹	无	无	无
600	黄灰色	较多细纹,少量横向裂缝长且宽	轻微	无	无
700	黄灰色	较多横向裂缝长且宽,互相贯通	少量	个别	轻度
800	灰白色	大量横向裂缝长且宽,互相贯通,呈网状	大量	少量	明显

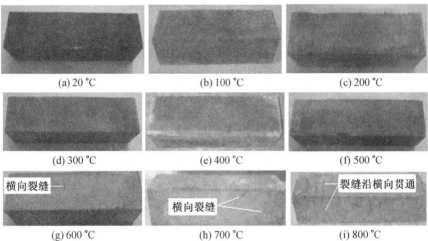

(a) 20 ℃　　　　　(b) 100 ℃　　　　　(c) 200 ℃

(d) 300 ℃　　　　　(e) 400 ℃　　　　　(f) 500 ℃

(g) 600 ℃　　　　　(h) 700 ℃　　　　　(i) 800 ℃

图 7.12　胶砂件外观形貌随温度变化情况

在常温条件下,试件表面颜色基本为深蓝色;200 ℃以内,试件表面颜色比常温时稍浅,为蓝灰色,并无裂缝或掉皮现象发生;升温至 500 ℃时,试件表面颜色由蓝灰色变为深灰色,形成少量细纹;如图 7.12(g)所示,升温至 600 ℃时,试件表面颜色由深灰色变为黄灰色,试件表面出现少量横向裂缝,裂缝长且宽;升温至 700 ℃ ~ 800 ℃时,试件表面颜色逐渐变浅,由黄灰色变为灰白色,裂缝和收缩变形明显;升温至 800 ℃时,AASCM 横向裂缝贯穿试件,出现明显的掉皮和疏松现象。

边长为 70.7 mm 立方体试件表面特征随温度变化情况见表 7.3。

表 7.3 立方体试件表面特征随温度变化情况

温度/℃	颜色	裂缝	掉皮	缺角	疏松
20	深蓝色	无	无	无	无
100	蓝灰色	无	无	无	无
200	蓝灰色	无	无	无	无
300	深灰色	无	无	无	无
400	深灰色	少量细纹	无	无	无
500	深灰色	少量细纹	无	无	无
600	黄灰色	较多细纹,少量横向裂缝长且宽	无	无	无
700	黄灰色	较多横向裂缝长且宽,互相贯通	轻微	无	无
800	灰白色	大量横向裂缝长且宽,互相贯通	少量	个别	轻度

图 7.13 为 AASCM 立方体试件外观形貌随温度变化的照片。

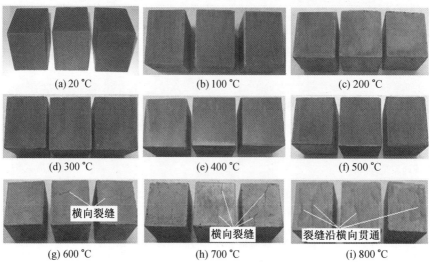

图 7.13 立方体试件外观形貌随温度变化情况

　　在常温条件下,试件表面颜色基本为深蓝色,表面细腻有光泽;200 ℃以内,试件表面颜色比常温时稍浅,为蓝灰色,并无裂缝或掉皮现象发生;升温至 500 ℃时,试件表面颜色由蓝灰色变为深灰色,形成少量细纹;如图7.13(g)所示,升温至 600 ℃时,试件表面颜色由深灰色变为黄灰色,试件表面出现少量横向裂缝,裂缝长且宽;升温至 700 ~ 800 ℃时,试件表面颜色逐渐变浅,由黄灰色变为灰白色,横向裂缝互相贯通;升温至 800 ℃时,AASCM 立方体试件收缩变形明显,个别试件有掉皮和缺角现象发生。

　　AASCM 的哑铃型试件表面特征随温度变化情况见表 7.4。

表 7.4　哑铃型试件表面特征随温度变化情况

温度/℃	颜色	裂缝	掉皮	缺角	疏松
20	深蓝色	无	无	无	无
100	蓝灰色	无	无	无	无
200	蓝灰色	无	无	无	无
300	深灰色	无	无	无	无
400	深灰色	少量细纹	无	无	无
500	深灰色	少量细纹	无	无	无
600	黄灰色	较多细纹,少量纵向裂缝	轻微	无	无
700	黄灰色	较多纵向裂缝长且宽	少量	少量	轻度
800	灰白色	大量纵向裂缝长且宽,互相贯通	大量	大量	明显

　　图 7.14 为 AASCM 哑铃型试件外观形貌随温度变化的照片。在常温条件下,试件表面颜色基本为深蓝色;200 ℃以内,试件表面颜色比常温时稍浅,为蓝灰色,并无裂缝或掉皮现象发生;升温至 500 ℃时,试件表面颜色由蓝灰色变为深灰色,形成少量细纹;如图 7.14(g)所示,升温至 600 ℃时,试件表面颜色由深灰色变为黄灰色,试件表面出现少量纵向裂缝;升温至 700 ~ 800 ℃时,试件表面颜色逐渐变浅,由黄灰色变为灰白色,裂缝和收缩变形明显;升温至 800 ℃时,AASCM 纵向裂缝贯穿试件,掉皮和疏松现象非常严重。

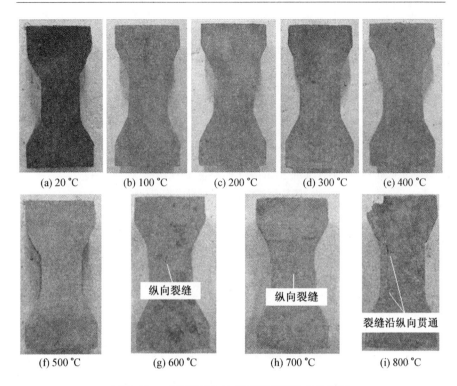

(a) 20 ℃　　(b) 100 ℃　　(c) 200 ℃　　(d) 300 ℃　　(e) 400 ℃

(f) 500 ℃　　(g) 600 ℃　　(h) 700 ℃　　(i) 800 ℃

纵向裂缝

纵向裂缝

裂缝沿纵向贯通

图 7.14　哑铃型试件外观形貌随温度变化情况

7.1.3　高温下 AASCM 强度随温度变化规律

1. 胶砂件抗压强度

本书选用尺寸为 40 mm×40 mm×160 mm 的棱柱体试件用于测定高温下 AASCM 的胶砂件抗压强度。由于 40 mm×40 mm×160 mm 棱柱体试件折断成两半施压,一个棱柱体试件可测得 2 个胶砂件抗压强度;对一种较优配比每个温度压 3 个试件,即得到 6 个胶砂件抗压强度。测试一种较优配比 100~800 ℃高温下的 8 个温度的变化情况,即压 24 个试件,测试两种较优配比 8 个温度的变化情况共需压 48 个试件。

试验过程为:①在常温下将 40 mm×40 mm×160 mm 的胶砂件置于 YAW-300 型全自动压折试验机上折成两半;②将折断后胶砂件的一半(尺寸约为 40 mm×40 mm×80 mm)经 24 h 烘干后置于高温试验炉内升温至目标温度;③恒温 2 h 后,由 YE-1000 型液压万能试验机居中施压,受压面为试件成型时的两个侧面。得到胶砂件抗压强度 $f_{l,T,40}$ 随温度变化结果,见表7.5。

表 7.5　胶砂件抗压强度随温度变化

较优配比	温度/℃	各试件实测压应力值/MPa						$f_{l,T,40}$/MPa
		A11	A12	B11	B12	C11	C12	
W35	20	85.50	90.48	89.87	90.91	92.82	91.38	90.16
	100	80.65	81.98	83.12	82.61	81.07	79.42	81.47
	200	64.18	65.39	66.28	65.14	64.13	65.08	65.03
	300	72.32	68.26	69.42	70.57	72.19	72.52	70.88
	400	70.85	72.23	73.67	70.43	71.08	70.87	71.59
	500	74.25	75.31	76.89	74.50	75.16	74.62	75.12
	600	71.17	73.35	74.57	75.06	74.12	75.01	73.91
	700	69.45	70.56	71.30	72.48	70.53	69.89	70.73
	800	34.79	36.84	35.42	37.19	35.86	36.81	36.15
W42	20	80.81	79.88	79.56	78.94	85.97	80.13	80.88
	100	73.47	74.55	70.13	75.38	71.62	71.24	72.73
	200	57.89	60.29	58.96	57.44	56.93	58.53	58.34
	300	64.17	61.48	62.08	63.50	63.85	61.22	62.72
	400	61.35	62.70	64.33	65.87	63.42	67.29	64.16
	500	68.23	67.45	66.81	67.54	66.48	67.83	67.39
	600	64.56	65.27	67.20	66.34	64.15	64.76	65.38
	700	60.89	62.52	61.08	60.87	62.44	61.97	61.63
	800	31.76	32.69	31.72	34.01	31.98	32.45	32.43

图 7.15 表明在不同温度下 AASCM 两种较优配比胶砂件抗压强度绝对值($f_{l,T,40}$),及其与常温抗压强度的比值($f_{l,T,40}/f_{l,40}$)随温度变化的情况。从图 7.15 中可以看出,随着温度的升高,两种较优配比 W35 和 W42 的 $f_{l,T,40}$ 均经历了降低、回升再下降的过程。其原因在于:①20～200 ℃时, AASCM 试件内部因自由水蒸发而形成空隙和裂缝,裂缝尖端因试件加载而产生应力集中和裂缝扩展现象,导致 AASCM 的 $f_{l,T,40}$ 有所降低;②200～500 ℃时,自由水已蒸发殆尽,结合水受高温影响陆续脱出,矿渣的胶合作用得以增强,应力集中现象得到了缓解,促使 W35 和 W42 在 500 ℃时的 $f_{l,T,40}$ 比 200 ℃时分别提高了 15.38% 和 17.85%;③500～700 ℃时,矿渣水

化生成的水化硅酸钙凝胶开始分解,原有体系被破坏,导致 AASCM 试件裂缝继续延伸,抗压强度有所下降;④700～800 ℃时,AASCM 的抗压强度明显下降,此时水化硅酸钙凝胶分解殆尽,大量网格状镁黄长石晶相产生,致使体积膨胀,裂缝扩展,抗压强度明显下降。

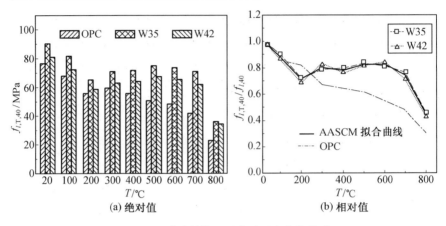

图 7.15　胶砂件抗压强度随温度变化关系

高温下 W35 和 W42 的胶砂件抗压强度相对值($f_{l,T,40}/f_{l,40}$)随温度变化规律,即

$$\frac{f_{l,T,40}}{f_{l,40}}=\begin{cases}1.04-1.56\left(\dfrac{T}{1\ 000}\right), & 20\ ℃<T\leqslant200\ ℃,R^2=0.982\\[3mm]0.53+1.18\left(\dfrac{T}{1000}\right)-1.20\left(\dfrac{T}{1\ 000}\right)^2, & 200\ ℃\leqslant T\leqslant700\ ℃,R^2=0.871\\[3mm]3.29-3.61\left(\dfrac{T}{1\ 000}\right), & 700\ ℃<T\leqslant800\ ℃,R^2=0.999\end{cases}$$

$$(7.1)$$

式中　$f_{l,T,40}$——在温度 T 作用下 AASCM 胶砂件的抗压强度,MPa;

　　　$f_{l,40}$——常温(20 ℃)时 AASCM 胶砂件的抗压强度,MPa;

　　　T——经历温度,℃;

　　　R^2——表征拟合精度的相关系数。

式(7.1)的拟合曲线与试验曲线对比如图 7.15(b)所示。由图 7.15(b)可知,AASCM 的拟合曲线与试验曲线吻合较好,W35 胶砂件相对抗压强度最高,W42 次之,OPC 最低。这说明在一定范围内,用水量越少,AASCM 的耐高温性能越好。这主要是因为 W35 中的自由水蒸发后,试件

内部形成的空隙比 W42 的少,形成的裂缝相对较少,高温对 W35 造成的损伤比 W42 小,因此适当减少用水量可有效提高 AASCM 高温下的抗压强度。AASCM 的耐高温性能优于 OPC,800 ℃时,AASCM 两种较优配比 W35 和 W42 的抗压强度比 OPC 的抗压强度分别高36.65%和33.28%。其原因在于:OPC 水化产物中包含大量的钙矾石和氢氧化钙,在高温条件下,钙矾石是不稳定相,易发生相变,氢氧化钙易于分解,生成氧化钙和水,高温对 OPC 的内部结构易造成严重损伤。相反,AASCM 的内部结构比 OPC 的更密实,其水化产物即水滑石和水化铝酸四钙等均具有较好的耐高温性能,这就决定了 AASCM 的耐高温性能优于 OPC。

高温下 AASCM 两种较优配比 W35 和 W42 胶砂件的抗压破坏形态基本相同,图 7.16 为 W42 胶砂件抗压破坏形态随温度变化情况。20 ~ 700 ℃时,临近极限荷载时,抗压试件发出清脆的破裂声,当达到极限荷载时,试件发出巨大的脆响,同时飞溅出大量碎片和碎块,试件破坏形态呈两个对顶角锥体;700 ~ 800 ℃时,试件破坏时发出的声响很小,破坏强度很低,这主要是因为水化硅酸钙凝胶分解殆尽,而新生成的镁黄长石晶相连接成网格状,致使试件膨胀开裂,故在此温度区间内,AASCM 试件破坏后已无法保持较好的完整性。

常温   100 ℃   200 ℃   300 ℃   400 ℃   500 ℃   600 ℃   700 ℃   800 ℃

图 7.16   高温下胶砂件抗压破坏形态

2. 立方体抗压强度

本书采用边长为 70.7 mm 的立方体试件测定高温下 AASCM 的立方体抗压强度 $f_{cu,T,70.7}$ 随温度变化的情况,见表 7.6。对一种较优配比每个温度压 3 个试件,测试 100 ~ 800 ℃高温下的 8 个温度的变化情况,即压 24 个试件,测试两种较优配比 8 个温度的变化情况,共需压 48 个试件。

表7.6　立方体抗压强度随温度变化

温度 /℃	W35 各试件实测压应力值			$f_{cu,T,70.7}$ /MPa	W42 各试件实测压应力值			$f_{cu,T,70.7}$ /MPa
	G1	H1	I1		J1	K1	L1	
20	71.69	72.24	71.31	71.75	63.73	65.24	64.58	64.53
100	66.09	64.85	63.54	64.83	60.31	58.23	58.16	58.90
200	52.11	51.30	52.06	51.86	45.96	46.28	47.78	46.67
300	56.47	57.76	58.02	57.41	51.91	50.82	49.98	50.89
400	57.79	56.34	60.85	58.33	52.70	51.56	51.93	52.06
500	59.60	61.12	71.29	63.97	54.03	54.05	61.37	56.48
600	60.05	60.26	67.23	62.51	53.17	52.06	55.87	53.72
700	58.44	60.51	58.57	59.17	47.69	47.98	50.18	48.63
800	42.03	45.36	44.49	43.96	37.42	34.76	46.52	39.55

图 7.17 为不同温度下 AASCM 两种较优配比 W35 和 W42 试件的立方体抗压强度绝对值($f_{cu,T,70.7}$)及其与常温抗压强度的比值($f_{cu,T,70.7}/f_{cu,70.7}$)随温度变化的情况。20 ~ 200 ℃时,$f_{cu,T,70.7}$随温度升高而逐渐降低,200 ~ 500 ℃时,$f_{cu,T,70.7}$有所回升。500 ℃时,W35 和 W42 的 $f_{cu,T,70.7}$比200 ℃时分别提高了 23.35% 和 21.42%。500 ~ 700 ℃时,AASCM 水化产物——水化硅酸钙凝胶分解,生成镁黄长石,使抗压强度有所下降。800 ℃时,W35 和 W42 的抗压强度分别下降为常温时的 61.27% 和 60.19%。其原因在于:镁黄长石继续增多并连接在一起,使得微观结构中产生大量孔洞和裂缝,最终导致抗压强度显著降低。由图 7.17 还可以看出,相同目标温度下,W42 所对应的抗压强度低于 W35 的抗压强度,可见,适度控制用水量可有效提高 AASCM 高温下的抗压强度。

高温下 AASCM 两种较优配比 W35 和 W42 的立方体抗压强度相对值($f_{cu,T,70.7}/f_{cu,70.7}$)随温度有规律变化,即

$$\frac{f_{cu,T,70.7}}{f_{cu,70.7}} = \begin{cases} 1.04-1.57\left(\dfrac{T}{1\ 000}\right), & 20\ ℃ \leqslant T \leqslant 200\ ℃, R^2 = 0.972 \\ 0.47+1.51\left(\dfrac{T}{1\ 000}\right)-1.48\left(\dfrac{T}{1\ 000}\right)^2, & 200\ ℃ < T \leqslant 700\ ℃, R^2 = 0.878 \\ 2.05-1.80\left(\dfrac{T}{1\ 000}\right), & 700\ ℃ < T \leqslant 800\ ℃, R^2 = 0.999 \end{cases}$$

(7.2)

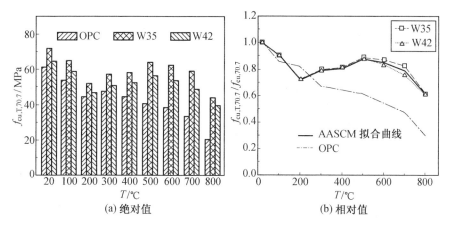

图 7.17　立方体抗压强度随温度的变化关系

式中　$f_{cu,T,70.7}$——温度 T 作用下 AASCM 立方体的抗压强度,MPa;

　　　$f_{cu,70.7}$——常温(20 ℃)AASCM 立方体的抗压强度,MPa;

　　　T——经历温度,℃;

　　　R^2——表征拟合精度的相关系数。

　　式(7.2)的拟合曲线与试验曲线如图 7.17(b)所示。由图 7.17(b)可知,AASCM 的拟合曲线与试验曲线吻合较好。对比 AASCM 与 OPC 立方体试件抗压强度可知:20～100 ℃,AASCM 与 OPC 立方体试件抗压强度变化基本相同;100～250 ℃时,随经历温度的升高,AASCM 曲线呈线性规律降低,且下降速率大于 OPC 曲线。这主要是因为:一方面在高温作用下,OPC 在较低高温时相当于经历了"高温养护"过程,使得水泥水化反应更加充分,有利于 OPC 强度的提高;但另一方面,在加载过程中,OPC 内部自由水蒸发后所留下的缝隙尖端出现应力集中现象,致使裂缝继续延伸。上述两种因素共同作用,致使 OPC 抗压强度降幅趋缓。250～800 ℃时,AASCM 两种较优配比 W35 和 W42 的立方体试件抗压强度高于 OPC,这主要是因为水化硅酸钙凝胶的结合水开始脱出,促进了矿渣颗粒的胶合作用,使 AASCM 抗压强度有所回升。

　　高温下 AASCM 两种较优配比 W35 和 W42 立方体试件抗压破坏形态基本相同,图 7.18 为 W42 的立方体试件抗压破坏形态随温度变化情况。20～700 ℃时,临近极限荷载,抗压试件发出清脆的破裂声;当荷载达到峰值时,抗压破坏特征与胶砂件相近,为突然的脆性破坏,破坏时试件发出巨大的脆响,同时飞溅出大量碎片和碎块,试件破坏形态呈两个对顶的角锥体;700～800 ℃时,试件破坏时发出的声响很小,破坏强度较低,这主要是因为水化硅酸钙凝胶分解殆尽,而新生成的镁黄长石晶相连接成网格状,致使试件膨胀开裂,最终导致AASCM立方体试件高温损伤严重,强度下降明显。

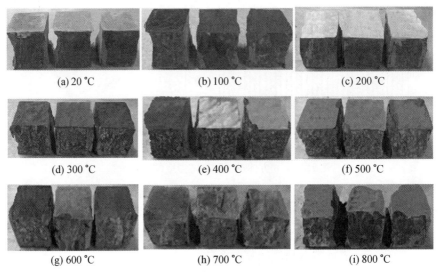

(a) 20 ℃　　　　　　　　(b) 100 ℃　　　　　　　　(c) 200 ℃

(d) 300 ℃　　　　　　　　(e) 400 ℃　　　　　　　　(f) 500 ℃

(g) 600 ℃　　　　　　　　(h) 700 ℃　　　　　　　　(i) 800 ℃

图7.18　高温下立方体试件抗压破坏形态

3. 胶砂件抗压强度与立方体抗压强度的关系

AASCM 的 40 mm×40 mm×160 mm 胶砂件和边长 70.7 mm 的立方体试件抗压强度随温度变化的关系,如图 7.19 所示。从图中可以看出,750 ℃以前,高温下 AASCM 胶砂件的抗压强度 $f_{l,T,40}$ 均大于立方体试件抗压强度 $f_{cu,T,70.7}$;750 ℃以后,随着温度的升高,$f_{l,T,40}$ 下降速率明显高于 $f_{cu,T,70.7}$;升温至 800 ℃时,$f_{cu,T,70.7}$ 大于 $f_{l,T,40}$。其原因在于:750 ℃以前,胶砂件与立方体试件相比,尺寸较小,受"环箍效应"影响更为明显,且立方体试件内部出现裂缝和孔隙等缺陷的概率更大;750~800 ℃时,高温对胶砂件造成的损伤大于立方体试件,$f_{l,T,40}$ 的衰退速率明显大于 $f_{cu,T,70.7}$。

高温下 AASCM 的 $f_{l,T,40}/f_{cu,T,70.7}$ 随温度的变化关系,如图 7.20 所示。由图 7.20 可知,常温下 AASCM 胶砂件和立方体试件抗压强度比值($f_{l,T,40}/f_{cu,T,70.7}$)基本相同,平均值取为 1.25,AASCM 两种较优配比 W35 和 W42 的 $f_{l,T,40}/f_{cu,T,70.7}$ 随温度变化,即

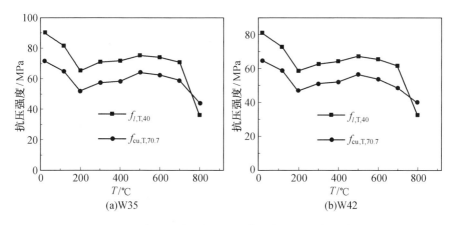

图 7.19　高温下胶砂件与立方体试件抗压强度的关系

$$\frac{f_{l,\mathrm{T},40}}{f_{\mathrm{cu},70.7}}=\begin{cases}1.25+0.12\left(\dfrac{T}{1\,000}\right)-0.48\left(\dfrac{T}{1\,000}\right)^{2}, & 20\ ℃\leqslant T\leqslant 500\ ℃,R^{2}=0.958\\[3mm]1.06+0.25\left(\dfrac{T}{1\,000}\right), & 500\ ℃<T\leqslant 700\ ℃,R^{2}=0.983\\[3mm]3.96-3.90\left(\dfrac{T}{1\,000}\right), & 700\ ℃<T\leqslant 800\ ℃,R^{2}=0.999\end{cases}$$

$$(7.3)$$

式中　$f_{l,\mathrm{T},40}$——高温下边长 40 mm 的 AASCM 胶砂件抗压强度，MPa；

　　　$f_{\mathrm{cu},\mathrm{T},70.7}$——高温下边长 70.7 mm 的 AASCM 立方体抗压强度，MPa；

　　　T——经历温度，℃；

　　　R^{2}——表征拟合精度的相关系数。

式(7.3)的拟合曲线和试验曲线对比如图 7.20(b)所示。由图 7.20(b)可知,拟合曲线与试验曲线吻合较好。20~500 ℃时,随着温度的升高,抗压强度比值($f_{l,\mathrm{T},40}/f_{\mathrm{cu},\mathrm{T},70.7}$)均呈抛物线规律降低;500~700 ℃时,抗压强度比值($f_{l,\mathrm{T},40}/f_{\mathrm{cu},\mathrm{T},70.7}$)有小幅提升;700~800 ℃时,抗压强度比值($f_{l,\mathrm{T},40}/f_{\mathrm{cu},\mathrm{T},70.7}$)明显下降。其主要原因在于:胶砂件与立方体试件相比,尺寸较小,受高温损伤更为严重,随着温度的升高,$f_{l,\mathrm{T},40}$ 的衰退速率明显大于 $f_{\mathrm{cu},\mathrm{T},70.7}$。

由图 7.20(b)还可以看出,OPC 抗压强度比值($f_{l,\mathrm{T},40}/f_{\mathrm{cu},\mathrm{T},70.7}$)最高,W42 次之,W35 最低。其主要原因在于:W42 的用水量较大,自由水蒸发后在试件内留下更多孔洞,内部出现裂缝和疏松等缺陷的概率也变大,导致 W42 抗压强度比值($f_{l,T,40}/f_{cu,T,70.7}$)受温度影响更大。而 AASCM 的微观结构相对于 OPC 更加密实,与 OPC 相比抗压强度比值($f_{l,T,40}/f_{cu,T,70.7}$)受温度影响更小。

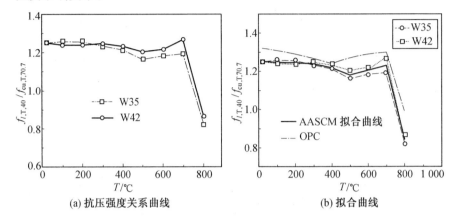

(a) 抗压强度关系曲线   (b) 拟合曲线

图 7.20 胶砂件与立方体试件抗压强度随温度的变化关系

4. 抗折强度

本书采用 40 mm×40 mm×160 mm 的棱柱体试件测定高温下 AASCM 的抗折强度 $f_{f,T}$ 随温度变化的情况,见表 7.7。对一种较优配比每个温度测试 3 个试件,得到 3 个抗折强度;测试 100～800 ℃高温下的 8 个温度的变化情况,即折 24 个试件,测试两种较优配比 8 个温度的变化情况,共折 48 个试件。

高温下 AASCM 抗折试验流程为:①将在恒温恒湿养护箱养护 28 d 的 40 mm×40 mm×160 mm 的胶砂件放入烘箱内烘干 24 h;②在 YE-1000 型液压万能试验机上放好球铰支座和高温试验炉,将胶砂件放于耐高温抗折夹具上,并确保上、下压头,耐高温抗折试验夹具和胶砂件严格对中,抗折面为胶砂件成型时的两个侧面;③将热电偶端部置于高温试验炉中部,并避免其端部与试件直接接触;④用保温棉塞严上、下炉口,并通过温控仪设定程序升温;⑤达到目标温度后,恒温 2 h,再进行高温下 AASCM 抗折试验。

表 7.7　高温下的抗折强度

温度 /℃	W35 各试件实测应力值			$f_{f,T}$ /MPa	W42 各试件实测应力值			$f_{f,t}$ /MPa
	A1	B1	C1	/MPa	D1	E1	F1	/MPa
20	9.97	10.23	10.38	10.19	8.98	9.40	9.17	9.18
100	8.24	9.07	9.54	8.95	7.21	8.38	6.68	7.42
200	7.59	8.03	6.88	7.51	5.84	6.59	6.71	6.38
300	6.11	7.41	6.97	6.83	5.96	6.48	5.72	6.05
400	5.83	6.93	6.71	6.49	5.15	5.41	5.30	5.29
500	5.75	4.79	5.62	5.38	4.37	5.03	4.73	4.73
600	4.32	5.37	4.56	4.75	3.65	3.84	4.25	3.91
700	3.65	4.19	3.02	3.62	2.99	3.42	3.06	3.16
800	3.14	3.28	3.48	3.30	2.65	2.43	2.72	2.60

图 7.21 为高温下 AASCM 抗折强度绝对值($f_{f,T}$),及其与常温抗折强度的比值($f_{f,T}/f_f$)随温度的变化情况。由图 7.21 可以看出,高温下 AAS-CM 两种较优配比 W35 和 W42 的抗折强度随温度的升高逐渐降低,在 200 ℃以内,AASCM 抗折强度的下降速率较大,OPC 强度也有大幅降低,这与二者高温下抗压强度变化的规律相似。200~400 ℃时,AASCM 抗折强度下降速率趋缓,仍高于 OPC 的抗折强度。400~700 ℃时,AASCM 抗折强度陡然降低,缩小了与 OPC 的差距。其原因在于:600 ℃时,AASCM 水化产物——水化硅酸钙凝胶分解,并伴有少量镁黄长石生成,致使试件膨胀开裂,导致抗折强度大幅降低;而 OPC 中氢氧化钙受高温作用逐渐分解,微观结构变得松散,通过对比可知,AASCM 的微观结构比 OPC 更密实。700~800 ℃时,AASCM 抗折强度虽仍有下降趋势,但已趋于稳定,此时 AASCM 的水化硅酸钙凝胶已分解殆尽,镁黄长石成为 AASCM 主要物相组成。通过线性拟合,得到

$$\frac{f_{f,T}}{f_f} = 0.96 - 0.84\left(\frac{T}{1\,000}\right), 20\ ℃ \leqslant T \leqslant 800\ ℃, R^2 = 0.954 \qquad (7.4)$$

式中　$f_{f,T}$——在温度 T 作用下 AASCM 抗折强度,MPa;

　　　　f_T——常温(20 ℃) AASCM 抗折强度,MPa;

　　　　T——经历温度,℃;

　　　　R^2——表征拟合精度的相关系数。

用以描述高温下 AASCM 抗折强度随温度的变化关系。式(5.4)的拟合曲

线与试验曲线如图 7.21(b)所示。由图 7.21(b)可知,拟合曲线与试验曲线吻合较好。通过对比分析发现,AASCM 相对抗折强度拟合曲线呈线性减小,而 OPC 相对抗折强度试验曲线下降速率相对较快。升温至200 ℃时,W35 和 W42 试验曲线下降速度较快,原因在于:试件内部由于自由水蒸发而形成孔洞和裂缝,缝端在加载过程中产生应力集中,裂缝扩展迅速,导致抗折强度明显降低。200～700 ℃时,AASCM 的高温抗折强度降速趋缓,是由于水化硅酸钙凝胶的结合水脱出,促进矿渣的胶合作用;但水化硅酸钙凝胶开始分解,破坏了原有的结构体系,同时大量网格状镁黄长石晶相产生,促使体积膨胀,裂缝扩展。这些矛盾因素同时作用,使 AASCM 的抗折强度在这一温度段变化复杂。800 ℃时,OPC,W35 和 W42 的抗折强度分别降为常温时的 21.62%,32.38% 和 31.59%。在相同温度下,W35和 W42 的抗折强度差别不大,但二者远大于 OPC 的抗折强度。可见,用水量的变化对 AASCM 高温下抗折强度影响较小,且随着温度的升高,AASCM的抗折强度曲线是一个较缓的下降过程。

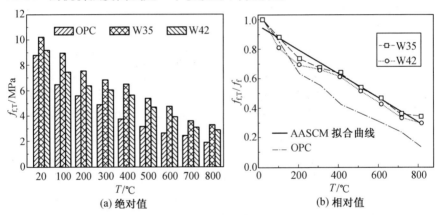

(a) 绝对值 (b) 相对值

图 7.21　高温下的抗折强度

图 7.22 为不同温度下 W42 的 AASCM 抗折破坏形态。

AASCM 两种较优配比 W35 和 W42 的抗折破坏形态基本相同,当经历温度不高于 700 ℃时,随着荷载的增大,试件抗拉区先出现一条明显的裂纹,并有小碎片从试件表面崩出,达到极限荷载时,试件发出巨大的脆响,呈锯齿状断裂;800 ℃时,试件受高温损伤非常严重,致使 AASCM 强度显著降低,破坏时断裂声很小,结构非常疏松。

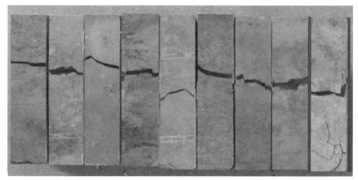

20℃ 100℃ 200℃ 300℃ 400℃ 500℃ 600℃ 700℃ 800℃

图 7.22　高温下 AASCM 抗折破坏形态

5.抗拉强度

本书采用哑铃型试件测定高温下 AASCM 的抗拉强度 $f_{t,T}$ 随温度变化的情况,见表 7.8。对一种较优配比每个温度测试 3 个试件,得到 3 个抗拉强度;测试 100～800 ℃高温下的 8 个温度的变化情况,即拉 24 个试件,测试两种较优配比 8 个温度的变化情况,共拉 48 个试件。

表 7.8　高温下 AASCM 的抗拉强度

温度 /℃	W35 各试件实测应力值			$f_{t,T}$ /MPa	W42 各试件实测应力值			$f_{t,T}$ /MPa
	S1	T1	U1		V1	W1	X1	
20	3.52	3.43	3.45	3.47	3.27	3.24	3.21	3.24
100	2.83	3.19	3.36	3.12	2.86	2.73	3.12	2.90
200	2.91	2.54	2.74	2.73	2.14	2.35	2.69	2.39
300	1.95	2.43	2.88	2.42	2.31	1.96	2.14	2.14
400	2.07	1.95	2.39	2.14	1.75	1.62	1.86	1.75
500	1.86	1.35	1.74	1.65	1.33	1.56	1.67	1.52
600	1.19	1.28	1.67	1.38	1.26	1.45	1.18	1.30
700	0.76	0.87	0.84	0.82	0.58	0.85	0.91	0.78
800	0.82	0.69	0.73	0.75	0.46	0.61	0.87	0.65

图 7.23 为高温下 AASCM 两种较优配比 W35 和 W42 的抗拉强度随温度变化情况。与抗折强度相同,抗拉强度随温度的升高而逐渐降低。200 ℃以内,AASCM 抗拉强度曲线下降速率较大,W35 和 W42 的抗拉强度较常温时分别降低了 21.35% 和 26.17%;200～800 ℃时,与抗折强度相

比,抗拉强度曲线的斜率更大,说明抗拉强度对温度作用更为敏感,退化比抗折强度快。

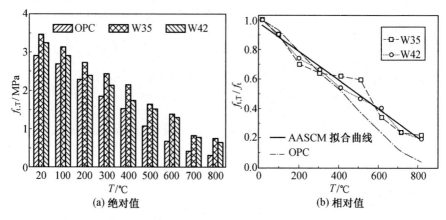

图 7.23　高温下 AASCM 抗拉强度

针对高温下 AASCM 两种较优配比 W35 和 W42 的抗拉强度随温度变化关系,提出了拟合公式,即

$$\frac{f_{t,T}}{f_t}=0.98-0.99\left(\frac{T}{1\,000}\right),20\ ℃≤T≤800\ ℃,R^2=0.906 \qquad (7.5)$$

式中　$f_{t,T}$——在温度 T 作用下 AASCM 的抗拉强度,MPa;

　　　f_t——在常温(20 ℃) AASCM 的抗拉强度,MPa;

　　　T——经历温度,℃;

　　　R^2——表征拟合精度的相关系数。

式(7.5)的拟合曲线与试验曲线对比如图 7.23(b)所示。由图7.23(b)可知,式(7.5)的拟合曲线与试验曲线吻合较好。通过对比分析发现,200 ℃以内,AASCM 相对抗拉强度呈抛物线规律降低,OPC 曲线的下降速率高于 AASCM;200~800 ℃时,AASCM 相对抗拉强度曲线一直位于 OPC 曲线上方,这主要是因为 OPC 水化产物中含有易分解的氢氧化钙,随着温度的升高,OPC 的抗拉强度下降明显;而 AASCM 水化产物中不含氢氧化钙,只含有水滑石、水化硅酸钙和水化铝酸四钙等耐温性较好的水化产物。因此,在高温作用下,AASCM 内部裂缝的出现和扩展较慢,强度下降比 OPC 缓慢。

图 7.24 为不同温度下 W42 的 AASCM 抗拉破坏形态。AASCM 两种较优配比 W35 和 W42 的抗拉破坏形态基本相同,试件破坏时均为横向拉断,且只有一条主裂纹。当经历温度不高于 700 ℃时,抗拉破坏后试件能

保持较好的完整性;800 ℃以后,AASCM 强度明显退化,出现缺角、掉皮现象,结构变得非常疏松。

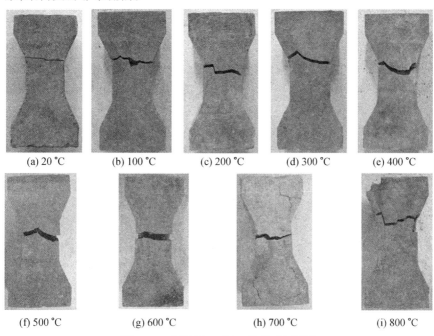

| (a) 20 ℃ | (b) 100 ℃ | (c) 200 ℃ | (d) 300 ℃ | (e) 400 ℃ |

| (f) 500 ℃ | (g) 600 ℃ | (h) 700 ℃ | (i) 800 ℃ |

图 7.24   高温下 AASCM 抗拉破坏形态

6. 折拉比

折拉比即材料的塑性系数,材料的折拉比越大,说明材料的抗弯能力越强。表 7.9 为不同温度下 AASCM 两种较优配比 W35 和 W42 的折拉比。

表 7.9   AASCM 两种较优配比 W35 和 W42 的折拉比

温度/℃	$f_{\mathrm{f,T}}/f_{\mathrm{t,T}}$	
	W35	W42
20	2.94	2.83
100	2.87	2.56
200	2.75	2.67
300	2.82	2.83
400	3.03	3.02
500	3.26	3.11
600	3.44	3.01
700	4.41	4.05
800	4.40	4.01

由表 7.9 可知,不同温度下 AASCM 的折拉比($f_{f,T}/f_{t,T}$)不同,随着温度的升高,折拉比总体上逐渐增大;AASCM 两种较优配比 W35 和 W42 的折拉比不同,W42 的折拉比总体上小于 W35 的折拉比,可知随着温度的升高,降低用水量对 AASCM 折拉比有正影响;20～600 ℃时,W35 和 W42 的折拉比分别为 3.02 和 2.86 左右;700～800 ℃时,由于 AASCM 抗拉强度的退化速率比抗折强度快,因此 W35 和 W42 的折拉比分别提高 4.40 和 4.03 左右。

7.2 高温后 AASCM 的力学性能

7.2.1 试验方案

1.试验装置

为避免因含水率过高而导致试件过早爆裂,并控制试件含水率使其接近实际工作状态,需将 AASCM 试件放入烘箱内进行 24 h 烘干,烘箱控温范围为 20～250 ℃。然后将 AASCM 试件放入炉膛尺寸为 500 mm×300 mm×200 mm 的试验炉内升温,并通过温控仪对试验炉进行特定升温制度控制。烘箱、试验炉和温控仪如图 7.25 所示。试验炉平均升温速率为 12 ℃/min,最高升温速度可达 16 ℃/min,输出功率为 12 kW,最高工作温度可达 1 000 ℃。最后,将试件冷却至室温后,采用与测试 AASCM 常温下各项力学指标相同的方法,来测试 AASCM 高温后各项力学指标。

(a) 烘箱　　　　　　　(b) 试验炉　　　　　　(c) 温控仪

图 7.25　高温后力学性能试验设备

2.升温制度

对养护龄期为 28 d 的 AASCM 试件进行 100～800 ℃高温后力学性能试验。试验流程为:①为避免因含水率过高而导致试件过早爆裂,并使其尽量接近正常使用状态,在 100 ℃烘箱内将用于 200～800 ℃高温后试验的试件烘干 24 h;②为使试件内外温度趋于一致,设定试验炉以 4 ℃/min 的速度升温,并将恒温时间定为 2 h;③恒温后使试件在电炉内自然降温至 200 ℃左右,再敞开炉门使其自然降温至 100 ℃左右,然后将试件由炉内取出,置于室温下冷却;④在室温条件下静置试件 3 d 后,再进行高温后各项力学性能试验。

7.2.2　试验现象与试件质量损失

1. 试件升温过程中的试验现象

试验结果表明,AASCM 高温下与高温后试验现象基本相同。当加热温度升高到 260 ℃左右时,观察到电炉口缝隙处逸出少量白色烟雾;350 ℃左右时,白色烟雾稍有增加,炉口缝隙处凝聚大量水珠;温度为 370～500 ℃时,观察到逸出大量白色烟雾;温度升至 600 ℃时,烟雾颜色由白色变为蓝色;升温至 670 ℃左右时,烟雾基本消失,但陆续听到噼啪的开裂声。综上可知,AASCM 在 260～670 ℃有烟雾逸出。

2. 试件质量损失

图 7.26 为 AASCM 两种较优配比 W35 和 W42 的质量损失率随温度变化曲线。从图中可以看出,随着温度的升高,AASCM 的质量损失逐渐加重。20～200 ℃后,质量损失主要归结于毛细水的蒸发,质量损失率(即高温质量损失与常温质量比)为 2.68%～3.29%;200～400 ℃后,质量损失主要归结于凝胶水的蒸发,质量损失率为 8.47%～8.89%;400～600 ℃后,质量损失主要归结于结晶水的散失,质量损失率为 9.45%～9.97%;600～800 ℃后,质量损失主要归结于水化硅酸钙凝胶和碳酸钙的分解,以及新产物镁黄长石($Ca_2MgSi_2O_7$)的生成,质量损失率为 11.05%～11.43%。经历相同高温后,AASCM 两种较优配比 W35 和 W42 的质量损失大小为 W42>W35,但二者差别不大。分析其原因为:W42 内部的自由水较多,经历高温后留下的孔道相对较多,使蒸汽和热量更易于逸出,从而质量损失也相应较大。

图 7.27 为 AASCM 与 OPC 剩余质量随温度变化曲线。

由图 7.27 可知,450 ℃以前,OPC 的剩余质量高于 AASCM,而经450～800 ℃后,OPC 的剩余质量低于 AASCM。可见,随着温度的升高,OPC 的质量损失更大。其主要原因在于:经 450～800 ℃后,AASCM 水化产物水滑石和水化铝酸四钙相对稳定,而 OPC 水化产物钙矾石和氢氧化钙易于分解,受高温损伤更严重。

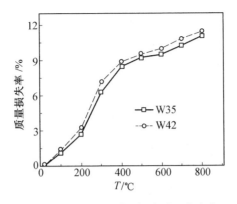

图 7.26　AASCM 质量损失随温度变化

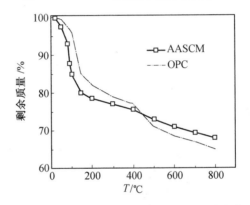

图 7.27　AASCM 与 OPC 的剩余质量随温度变化

7.2.3　高温后 AASCM 强度随温度变化规律

1.胶砂件抗压强度

本书采用 40 mm×40 mm×160 mm 的棱柱体试件测定高温后 AASCM 的胶砂件抗压强度 $f_{l,T,40}$ 随温度变化的情况,见表 7.10。由于棱柱体试件折断成两半后进行抗压试验,对一种较优配比每个温度测试 3 个试件,得到 6 个胶砂件抗压强度;测试 100～800 ℃后的 8 个温度的变化情况,即压 24 个试件,测试两种较优配比 8 个温度的变化情况共压 48 个试件。

表 7.10 胶砂件抗压强度随温度变化

较优配比	温度/℃	各试件实测压应力值/MPa						$f_{l,T,40}$/MPa
		A21	A22	B21	B22	C21	C22	
W35	20	85.50	90.48	89.87	90.91	92.82	91.38	90.16
	100	93.27	92.56	94.12	93.88	92.65	95.60	93.68
	200	93.83	94.66	95.38	96.59	95.97	96.75	95.53
	300	97.62	98.43	99.89	100.53	101.12	98.51	99.35
	400	101.44	103.75	104.23	105.62	100.78	103.38	103.20
	500	96.79	98.17	99.64	100.30	99.82	95.86	98.43
	600	90.95	92.38	91.43	94.22	95.63	94.95	93.26
	700	65.19	66.87	67.54	68.85	66.32	68.43	67.21
	800	40.96	41.89	42.73	43.71	44.19	39.60	42.18
W42	20	80.81	79.88	79.56	78.94	85.97	80.13	80.88
	100	80.38	82.90	81.77	84.36	83.21	82.08	82.45
	200	85.63	86.44	82.19	83.71	84.53	82.94	84.24
	300	85.17	86.69	88.32	87.64	89.22	88.67	87.62
	400	89.65	90.73	92.38	90.60	93.15	91.23	91.29
	500	85.58	91.79	89.76	90.17	87.20	88.60	88.85
	600	82.79	83.45	85.86	84.37	83.49	83.02	83.83
	700	61.32	64.28	63.30	61.15	62.88	60.93	62.31
	800	36.78	37.85	39.62	40.14	38.55	38.06	38.50

高温后 AASCM 胶砂件抗压强度 ($f_{l,T,40}$) 及其与常温抗压强度比 ($f_{l,T,40}/f_{l,40}$) 随温度变化情况,如图 7.28 所示。由图可知,在 200 ℃ 以前,AASCM 和 OPC 的抗压强度均随温度升高而增加,二者相当于经历了"高温养护"作用,结构均更加密实。200～400 ℃ 后,AASCM 两种较优配比 W35 和 W42 的胶砂件抗压强度随温度升高逐渐增大,而 OPC 强度开始降低;400 ℃ 后,W35 和 W42 的胶砂件抗压强度较常温时分别提高了 14.46% 和 12.87%。600 ℃ 后,AASCM 胶砂件抗压强度不断减小,但仍高于常温时的强度,而 OPC 的强度有大幅降低;这是因为 AASCM 水化硅酸钙凝胶开始分解,结构逐渐变得疏松,有孔洞出现,但未见大的裂缝,而

OPC 中的氢氧化钙逐渐分解为氧化钙和水,待水分蒸发后 OPC 内部产生许多大的孔洞。700～800 ℃后,AASCM 胶砂件抗压强度陡然降低为常温时的 47%,其主要原因在于:AASCM 的水化硅酸钙凝胶继续分解,同时有少量镁黄长石产生,试件结构中出现大量孔洞和裂缝,增加了 AASCM 的内部缺陷,导致高温后 AASCM 抗压强度明显下降。可见,AASCM 高温后抗压强度随着温度的升高,经历了一个先增加后减小的过程,其临界温度为 400 ℃;AASCM 物相组成发生变化的温度段为 600～800 ℃;800 ℃后,AASCM 两种较优配比 W35 和 W42 的高温后抗压强度均达到最小值。

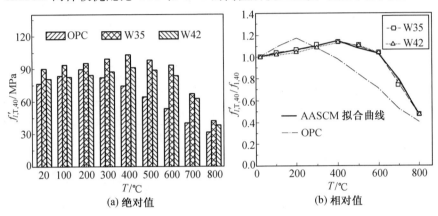

图 7.28 胶砂件抗压强度随温度的变化

高温后 W35 和 W42 的胶砂件抗压强度相对值($f'_{l,T,40}/f_{l,40}$)随温度有规律变化,即

$$\frac{f'_{l,T,40}}{f_{l,40}} = \begin{cases} 0.99+0.31\left(\dfrac{T}{1\,000}\right)+0.14\left(\dfrac{T}{1\,000}\right)^2, & 20\ ℃ \leqslant T \leqslant 400\ ℃, R^2 = 0.979 \\ 1.37-0.55\left(\dfrac{T}{1\,000}\right), & 400\ ℃ < T \leqslant 600\ ℃, R^2 = 0.999 \\ 2.74+2.83\left(\dfrac{T}{1\,000}\right), & 600\ ℃ < T \leqslant 800\ ℃, R^2 = 0.998 \end{cases}$$

$$(7.6)$$

式中 $f'_{l,T,40}$——温度 T 作用后 AASCM 胶砂件的抗压强度,MPa;

$f_{l,40}$——常温(20 ℃)时 AASCM 胶砂件试件的抗压强度,MPa;

T——经历的温度,℃;

R^2——表征拟合精度的相关系数。

式(7.6)的拟合曲线与试验曲线的对比情况,如图 7.28(b)所示。由图 7.28(b)可知,式(7.6)的拟合曲线与试验曲线吻合较好。W35 与 W42

对应的试验曲线比较接近,二者临界温度均为 400 ℃,说明用水量的变化对高温后 AASCM 胶砂件抗压强度的影响较小。此外,OPC 的临界温度为 200 ℃,且其试验曲线的绝大部分位于 W35 和 W42 试验曲线的下方,说明经历高温后,W35 和 W42 的高温后抗压强度远高于 OPC 的抗压强度。分析其原因为:OPC 水化产物氢氧化钙和钙矾石是不稳定相,受高温作用后易于分解和发生相变;而 AASCM 的水化产物即水滑石和水化铝酸四钙等均具有较好的耐高温性能,这就决定了 AASCM 的耐高温性能优于 OPC。

图 7.29 为 W42 胶砂件抗压破坏形态随温度的变化情况。

(a) 20 ℃　　　(b) 100 ℃　　　(c) 200 ℃　　　(d) 300 ℃　　　(e) 400 ℃

(f) 500 ℃　　　(g) 600 ℃　　　(h) 700 ℃　　　(i) 800 ℃

图 7.29　高温后胶砂件的抗压破坏形态

高温后 AASCM 两种较优配比 W35 和 W42 胶砂件抗压破坏形态基本相同,当经历温度不高于 600 ℃后,临近极限荷载,试件发出清脆的破裂声,当荷载达到峰值时,试件发出巨大的脆响,与高温后抗压试件相似,试件破坏形态呈两个对顶的角锥体。经历 700 ~ 800 ℃后,试件破坏时发出的声音较小,由于水化硅酸钙凝胶分解殆尽,大量网格状镁黄长石晶相生成,致使试件体积膨胀,裂缝扩展,抗压强度明显下降。

2. 立方体抗压强度

本书采用边长为 70.7 mm 的立方体试件,测得高温后 AASCM 立方体抗压强度 $f'_{cu,T,70.7}$ 随温度变化的情况见表 7.11。对一种较优配比每个温度测试 3 个试件,得到 3 个立方体抗压强度;测试 100 ~ 800 ℃高温后的 8 个温度的变化情况,即压 24 个试件,测试两种较优配比 8 个温度的变化情况,共压 48 个试件。

表 7.11　立方体抗压强度随温度的变化情况

温度 /℃	W35 各试件实测压应力值			$f_{cu,T,70.7}$ /MPa	W42 各试件实测压应力值			$f_{cu,T,70.7}$ /MPa
	G2	H2	I2		J2	K2	L2	
20	71.69	72.24	71.31	71.75	63.73	65.24	64.58	64.53
100	71.83	72.56	73.42	72.60	65.24	67.31	66.23	66.26
200	77.68	78.41	77.98	78.02	67.91	68.06	70.41	68.79
300	79.17	81.20	81.69	80.69	68.17	70.25	69.43	69.28
400	82.16	83.92	83.41	83.17	71.69	73.56	73.26	72.84
500	79.28	78.44	78.52	78.74	69.83	70.92	72.49	71.08
600	75.19	76.58	76.47	76.08	66.54	67.18	67.48	67.06
700	62.43	64.39	63.68	63.50	52.39	54.97	54.21	53.86
800	46.48	48.80	47.46	47.58	41.72	43.55	44.13	43.13

图 7.30 为高温后 AASCM 边长为 70.7 mm 立方体试件的抗压强度绝对值($f_{cu,T,70.7}$)和相对值($f_{cu,T,70.7}/f_{cu,70.7}$)随温度的变化情况。

从图 7.30 中可以看出,随着温度的升高,用水量不同的 AASCM 高温后的立方体抗压强度,均经历先增加后减小的过程,临界温度为 400 ℃。20～400 ℃后,立方体抗压强度随温度升高而逐渐增大;400 ℃后,W35 和 W42 的立方体抗压强度较常温时分别提高了15.92%和12.88%。其原因在于:在 20～400 ℃,高温对 AASCM 起到了"高温养护"作用,与常温时相比,AASCM 的强度因水化反应更加充分而有所提高;400～600 ℃后,随温度升高,AASCM 所受高温损伤逐渐加剧,抗压强度不断减小;800 ℃后,AASCM 物相组成发生根本变化,W35 和 W42 的高温后抗压强度陡然降低,分别降为常温时的 66.31%和 66.84%。

高温后 AASCM 两种较优配比 W35 和 W42 的立方体抗压强度相对值($f_{cu,T,70.7}/f_{cu,70.7}$)随温度的变化规律,可统一采用式(7.7)表达,即

$$\frac{f_{cu,T,70.7}}{f_{cu,70.7}} = \begin{cases} 0.98+0.51\left(\dfrac{T}{1\,000}\right)-0.14\left(\dfrac{T}{1\,000}\right)^2, & 20\ ℃ \leqslant T \leqslant 400\ ℃, R^2=0.943 \\[2mm] 1.65-1.72\left(\dfrac{T}{1\,000}\right)+1.22\left(\dfrac{T}{1\,000}\right)^2, & 400\ ℃ < T \leqslant 600\ ℃, R^2=0.999 \\[2mm] 2.26-1.99\left(\dfrac{T}{1\,000}\right), & 600\ ℃ < T \leqslant 800\ ℃, R^2=0.991 \end{cases}$$

$$(7.7)$$

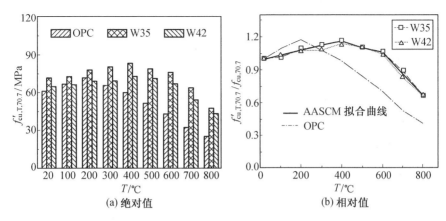

图 7.30　立方体抗压强度随温度变化

式中　$f'_{cu,T,70.7}$——温度 T 作用后 AASCM 立方体的抗压强度，MPa；

　　　$f_{cu,70.7}$——常温(20 ℃)时 AASCM 立方体的抗压强度，MPa；

　　　T——经历的温度，℃；

　　　R^2——表征拟合精度的相关系数。

式(7.7)的拟合曲线与试验曲线对比如图 7.30(b)所示。

由图 7.30(b)可知，式(7.7)的拟合曲线与试验曲线吻合较好。20 ~ 270 ℃后，OPC 立方体强度曲线略高于 AASCM 曲线，OPC 曲线临界温度为 200 ℃；270 ~ 400 ℃后，随经历温度的升高，AASCM 曲线位于 OPC 曲线上方，并保持上升态势，而 OPC 曲线呈线性规律降低；400 ~ 600 ℃时，AASCM曲线呈线性降低，但 OPC 曲线下降速率远大于 AASCM 曲线，这主要是因为 OPC 中氢氧化钙受高温作用分解，造成强度衰减；600 ~ 800 ℃后，AASCM 的水化产物水化硅酸钙凝胶逐渐分解，新生成的镁黄长石晶相促使试件膨胀开裂，强度明显下降。因此，高温后 AASCM 的立方体抗压强度总体上高于 OPC，可知 AASCM 的耐高温性能较好。

图 7.31 为高温后 W42 立方体试件抗压破坏形态随温度变化的情况。与胶砂件破坏形态相近，当经历温度不高于 600 ℃时，临近极限荷载，试件发出清脆的破裂声，当荷载达到峰值时，试件发出巨大的脆响，发生突然的脆性破坏，并向四周飞溅大量的碎片和碎块，试件破坏形态呈两个对顶的角锥体。经历 700 ~ 800 ℃后，试件破坏时发出的声音较小，由于水化硅酸钙凝胶分解殆尽，大量网格状镁黄长石晶相生成，致使试件体积膨胀，裂缝扩展，抗压强度明显下降；从图中也可以看出，在这一温度段内，AASCM 试件受高温损伤情况比其他温度段试件更为严重。

(a) 20 ℃　　　　　　　(b) 100 ℃　　　　　　(c) 200 ℃

(d) 300 ℃　　　　　　(e) 400 ℃　　　　　　(f) 500 ℃

(g) 600 ℃　　　　　　(h) 700 ℃　　　　　　(i) 800 ℃

图 7.31　高温后立方体试件的抗压破坏形态

3. 胶砂件抗压强度与立方体抗压强度的关系

高温后 AASCM 的 40 mm×40 mm×160 mm 胶砂件和边长为 70.7 mm 的立方体试件抗压强度随温度的变化关系,如图 7.32 所示。$f_{l,\mathrm{T},40}$ 为将 40 mm×40 mm×160 mm 的试件折断后测得的胶砂件抗压强度,$f'_{\mathrm{cu},\mathrm{T},70.7}$ 为 边长为 70.7 mm 的立方体试件的抗压强度。由图可知,经 20 ~ 700 ℃后, AASCM 胶砂件的抗压强度 $f_{l,\mathrm{T},40}$ 总体上大于 $f'_{\mathrm{cu},\mathrm{T},70.7}$。经 800 ℃后,W35 和 W42 对应的 $f'_{\mathrm{cu},\mathrm{T},70.7}$ 大于 $f_{l,\mathrm{T},40}$,分析其原因为:20 ~ 700 ℃后,胶砂件与立 方体试件相比,尺寸较小,受"环箍效应"影响更为明显,且立方体试件内 部出现裂缝和孔隙等缺陷的概率更大;800 ℃高温后,高温对胶砂件造成 的损伤大于立方体试件,$f_{l,\mathrm{T},40}$ 的衰退速率明显大于 $f'_{\mathrm{cu},\mathrm{T},70.7}$。

高温后 AASCM 抗压强度比值($f_{l,\mathrm{T},40}/f'_{\mathrm{cu},\mathrm{T},70.7}$)随温度的变化关系,如 图 7.33 所示。常温下 AASCM 两种较优配比 W35 和 W42 的抗压强度比 值($f_{l,\mathrm{T},40}/f'_{\mathrm{cu},\mathrm{T},70.7}$)基本相同,平均值取为1.25,高温后 AASCM 两种较优配 比 W35 和 W42 的抗压强度比值($f_{l,\mathrm{T},40}/f'_{\mathrm{cu},\mathrm{T},70.7}$)随温度的变化关系,可统 一采用式(7.8)描述,基本呈三阶曲线规律降低,其拟合曲线如图7.33(b) 所示。

$$\frac{f_{l,\mathrm{T},40}}{f'_{\mathrm{cu},\mathrm{T},70.7}} = 1.28 - 0.79\left(\frac{T}{1\ 000}\right) + 3.21\left(\frac{T}{1\ 000}\right)^2 - 3.57\left(\frac{T}{1\ 000}\right)^3, \quad (7.8)$$

$$20\ ℃ \leqslant T \leqslant 800\ ℃, R^2 = 0.961$$

式中　$f_{l,\mathrm{T},40}$——温度 T 作用后 AASCM 胶砂件的抗压强度,MPa;

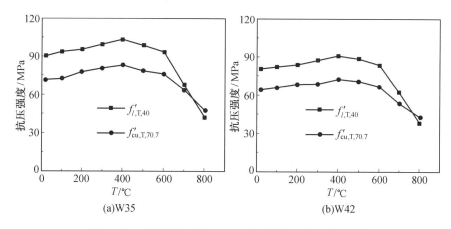

图 7.32　高温后胶砂件和立方体试件抗压强度的关系

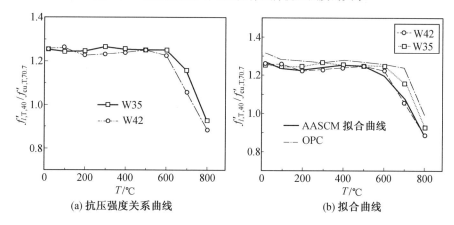

图 7.33　AASCM 抗压强度随温度变化关系

$f'_{cu,T,70.7}$——温度 T 作用后 AASCM 边长为 70.7 mm 立方体的抗压强度,MPa;

T——经历温度,℃;

R^2——表征拟合精度的相关系数。

由图 7.33(b)可以看出,式(7.8) 的拟合曲线与试验曲线吻合较好。20～500 ℃后,试件抗压强度比值($f'_{l,T,40}/f'_{cu,T,70.7}$)随温度变化不大;500～800 ℃后,抗压强度比值($f'_{l,T,40}/f'_{cu,T,70.7}$)明显下降。其主要原因在于:胶砂件与立方体试件相比,尺寸较小,受高温损伤更为严重,随着温度的升高,$f'_{l,T,40}$ 的衰退速率明显大于 $f'_{cu,T,70.7}$。对比分析可知,OPC 抗压强度比值($f'_{l,T,40}/f'_{cu,T,70.7}$)最高,W35 次之,W42 最低。其主要原因在于:W42 的用水量较大,自由水蒸发后在试件内留下更多孔洞,内部出现裂缝和疏松等缺陷的概率也变大,导致 W42 抗压强度比值($f'_{l,T,40}/f'_{cu,T,70.7}$)受温度影响更大。而 AASCM 的微观结构相对于 OPC 更加密实,与 OPC 相比,AASCM 抗压强度比值($f'_{l,T,40}/f'_{cu,T,70.7}$)受温度影响更小。

4. 抗折强度

本书采用 40 mm×40 mm×160 mm 的棱柱体试件,测得高温后 AASCM 抗折强度 $f_{f,T}$ 随温度变化的情况,见表 7.12。对一种较优配比每个温度测试 3 个试件,得到 3 个抗折强度;测试 100~800 ℃ 高温后的 8 个温度的变化情况,即折 24 个试件,测试两种较优配比 8 个温度的变化情况,共折 48 个试件。

表 7.12 高温后 AASCM 的抗折强度

温度 /℃	W35 各试件实测应力值			$f_{f,T}$ /MPa	W42 各试件实测应力值			$f_{f,T}$ /MPa
	A2	B2	C2		D2	E2	F2	
20	9.97	10.23	10.38	10.19	8.98	9.40	9.17	9.18
100	9.69	10.37	9.88	9.98	8.34	8.69	9.73	8.92
200	8.95	9.44	10.80	9.73	7.88	8.64	9.16	8.56
300	7.89	8.65	9.11	8.55	6.57	7.26	8.52	7.45
400	6.72	7.38	8.94	7.68	7.48	6.34	6.79	6.87
500	5.75	6.32	6.80	6.29	4.96	5.84	5.46	5.42
600	4.89	5.21	6.19	5.43	5.15	4.77	4.30	4.74
700	4.22	5.68	4.02	4.64	3.26	4.38	4.24	3.96
800	4.31	3.97	3.66	3.98	2.99	3.09	3.22	3.10

图 7.34 为高温后 AASCM 抗折强度绝对值($f_{f,T}$),及其与常温抗折强度的比值($f_{f,T}/f_f$)随温度变化情况。

对高温后 AASCM 两种较优配比 W35 和 W42 的抗折强度进行拟合,得到拟合方程

$$\frac{f_{f,T}}{f_f} = \begin{cases} 1.01 - 0.25\left(\dfrac{T}{1\,000}\right), & 20\ ℃ \leqslant T \leqslant 200\ ℃, R^2 = 0.999 \\ 1.23 - 1.43\left(\dfrac{T}{1\,000}\right) + 0.47\left(\dfrac{T}{1\,000}\right)^2, & 200\ ℃ < T \leqslant 800\ ℃, R^2 = 0.994 \end{cases}$$

(7.9)

式中 $f_{f,T}$——温度 T 作用后 AASCM 的抗折强度,MPa;

f_f——常温(20 ℃) AASCM 的抗折强度,MPa;

T——经历温度，℃；

R^2——表征拟合精度的相关系数。

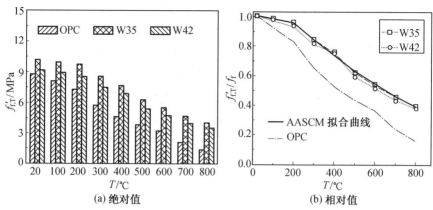

(a) 绝对值　　　　　　　　(b) 相对值

图 7.34　高温后 AASCM 的抗折强度

式(7.9)的拟合曲线与试验曲线对比如图 7.34(b)所示。由图 7.34 可以看出，式(5.9)的拟合曲线与试验曲线吻合较好。高温后 AASCM 两种较优配比 W35 和 W42 抗折强度随温度的升高逐渐降低，对比分析发现，W35 与 W42 曲线下降速率接近，OPC 曲线下降速率明显较快。在 200 ℃ 以内，AASCM 和 OPC 抗折强度的下降速率均相对较小，200 ~ 800 ℃时，下降速率增大。这主要是因为经历较低高温（200 ℃ 以内）后，AASCM 和 OPC 相当于经历了"高温养护"过程，虽然有"高温养护"的正效应，但自由水蒸发后留下的孔隙和裂缝，削弱了结构的密实度，这种削弱被视为负效应。由于负效应的存在，以及二者的抗折强度对温度作用更为敏感，因此随着温度的升高，AASCM 和 OPC 抗折强度曲线是一个较缓的下降过程；经 200 ~ 800 ℃后，抗压强度曲线的下降速率增大，主要是因为 AASCM 和 OPC 的水化产物逐渐分解，导致二者的抗折强度显著降低。

图 7.35 为不同高温后 AASCM 试件抗折的破坏形态。高温后抗折破坏形态与高温下的基本相同，当经历温度不高于 700 ℃时，随着荷载的增大，试件抗拉区先出现一条明显的裂纹，并有小碎片从试件表面崩出，达到极限荷载时，试件发出巨大的脆响，呈锯齿状脆性断裂；800 ℃时，高温作用对试件造成严重的损伤，致使强度显著降低，破坏时断裂声音很小，结构非常疏松，少量试件发生掉皮和缺角现象。

20 ℃　100 ℃　200 ℃　300 ℃　400 ℃　500 ℃　600 ℃　700 ℃　800 ℃

图 7.35　高温后 AASCM 抗折破坏形态

5. 抗拉强度

本书采用哑铃型试件,测得高温后 AASCM 抗拉强度 $f_{t,T}$ 随温度变化的情况见表 7.13。对一种较优配比每个温度测试 3 个试件,得到 3 个抗拉强度;测试 100 ~ 800 ℃后的 8 个温度的变化情况,即拉 24 个试件,测试两种较优配比 8 个温度的变化情况,共拉 48 个试件。图 7.36 为高温后 AASCM 抗拉强度绝对值($f_{t,T}$),及其与常温抗拉强度的比值($f_{t,T}/f_t$)随温度变化情况。

表 7.13　高温后 AASCM 的抗拉强度

温度 /℃	W35 各试件实测应力值			$f_{t,T}$ /MPa	W42 各试件实测应力值			$f_{t,T}$ /MPa
	S2	T2	U2		V2	W2	X2	
20	3.52	3.43	3.45	3.47	3.27	3.24	3.21	3.24
100	2.98	3.06	3.62	3.22	3.16	3.20	2.88	3.08
200	2.87	3.02	3.26	3.05	2.45	2.79	3.13	2.79
300	3.06	2.79	2.58	2.81	2.33	2.14	2.97	2.48
400	2.31	2.56	2.42	2.43	2.06	2.51	1.85	2.14
500	1.86	2.15	2.20	2.07	2.01	2.30	1.66	1.99
600	1.60	1.74	1.91	1.75	1.22	1.54	1.68	1.48
700	1.41	1.33	1.04	1.26	1.25	0.98	1.37	1.20
800	0.79	0.86	1.29	0.98	0.73	0.85	0.88	0.82

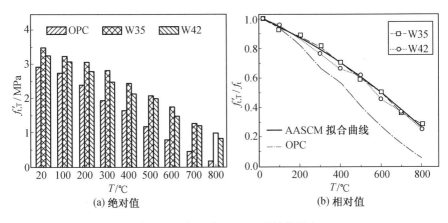

图 7.36 高温后 AASCM 的抗拉强度

对 W35 和 W42 的抗拉强度进行回归分析,提出拟合公式为

$$\frac{f'_{t,T}}{f_t} = 1.01 - 0.61\left(\frac{T}{1\ 000}\right) - 0.40\left(\frac{T}{1\ 000}\right)^2, 20\ ℃ \leqslant T \leqslant 800\ ℃, R^2 = 0.994$$

$$(7.10)$$

式中 $f'_{t,T}$——温度 T 作用后 AASCM 的抗拉强度,MPa;

f_t——常温(20 ℃) AASCM 的抗拉强度,MPa;

T——经历温度,℃;

R^2——表征拟合精度的相关系数。

式(7.10)的拟合曲线与试验曲线对比如图 7.36(b)所示。从图 7.36(b)中可以看出,式(7.10)的拟合曲线与试验曲线吻合较好。与抗折强度相似,高温后 AASCM 两种较优配比 W35 和 W42 的抗拉强度随温度升高呈抛物线降低;W35 和 W42 抗拉强度曲线下降速率基本相同,而 OPC 曲线下降速率与 W35 和 W42 相比明显较快,说明 OPC 抗拉强度比 AAS-CM 抗拉强度对温度作用更敏感。对比分析可知,随着温度的升高,AAS-CM 两种较优配比 W35 和 W42 的抗拉强度退化速率比抗折强度快。

6. 折拉比

表 7.14 为高温后 AASCM 两种较优配比 W35 和 W42 的折拉比。

表 7.14 高温后 AASCM 折拉比

温度/℃	$f_{f,T}/f_{t,T}$	
	W35	W42
20	2.94	2.83
100	3.10	2.90
200	3.19	3.07
300	3.04	3.01
400	3.16	3.21
500	3.03	2.72
600	3.10	3.21
700	3.68	3.30
800	4.06	3.78

由表 7.14 可知,随着温度的升高,高温后 AASCM 的折拉比 ($f_{f,T}/f_{t,T}$) 总体上逐渐增大;AASCM 两种较优配比 W35 和 W42 的折拉比不同,W42 的折拉比总体上小于 W35 的折拉比,可知随着温度的升高,降低用水量对 AASCM 折拉比有正影响;20～600 ℃后,W35 和 W42 的折拉比分别为3.08 和 2.99 左右;700～800 ℃后,由于 AASCM 抗拉强度的退化速率比抗折强度快,因此 W35 和 W42 的折拉比分别提高了 3.68～4.06 和 3.30～3.78。

图 7.37 为不同高温后 AASCM 抗拉破坏形态。高温后试件抗拉破坏形态与高温下的基本相同,试件破坏时均为横向拉断,且只有一条主裂纹。当经历温度不高于 700 ℃ 时,抗拉破坏后试件能保持较好的完整性;经历 800 ℃,AASCM 强度明显退化,出现缺角、掉皮现象,结构变得非常疏松,试件表面有可见裂缝。

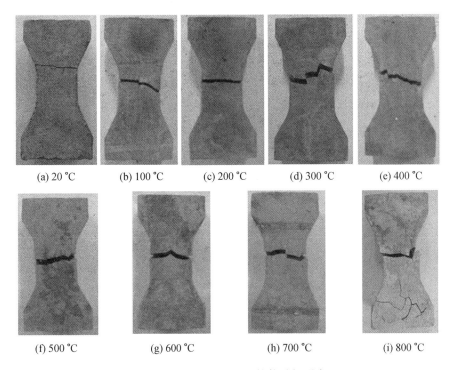

| (a) 20 ℃ | (b) 100 ℃ | (c) 200 ℃ | (d) 300 ℃ | (e) 400 ℃ |

| (f) 500 ℃ | (g) 600 ℃ | (h) 700 ℃ | (i) 800 ℃ |

图 7.37　高温后 AASCM 抗拉破坏形态

7.3　高温下与高温后力学性能的比较

7.3.1　胶砂件抗压强度的比较

高温下与高温后 40 mm×40 mm×160 mm 棱柱体试件的胶砂件抗压强度随温度变化的关系,如图 7.38 所示。图中,$f_{l,T,40}$ 为高温下胶砂件抗压强度;$f'_{l,T,40}$ 为高温后胶砂件抗压强度。

由图可知,高温后胶砂件抗压强度 $f'_{l,T,40}$ 总体上大于高温下胶砂件抗压强度 $f_{l,T,40}$。分析其原因为:经高温作用后,试件在室温条件下放置 3 d,使高温对试件造成的损伤得到缓解,同时起到了高温养护的作用。在 20 ~ 400 ℃后,试件的强度有小幅升高;经 400 ~ 800 ℃后,强度逐渐降低,在 600 ℃高温后的胶砂件抗压强度仍高于常温强度。在 20 ~ 200 ℃下,胶砂件抗压强度明显下降,试件内部因自由水蒸发而形成空隙和裂缝,裂缝尖端因试件加载而产生应力集中和裂缝扩展现象,导致 AASCM 的 $f_{l,T,40}$ 有所

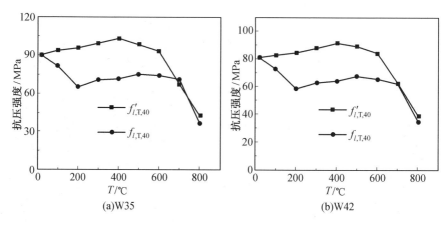

图 7.38　高温下与高温后的胶砂件抗压强度

降低;在200~500 ℃下,胶砂件抗压强度有小幅回升,在500~800 ℃下, $f_{l,T,40}$ 再次降低。

高温后与高温下胶砂件抗压强度的比值($f'_{l,T,40}/f_{l,T,40}$)随温度变化关系如图 7.39 所示。两种较优配比 W35 和 W42 的胶砂件抗压强度比值($f'_{l,T,40}/f_{l,T,40}$)基本相同,可统一采用三次多项式(7.11)描述:

$$\frac{f'_{l,T,40}}{f_{l,T,40}}=0.88+4.16\left(\frac{T}{1\ 000}\right)-9.40\left(\frac{T}{1\ 000}\right)^2+5.63\left(\frac{T}{1\ 000}\right)^3,\quad(7.11)$$

$$20\ ℃\leqslant T\leqslant 800\ ℃,R^2=0.871$$

式中　$f'_{l,T,40}$——温度 T 作用后 AASCM 胶砂件的抗压强度,MPa;

　　　$f_{l,T,40}$——温度 T 作用下 AASCM 胶砂件的抗压强度,MPa;

　　　T——经历温度,℃;

　　　R^2——表征拟合精度的相关系数。

拟合曲线形状为抛物线形式,具体情况如图 7.39(b)所示。由图 7.39(b)可以看出,式(7.11)的拟合曲线与试验曲线吻合较好。在 20~400 ℃时,高温后与高温下胶砂件抗压强度的比值($f'_{l,T,40}/f_{l,T,40}$)随温度升高而增大,高温后胶砂件抗压强度明显高于高温下强度;在 400~700 ℃时, $f'_{l,T,40}/f_{l,T,40}$ 随温度升高而逐渐下降,说明二者的差距逐渐缩小;800 ℃时, $f'_{l,T,40}/f_{l,T,40}$ 随温度升高而逐渐增大,说明此时高温后胶砂件抗压强度大于高温下强度。对比分析可知,300 ℃以前 OPC 高温后与高温下胶砂件抗压强度的比值($f'_{l,T,40}/f_{l,T,40}$)最高,W35 次之,W42 最低。其主要原因在于:W42 的用水量较大,自由水蒸发后在试件内留下更多孔洞,内部出现裂缝和疏松等缺陷的概率也变大,导致 W42 的 $f'_{l,T,40}/f_{l,T,40}$ 受温度影响更大。

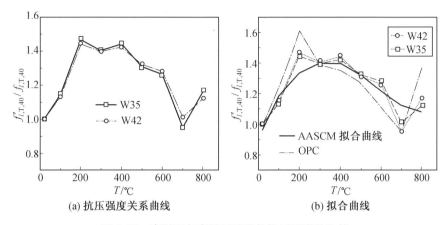

(a) 抗压强度关系曲线　　　　　　(b) 拟合曲线

图 7.39　高温下与高温后胶砂件抗压强度的比较

而 AASCM 的微观结构相对于 OPC 更加密实,与 OPC 相比,AASCM 抗压强度比值($f'_{l,T,40}/f_{l,T,40}$)受温度影响更小。

7.3.2　立方体抗压强度的比较

高温下与高温后立方体试件抗压强度随温度变化的关系,如图 7.40所示。图中,$f_{cu,T,70.7}$ 为高温下胶砂件抗压强度;$f'_{cu,T,70.7}$ 为高温后胶砂件抗压强度。

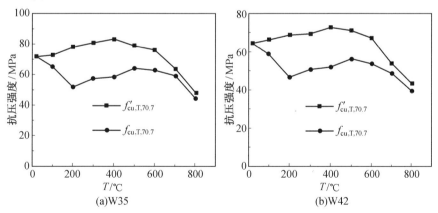

(a)W35　　　　　　　　(b)W42

图 7.40　高温下与高温后的立方体抗压强度

由图 7.40 可知,高温后立方体抗压强度 $f'_{cu,T,70.7}$ 总体上大于高温下立方体抗压强度 $f_{cu,T,70.7}$。分析其原因为:经高温作用后,试件在室温条件下放置 3 d,使高温对试件造成的损伤得到缓解,同时起到了高温养护的作用。在 20 ~ 400 ℃后,试件的强度有小幅升高;经 400 ~ 800 ℃后,强度逐渐降低,在600 ℃高温后的胶砂件抗压强度仍高于常温强度。在20 ～ 200 ℃下,立方体抗压强度明显下降,试件内部因自由水蒸发而形成空隙和裂缝,裂缝尖端因试件加载而产生应力集中和裂缝扩展现象,导致 AASCM的$f'_{cu,T,70.7}$有所降低;在200 ～ 500 ℃下,胶砂件抗压强度有小幅回升,在500 ～800 ℃下,$f_{cu,T,70.7}$再次降低,800 ℃高温下与高温后的胶砂件抗压强度基本相同。

高温后与高温下立方体抗压强度的比值($f'_{cu,T,70.7}/f_{cu,T,70.7}$)随温度变化关系,如图7.41所示。两种较优配比W35和W42的立方体抗压强度比值($f'_{cu,T,70.7}/f_{cu,T,70.7}$)基本相同,可统一采用三次多项式(7.12)描述:

$$\frac{f'_{cu,T,70.7}}{f_{cu,T,70.7}}=0.90+3.91\left(\frac{T}{1\ 000}\right)-8.92\left(\frac{T}{1\ 000}\right)^2+5.42\left(\frac{T}{1\ 000}\right)^3,$$

$$20\ ℃\leqslant T\leqslant 800\ ℃,R^2=0.874$$

$$(7.12)$$

式中 $f'_{cu,T,70.7}$——温度 T 作用后 AASCM 立方体的抗压强度,MPa;

      $f_{cu,T,70.7}$——温度 T 作用下 AASCM 立方体的抗压强度,MPa;

      T——经历温度,℃;

      R^2——表征拟合精度的相关系数。

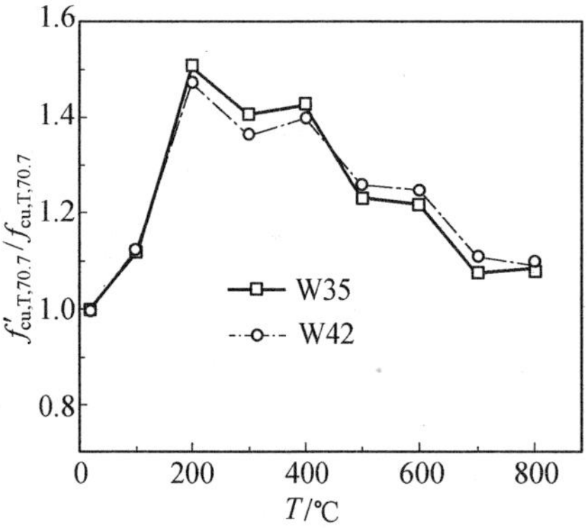

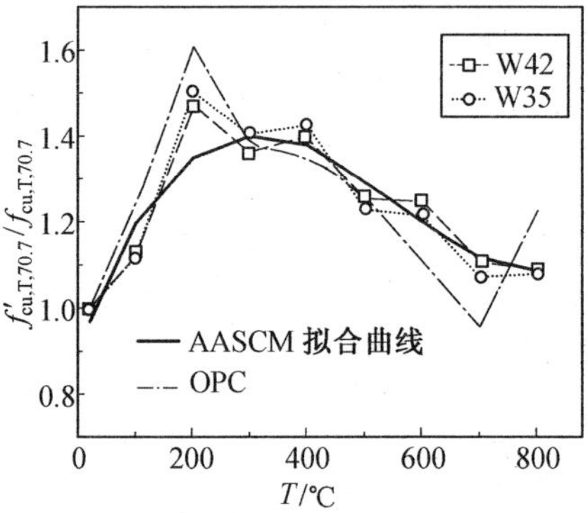

图7.41   高温下与高温后立方体抗压强度的比较

拟合曲线形状为抛物线形式,具体情况如图7.41(b)所示。由图7.41(b)可以看出,式(7.12)的拟合曲线与试验曲线吻合较好。在20 ～200 ℃时,高温后与高温下立方体抗压强度的比值($f'_{cu,T,70.7}/f_{cu,T,70.7}$)随温度升高而增大,高温后立方体抗压强度明显高于高温下强度;在200 ～800 ℃时,$f'_{cu,T,70.7}/f_{cu,T,70.7}$随温度升高而逐渐下降,说明二者的差距逐渐缩小。对比分析可知,300 ℃ 以前 OPC 高温后与高温下立方体抗压强度的比值 $(f'_{cu,T,70.7}/f_{cu,T,70.7})$ 最高,W35 次之,W42 最低。其主要原因在于:W42 的用水量较大,自由水蒸发后在试件内留下更多孔洞,内部出现裂缝和疏松等缺陷的概率也变大,导致 W42 的 $f'_{cu,T,70.7}/f_{cu,T,70.7}$ 受温度影响更大。而 AASCM 的微观结构相对于 OPC 更加密实,与 OPC 相比,AASCM 的 $f'_{cu,T,70.7}/f_{cu,T,70.7}$ 受温度影响更小。

7.3.3　抗折强度的比较

高温下与高温后 40 mm×40 mm×160 mm 棱柱体试件的抗折强度随温度变化的关系,如图 7.42 所示。图中 $f_{f,T}$ 为高温下抗折强度;$f'_{f,T}$ 为高温后抗折强度。由图 7.42 可知,高温后胶砂件抗压强度 $f'_{l,T,40}$ 总体上大于高温下胶砂件抗压强度 $f_{l,T,40}$。分析其原因为:经高温作用后,试件在室温条件下放置 3 d,使高温对试件造成的损伤得到缓解,同时起到了高温养护的作用。在 20 ~ 400 ℃ 后,试件的强度有小幅升高;经 400 ~ 800 ℃ 后,强度逐渐降低,在 600 ℃ 后的胶砂件抗压强度仍高于常温强度。在 20 ~ 200 ℃ 下,胶砂件抗压强度明显下降,试件内部因自由水蒸发而形成空隙和裂缝,裂缝尖端因试件加载而产生应力集中和裂缝扩展现象,导致 AASCM 的 $f_{l,T,40}$ 有所降低;在 200 ~ 500 ℃ 下,胶砂件抗压强度有小幅回升,在 500 ~ 800 ℃ 下,$f_{l,T,40}$ 再次降低。800 ℃ 高温下与高温后的胶砂件抗压强度基本相同。

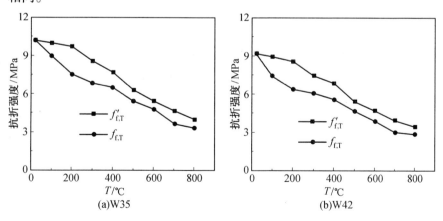

图 7.42　高温下与高温后的抗折强度

由图 7.42 可知,高温下两种较优配比 W35 和 W42 的抗折强度基本相同,均随温度的升高而逐渐降低,高温后抗折强度 $f'_{f,T}$ 总体上大于高温下

抗折强度 $f_{f,T}$。分析其原因为:经高温作用后,试件在室温条件下放置 3 d, 使高温对试件造成的损伤得到缓解,同时起到了高温养护的作用。

高温后与高温下抗折强度的比值($f'_{f,T}/f_{f,T}$)随温度变化关系,如图 7.43 所示。两种较优配比 W35 和 W42 的 $f'_{f,T}/f_{f,T}$ 基本相同,可统一采用四次多项式(7.13)描述,拟合曲线形状为抛物线形式,具体情况如图 7.43(b)所示。

$$\frac{f'_{f,T}}{f_{f,T}} = 0.883 + 5.67\left(\frac{T}{1\ 000}\right) - 25.14\left(\frac{T}{1\ 000}\right)^2 + 41.26\left(\frac{T}{1\ 000}\right)^3 - 22.58\left(\frac{T}{1\ 000}\right)^4$$

$$20\ ℃ \leqslant T \leqslant 800\ ℃, R^2 = 0.916 \tag{7.13}$$

式中 $f'_{f,T}$——温度 T 作用后 AASCM 的抗折强度,MPa;

       $f_{f,T}$——温度 T 作用下 AASCM 的抗折强度,MPa;

       T——经历温度,℃;

       R^2——表征拟合精度的相关系数。

由图 7.43(b)可以看出,式(7.13)的拟合曲线与试验曲线吻合较好。在 20 ~ 200 ℃时,高温后与高温下抗折强度的比值($f'_{f,T}/f_{f,T}$)随温度升高而增大,高温后抗折强度明显高于高温下强度;200 ~ 500 ℃时,$f'_{f,T}/f_{f,T}$ 随温度升高而逐渐下降,说明二者的差距逐渐缩小;500 ~ 700 ℃时,$f'_{f,T}/f_{f,T}$ 随温度升高而逐渐增大,说明此时高温后抗折强度大于高温下强度。对比分析可知,OPC 高温后与高温下抗折强度的比值($f'_{f,T}/f_{f,T}$)总体与 AASCM 的相近,仅在 600 ~ 800 ℃时,OPC 的抗折强度受温度影响更小。

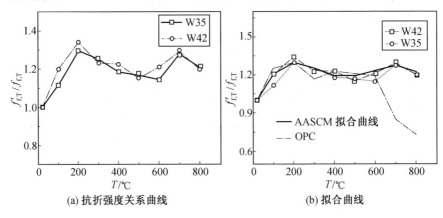

图 7.43   高温下与高温后抗折强度的比较

7.3.4 抗拉强度的比较

高温下与高温后哑铃型试件抗拉强度随温度变化的关系如图 7.44 所示。图中，$f_{t,T}$ 为高温下抗拉强度；$f'_{t,T}$ 为高温后抗拉强度。

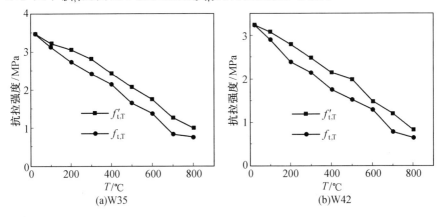

图 7.44 高温下与高温后的抗拉强度

由图 7.44 可知，高温下两种较优配比 W35 和 W42 的抗拉强度基本相同，均随温度的升高而逐渐降低，高温后抗拉强度 $f'_{t,T}$ 总体上大于高温下抗拉强度 $f_{t,T}$。分析其原因为：经高温作用后，试件在室温条件下放置 3 d，使高温对试件造成的损伤得到缓解，同时起到了高温养护的作用。

高温后与高温下抗拉强度的比值（$f'_{t,T}/f_{t,T}$）随温度变化关系如图 7.45 所示。

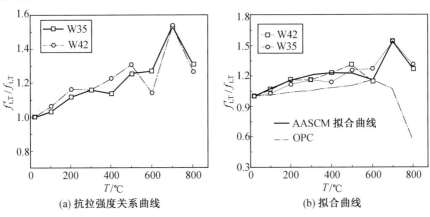

图 7.45 高温下与高温后抗拉强度的比较

两种较优配比 W35 和 W42 的 $f'_{t,T}/f_{t,T}$ 基本相同，可统一采用式(7.14)描述：

$$\frac{f'_{t,T}}{f_{t,T}} = \begin{cases} 0.96-1.27\left(\dfrac{T}{1\,000}\right)+1.49\left(\dfrac{T}{1000}\right)^2, & 20\ ℃ \leqslant T \leqslant 600\ ℃, R^2=0.805 \\ -15.30+47.48\left(\dfrac{T}{1\,000}\right)+33.47\left(\dfrac{T}{1\,000}\right)^2, & 600\ ℃ < T \leqslant 800\ ℃, R^2=0.999 \end{cases}$$

$$(7.14)$$

式中　$f'_{t,T}$——温度 T 作用后 AASCM 的抗拉强度，MPa；

　　　$f_{t,T}$——温度 T 作用下 AASCM 的抗拉强度，MPa；

　　　T——经历温度，℃；

　　　R^2——表征拟合精度的相关系数。

具体情况如图 7.45(b)所示。由图 7.45(b)可以看出，式(7.14)的拟合曲线与试验曲线吻合较好。20～700 ℃时，高温后与高温下抗拉强度的比值($f'_{t,T}/f_{t,T}$)随温度升高而增大，高温后抗拉强度明显高于高温下强度；700～800 ℃时，$f'_{t,T}/f_{t,T}$随温度升高而逐渐下降，说明二者的差距逐渐缩小。对比分析可知，OPC 高温后与高温下抗拉强度的比值($f'_{t,T}/f_{t,T}$)总体与 AASCM 的相近，仅在 600～800 ℃时，OPC 的抗拉强度受温度影响更小。

7.4　高温后 AASCM 的微观结构

碳纤维在 1 000 ℃以内的绝氧情况下，具有良好的耐高温性能。而作为环氧树脂胶的替代产品，AASCM 的耐高温性能至少应达到普通混凝土的水平。因此，通过 SEM 扫描电镜，分析 20～1 200 ℃高温后 AASCM 微观形貌的变化；采用 XRD 射线衍射技术，分析了高温后 AASCM 宏观力学性能发生改变的根本原因在于 AASCM 经 600 ℃以上高温作用后生成了新产物。

7.4.1　SEM 扫描电镜分析

本书采用 Quanta 200 型 SEM 扫描电镜，由荷兰 PhiliPs-FEI 公司提供。选取 1 000 倍的放大倍数，对经历 200～1 200 ℃后的 AASCM 和 OPC 试件进行扫描，电镜照片如图 7.46 和图 7.47 所示。

由图 7.46 和图 7.47 可以看出，在 600 ℃以前，AASCM 的显微结构未发生明显变化。经 600 ℃后，开始出现少量裂缝，但比较细小；600～

800 ℃时,显微结构发生非常明显的变化。经 800 ℃后,出现大量宽度达
10 μm 以上的裂缝。表面出现排列密布的孔洞,这些孔洞是由于 AASCM
内部结合水的逸出而造成;经 1 000 ℃后,裂缝继续延展,有的裂缝宽度已
达 20 μm 以上。有大量尺寸规则的棒状物生成;经 1 200 ℃后,大量结晶
状产物连接在一起,结构多孔,但并不十分疏松。OPC 经 400 ℃后,开始发
生分解,针状、纤维状水泥水化产物基本消失,结构开始变疏松;经 600 ℃
后,水泥水化产物已分解殆尽,结构变得非常疏松,生成大量絮状物;在
600 ～ 1 200 ℃,温度越高结构越疏松,产物依然呈絮状。

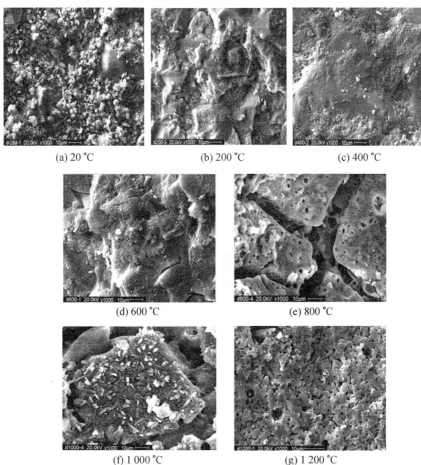

(a) 20 ℃　　　　(b) 200 ℃　　　　(c) 400 ℃

(d) 600 ℃　　　　(e) 800 ℃

(f) 1 000 ℃　　　　(g) 1 200 ℃

图 7.46　高温后 AASCM 试件的 SEM 图

(a) 20 ℃   (b) 200 ℃   (c) 400 ℃

(d) 600 ℃   (e) 800 ℃

(f) 1 000 ℃   (g) 1 200 ℃

图 7.47　高温后 OPC 试件的 SEM 图

7.4.2　XRD 射线衍射分析

　　本书采用 D/max-γB 型 XRD 衍射仪,由日本理学电机株式会社提供;其额定功率为12 kW,以 5(°)/min 的速度对经历 20 ~ 1 200 ℃ 高温后 AASCM 的显微结构进行衍射分析,图谱如图7.48所示。

　　由图 7.48 可以看出,在 600 ℃ 以前(包括 600 ℃),XRD 图谱未发生显著变化,说明AASCM经历温度低于600 ℃时,能保持较好的化学稳定性;经 800 ℃后,衍射图谱出现大量新的衍射峰,说明 AASCM 在 600 ~ 800 ℃ 的温度区间内开始发生固相反应,生成晶相物,分析可知该晶相物为镁黄长石(Ca₂MgSi₂O₇);经 1 000 ℃和 1 200 ℃后,衍射图谱与 800 ℃相似,未出现新的衍射峰,但镁黄长石的特征峰随温度升高而增强,说明随温度升高,镁黄长石生成量增加。

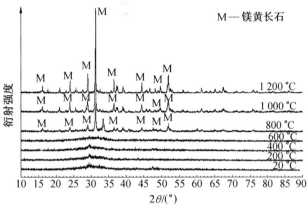

图 7.48　高温后 AASCM 的 XRD 图谱

7.5　小　　结

(1)通过试验对比分析 AASCM 两种较优配比 W35 和 W42 试件在常温下、高温下和高温后受力性能,可知 600 ℃高温下和 600 ℃高温后,AAS-CM 胶砂件平均抗压强度分别为常温时的 81.5%和 103.5%,高温后抗压强度高于常温时的抗压强度。在 800 ℃高温下和 600 ℃高温后,AASCM 立方体平均抗压强度分别为常温时的 61.3%和 66.7%,证明了 AASCM 至少可耐 600~800 ℃高温。

(2)在相同目标温度下,W42 对应的各项力学性能指标(胶砂件抗压强度、立方体抗压强度、抗折强度和抗拉强度)比 W35 略低,但远高于 OPC 试件。分析其原因为:OPC 水化产物中包含大量的钙矾石和氢氧化钙,在高温状态下,钙矾石是不稳定相,易发生相变,氢氧化钙易于分解,生成氧化钙和水;相反,AASCM 的水化产物即水滑石和水化铝酸四钙等均具有较好的耐高温性能,这就决定了 AASCM 的耐高温性能优于 OPC。

(3)通过回归分析,拟合得到 AASCM 各项力学指标(抗压强度、抗折强度和抗拉强度)随温度变化的计算公式,拟合曲线与试验曲线吻合较好,为 AASCM 用于工程建设和加固提供基础素材。

(4)通过对 AASCM 的高温下与高温后力学性能进行比较可知,高温后各项力学指标(胶砂件抗压强度、立方体抗压强度、抗折强度和抗拉强度)总体上大于高温下各项力学指标,经历高温后的试件在室温条件下放置 3 d,使高温对试件造成的损伤得到缓解,同时起到了高温养护的作用。

(5)通过 SEM 扫描电镜和 XRD 射线衍射分析,发现经 600~800 ℃ 后,AASCM 的水化产物——水化硅酸钙凝胶逐渐分解,同时伴有镁黄长石生成,这是 AASCM 高温力学性能下降的根本原因。

第8章 高温下和高温后用 AASCM 粘贴的 碳纤维布与混凝土间的黏结锚固性能

8.1 高温下碳纤维布黏结锚固性能的试验概况

8.1.1 试件设计

为确定高温下 AASCM 粘贴碳纤维布所需锚固长度,选用 0. 167 mm 厚的 UT70-30 型碳纤维布进行双剪试验,碳纤维布粘贴宽度取为 70 mm。共设计 10 个尺寸为 $b{\times}h{\times}l=160$ mm× 160 mm×1 500 mm 的混凝土棱柱体试件,用于高温下碳纤维布锚固长度的研究。粘贴碳纤维布的混凝土棱柱体试件设计,如图 8. 1(a)所示。混凝土试件养护龄期为 28 d,即开始粘贴碳纤维布时的混凝土标准立方体抗压强度实测值为 31. 55 MPa;双剪试验时,混凝土标准立方体抗压强度实测值为 33. 70 MPa。混凝土保护层厚度

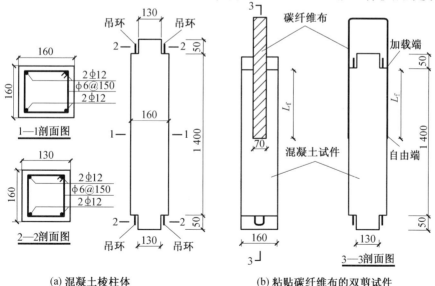

(a) 混凝土棱柱体　　　　　(b) 粘贴碳纤维布的双剪试件

图 8.1　试件设计

为 $c = 20$ mm,在混凝土棱柱体内对称配置了 4 φ 12 受力钢筋和双肢 φ 6@ 150 箍筋。为便于吊装试件,在试件上对称设置了 4 个 φ 6 吊环,临近吊环的混凝土尺寸为 $b×h×l = 130$ mm×160 mm×50 mm,在此截面内配置双肢 φ 6@ 120 箍筋,钢筋的力学性能指标见表 8.1。

表 8.1　钢筋的力学性能指标

钢筋类型	屈服强度 /MPa	极限强度 /MPa	弹性模量 /10^5 MPa
φ 12	358.83	533.75	2.0
φ 6	278.21	431.54	2.0

每个混凝土棱柱体可在其端部区域两侧面粘贴碳纤维布进行双剪试验,即每个混凝土棱柱体试件可粘贴两次碳纤维布作为两个双剪试件使用(每端部区域各粘贴一次。因高温试验炉放置在混凝土工作台上,工作台正中间开有一个尺寸为 $b×h×l = 170$ mm×170 mm×450 mm 的方形孔,孔深为 450 mm,升温时双剪试件已插入工作台方形孔中,该区域基本未受炉温影响)。用于考察高温下碳纤维布锚固长度的双剪试件设计,如图 8.1(b)所示,其中 L_f 为碳纤维布的黏结长度,取值范围为 225 ~ 400 mm,相邻粘贴长度相差 25 mm。

8.1.2　施工流程

用 W42 配比的 AASCM 在混凝土棱柱体试件两侧面,粘贴一层 0.167 mm 厚的 UT70-30 型碳纤维布。为防止温度等于或高于 400 ℃时碳纤维丝氧化,本书选用 SH(JF-204)厚型隧道防火涂料对碳纤维布进行防火保护。防火涂料由北京茂源防火材料厂提供,其热工参数为:密度为 600 kg/m³,比热容为 1 000 J/(kg·K),热导率为 0.12 W/(m·K)。图 8.2 为粘贴碳纤维布和喷涂防火涂料的施工流程,具体情况如下:

(1)将混凝土表面打磨平整,剔除混凝土表面疏松层,去除表层浮尘、油污等杂质;并在混凝土表面洒少量水,以保持混凝土表面湿润,此做法避免了干燥的混凝土表面汲取 AASCM 内部水分,可使混凝土与 AASCM 有较好的黏结。

(2)按需要裁剪碳纤维布,用透明胶带对双剪试件上的碳纤维布粘贴区与非粘贴区域分区(图 8.2(e)),以及在浸泡和杵捣碳纤维布时,非粘贴区域不会被胶液浸润或滚筒滚压松散。

(3)将搅拌好的 AASCM 倒入槽型容器中,在 AASCM 中浸润碳纤维布,并用平滑宽大的滚筒沿单向杵捣碳纤维布 15 min,此种施工方法的目

图 8.2　粘贴碳纤维布与喷涂防火涂料的施工流程

的在于：①用 AASCM 对碳纤维布进行浸润和杵捣处理，降低胶黏剂与碳纤维布之间的过渡区孔隙率，使过渡区致密化；②杵捣可使碳纤维布变得松散，促进 AASCM 的大分子颗粒向碳纤维布内部渗透。

（4）在混凝土表面刷涂 2 mm 厚 AASCM 底胶，将碳纤维布受杵捣一面朝下粘贴在混凝土表面；并用塑料刮板挤出气泡，刷涂 2 mm 厚 AASCM 面胶，施工流程如图 8.2 所示。

（5）如图 8.2(g)所示，待胶层终凝后，用潮湿的海绵和塑料薄膜覆盖于加固部位表面，以保证加固部位湿润。

（6）如图 8.2（h）所示，AASCM 养护龄期为 28 d 时，对碳纤维布非锚固区段喷涂厚型隧道防火涂料进行绝氧保护。首先撕下透明胶带，在碳纤维布非锚固区段临近炉口处布置钢丝网，然后在钢丝网上喷涂 5 mm 厚防火涂料，待其干燥后再涂抹 10 mm 厚防火涂料，在碳纤维布内外两侧均喷涂 15 mm 厚防火涂料；碳纤维布上的防火涂料完全干燥需 10 d 左右，待防火涂料干燥后，再进行高温下黏结锚固性能试验。

8.1.3　试验方案

1. 试验装置

高温下 AASCM 粘贴碳纤维布与混凝土间的黏结锚固性能试验中，所需设备主要包括加热和温度控制装置、试件加载装置、数据量测和记录仪器 3 部分。针对加热装置，本书自制了上、下贯通的高温试验炉，炉体的尺寸和构造如图 8.3 所示。

(a) 高温试验炉

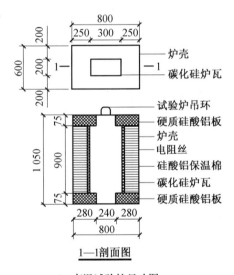

(b) 高温试验炉尺寸图

图 8.3　高温下黏结锚固性能试验用电炉

高温试验炉主要由外形尺寸为 $b \times h \times l = 600$ mm×800 mm×1 050 mm 的炉壳，厚度为 35 mm 硬质硅酸铝板，尺寸为 $b \times h \times l = 200$ mm×300 mm×450 mm 的 2 个碳化硅炉瓦组装的炉膛，输出功率为 2.5 kW 的 6 根电阻丝，硅酸铝保温棉和吊环等部分组成。硬质硅酸铝板用于炉膛上、下炉口隔热，硅酸铝保温棉用于炉瓦周围保温隔热；为方便将高温试验炉从工作台上吊走,进行高温后黏结锚固性能试验,在炉壳上对称焊有两个吊环。高温试验炉升温速率可保持在 10 ℃/ min,升温速度最高可达 15 ～ 16 ℃/min,工作温度最高可达 1 000 ℃。针对温度控制装置和数据量测仪器,高温下黏结锚固性能试验所用主要设备还包括温控仪和 YE2537 程控静态应变仪,如图 8.4 所示,温控仪与高温试验炉和热电偶相连,向高温试验炉供电加热,而压力传感器的读数由 YE2537 程控静态应变仪采集。

(a) 温控仪　　　　　　　　　　(b)YE2537 程控静态应变仪

图 8.4　高温下黏结锚固性能试验所用设备

2. 升温制度

文献[98]在火灾试验中,采用了防火涂料保护。在防火涂料内侧用 AASCM 粘贴碳纤维布加固的混凝土梁底和板底中心处,AASCM 经历的最高温度分别为 320 ～ 470 ℃和 90 ～ 300 ℃。混凝土强度在 500 ℃时也显著下降。因此,本书假定混凝土已有防火保护,以及碳纤维布已得到绝氧密封;在此基础上,确定了高温下用 AASCM 粘贴碳纤维布与混凝土间的黏结锚固性能试验升温范围为 100 ～ 500 ℃,将升温速度定为 4 ℃/min。

当炉温达到目标温度后,需恒温一段时间以使 AASCM 粘贴碳纤维布的双剪试件碳纤维布下胶层温度与炉温趋于一致。由于 AASCM 粘贴碳纤维布时的 AASCM 胶层厚度约为 4 mm,为预测双剪试件需取定的恒温时间,如图 8.5 所示,在 AASCM 的 40 mm×40 mm×160 mm 棱柱体试件表面中心点以里 4 mm 处预埋热电偶。表 8.2 为在各目标温度下测点温度随恒温时间的变化情况。

图 8.5　内置热电偶试件

表 8.2　测点温度随恒温时间变化　　　　　　℃

炉温	测点温度		
	恒温 30 min	恒温 1 h	恒温 2 h
100	81	86	89
200	163	167	170
300	282	287	289
400	378	385	387
500	448	461	464

图 8.6 为高温下实测炉温与图 8.5 测点的升温曲线。由表 8.2 和图 8.6 可知,炉温为100 ~500 ℃不同的温度时,恒温 30 min 后,测点温度比炉温低 19 ~52 ℃,恒温 1 h 后,测点温度比炉温低 14 ~39 ℃,恒温 2 h 后,测点温度比炉温低 11 ~36 ℃。因此,恒温时间定为30 min。

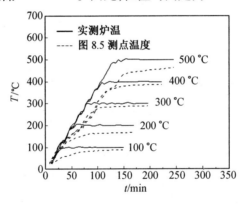

图 8.6　高温下炉温与测点温度升温曲线

综上所述,确定了高温下 AASCM 粘贴碳纤维布与混凝土间的黏结锚固性能试验的目标温度为 100 ℃,200 ℃,300 ℃,400 ℃,500 ℃,升温速度为 4 ℃/min。当炉温达到目标温度后恒温 30 min,再进行高温下 AASCM 粘贴碳纤维布与混凝土间的黏结锚固性能试验。

8.1.4　试验方法

为考察不同温度对碳纤维布锚固长度的影响,对 20 个用 W42 配比的 AASCM 在混凝土棱柱体两侧面粘贴 UT70-30 型碳纤维布的双剪试件,进行了高温下黏结锚固性能试验。试件参数见表 8.3,其中,GX100-1 表示高温下 100 ℃的第一个双剪试件。混凝土试件养护龄期为28 d,即开始粘贴碳纤维布时的混凝土标准立方体抗压强度实测平均值为 31.55 MPa；双剪试验时，混凝土标准立方体抗压强度实测平均值为 33.70 MPa，混凝土保护层厚度为 $c = 20$ mm。

表 8.3　高温下黏结锚固性能试验所用双剪试件参数

试件编号	碳纤维布种类	温度/℃	计算厚度/mm	黏结长度/mm	粘贴宽度/mm
GX100-1		100		325	
GX100-2		100		350	
GX100-3		100		375	
GX100-4		100		400	
GX200-1		200		300	
GX200-2		200		325	
GX200-3		200		350	
GX200-4		200		375	
GX300-1		300		275	
GX300-2	UT70-30 型碳纤维布	300	0.167	300	70
GX300-3		300		325	
GX300-4		300		350	
GX400-1		400		250	
GX400-2		400		275	
GX400-3		400		300	
GX400-4		400		325	
GX500-1		500		225	
GX500-2		500		250	
GX500-3		500		275	
GX500-4		500		300	

图 8.7 为双剪试件的吊装和加载图。整个加载装置形成一个自平衡系统，即通过 250 kN 螺旋千斤顶向直径为 160 mm 的半圆钢块施加荷载，使绕过半圆钢块的碳纤维布加载端两侧同时承抗拉力，拉力通过碳纤维布加载端逐渐传递给粘贴在混凝土试件两侧面的碳纤维布锚固段。

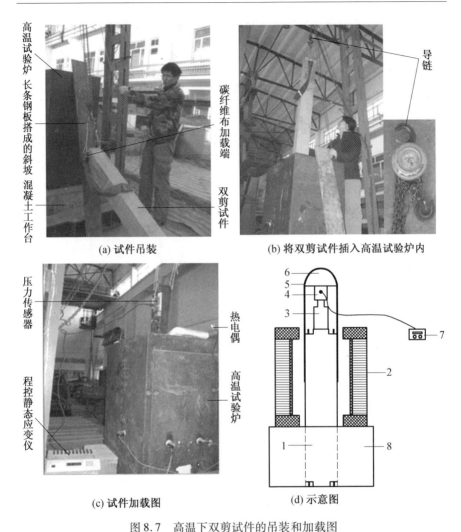

(a) 试件吊装   (b) 将双剪试件插入高温试验炉内

(c) 试件加载图   (d) 示意图

图 8.7 高温下双剪试件的吊装和加载图

1—混凝土棱柱体;2—高温试验炉;3—250 kN 螺旋千斤顶;4—300 kN 压力传感器;
5—碳纤维布;6—直径为 160 mm 的半圆钢块;7—YE2537 程控静态应变仪;
8—混凝土工作台

为防止碳纤维布剥离时双剪试件失稳倾倒损坏高温试验炉,制作了一个混凝土工作台用于固定双剪试件。工作台尺寸为 $b×h×l=1\ 200\ \text{mm}×1\ 200\ \text{mm}×450\ \text{mm}$,在其正中间开有一个尺寸为 $b×h×l=170\ \text{mm}×170\ \text{mm}×450\ \text{mm}$ 的方形孔。方形孔贯通整个工作台,将双剪试件插入方形孔中,可使双剪试件底部直接压在试验室地面上。为防止温度等于或高于 400 ℃ 时碳纤维丝氧化,本书仅对升温范围为 400～500 ℃ 的双剪试件的碳纤维布非锚固区段喷涂了厚型隧道防火涂料加以防火保护。待 AASCM 养护 28 d 后,进行高温下 AASCM 粘贴碳纤维布与混凝土间的黏结锚固性能试验,具体试验流程如下。

(1)将高温试验炉放置在混凝土工作台上,在高温试验炉的侧面用长条钢板搭成斜坡,再用导链(图 8.7(b))将双剪试件沿长条钢板缓慢吊起,然后将双剪试件插入高温试验炉和混凝土工作台的方形孔内。

(2)如图 8.7(c)所示,将 250 kN 螺旋千斤顶放置在双剪试件的顶面,再将 300 kN 压力传感器安放在千斤顶上,半圆钢块放置在压力传感器上;为防止碳纤维布剥离时双剪试件失稳,导致压力传感器和半圆钢块滑落,在进行双剪试验前,应在压力传感器和半圆钢块上绑扎安全绳。

(3)调整好螺旋千斤顶、压力传感器和半圆钢块的位置,使三者严格对中,再按前述的升温制度进行升温,达到目标温度后,恒温 30 min,然后进行高温下双剪试验。

8.2 高温下碳纤维布黏结锚固性能的试验结果及分析

8.2.1 试件破坏形态

对 20 个用 W42 配比的 AASCM 在混凝土棱柱体两侧面粘贴 0.167 厚的 UT70-30 型碳纤维布的双剪试件,进行高温下黏结锚固性能试验,破坏形态随温度变化情况如图 8.8 所示。由图 8.8 可知,双剪试件在不同高温下的破坏形式,仍可分为以下 6 种:①破坏形式 1:与胶层毗邻的混凝土撕裂剥离;②破坏形式 2:胶层内部发生面内滑脱导致的剥离破坏;③破坏形式 3:碳纤维布被拉断;④破坏形式 4:混凝土撕裂剥离与胶层面内滑脱同时发生;⑤破坏形式 5:混凝土撕裂剥离与碳纤维布被拉断同时发生;⑥破坏形式 6:混凝土撕裂剥离与胶层面内滑脱的同时,碳纤维布被拉断。

由图 8.8 可以看出,试件 GX100-1,GX300-1,GX300-2,GX500-1 和 GX500-2,均发生与胶层毗邻的混凝土整体撕裂剥离的破坏(破坏形式 1),其破坏过程大致为:当加载至极限荷载 P_u 的 70% ~ 80% 时,有明显的响声,但一般不连续;当加载至 90% P_u 左右时,加载端绕过半圆钢块的碳纤维布一缕缕呈绦状被绷紧,并明显被伸长,同时伴有噼啪的响声;当加载至极限荷载 P_u 时,伴随着一声巨响,碳纤维布锚固端沿纵向突然撕脱,与胶层毗邻的混凝土整体撕裂剥离,混凝土被撕下一层。由图 8.8 还可以看出,在高温下黏结锚固性能试验中,AASCM 对碳纤维布起到了绝氧保护作

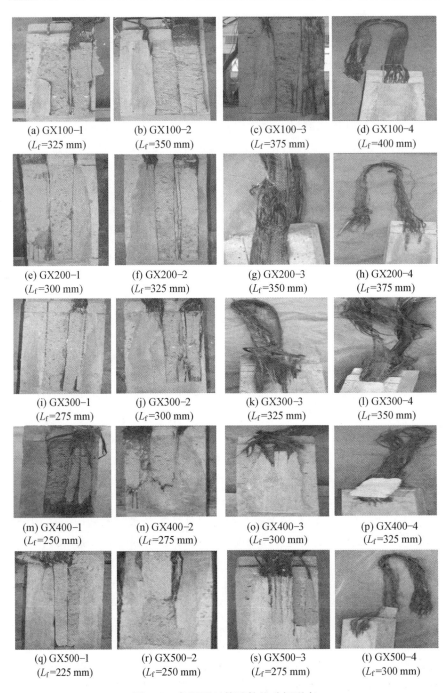

(a) GX100−1
(L_f=325 mm)

(b) GX100−2
(L_f=350 mm)

(c) GX100−3
(L_f=375 mm)

(d) GX100−4
(L_f=400 mm)

(e) GX200−1
(L_f=300 mm)

(f) GX200−2
(L_f=325 mm)

(g) GX200−3
(L_f=350 mm)

(h) GX200−4
(L_f=375 mm)

(i) GX300−1
(L_f=275 mm)

(j) GX300−2
(L_f=300 mm)

(k) GX300−3
(L_f=325 mm)

(l) GX300−4
(L_f=350 mm)

(m) GX400−1
(L_f=250 mm)

(n) GX400−2
(L_f=275 mm)

(o) GX400−3
(L_f=300 mm)

(p) GX400−4
(L_f=325 mm)

(q) GX500−1
(L_f=225 mm)

(r) GX500−2
(L_f=250 mm)

(s) GX500−3
(L_f=275 mm)

(t) GX500−4
(L_f=300 mm)

图 8.8　高温下双剪试件的破坏形态

用,成功避免了碳纤维丝被氧化。试件发生与胶层毗邻的混凝土整体撕裂剥离破坏,说明碳纤维布的黏结长度小于锚固长度,不满足碳纤维布锚固要求。

试件 GX100-2,GX100-3,GX200-1,GX200-2,GX400-1 和 GX400-2,均发生与胶层毗邻的混凝土撕裂剥离与胶层面内滑脱的混合破坏(破坏形式 4)。试件 GX400-3 和 GX500-3 均发生与胶层毗邻的混凝土撕裂剥离和碳纤维布被拉断的混合破坏(破坏形式 5),由于试件发生碳纤维布被拉断的同时与胶层毗邻的混凝土被撕裂剥离,此时碳纤维布的黏结长度即为碳纤维布锚固长度。试验结果表明,在 400 ℃ 和 500 ℃ 高温作用下,用 AASCM 在混凝土棱柱体两侧面粘贴 0.167 mm 厚 UT70-30 型碳纤维布的黏结长度分别为 300 mm 和 275 mm,可作为该温度下碳纤维布锚固长度的实测值。

试件 GX100-4,GX200-3,GX200-4,GX300-3,GX300-4,GX400-4 和 GX500-4 均发生碳纤维布被拉断的破坏(破坏形式 3)。其破坏过程大致为:当加载至 70% P_u 左右时,听到明显的响声,声响最初是由胶黏剂与混凝土侧表面发生剪切错动趋势引起的,后期声响是由于继续加荷载时碳纤维布单丝断裂引起的,小缕碳纤维布被拉断;当加载至极限荷载 P_u 时,碳纤维布基本被拉断,断面形状呈锯齿状,断面位置多出现在碳纤维布加载端(图 8.8(d)),说明碳纤维布的黏结长度已超过了碳纤维布的锚固长度,满足碳纤维布锚固要求。对比分析可知,高温下破坏形态与常温下破坏形态基本相同(图 5.19),但 AASCM 和剥下的混凝土颜色明显变浅,100 ~ 500 ℃ 高温下碳纤维布的锚固长度基本均高于常温下碳纤维布的锚固长度。

8.2.2　试验结果

表 8.4 为高温下碳纤维布不同黏结长度 L_f 的双剪试验结果。表中剪切强度是指双剪试件发生与胶层毗邻的混凝土撕裂剥离破坏时的剪应力,也可以是胶层发生面内滑脱时的剪应力,还可以是同时发生混凝土撕裂剥离和胶层面内滑脱破坏时的剪应力。黏结应力是指双剪试验时碳纤维布被拉断而未发生黏结破坏时锚固段的剪应力。由表 8.4 可以看出,相同温度时,随着试件碳纤维布黏结长度的增加,破坏荷载有所增加,但平均剪切强度或平均黏结应力逐渐减少,混凝土剥离面积比也逐渐减小。这说明随着碳纤维布黏结长度的增加,实际参与受力的碳纤维布锚固长度趋于定

值。由表8.4和图8.8可知,当碳纤维布黏结长度较短,即碳纤维布的锚固长度不足时,碳纤维布与混凝土间易发生与胶层毗邻的混凝土撕裂剥离的破坏(破坏形式1)。当发生与胶层毗邻的混凝土撕裂剥离和碳纤维布被拉断的混合破坏(破坏形式5)时,说明碳纤维布的黏结长度刚好达到锚固长度。当继续增大碳纤维布黏结长度时,将呈现碳纤维布被拉断的破坏(破坏形式3),说明此时碳纤维布的黏结长度 L_t 已超过锚固长度 $L_{e,T}$。

表8.4　高温下碳纤维布不同黏结长度的试验结果

试件编号	温度/℃	黏结长度/mm	破坏形式	总极限荷载/kN	混凝土剥离面积比/%	平均剪切强度或平均黏结应力/MPa
GX100-1	100	325	破坏形式1	23.22	80	0.51
GX100-2	100	350	破坏形式4	23.81	70	0.49
GX100-3	100	375	破坏形式4	24.07	35	0.46
GX100-4	100	400	破坏形式3	25.47	—	0.45
GX200-1	200	300	破坏形式4	20.48	75	0.49
GX200-2	200	325	破坏形式4	21.09	60	0.46
GX200-3	200	350	破坏形式3	22.12	—	0.45
GX200-4	200	375	破坏形式3	22.58	—	0.43
GX300-1	300	275	破坏形式1	22.78	60	0.59
GX300-2	300	300	破坏形式1	25.22	30	0.60
GX300-3	300	325	破坏形式3	27.95	—	0.61
GX300-4	300	350	破坏形式3	28.16	—	0.57
GX400-1	400	250	破坏形式4	17.18	55	0.49
GX400-2	400	275	破坏形式4	18.51	40	0.48
GX400-3	400	300	破坏形式5	20.58	10	0.49
GX400-4	400	325	破坏形式3	21.34	—	0.47
GX500-1	500	225	破坏形式1	22.52	35	0.72
GX500-2	500	250	破坏形式1	23.18	45	0.66
GX500-3	500	275	破坏形式5	24.50	40	0.64
GX500-4	500	300	破坏形式3	25.17	—	0.60

由表 8.4 可知,在 100 ℃ 高温作用下,试件 GX100-3 碳纤维布的黏结长度为 375 mm 时,发生与胶层毗邻的混凝土撕裂剥离和胶层内部发生面内滑脱的混合破坏(破坏形式 4);试件 GX100-4 的黏结长度为 400 mm 时,发生碳纤维布被拉断的破坏(破坏形式 3),说明碳纤维布锚固长度为 375~400 mm。因此,近似取碳纤维布的黏结长度 375 mm 和 400 mm 的平均值 387.5 mm,作为 100 ℃ 时碳纤维布的锚固长度实测值。同理,近似取碳纤维布的黏结长度 325 mm(试件 GX200-2)和 350 mm(试件 GX200-3)的平均值 337.5 mm,作为 200 ℃ 时碳纤维布的锚固长度实测值;近似取碳纤维布的黏结长度为 300 mm(试件 GX300-2)和 325 mm(试件 GX300-3)的平均值 312.5 mm,作为 300 ℃ 时碳纤维布的锚固长度实测值。此外,在 400 ℃ 和 500 ℃ 高温作用下,试件 GX400-3 和 GX500-3 均发生与胶层毗邻的混凝土撕裂剥离和碳纤维布被拉断的混合破坏(破坏形式 5),说明此时碳纤维布的黏结长度刚好达到锚固长度,因此取黏结长度为 300 mm,作为 400 ℃ 时碳纤维布的锚固长度实测值;取黏结长度为 275 mm,作为 500 ℃ 时碳纤维布锚固长度的实测值。

8.2.3　锚固长度随温度变化规律

基于上述分析,得到 100 ℃,200 ℃,300 ℃,400 ℃ 和 500 ℃ 高温作用下碳纤维布的锚固长度实测值,分别为 387.5 mm,337.5 mm,312.5 mm,300 mm 和 275 mm。结合第 4 章常温下 AASCM 粘贴 0.167 mm 厚的 UT70-30 型碳纤维布的锚固长度实测值为 $L_a = 280$ mm,可将高温下碳纤维布相对锚固长度($L_{a,T}/L_a$)随温度变化规律,统一采用式(8.1)表达:

$$\frac{L_{a,T}}{L_a} = \begin{cases} 0.91 + 4.80\left(\dfrac{T}{1\ 000}\right), \\ 20\ ℃ \leqslant T \leqslant 100\ ℃, R^2 = 0.999 \\ 1.73 - 4.53\left(\dfrac{T}{1\ 000}\right) + 11.65\left(\dfrac{T}{1\ 000}\right)^2 - 11.17\left(\dfrac{T}{1\ 000}\right)^3, \\ 100\ ℃ < T \leqslant 500\ ℃, R^2 = 0.997 \end{cases} \tag{8.1}$$

式中　$L_{a,T}$——温度 T 作用下所需碳纤维布的锚固长度,mm;

　　　L_a——常温(20 ℃)所需碳纤维布的锚固长度,mm;

　　　T——经历温度,℃;

　　　R^2——表征拟合精度的相关系数。

拟合曲线与试验曲线如图 8.9 所示。

可见,100 ℃,200 ℃,300 ℃,400 ℃ 和 500 ℃ 高温作用下碳纤维布的

锚固长度均高于常温下锚固长度。

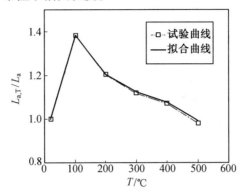

图 8.9　高温下相对锚固长度随温度变化

8.3　高温后碳纤维布黏结锚固性能的试验概况

8.3.1　试件设计

为确定高温后 AASCM 粘贴碳纤维布的有效黏结长度和锚固长度,共设计 20 个尺寸为 $b×h×l=160$ mm×160 mm×1 500 mm 的混凝土棱柱体试件,10 个用于高温后碳纤维布有效黏结长度的研究,10 个用于高温后碳纤维布锚固长度的研究。粘贴碳纤维布的混凝土棱柱体试件设计如图 8.10(a)所示。混凝土试件养护龄期为 28 d,即开始粘贴碳纤维布时的混凝土标准立方体抗压强度实测值为 31.55 MPa;双剪试验时,混凝土标准立方体抗压强度实测值为 33.70 MPa。混凝土保护层厚度为 $c=20$ mm,在混凝土棱柱体内对称配置了 4 φ12 受力钢筋和双肢φ6@150 箍筋(图 8.10(a))。为便于吊装试件,在试件上对称设置了 4 个φ6 吊环,临近吊环的混凝土尺寸为 $b×h×l=130$ mm×160 mm×50 mm,在此截面内配置双肢φ6@120 箍筋。钢筋的力学性能指标见表 8.5。

每个混凝土棱柱体可在其端部区域两侧面粘贴碳纤维布进行双剪试验,即每个混凝土棱柱体试件可粘贴两次碳纤维布作为两个双剪试件使用(每端部区域各粘贴一次。因为工作台孔深为 450 mm,该区域基本未受炉温影响)。高温后 AASCM 粘贴碳纤维布的双剪试件设计,如图 8.10(b)所示,其中 L_f 为碳纤维布的黏结长度。当考察碳纤维布的有效黏结长度时,L_f 取值范围为 200～340 mm,相邻粘贴长度相差 20 mm。当考察碳纤维布的锚固长度时,L_f取值范围为 350 ~ 500 mm,相邻粘贴长度相差 25 mm。

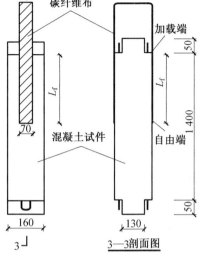

(a) 混凝土棱柱体　　　　(b) 粘贴碳纤维布的双剪试件

图 8.10　试件设计(mm)

表 8.5　钢筋的力学性能指标

钢筋类型	屈服强度 /MPa	极限强度 /MPa	弹性模量 /(10^5 MPa)
Φ 12	358.83	533.75	2.0
$\phi 6$	278.21	431.54	2.0

8.3.2　施工流程

图 8.11 为粘贴碳纤维布和喷涂防火涂料的施工流程,具体情况如下:

(1)将混凝土表面打磨平整,剔除混凝土表面疏松层,去除表层浮尘、油污等杂质;并在混凝土表面洒少量水,以保持混凝土表面湿润,避免干燥的混凝土表面汲取 AASCM 内部水分,可使混凝土与 AASCM 有较好的黏结。

(2)按需要裁剪碳纤维布,用透明胶带对双剪试件上的碳纤维布粘贴区与非粘贴区域分区(图 8.11(e)),以及在浸泡和杵捣碳纤维布时,非粘贴区域不会被胶液浸润或滚筒滚压松散。

(3)将搅拌好的 AASCM 倒入槽型容器中,在 AASCM 中浸润碳纤维布,并用平滑宽大的滚筒沿单向杵捣碳纤维布 15 min。此种施工方法的目的在于:①用 AASCM 对碳纤维布进行浸润和杵捣处理,降低胶黏剂与碳纤维布之间的过渡区孔隙率,使过渡区致密化;②杵捣可使碳纤维布变得松散,促进 AASCM 的大分子颗粒向碳纤维布内部渗透。

(a) 清理混凝土表面并保持湿润

(b) AASCM 胶液搅拌

(c) 浸润并杵捣碳纤维布

(d) 刷涂 AASCM 底胶

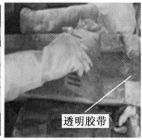
(e) 粘贴碳纤维布并用塑料刮板挤出气泡

(f) 碳纤维布外表刷涂 AASCM 面胶

(g) AASCM 养护

(h) 喷涂防火涂料

(i) 非锚固区段的防火涂料干燥

图 8.11　粘贴碳纤维布与喷涂防火涂料的施工流程

(4)在混凝土表面刷涂 2 mm 厚 AASCM 底胶,将碳纤维布受杵捣一面朝下粘贴在混凝土表面;并用塑料刮板挤出气泡,刷涂 2 mm 厚 AASCM 面胶,施工流程如图 8.11 所示。如图8.11(g)所示,待胶层终凝后,用潮湿的海绵和塑料薄膜覆盖于加固部位表面,以保证加固部位湿润。

(5)如图 8.11(h)所示,AASCM 养护龄期为 28 d 时,对碳纤维布非锚固区段喷涂厚型隧道防火涂料进行绝氧保护。首先撕下透明胶带,在碳纤维布非锚固区段临近炉口处布置钢丝网,然后在钢丝网上喷涂 5 mm 厚防火涂料,待其干燥后再涂抹 10 mm 厚防火涂料,在碳纤维布内外两侧均喷涂 15 mm 厚防火涂料;碳纤维布上的防火涂料完全干燥需 10d 左右,待防火涂料干燥后,再进行高温后黏结锚固性能试验。

8.3.3　试验方案

1.试验装置

高温后黏结锚固性能试验所需的高温试验炉以及炉体的尺寸和构造如图 8.12 所示。图 8.13 为高温后黏结锚固性能试验所需的主要设备。

(a) 高温试验炉

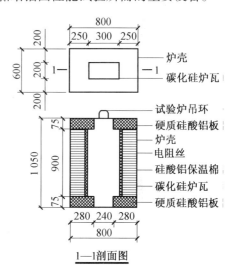

(b) 高温试验炉尺寸图

图 8.12　高温后黏结锚固性能试验用电炉

图 8.13 中,温控仪与高温试验炉和热电偶相连,向高温试验炉供电加热;而压力传感器的读数由 YE2537 程控静态应变仪采集;DH3816 静态电阻测试系统用于记录高温后双剪试件碳纤维布的应变发展情况。

(b)YE2537 程控静态应变仪

(a) 温控仪   (c)DH3816 静态电阻测试系统

图 8.13   高温后黏结锚固性能试验所用设备

2. 升降温制度

如前所述,确定高温后 AASCM 粘贴碳纤维布与混凝土间的黏结锚固性能试验的目标温度为 100 ℃,200 ℃,300 ℃,400 ℃及 500 ℃,升温速度为 4 ℃/min。当炉温达到目标温度后恒温 30 min,恒温后使试件在电炉内自然降温至 100 ℃左右,然后将高温试验炉吊走,使试件自然冷却至室温,再进行高温后 AASCM 粘贴碳纤维布与混凝土间的黏结锚固性能试验。

8.3.4   试验方法

表 8.6 为高温后考察碳纤维布有效黏结长度所用双剪试件参数。其中,GH100-1 表示 100 ℃高温后考察碳纤维布有效黏结长度的第一个双剪试件。

图 8.14 为双剪试件的吊装和升温图,图 8.15 为高温后双剪试件的应变量测和加载装置图。当按前述升温制度升温至目标温度,恒温30 min后冷却至室温,然后在高温后双剪试件的碳纤维布上布置电阻应变片,具体情况如图 8.15(a)所示,即在碳纤维布锚固区段从距离碳纤维布加载端 5 mm开始,每隔 10 mm 粘贴一个电阻应变片,远离加载端的最后 3 个电阻应变片间距均为 15 mm。

表 8.6 高温后考察碳纤维布有效黏结长度所用双剪试件参数

试件编号	碳纤维布 种类	温度 /℃	计算厚度 /mm	黏结长度 /mm	粘贴宽度 /mm
GH100-1		100		200	
GH100-2		100		220	
GH100-3		100		240	
GH100-4		100		260	
GH200-1		200		220	
GH200-2		200		240	
GH200-3		200		260	
GH200-4		200		280	
GH300-1		300		240	
GH300-2	UT70-30 型 碳纤维布	300	0.167	260	70
GH300-3		300		280	
GH300-4		300		300	
GH400-1		400		260	
GH400-2		400		280	
GH400-3		400		300	
GH400-4		400		320	
GH500-1		500		280	
GH500-2		500		300	
GH500-3		500		320	
GH500-4		500		340	

由图 8.15(b)可知,整个加载装置形成一个自平衡系统,即通过
250 kN螺旋千斤顶向直径为 160 mm 的半圆钢块施加荷载,使碳纤维布加
载端两侧同时承抗拉力,拉力通过碳纤维布加载端逐渐传递给碳纤维布锚
固区段,再通过布置在碳纤维布锚固区段的电阻应变片,量测高温后双剪
试件上碳纤维布的应变发展,以确定剪应力变化规律。

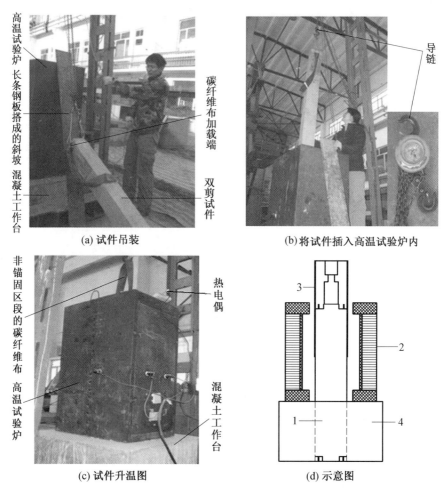

图 8.14　双剪试件的吊装和升温图

1—混凝土棱柱体;2—高温试验炉;3—碳纤维布;4—混凝土工作台

表 8.7 为考察高温后碳纤维布锚固长度的双剪试件参数。其中，GHM100-1 表示 100 ℃高温后考察碳纤维布锚固长度的第一个双剪试件。考察高温后碳纤维布锚固长度的双剪试件吊装和升温过程如图 8.14 所示,加载的具体情况如图 8.16 所示。按前述的升降温制度进行升温、恒温和冷却后进行高温后 AASCM 粘贴碳纤维布与混凝土间的黏结锚固性能试验,具体试验流程如下:

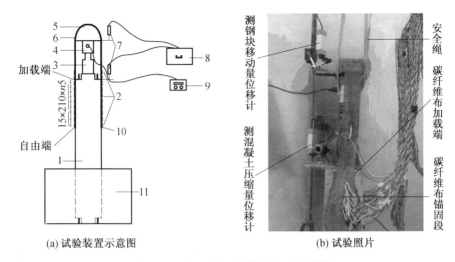

(a) 试验装置示意图	(b) 试验照片

图 8.15　高温后应变量测与加载装置图

1—混凝土棱柱体;2—电阻应变片;3—250 kN 螺旋千斤顶;4—300 kN 压力传感器;
5—直径为 160 mm 的半圆钢块;6—碳纤维布;7—位移计;8—DH3816 静态电阻测试系统;
9—YE2537 程控静态应变仪;10—碱矿渣胶凝材料;11—混凝土工作台

表 8.7　高温后考察碳纤维布锚固长度所用双剪试件参数

试件编号	碳纤维布种类	温度 /℃	计算厚度 /mm	黏结长度 /mm	粘贴宽度 /mm
GHM100-1		100		425	
GHM100-2		100		450	
GHM100-3		100		475	
GHM100-4		100		500	
GHM200-1		200		425	
GHM200-2		200		450	
GHM200-3	UT70-30 型碳纤维布	200	0.167	475	70
GHM200-4		200		500	
GHM300-1		300		400	
GHM300-2		300		425	
GHM300-3		300		450	
GHM300-4		300		475	
GHM400-1		400		375	
GHM400-2		400		400	

续表8.7

试件编号	碳纤维布种类	温度/℃	计算厚度/mm	黏结长度/mm	粘贴宽度/mm
GHM400-3	UT70-30型碳纤维布	400	0.167	425	70
GHM400-4		400		450	
GHM500-1		500		350	
GHM500-2		500		375	
GHM500-3		500		400	
GHM500-4		500		425	

(1)将高温试验炉放置在混凝土工作台上,在高温试验炉的侧面用长条钢板搭成斜坡,再用导链(图8.14(b))将双剪试件沿长条钢板缓慢吊起,然后将双剪试件插入高温试验炉和混凝土工作台的方形孔内。

(2)如图8.16(b)所示,将250 kN螺旋千斤顶放置在双剪试件的顶面,再将300 kN压力传感器安放在千斤顶上,半圆钢块放置在压力传感器上;为防止碳纤维布剥离时双剪试件失稳,导致压力传感器和半圆钢块滑落,在进行双剪试验前,应在压力传感器和半圆钢块上绑扎安全绳。

(3)调整好螺旋千斤顶、压力传感器和半圆钢块的位置,使三者严格对中,再进行高温后黏结锚固性能试验。

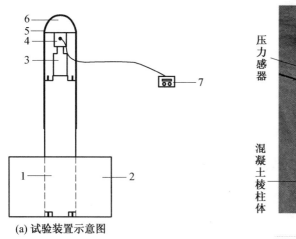
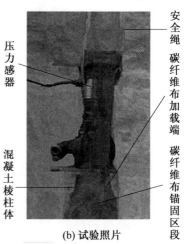

(a) 试验装置示意图　　　　(b) 试验照片

图8.16　高温后黏结锚固性能试验加载图

1—混凝土棱柱体;2—高温试验炉;3—250 kN螺旋千斤顶;4—300 kN压力传感器;
5—碳纤维布;6—直径为160 mm的半圆钢块;7—YE2537程控静态应变仪

8.4 高温后碳纤维布黏结锚固性能的试验结果及分析

8.4.1 试件破坏形态

1. 高温后考察碳纤维布有效黏结长度所用双剪试件的破坏形态

图 8.17 和图 8.18 分别为高温后考察碳纤维布有效黏结长度和锚固长度所用双剪试件的破坏形态。由图 8.17 和图 8.18 可以看出,双剪试件的破坏形式,仍可分为以下 6 种:①破坏形式 1:与胶层毗邻的混凝土撕裂剥离;②破坏形式 2:胶层内部发生面内滑脱导致的剥离破坏;③破坏形式 3:纤维布被拉断;④破坏形式 4:混凝土撕裂剥离与胶层面内滑脱同时发生;⑤破坏形式 5:混凝土撕裂剥离与纤维布被拉断同时发生;⑥破坏形式 6:混凝土撕裂剥离与胶层面内滑脱的同时,纤维布被拉断。

为考察高温后碳纤维布的有效黏结长度,在 160 mm × 160 mm × 1 500 mm 混凝土棱柱体两对面各粘贴宽 70 mm,长 200 mm 至 340 mm,相邻试件粘贴长度相差 20 mm 的碳纤维布条带的 20 个双剪试件的破坏形态,如图 8.17 所示。目标温度为 100 ℃,200 ℃,300 ℃,400 ℃和 500 ℃。

如图 8.17 所示,试件 GH100-1,GH100-3,GH200-1,GH200-2,GH200-4,GH300-1,GH300-2,GH400-1,GH400-2,GH400-4,GH500-1,GH500-2,GH500-3 和 GH500-4,均发生与胶层毗邻的混凝土撕裂剥离的破坏(破坏形式 1),当加载至极限荷载 P_u 的 70% ~ 80% 时,有明显的响声,但一般并不连续;当加载至 90% P_u 左右时,加载端绕过半圆钢块的碳纤维布一缕缕呈绦状被绷紧,并明显被伸长,同时伴有噼啪的响声;当加载至极限荷载 P_u 时,伴随着一声巨响,碳纤维布锚固端沿纵向突然撕脱,与胶层毗邻的混凝土撕裂剥离,混凝土被撕下一层。试件 GH100-2,GH100-4,GH200-3,GH300-3,GH300-4 和 GH400-3,均发生与胶层毗邻的混凝土撕裂剥离和胶层内部发生面内滑脱的混合破坏(破坏形式 4)。

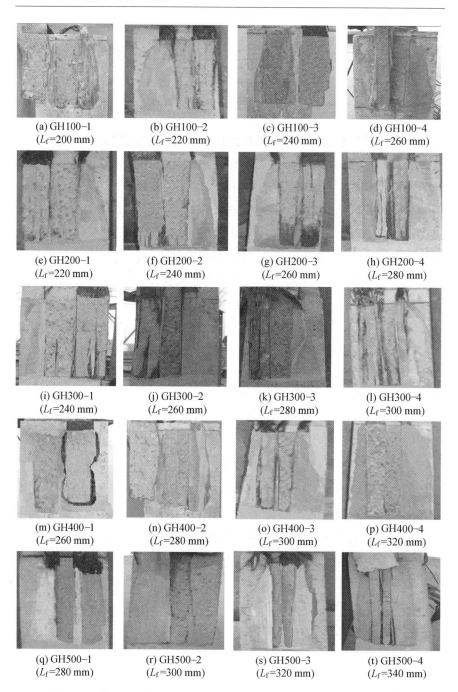

(a) GH100-1 (L_f=200 mm)   (b) GH100-2 (L_f=220 mm)   (c) GH100-3 (L_f=240 mm)   (d) GH100-4 (L_f=260 mm)

(e) GH200-1 (L_f=220 mm)   (f) GH200-2 (L_f=240 mm)   (g) GH200-3 (L_f=260 mm)   (h) GH200-4 (L_f=280 mm)

(i) GH300-1 (L_f=240 mm)   (j) GH300-2 (L_f=260 mm)   (k) GH300-3 (L_f=280 mm)   (l) GH300-4 (L_f=300 mm)

(m) GH400-1 (L_f=260 mm)   (n) GH400-2 (L_f=280 mm)   (o) GH400-3 (L_f=300 mm)   (p) GH400-4 (L_f=320 mm)

(q) GH500-1 (L_f=280 mm)   (r) GH500-2 (L_f=300 mm)   (s) GH500-3 (L_f=320 mm)   (t) GH500-4 (L_f=340 mm)

图 8.17 高温后考察碳纤维布有效黏结长度所用双剪试件的破坏形态

2. 高温后考察碳纤维布锚固长度所用双剪试件的破坏形态

为考察高温后用 AASCM 为胶黏剂和密封绝氧层时碳纤维的锚固长度,在 160 mm×160 mm×1 500 mm 混凝土棱柱体两对面各粘贴宽 70 mm,长 350 mm 至 500 mm,相邻试件粘贴长度相差 25 mm 的碳纤维布条带的 20 个双剪试件的破坏形态,如图 8.18 所示。目标温度为100 ℃,200 ℃,300 ℃,400 ℃ 和 500 ℃。

如图 8.18 所示,试件 GHM100-1,GHM200-1,GHM300-1,GHM400-1 和 GHM500-1,均发生与胶层毗邻的混凝土整体撕裂剥离的破坏(破坏形式 1)。在加载过程中,有大小不等的声响出现,当加载至极限荷载 P_u 时,伴随着一声巨响,碳纤维布锚固段沿纵向突然撕脱,与胶层毗邻的混凝土整体撕裂剥离,混凝土被撕下一层。部分试件碳纤维布撕下 2~5 mm 厚的混凝土(图 8.18(a)),说明 AASCM 黏结效果良好,属于“成功”的剥离破坏形式。试件发生与胶层毗邻的混凝土整体撕裂剥离破坏的主要原因在于:当胶层强度高于混凝土强度,但碳纤维布锚固长度不足时,黏结界面的承载力不足以承担由碳纤维布加载端传递给碳纤维布锚固段持续增加的外荷载,说明碳纤维布的黏结长度不满足锚固长度要求。试件 GHM100-2,GHM100-3,GHM200-2,GHM300-2,GHM400-2,GHM400-3 和 GHM500-2,均发生与胶层毗邻的混凝土撕裂剥离和胶层内部发生面内滑脱的混合破坏(破坏形式 4)。试件 GHM200-3,GHM300-3 和 GHM500-3,均发生与胶层毗邻的混凝土撕裂剥离和碳纤维布被拉断的混合破坏(破坏形式 5)。试件发生碳纤维布被拉断的同时与胶层毗邻的混凝土被撕脱时的碳纤维布的黏结长度,即为碳纤维布锚固长度。试验结果表明,经 200 ℃,300 ℃ 和 500 ℃ 高温作用后,用 AASCM 在混凝土棱柱体两侧面粘贴 0.167 mm厚 UT70-30 型碳纤维布的黏结长度分别为475 mm,450 mm 和 400 mm,可相应作为 200 ℃,300 ℃ 和 500 ℃ 高温后碳纤维布锚固长度的实测值。试件 GHM100-4,GHM200-4,GHM300-4,GHM400-4 和 GHM500-4,均发生碳纤维布被拉断的破坏(破坏形式 3),其破坏过程大致为:当加载至(70% ~80%)P_u左右时,听到明显的响声,声响最初是由胶黏剂与混凝土侧表面发生剪切错动趋势引起的,后期声响是由于继续加荷时

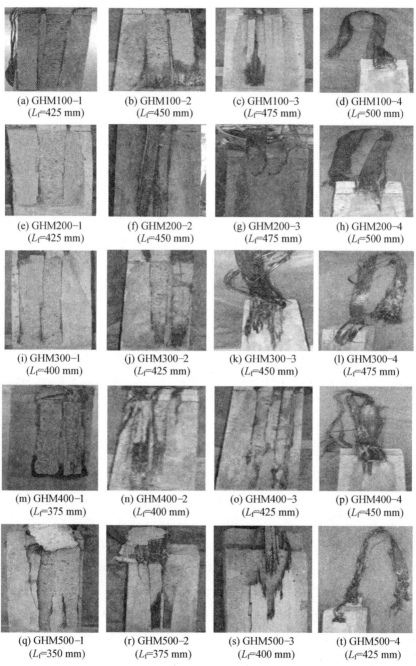

(a) GHM100−1
(L_f=425 mm)

(b) GHM100−2
(L_f=450 mm)

(c) GHM100−3
(L_f=475 mm)

(d) GHM100−4
(L_f=500 mm)

(e) GHM200−1
(L_f=425 mm)

(f) GHM200−2
(L_f=450 mm)

(g) GHM200−3
(L_f=475 mm)

(h) GHM200−4
(L_f=500 mm)

(i) GHM300−1
(L_f=400 mm)

(j) GHM300−2
(L_f=425 mm)

(k) GHM300−3
(L_f=450 mm)

(l) GHM300−4
(L_f=475 mm)

(m) GHM400−1
(L_f=375 mm)

(n) GHM400−2
(L_f=400 mm)

(o) GHM400−3
(L_f=425 mm)

(p) GHM400−4
(L_f=450 mm)

(q) GHM500−1
(L_f=350 mm)

(r) GHM500−2
(L_f=375 mm)

(s) GHM500−3
(L_f=400 mm)

(t) GHM500−4
(L_f=425 mm)

图 8.18　高温后考察碳纤维布锚固长度所用双剪试件的破坏形态

碳纤维布单丝断裂引起的。当加载至极限荷载 P_u 时,碳纤维布被拉断,断面形状呈锯齿状,断面位置多出现在碳纤维布非锚固区段(图 8.18(t)),说明碳纤维布的黏结长度已超过了碳纤维布的锚固长度,满足碳纤维布锚固要求。

对比分析可知,高温后双剪试件的破坏形态与常温下的破坏形态基本相同(图 8.19),但 AASCM 和剥下的混凝土颜色明显变浅,高温后混凝土的剥离面积比常温下有所增加。与高温下双剪试件破坏形态相比,在相同温度时高温后混凝土的剥离面积比高温下的有所增加(图 8.8),由图 8.8、图 8.17 和图 8.18 可以看出,在高温下和高温后 AASCM 对碳纤维布起到了绝氧保护作用,避免了碳纤维丝被氧化。

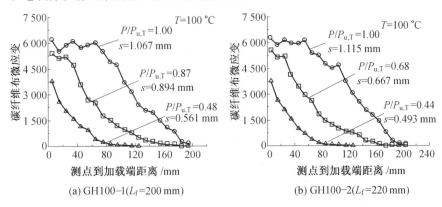

(a) GH100-1(L_f=200 mm)　　　　(b) GH100-2(L_f=220 mm)

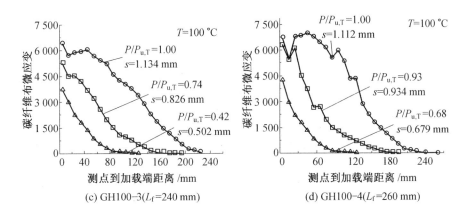

(c) GH100-3(L_f=240 mm)　　　　(d) GH100-4(L_f=260 mm)

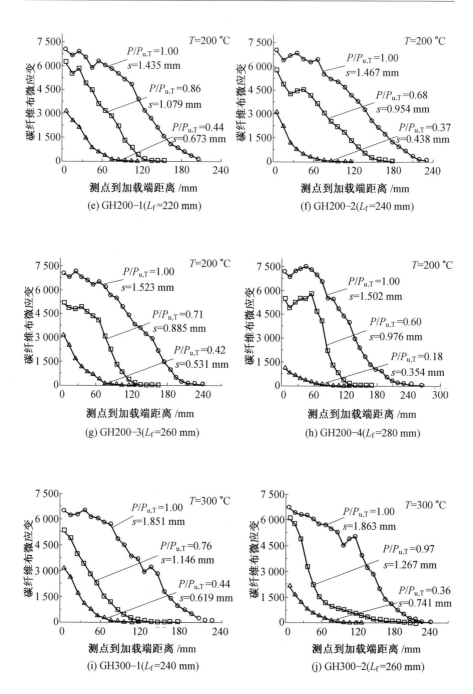

(e) GH200-1(L_f=220 mm)

(f) GH200-2(L_f=240 mm)

(g) GH200-3(L_f=260 mm)

(h) GH200-4(L_f=280 mm)

(i) GH300-1(L_f=240 mm)

(j) GH300-2(L_f=260 mm)

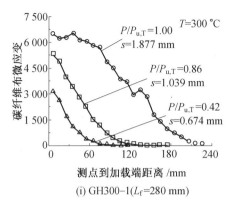

(i) GH300-1(L_f=280 mm)

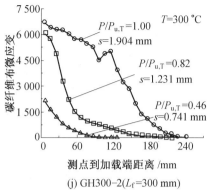

(j) GH300-2(L_f=300 mm)

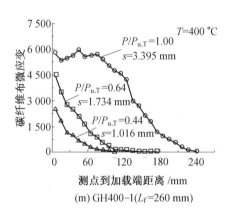

(m) GH400-1(L_f=260 mm)

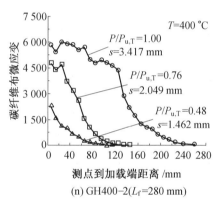

(n) GH400-2(L_f=280 mm)

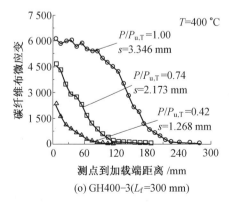

(o) GH400-3(L_f=300 mm)

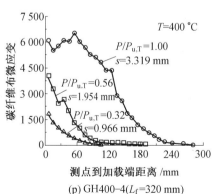

(p) GH400-4(L_f=320 mm)

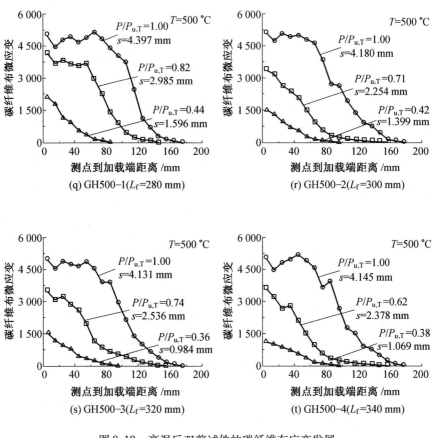

图 8.19　高温后双剪试件的碳纤维布应变发展

8.4.2　试验结果

1. 高温后碳纤维布有效黏结长度的试验结果

表 8.8 为考察高温后碳纤维布有效黏结长度的双剪试验结果。表中剪切强度是指双剪试件发生与胶层毗邻的混凝土撕裂剥离破坏时的剪应力,也可以是胶层发生面内滑脱时的剪应力,还可以是同时发生混凝土撕裂剥离和胶层面内滑脱破坏时的剪应力。由表 8.8 可以看出,相同温度时,随着试件碳纤维布黏结长度的增加,破坏荷载有所增加,但剪切强度或逐渐减少,混凝土剥离面积比也逐渐减小。这说明随着碳纤维布黏结长度的增加,实际参与受力的碳纤维布锚固长度趋于定值。

表 8.8　高温后考察碳纤维布有效黏结长度的试验结果

试件编号	温度/℃	黏结长度/mm	破坏形式	总极限荷载/kN	混凝土剥离面积比/%	剪切强度/MPa
GH100-1	100	200	破坏形式 1	21.64	85	0.77
GH100-2	100	220	破坏形式 4	22.39	70	0.73
GH100-3	100	240	破坏形式 1	23.17	80	0.69
GH100-4	100	260	破坏形式 4	23.21	45	0.64
GH200-1	200	220	破坏形式 1	20.37	95	0.66
GH200-2	200	240	破坏形式 1	21.19	90	0.63
GH200-3	200	260	破坏形式 4	22.15	65	0.61
GH200-4	200	280	破坏形式 1	22.19	35	0.57
GH300-1	300	240	破坏形式 1	23.54	95	0.70
GH300-2	300	260	破坏形式 1	23.57	70	0.65
GH300-3	300	280	破坏形式 4	23.58	55	0.60
GH300-4	300	300	破坏形式 4	23.60	30	0.56
GH400-1	400	260	破坏形式 1	18.05	85	0.50
GH400-2	400	280	破坏形式 1	18.21	90	0.46
GH400-3	400	300	破坏形式 4	18.86	55	0.45
GH400-4	400	320	破坏形式 1	18.89	60	0.42
GH500-1	500	280	破坏形式 1	17.11	75	0.43
GH500-2	500	300	破坏形式 1	17.72	80	0.42
GH500-3	500	320	破坏形式 1	17.75	30	0.40
GH500-4	500	340	破坏形式 1	17.78	15	0.37

　　图 8.19 为双剪试件的应变发展情况。图中,P 为高温后碳纤维布加载端承受的总荷载;$P_{u,T}$ 为总极限承载力;s 为碳纤维布加载端滑移量,测点应变为双剪试件两侧相同位置量测点读数平均值。由图 8.19 可以看出,在加载初期,只有加载端附近的碳纤维布承受荷载,随着荷载的增大,参与受力的碳纤维布长度增加。当参与受力的碳纤维布长度达到一定数值时,破坏荷载增加不大,碳纤维布锚固段远离加载端的拉应变趋近于零。

由表 8.8 和图 8.19 可以看出,同一目标温度下,当所施加的荷载 P 小于 60% 的极限荷载 $P_{u,T}$ 时,在距加载端距离大于 50% 的有效黏结长度 $L_{e,T}$ 处,碳纤维布的拉应变趋近于零。其主要原因在于:外荷载较小时,碳纤维布所承受的荷载也较小,且集中于加载端附近;当外荷载较大时,参与受力的碳纤维布长度随荷载增大而有所增加,在最初粘贴区域内应力分布变得越来越均匀。值得注意的是,当达到极限荷载 $P_{u,T}$ 时,碳纤维布锚固区段较大范围内的应变仍然非常小,这进一步验证了有效黏结长度的概念。

由图 8.19 可知,经 100 ℃,200 ℃,300 ℃,400 ℃和 500 ℃高温后,碳纤维布的黏结长度分别在 240 mm,260 mm,240 mm,280 mm 和 170 mm 左右时,碳纤维布锚固区段承受的拉应变趋近于零。因此,可以确定经 100 ℃,200 ℃,300 ℃,400 ℃和 500 ℃高温作用后,碳纤维布的有效黏结长度 $L_{e,T}$ 实测值分别为 240 mm,260 mm,240 mm,280 mm 和 170 mm。

通过对比分析可知,500 ℃高温后的有效黏结长度实测值比 100 ~ 400 ℃高温后的有效黏结长度实测值有明显下降。与常温下碳纤维布有效黏结长度实测值(即 220 mm)相比,100 ~ 400 ℃高温后的有效黏结长度实测值更高。

2. 高温后碳纤维布锚固长度的试验结果

表 8.9 为考察高温后碳纤维布锚固长度的双剪试验结果。

表 8.9 高温后考察碳纤维布锚固长度的试验结果

试件编号	温度/℃	黏结长度/mm	破坏形式	总极限荷载/kN	混凝土剥离面积比/%	平均剪切强度或平均黏结应力/MPa
GHM100-1	100	425	破坏形式1	22.51	85	0.38
GHM100-2	100	450	破坏形式4	22.91	70	0.36
GHM100-3	100	475	破坏形式4	23.25	15	0.35
GHM100-4	100	500	破坏形式3	23.43	—	0.33
GHM200-1	200	425	破坏形式1	21.88	95	0.37
GHM200-2	200	450	破坏形式4	21.92	50	0.35
GHM200-3	200	475	破坏形式5	21.98	25	0.33
GHM200-4	200	500	破坏形式3	22.07	—	0.32
GHM300-1	300	400	破坏形式1	23.74	85	0.42
GHM300-2	300	425	破坏形式4	23.81	70	0.40

续表 8.9

试件编号	温度/℃	黏结长度/mm	破坏形式	总极限荷载/kN	混凝土剥离面积比/%	平均剪切强度或平均黏结应力/MPa
GHM300-3	300	450	破坏形式 5	23.92	20	0.38
GHM300-4	300	475	破坏形式 3	23.95	——	0.36
GHM400-1	400	375	破坏形式 1	18.92	95	0.36
GHM400-2	400	400	破坏形式 4	18.96	30	0.34
GHM400-3	400	425	破坏形式 4	19.04	20	0.32
GHM400-4	400	450	破坏形式 3	19.11	——	0.30
GHM500-1	500	350	破坏形式 1	17.81	80	0.36
GHM500-2	500	375	破坏形式 4	17.86	30	0.34
GHM500-3	500	400	破坏形式 5	17.93	45	0.32
GHM500-4	500	425	破坏形式 3	17.97	——	0.30

表 8.9 中剪切强度是指双剪试件发生与胶层毗邻的混凝土撕裂剥离破坏或混凝土撕裂剥离与胶层面内滑脱混合破坏对应的破坏应力。黏结应力是指双剪试验时碳纤维布被拉断而未发生黏结破坏时锚固段的剪应力。由表 8.9 和图 8.18 可知,当碳纤维布黏结长度较短,即碳纤维布的锚固长度不足时,碳纤维布与混凝土间易发生与胶层毗邻的混凝土撕裂剥离的破坏(破坏形式 1)。当发生与胶层毗邻的混凝土撕裂剥离和碳纤维布被拉断的混合破坏(破坏形式 5)时,说明碳纤维布的黏结长度刚好达到锚固长度。当继续增大碳纤维布黏结长度时,将呈现碳纤维布被拉断的破坏(破坏形式 3),说明此时碳纤维布的黏结长度 L_f 已超过锚固长度 $L'_{a,T}$。

由表 8.9 可知,100 ℃高温后,试件 GHM100-3 碳纤维布的黏结长度为 475 mm 时,发生与胶层毗邻的混凝土撕裂剥离和胶层内部发生面内滑脱的混合破坏(破坏形式 4);试件 GHM100-4 的黏结长度为 500 mm 时,发生碳纤维布被拉断的破坏形式 3,说明碳纤维布黏结长度为 475 ~ 500 mm 时,将发生与胶层毗邻的混凝土撕裂剥离和碳纤维布被拉断的混合破坏(破坏形式 5),即碳纤维布黏结长度刚好达到锚固长度的时刻。但由于二者黏结长度差距较小,捕捉此时刻有一定难度。因此,近似取碳纤维布黏结长度 475 mm 和 500 mm 的平均值 487.5 mm,作为 100 ℃高温后碳纤维布的锚固长度实测值。同理,近似取碳纤维布的黏结长度 425 mm

（试件 GHM400-3）和450 mm（试件 GHM400-4）的平均值437.5 mm，作为400 ℃高温后碳纤维布的锚固长度实测值。此外，200 ℃,300 ℃和500 ℃高温后试件 GHM200-3,GHM300-3 和 GHM500-3 均发生与胶层毗邻的混凝土撕裂剥离和碳纤维布被拉断的混合破坏（破坏形式5），说明此时碳纤维布的黏结长度刚好达到锚固长度，因此分别取黏结长度475 mm,450 mm 和 400 mm，作为 200 ℃,300 ℃和500 ℃高温后碳纤维布的锚固长度实测值。

8.4.3　高温后碳纤维布有效黏结长度计算公式

如前所述，拟参考袁洪建议的有效黏结长度 L_e 计算模型，得到常温下用环氧树脂胶粘贴碳纤维布的有效黏结长度计算公式，即

$$L_e = \frac{1.6E_f t_f b_f s_f}{P_u} \tag{8.2}$$

式中　τ_f——黏结应力-滑移曲线上的最大剪应力，MPa；

　　　s_1——最大剪应力 τ_f 对应的滑移量，mm；

　　　s_f——破坏时碳纤维布加载端的最大滑移量，mm；

　　　E_f——碳纤维布的弹性模量，MPa；

　　　t_f——碳纤维布的计算厚度，mm；

　　　b_f——碳纤维布的宽度，mm；

　　　P_u——总破坏荷载，kN。

基于断裂力学分析，袁洪等认为当混凝土断裂破坏时，双折线型的黏结应力-滑移关系曲线与实际情况最为接近，可用如图 8.20 所示的三角形模型表示。

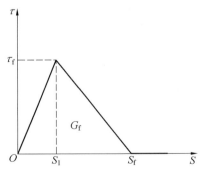

图 8.20　碳纤维布与混凝土界面的黏结应力-滑移模型

由图 8.20 所示的黏结应力-滑移曲线的面积，得到常温下断裂能 G_f 的

表达式为

$$G_f = \frac{1}{2}\tau_f s_f \qquad (8.3)$$

式中 G_f——界面断裂能,N/mm;

τ_f——黏结应力-滑移曲线上的最大剪应力,MPa;

s_f——破坏时碳纤维布加载端的最大滑移量,mm。

由式(8.2)和式(8.3)联立,可得常温下环氧树脂胶粘贴碳纤维布的有效黏结长度 L_e 与界面断裂能 G_f 的关系表达式为

$$L_e = \frac{3.2E_f t_f b_f G_f}{P_u \tau_f} \qquad (8.4)$$

香港理工大学的滕锦光等进行了环氧树脂胶粘贴碳纤维布与混凝土间的高温后黏结锚固性能试验研究,基于断裂力学分析,提出了高温后碳纤维布与混凝土间的界面断裂能 $G_{f,T}$ 的表达式为

$$G_{f,T} = \frac{\left[P_{u,T} + \dfrac{\tau_f b_f}{\lambda_1^2 s_1}(\alpha_f - \alpha_c)\Delta T \right]^2}{2b_f^2 E_f t_f} \qquad (8.5)$$

式(8.5)中 τ_f 的表达式为

$$\tau_f = \frac{P_{u,T}^2}{E_f t_f b_f^2 s_f} \qquad (8.6)$$

式中 $G_{f,T}$——高温后碳纤维布与混凝土间的界面断裂能,N/mm;

$P_{u,T}$——破坏荷载,kN;

τ_f——黏结-滑移曲线上的最大剪应力,MPa;

s_1——最大剪应力 τ_f 对应的滑移,mm;

α_f——碳纤维布的热膨胀系数,℃$^{-1}$;

α_c——混凝土的热膨胀系数,℃$^{-1}$;

E_f——碳纤维布的弹性模量,MPa;

t_f——碳纤维布的计算厚度,mm;

b_f——碳纤维布的宽度,mm;

s_f——破坏时碳纤维布加载端的最大滑移量,mm;

ΔT——取 $\Delta T = T_2 - T_1$,其中 $T_1 = 20$ ℃,T_2 代表各目标温度,℃。

式(8.5)中 λ_1 的表达式为

$$\lambda_1^2 = \frac{\tau_f}{s_1 E_f t_f}(1 + \alpha_Y) \qquad (8.7)$$

$$\alpha_Y = \frac{b_f E_f t_f}{b_c E_c t_c} \tag{8.8}$$

式中　s_1——最大剪应力 τ_f 对应的滑移，mm；

　　　E_c——混凝土的弹性模量，MPa；

　　　t_c——混凝土棱柱体的厚度，mm；

　　　t_c——混凝土棱柱体的宽度，mm；

　　　α_Y——碳纤维布与混凝土搭接接头的刚度比。

将式(8.6)，(8.7)和 $\alpha_Y \approx 0$ 代入式(8.5)，可得到高温后环氧树脂胶粘贴碳纤维布的界面断裂能与破坏荷载 $P_{u,T}$ 的关系表达式为

$$G_{f,T} = \frac{\left[P_{u,T} + E_f t_f b_f (\alpha_f - \alpha_c)\Delta T\right]^2}{2b_f^2 E_f t_f} \tag{8.9}$$

再将 G_f 替代成 $G_{f,T}$，并由式(8.4)、(8.6)和(8.9)联立，得到高温后环氧树脂胶粘贴碳纤维布的有效黏结长度 $L_{e,T}$ 的表达式为

$$L_{e,T} = \frac{1.6 E_f t_f b_f s_f}{P_{u,T}^3}\left[P_{u,T} + E_f t_f b_f (\alpha_f - \alpha_c)\Delta T\right]^2 \tag{8.10}$$

由表8.8和图8.19的试验结果，确定了经100 ℃,200 ℃,300 ℃,400 ℃和500 ℃高温作用后，AASCM 粘贴0.167 mm 厚的 UT70-30 型碳纤维布的有效黏结长度 $L_{e,T}$ 实测值，分别为240 mm,260 mm,240 mm,280 mm 和 170 mm；并已知 UT70-30 型碳纤维布弹性模量 E_f 为24.4×10⁴ MPa，计算厚度 t_f 为 0.167 mm，粘贴宽度 b_f 为 70 mm，混凝土的热膨胀系数取为8.5×10⁻⁶℃⁻¹，碳纤维布的热膨胀系数取为0.1×10⁻⁶℃⁻¹，再结合试验得到的总破坏荷载 $P_{u,T}$ 和破坏时碳纤维布加载端的最大滑移量 s（图8.19），并在式(8.10)的基础上，拟合得到高温后用 AASCM 粘贴碳纤维布与混凝土间的有效黏结长度 $L_{e,T}$ 表达式为

$$L_{e,T} = \frac{2.11 E_f t_f b_f s_f}{P_{u,T}^3}\left[P_{u,T} + E_f t_f b_f (\alpha_f - \alpha_c)\Delta T\right]^2 \tag{8.11}$$

由式(8.11)得到高温后有效黏结长度 $L_{e,T}$ 的拟合曲线与试验曲线如图8.21所示，二者吻合较好。将粘贴长度范围为 200~340 mm 的双剪试件GH100-3,GH100-4,GH200-3,GH200-4,GH300-1,GH300-2,GH300-3,GH300-4,GH400-2,GH400-3,GH400-4,GH500-1,GH500-2,GH500-3和 GH500-4 的碳纤维布弹性模量 E_f、计算厚度 t_f、粘贴宽度 b_f、混凝土的热膨胀系数 α_c、碳纤维布的热膨胀系数 α_f、加载端最大滑移量 s_f 和破坏荷载 $P_{u,T}$ 代入式(8.11)，得到用 AASCM 粘贴碳纤维布与混凝土间的有效黏

结长度计算值 $L_{e,T}^c$，与试验值 $L_{e,T}^t$ 进行比较的结果见表 8.10，$L_{e,T}^c/L_{e,T}^t$ 平均值 $\bar{x}=1.016\,0$，标准差 $\sigma=0.013\,5$，变异系数 $\delta=0.013\,3$。可见，碳纤维布有效黏结长度的计算值与试验值吻合较好。

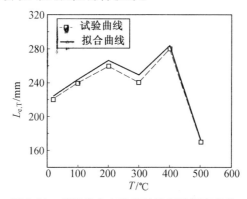

图 8.21　碳纤维布有效黏结长度随温度变化

表 8.10　高温后碳纤维布有效黏结长度计算值与试验值的比较

试件编号	碳纤维布					破坏荷载/kN	有效黏结长度/mm		
	温度/℃	弹性模量/GPa	计算厚度/mm	粘贴宽度/mm	加载端最大滑移量/mm		计算值 ($L_{e,T}^c$)	试验值 ($L_{e,T}^t$)	$\dfrac{L_{e,T}^c}{L_{e,T}^t}$
GH100-3	100				1.134	23.17	247	240	1.03
GH100-4	100				1.112	23.21	242		1.01
GH200-3	200				1.523	22.15	268	260	1.03
GH200-4	200				1.502	22.19	264		1.02
GH300-1	300				1.851	23.54	241	240	1.00
GH300-2	300				1.863	23.57	243		1.01
GH300-3	300				1.877	23.58	245		1.02
GH300-4	300	244	0.167	70	1.904	23.60	248		1.03
GH400-2	400				3.417	18.21	282	280	1.01
GH400-3	400				3.446	18.86	286		1.02
GH400-4	400				3.459	18.89	284		1.01
GH500-1	500				4.397	17.11	167	170	0.98
GH500-2	500				4.180	17.72	174		1.02
GH500-3	500				4.131	17.75	173		1.02
GH500-4	500				4.145	17.78	175		1.03

基于上述分析，得到 100 ℃，200 ℃，300 ℃，400 ℃和 500 ℃高温后碳纤维布的有效黏结长度实测值，分别为 240 mm，260 mm，240 mm，280 mm

和 170 mm。结合常温下 AASCM 粘贴 0.167 mm 厚的 UT70-30 型碳纤维布的有效黏结长度实测值 $L_e = 220$ mm,可将高温后碳纤维布相对有效黏结长度($L_{e,T}/L_e$)随温度变化规律,统一采用式(8.12)表达,拟合曲线与试验曲线如图 8.22 所示。

$$\frac{L_{e,T}}{L_e} = \begin{cases} 0.45 + 0.72\left(\dfrac{T}{1\ 000}\right), & 20\ ℃ \leqslant T \leqslant 400\ ℃, R^2 = 0.968 \\ 2.27 - 5.00\left(\dfrac{T}{1\ 000}\right), & 400\ ℃ < T \leqslant 500\ ℃, R^2 = 0.999 \end{cases} \tag{8.12}$$

式中　$L_{e,T}$——温度 T 作用后所需碳纤维布的有效黏结长度,mm;

　　　L_e——常温(20 ℃)所需碳纤维布的有效黏结长度,mm;

　　　T——经历温度,℃;

　　　R^2——表征拟合精度的相关系数。

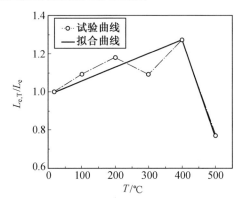

图 8.22　高温后相对有效黏结长度随温度变化

由图 8.22 可知,在 20~200 ℃ 及 300~400 ℃ 高温后,碳纤维布的相对有效黏结长度随温度升高而增加;在 200~300 ℃ 和 400~500 ℃ 高温后,相对有效黏结长度随温度的升高而降低,但 20~400 ℃ 高温后相对有效黏结长度仍大于 1,说明经 20~400 ℃ 高温后有效黏结长度比常温下的有效黏结长度稍长;在 400~500 ℃ 高温后,碳纤维布有效黏结长度随混凝土强度的降低而明显下降,低于常温下有效黏结长度。由式(8.12)可知,20~400 ℃ 和 400~500 ℃ 高温后的相对有效黏结长度基本均呈直线形式变化。由图 8.22 可知,拟合曲线与试验曲线基本吻合。

8.4.4　高温后碳纤维布锚固长度随温度变化规律

基于上述分析,得到 100 ℃,200 ℃,300 ℃,400 ℃ 和 500 ℃ 高温后碳

纤维布的锚固长度实测值,分别为 487.5 mm,475 mm,450 mm,437.5 mm 和 400 mm。结合常温下 AASCM 粘贴 0.167 mm 厚的 UT70-30 型碳纤维布的锚固长度实测值 $L_a = 280$ mm,可将高温后碳纤维布相对锚固长度($L'_{a,T}/L_a$)随温度变化规律,统一采用式(8.13)表达,拟合曲线与试验曲线如图8.23 所示。

$$\frac{L'_{a,T}}{L_a} = \begin{cases} 0.82 + 9.26\left(\dfrac{T}{1\,000}\right), & 20\ ℃ \leqslant T \leqslant 100\ ℃,\ R^2 = 0.999 \\ 1.83 - 1.09\left(\dfrac{T}{1\,000}\right), & 100\ ℃ < T \leqslant 500\ ℃,\ R^2 = 0.988 \end{cases} \tag{8.13}$$

式中　$L'_{a,T}$——温度 T 作用后所需碳纤维布的锚固长度,mm;

　　　L_a——常温(20 ℃)所需碳纤维布的锚固长度,mm;

　　　T——经历温度,℃;

　　　R^2——表征拟合精度的相关系数。

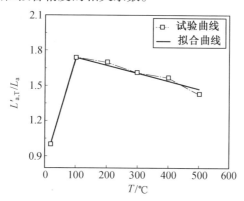

图 8.23　高温后相对锚固长度随温度变化

由图 8.23 可知,在 20 ~ 100 ℃高温后,碳纤维布的相对锚固长度随温度升高而增加;在 100 ~ 500 ℃高温后,相对锚固长度随温度的升高而明显降低,但仍大于1,说明高温后碳纤维布锚固长度大于常温下碳纤维布的锚固长度。由式(8.13)可知,在 20 ~ 100 ℃高温后,相对锚固长度呈直线形式增长,在 100 ~ 500 ℃高温后,相对锚固长度呈直线形式逐渐下降。由图 8.23 可以看出,拟合曲线与试验曲线吻合较好。

综上可知,100 ℃,200 ℃,300 ℃,400 ℃和 500 ℃高温作用下碳纤维布的锚固长度实测值,分别为 387.5 mm,337.5 mm,312.5 mm,300 mm 和 275 mm;经 100 ℃,200 ℃,300 ℃,400 ℃和 500 ℃高温后碳纤维布的锚固长度实测值,分别为 487.5 mm,475 mm,450 mm,437.5 mm 和 400 mm。结

合第 4 章常温下 AASCM 粘贴 0.167 mm 厚的 UT70-30 型碳纤维布的锚固长度实测值为 $L_a = 280$ mm,得到高温下相对锚固长度($L_{a,T}/L_a$)和高温后相对锚固长度($L'_{a,T}/L_a$)随温度变化关系,如图 8.24(a)所示。此外,将高温下与高温后碳纤维布锚固长度相对值($L'_{a,T}/L_{a,T}$)随温度变化规律,统一采用式(8.14)表达,拟合曲线与试验曲线如图 8.24(b)所示。

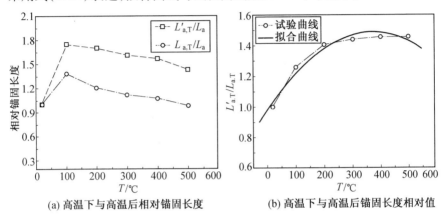

(a) 高温下与高温后相对锚固长度　　　(b) 高温下与高温后锚固长度相对值

图 8.24　相对锚固长度随温度变化

$$\frac{L'_{a,T}}{L_{a,T}} = 0.98 + 2.73\left(\frac{T}{1\,000}\right) - 3.66\left(\frac{T}{1\,000}\right)^2,\ 20\ ℃ \leqslant T \leqslant 500\ ℃,\ R^2 = 0.964$$

(8.14)

式中　$L'_{a,T}$——温度 T 作用后所需碳纤维布的锚固长度,mm;

　　　$L_{a,T}$——温度 T 作用下所需碳纤维布的锚固长度,mm;

　　　T——经历温度,℃;

　　　R^2——表征拟合精度的相关系数。

由图 8.24 可知,100～500 ℃高温后碳纤维布的锚固长度高于 100～500 ℃高温下碳纤维布的锚固长度,且高温下与高温后碳纤维布的锚固长度均高于常温下锚固长度。

8.4.5　高温后界面黏结应力-滑移关系

试验记录了 20 个高温后用 AASCM 粘贴 0.167 mm 厚的 UT70-30 型碳纤维布的双剪试件碳纤维布加载端两侧所承担的荷载 P 及其对应的加载端位移量 s,因此可得到荷载-位移(P-s)关系曲线。假设碳纤维布与混凝土界面应力沿有效黏结长度均匀分布,则有效黏结长度 L_e 范围内的平均黏结应力 τ 可由式(8.15)求得,碳纤维布加载端一侧滑移量 s 可由式

(8.16)求得,碳纤维布加载端一侧伸长量 Δ_3 可根据材料力学知识由式(8.17)计算得到,于是便可将 $P\text{-}s$ 关系曲线转换成平均黏结应力-滑移($\tau\text{-}s$)关系曲线,具体情况如图 8.25 所示。

$$\tau = \frac{P}{2L_f b_f} \tag{8.15}$$

$$s = \Delta_1 + \Delta_2 - \Delta_3 \tag{8.16}$$

$$\Delta_3 = \frac{PL}{4E_f A_f} \tag{8.17}$$

式中　τ——有效黏结长度 L_e 范围内的平均黏结应力,MPa;

　　　P——碳纤维布加载端两侧所承担的总荷载,kN;

　　　L_f——碳纤维布锚固区段的黏结长度,当 $L_f < L_e$ 时,L_f 取实际黏结长度,当 $L_f \geqslant L_e$ 时,取 $L_f = L_e$,mm;

　　　s——碳纤维布加载端一侧滑移量,mm;

　　　Δ_1——位移计测量的钢块移动量,mm;

　　　Δ_2——位移计测量的混凝土压缩量,mm;

　　　Δ_3——碳纤维布加载端一侧的伸长量,mm;

　　　L——碳纤维布非锚固区段的总长度,mm,取 1 541 mm;

　　　E_f——碳纤维布的弹性模量,MPa;

　　　A_f——碳纤维布截面面积,$A_f = b_f t_f$,mm²,其中 b_f 和 t_f 分别为碳纤维布粘贴宽度和计算厚度,mm。

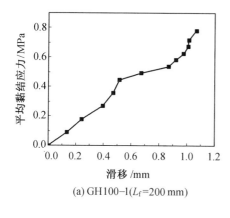

(a) GH100-1(L_f=200 mm)

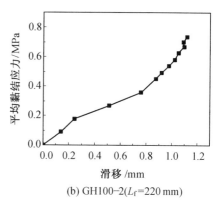

(b) GH100-2(L_f=220 mm)

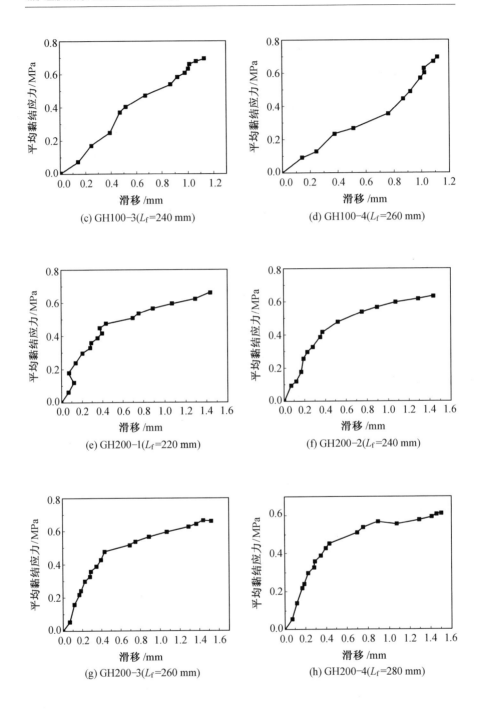

(c) GH100-3(L_f=240 mm)

(d) GH100-4(L_f=260 mm)

(e) GH200-1(L_f=220 mm)

(f) GH200-2(L_f=240 mm)

(g) GH200-3(L_f=260 mm)

(h) GH200-4(L_f=280 mm)

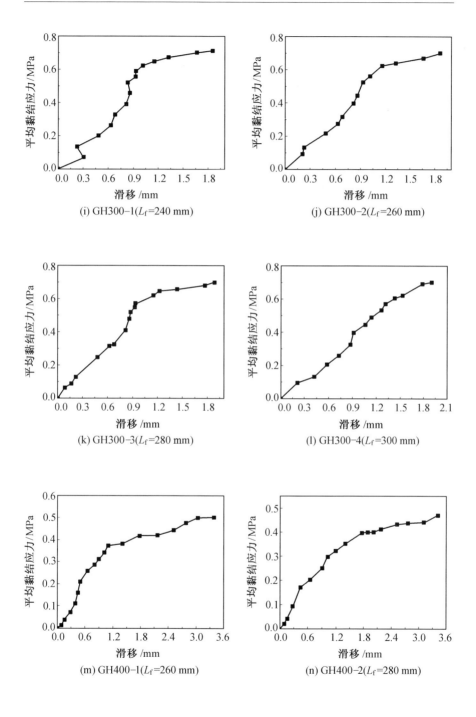

(i) GH300−1(L_f=240 mm)

(j) GH300−2(L_f=260 mm)

(k) GH300−3(L_f=280 mm)

(l) GH300−4(L_f=300 mm)

(m) GH400−1(L_f=260 mm)

(n) GH400−2(L_f=280 mm)

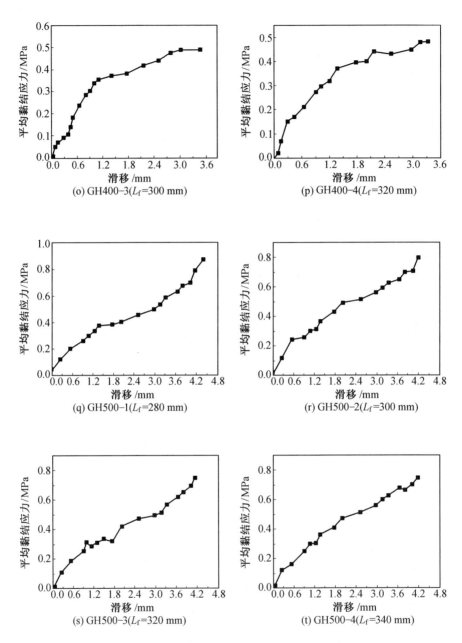

图 8.25 高温后界面黏结应力-滑移关系曲线

由图 8.25 可以看出,试验测得的高温后平均黏结应力-滑移曲线与环氧树脂胶粘贴碳纤维布的双剪试件平均黏结应力-滑移曲线基本相同。与常温下平均黏结应力–滑移曲线(图5.24)相比,随着温度的升高,碳纤维布与混凝土间的界面平均黏结应力基本呈下降趋势,碳纤维布加载端的滑移量明显增加。

8.5　小　　结

通过对60个用 AASCM 在混凝土棱柱体两侧粘贴碳纤维布试件进行高温下和高温后黏结性能试验,获得了双剪试件破坏形式、极限荷载和应变分布等随温度变化规律,并得出如下结论:

(1)经100~500℃高温作用下和高温作用后,双剪试件的破坏形式仍可分为以下6种:①破坏形式1:与胶层毗邻的混凝土撕裂剥离;②破坏形式2:胶层内部发生面内滑脱导致的剥离破坏;③破坏形式3:碳纤维布被拉断;④破坏形式4:混凝土撕裂剥离与胶层面内滑脱同时发生;⑤破坏形式5:混凝土撕裂剥离与碳纤维布被拉断同时发生;⑥破坏形式6:混凝土撕裂剥离与胶层面内滑脱的同时,碳纤维布被拉断。且由于施工可靠,基本避免了胶层内部发生面内滑脱导致的剥离破坏形式2。

(2)通过改变目标温度和碳纤维布黏结长度,得到100℃,200℃,300℃,400℃和500℃高温作用下碳纤维布的锚固长度实测值,分别为387.5 mm,337.5 mm,312.5 mm,300 mm和275 mm;得到100℃,200℃,300℃,400℃和500℃高温作用后碳纤维布的锚固长度实测值,分别为487.5 mm,475 mm,450 mm,437.5 mm和400 mm,且给出了相对锚固长度随温度变化拟合曲线,拟合曲线与试验曲线吻合较好。

(3)通过量测高温后双剪试件上碳纤维布的应变发展,得到100℃,200℃,300℃,400℃和500℃高温后碳纤维布的有效黏结长度实测值,分别为240 mm,260 mm,240 mm,280 mm和170 mm;并给出了高温后有效黏结长度计算公式,得到的拟合曲线与试验曲线吻合较好。

(4)给出了双剪试件的界面黏结应力–滑移关系曲线,可知随着温度的升高,界面黏结应力逐渐下降,而滑移量明显增加。试验结果表明,AASCM 对碳纤维布起到了绝氧保护作用,避免碳纤维丝被氧化。证明用AASCM 作胶黏剂粘贴碳纤维布的高温黏结性能良好,可用于实际工程加固。

第9章　用 AASCM 粘贴碳纤维布加固混凝土梁板抗火性能

9.1　火灾下加固混凝土板抗火性能试验

9.1.1　试验概况

1. 试件设计

设计了 5 块用 AASCM 粘贴碳纤维布加固混凝土板,试件编号为 B1 - B5,每块板总长 4 400 mm。计算跨度为 3 500 mm,板厚为 120 mm。各板钢筋配置和混凝土强度等级相同。钢筋采用 HPB235 级钢筋,直径为 10 mm 和直径为 12 mm 的纵向受力钢筋交错布置,间距 120 mm,分布钢筋直径为 8 mm,间距为 250 mm。受力钢筋保护层厚度均为 15 mm。试验时 100 mm×100 mm×100 mm 混凝土立方体实测抗压强度为 32 MPa。板底均粘贴 1 层厚度为 0.111 mm 碳纤维布,长度为 3 500 mm,粘贴的宽度分为 150 mm,250 mm 和 400 mm。在板跨范围内共设置 5 道 U 形压条,每道压条宽度均为 250 mm。碳纤维布采用日本东丽公司生产的碳纤维布(UT70 -20),单层厚度为 0.111 mm。钢筋和碳纤维布的常温力学性能见表 9.1。采用本课题组研制的 AASCM 粘贴碳纤维布,AASCM 配方见表 9.2,力学性能见表 9.3。

碳纤维布的布置如图 9.1(a)所示。

选用厚型钢结构防火涂料和厚型隧道防火涂料对碳纤维布进行防火保护。厚型钢结构防火涂料采用北京城建天宁防火涂料厂生产的 TN-LS 室内厚型钢结构防火涂料,厂家提供的热工参数:密度为 400 kg/m³,比热容为 1 000 J/(kg·K),热导率为 0.10 W/(m·K)。厚型隧道防火涂料选用北京茂源防火材料厂生产的 SH(JF-204)隧道防火涂料,厂家提供的热工参数:密度为 600 kg/m³,比热容为 1 000 J/(kg·K),热导率为 0.12 W/(m·K)。试件 B1,B2,B3 和 B5 采用厚型隧道防火涂料,涂层厚度分别为 15 mm,30 mm,20 mm 和 20 mm,试件 B4 采用厚型钢结构防火涂料,涂层厚度为 20 mm。

外涂防火涂料的用 AASCM 粘贴碳纤维布加固混凝土板截面设计如图
9.1(b)所示。

试件主要设计参数见表 9.4。B4 和 B5 抗力提高幅度、荷载水平以及
涂料厚度均相同,但涂料品种不同,旨在考查涂料品种对加固板抗火性能
的影响,B3 和 B4 抗力提高幅度和荷载水平不一致,但涂料品种和厚度均
相同,旨在综合考查碳纤维抗力提高幅度和荷载水平对加固板抗火性能的

表 9.1　钢筋和碳纤维布常温下的力学性能

	直径/mm	屈服强度/MPa	极限强度/MPa	弹性模量/MPa
钢筋	10	306	450	2.0×10^5
	12	290	440	2.0×10^5
碳纤维布	厚度/mm	抗拉强度/MPa		弹性模量/MPa
	0.111	4 223		2.42×10^5

注:1. 每种直径的钢筋取 3 个试样,按我国《金属材料室温拉伸试验方法》(GB/T
228—2002)进行试验,得到钢筋各试样屈服强度、极限强度和弹性模量,然后求得相应
的平均值(即表中所列数据)

2. 取 6 个长为 230 mm、宽为 15 mm 的碳纤维布试样,按《定向纤维增强塑料拉
伸性能试验方法》(GB/T 3354—1999)规定进行试验,得到碳纤维布各试样拉伸强度
和弹性模量的试验值,然后求得相应的平均值(即表中所列数据)

表 9.2　AASCM 配方

材料名称	矿渣粉	水玻璃	氢氧化钠	水
配合比 (质量比)	100	18.6	4.6	30.8

注:1. 水玻璃和氢氧化钠需在配胶前按质量比 1∶0.247 9 搅拌均匀,将水玻璃模
数调整为 1.0;

2. 氢氧化钠的纯度级别为分析纯

表 9.3　AASCM 常温下的力学性能

龄期/d	平均抗压强度/MPa	平均剪切强度/MPa
1	28.4	0.46
7	55.2	1.01
14	57.6	1.03
28	67.7	1.08

注:AASCM 的力学性能试验方法和数据来源详见文献[106]

影响,B1 的涂料厚度比 B3 的涂料厚度少 5 mm,两者碳纤维抗力提高幅度不同,但荷载水平基本接近,旨在综合考查碳纤维抗力提高幅度和涂料厚度对加固板抗火性能的影响,而 B2 涂层内设置了双层钢丝网,加强了防火保护措施,旨在考察双层钢丝网的效果。涂料厚度分为 15 mm,20 mm 和 30 mm,这是为了使碳纤维布分别经历不同温度,考察不同温度下碳纤维布和 AASCM 的性能。荷载水平分为低(0.14)、中(0.33)、高(0.39,0.41) 3 挡,用以考察不同荷载水平对加固构件抗火性能的影响。

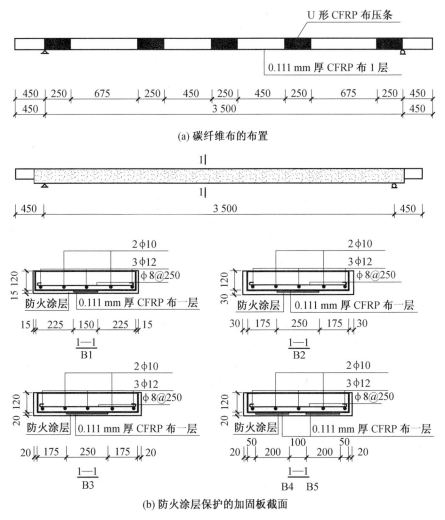

(a) 碳纤维布的布置

(b) 防火涂层保护的加固板截面

图 9.1 试件设计

表9.4 试件主要设计参数

编号	纵向碳纤维布宽度/mm	抗力提高幅度	跨中施加荷载/kN	荷载水平
B1	150	24%	4.5	0.39
B2	250	45%	0	0.14
B3	250	45%	6	0.41
B4	400	76%	6	0.33
B5	400	76%	6	0.33

注:抗力提高幅度为加固板计算极限荷载与相应未加固板计算极限荷载两者之差与后者之比值,荷载水平为试验板跨中截面实际承受的弯矩与该截面计算极限抗弯承载力之比

防火涂层设置见表9.5。从表9.5 中可以看到,每块板的涂层内均设置了钢丝网。下面讨论关于防火涂层中钢丝网设置的两个问题:①是否应该设置钢丝网;②钢丝网设置的位置。各板涂料厚度普遍为 15~20 mm(涂料厚度最大的个别板也只有 30 mm),厚度较小,而在前文中已分析得到,涂料厚度较小时,涂料火灾下在高温作用下容易脱落,时间较长时甚至会发生整体脱落,这对碳纤维布的防火保护是极为不利的,因此本书在吸取现有研究成果的基础上提出在涂料层内设置钢丝网的做法,一方面,可有效减少涂料常温下的开裂,确保涂料火灾下的性能;另一方面有效抑制涂层火灾下整体脱落。对于钢丝网的位置,本书不是按照其他研究人员所采取的将其设置在涂层最内层或中间层的做法,而是将钢丝网设置在涂层的最外层,主要基于以下考虑:火灾下钢丝网主要保护的是钢丝网内层的防火涂料,对内层涂料起到支托作用,防止其整体脱落,钢丝网越靠外层,其支托的内层涂料越厚,作用也越大。当然,钢丝网也不能完全暴露在火场中,必须有一定厚度的涂料加以保护,因此本书在考虑到钢丝网的不平整性和自身厚度等因素的基础上,将钢丝网外层涂料厚度取为 10 mm,但由于钢丝网的不平整性,局部钢丝网外皮的实际防火涂料保护层厚度可能远小于 10 mm。

表 9.5 防火涂层设置

编号	防火涂层设置
B1	共设置 15 mm 厚的厚型隧道防火涂料。首先在板底和板侧喷涂 5 mm 厚的厚型隧道防火涂料,然后借助于锚入板内的双向 M6@300 锚栓挂φ0.8@10 钢丝网,最后涂抹 10 mm 厚的厚型隧道防火涂料
B2	共设置 30 mm 厚的厚型隧道防火涂料。首先在板底和板侧喷涂两层 5 mm 厚的厚型隧道防火涂料,然后借助于锚入板内的双向 M6@300 锚栓挂φ0.8@10 钢丝网,接着涂抹 10 mm 厚的厚型隧道防火涂料,然后再借助于锚栓挂第二道φ0.8@10 钢丝网,最后涂抹 10 mm 厚的厚型隧道防火涂料
B3, B5	共设置 20 mm 厚的厚型隧道防火涂料。首先在板底和板侧喷涂两层 5 mm 厚的厚型隧道防火涂料,然后借助于锚入板内的双向 M6@300 锚栓挂φ0.8@10 钢丝网,最后涂抹 10 mm 厚的厚型隧道防火涂料
B4	共设置 20 mm 厚的厚型钢结构防火涂料。首先在板底和板侧喷涂两层 5 mm 厚的厚型钢结构防火涂料,然后借助于锚入板内的双向 M6@300 锚栓挂φ0.8@10 钢丝网,最后涂抹 10 mm 厚的厚型钢结构防火涂料

注:喷涂指借助高压气泵和气枪喷射涂料,涂抹指用抹刀抹涂料,前一层涂料自然干燥 24~48 h 后方可设置下一层涂料

试件内部布置 K 型镍铬-镍硅热电偶。热电偶编号与布置位置如图 9.2 所示。编号为 CFRP1,CFRP2,CFRP3 的热电偶测量板底纵向碳纤维布温度,编号为 Steel1,Steel2,Steel3 的热电偶测量纵向受力钢筋温度,编号为 Con 的热电偶测量混凝土温度。试件 B1,B3,B4,B5 布置以上全部 7

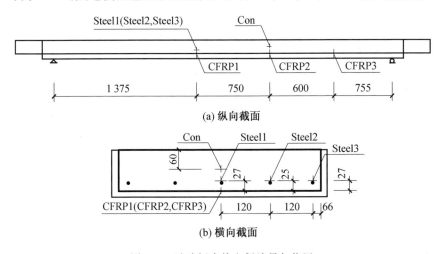

(a) 纵向截面

(b) 横向截面

图 9.2 试验板内热电偶编号与位置

个测点,试件 B2 仅布置测点 Steel1,Steel2,Steel3 和 CFRP1。

2. 试验流程

制作完成后的混凝土板养护 30 d 后粘贴碳纤维布。用 AASCM 粘贴碳纤维布加固混凝土板的施工过程如图 9.3 所示。

(a) 配制 AASCM

(b) 采用 AASCM 浸润碳纤维布

(c) 涂抹底胶

(d) 粘贴碳纤维布并排除气泡

(e) 抹面胶

(f) 粘贴完毕后的碳纤维布

图 9.3　用 AASCM 粘贴碳纤维布加固混凝土板的施工过程

配制 AASCM,如图 9.3(a)所示。AASCM 对目前厂家生产发售的碳纤维布的浸润性不及有机胶,针对这一问题,本书采用 AASCM 浸润并杵捣碳纤维布的施工工艺(图 9.3(b)),改善了 AASCM 对碳纤维布的浸润性。

将浸润好的碳纤维布进行粘贴。首先将打磨好的板底表面清洗干净,并预先湿润,在表面均匀涂抹一层底胶,如图9.3(c)所示;然后将浸润好的碳纤维布绷紧贴于底胶上,并用滚筒排出气泡,如图9.3(d)所示;最后在碳纤维布上涂抹一层薄胶,如图9.3(e)所示。碳纤维布粘贴完毕之后,用塑料薄膜覆盖防止水分蒸发,每间隔12 h浇水养护一次。

养护3 d后的AASCM呈现墨绿色,如图9.4所示,这是AASCM碱化反应的结果。养护15 d后AASCM的颜色逐渐变淡。

图9.4   AASCM的碱化反应(养护3 d)

AASCM养护30 d后设置防火涂料。防火涂料设置过程如图9.5所示。在喷涂板底内层防火涂料之前,需要在板底预置间距为300~500 mm的膨胀螺栓(避开碳纤维压条),如图9.5(a)所示;内层防火涂料应分层喷涂,每层厚度约为2 mm,如图9.5(b)所示;待内层防火涂料自然干燥后在板底挂钢丝网,将其与膨胀螺栓可靠固定,在固定过程中应让钢丝网紧贴板底,如图9.5(c)所示;在板底涂抹外层防火涂料时,涂料应完全覆盖钢丝网,如图9.5(d)所示;设置完成后的防火涂层如图9.5(e)所示。

防火涂料设置完成后自然干燥40 d,其状况如图9.6所示。

(a) 在板底预置膨胀螺栓　　　　　　　　(b) 喷涂板底内层防火涂料

(c) 在板底挂钢丝网　　　　　　　　(d) 涂外层防火涂料

(e) 防火涂层设置完成

图 9.5　板的防火涂料设置过程

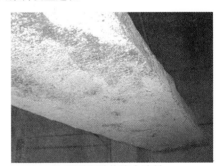

(a) 厚型隧道防火涂料　　　　　　　(b) 厚型钢结构防火涂料

图 9.6　防火涂料状况（自然干燥 40 d 后）

3. 试验炉改造

防火涂料自然干燥 40 d 后，在中国建筑科学研究院梁板耐火试验炉进行抗火试验。试验炉平面净尺寸为 3 000 mm×4 500 mm。为给试验梁板创造相同的火灾环境，便于对各试件抗火性能进行对比分析，采取了 5 块板和 4 根梁同炉抗火试验的方案。为了叙述方便，本章将试验梁和试验板的抗火试验方案在此一并予以介绍。为满足试验方案要求，对试验炉进行了改造。试验炉原貌如图9.7(a)所示。为了升高千斤顶加载端以满足试验梁加载需要,首先卸下反力梁,然后拧下反力架横梁和立柱的连接螺丝,将横梁向上提升至立柱顶部并固定,如图9.7(b)所示,最后将卸下的反力梁安装就位,如图9.7(c)所示。在原先炉壁顶部的长边方向用耐火砖砌筑齿状的承重墙,如图9.7(d)所示。

(a) 试验炉原貌

(b) 提升反力架横梁

(c) 反力梁就位

(d) 改造后的炉膛

图9.7　试验炉改造

1—烟道排烟口;2—喷油口;3—炉壁;4—新砌耐火砖墙

试件沿短向搁置,凸齿面放置板,凹齿面放置梁,梁顶与板底齐平,试验板和试验梁的布置如图9.8所示。

为了观察火灾下各梁板的试验现象,在新砌的墙中开了5个大小为100 mm×100 mm的观察孔。新砌墙体扩充了燃烧炉的空间,梁板试件离喷油口较远,为了满足试验梁板底面下方的炉温要求,在炉壁、炉底以及新砌砖墙内侧全部铺贴耐火棉,阻止热量向外界扩散。在梁顶面搁置耐火砖填补板与板之间的空当,并用耐火棉盖缝。

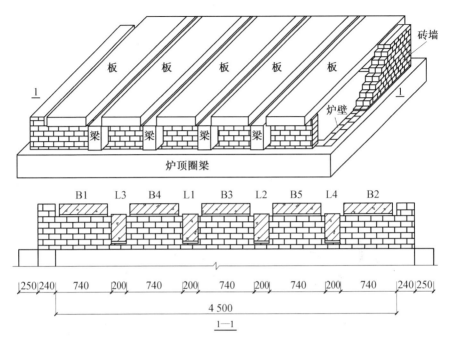

图 9.8　试验板和试验梁的布置

9.1.2　试验数据测量及加载

　　温度测点至位于炉壁边的数据采集箱的最远距离约有 7 m,为节省费用,不是采用常规做法即用通长的耐高温的镍铬-镍硅热电偶来连接测点与采集箱,而是在板内预埋一截耐高温的热电偶,在试件上方通过补偿导线连接热电偶与采集箱。镍铬-镍硅热电偶端头及连接导线如图 9.9 所示。补偿导线连接时,应卸下热电偶的连接盖,用吸铁石检验热电偶出厂时标定的正负极,与吸铁石相斥的导线为正极,相吸的导线为负极,如图9.10(a)所示。用同样方法判别补偿导线的正负极,判定完后用连接盖把热电偶与补偿导线正负极对接并固定,如图9.10(b)所示。

　　为了获得板底下方和梁底下方的炉温,分别在板底下方50 mm 处和梁底下方300～400 mm处各布置了 8 个热电偶测点。B3,B4 和 B5 板底下方各布置 2 个测点,B1 和 B2 板底下方各布置 1 个测点。炉内热电偶布置如图 9.11(a)所示。炉温采用电脑实时监控,如图9.11(b)所示。

　　采用液压千斤顶跨中单点加载的方式对试验梁加载。采用跨中集中加载的方式对试验板进行等效加载。试验梁板跨中位移变化通过布置差动式高精度位移计进行测量,采用北京波谱网卡数据采集仪进行数据采

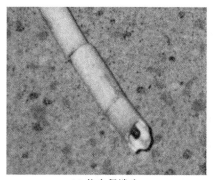
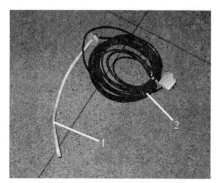

(a) 热电偶端头　　　　　　　　　(b) 镍铬－镍硅热电偶及连接导线

图 9.9　热电偶

1—热电偶;2—连线线

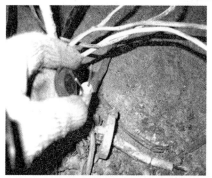
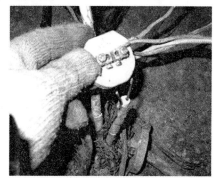

(a) 判别热电偶正负极　　　　　　　(b) 连接补偿导线极

图 9.10　连接补偿导线

(a) 测量炉温的热电偶布置　　　　　　(b) 炉温监控

图 9.11　炉内热电偶布置与炉温监测

1—测量梁底下方炉温的热电偶;2—测量板底下方炉温的热电偶;3—观察孔;
4—试验板;5—试验梁

集。试验梁板的荷载施加与跨中位移测量如图 9.12 所示。

图 9.12　荷载施加与跨中位移测量

1—施加于板跨中的质量块；2—对梁跨中加载的千斤顶；

3—用于测量板跨中位移的位移计；4—用于测量梁跨中位移的位移计

点火前抗火试验全貌如图 9.13 所示。

(a) 正面　　　　　　　　　　　　　　　(b) 侧面

图 9.13　试验概貌

9.2　火灾下加固混凝土板的试验结果与分析

试验炉预热 2 min 后开始记录温度和变形。在整个升温和降温过程中，温度每 30 s 记录一次，位移每 2 s 记录一次。试验炉升温时间为 90 min，停火后 60 min 内继续测量板底下方炉温、板温及变形。

9.2.1 试验现象与分析

1. 板底下方炉温

试验中按照 ISO834 标准升温曲线升温。试验结束后发现试验过程中一测温点失效,但试验时仍将该测点温度按正常的测点温度参与平均温度(即试验时的监控温度)的计算,使得板底下方实际升温曲线与标准升温曲线产生偏差。板底下方炉温如图 9.14 所示。在升温段,板底下方各测点温度与平均温度之差基本控制在±50 ℃以内,因此可认为所测各板底下方炉温基本是均匀的;在降温段,各测点温度基本无差异。

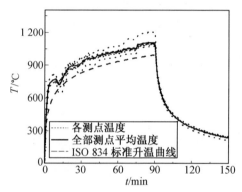

图 9.14 板底下方炉温曲线

2. 火灾下试验现象与分析

点火约 4 min 后开始有黑色的烟从涂料表面逸出,少量水蒸气从试验梁和试验板缝隙间冒出,黑烟是涂料表面发生高温化学反应产生的现象,水蒸气是涂料内部水分受热蒸发所致。黑烟持续约 3 min 后逐渐减少。

水蒸气持续约 10 min 后逐渐减少,表明涂料内部水分蒸发将尽。约 20 min 后水蒸气又逐渐增多,表明混凝土内部水分开始蒸发。受火中期全貌如图 9.15 所示。受火后期水蒸气又逐渐减少,表明混凝土内部水分蒸发将尽。

试件 B1-B5 火灾下典型的试验现象描述如下:

试件 B1 在受火约 3 min 时板底涂料表面开始变黑,随后伴随黑烟逸出,持续约 4 min 后又逐渐恢复原色;受火约 15 min 时,能明显观察到板底涂料轻微起鼓,局部出现细小裂纹,之后跨中涂料表面呈散粒状脱落,脱落处钢丝网暴露在火中;受火约 29 min 时,暴露在火场中的个别钢丝被烧断。试验中后期,除局部少量涂料脱落外,未见其他明显现象。

图 9.15　受火中期全貌

试件 B2 在受火约 3 min 时板底涂料表面开始变黑,随后伴随黑烟逸出,持续约 4 min 后又逐渐恢复原色。受火约 15 min 时,能明显观察到跨中涂料轻微起鼓;受火约 30 min 时,可观察到板底局部涂料有散落现象,端部和跨中出现多条裂纹。在停火之前,除外层涂料起鼓幅度稍微增大之外,涂料未见其他明显破坏情况。

试件 B3 在受火约 3 min 时板底涂料表面开始变黑,随后伴随黑烟逸出,持续约 4 min 后又逐渐恢复原色。受火约 11 min 后,板底局部涂料有不明显的外凸,随着受火时间延长,外凸逐渐明显,整个涂料表面呈波浪状起伏,但幅度不大,该现象一直持续到试验结束;受火约 19 min 时,可观察到涂料表面已出现多条细微裂缝,跨中涂料有少许脱落;受火约 25 min 时,板底与板侧交界处涂料开裂,并有小块脱落;受火约 27 min 时,观察到跨中又增加了多条裂纹。但直至试验结束,板底未见大的裂缝出现,未见大块涂料脱落。

试件 B4 在受火约 5 min 时,板底涂料表面开始变黑,此后涂料一直呈现黑色,直至试验结束。受火约 10 min 时,可明显观察到板底局部涂料轻微外凸,跨中局部涂料小块脱落,涂料脱落处裸露的钢丝网明显突出;随着受火时间的延长,涂料脱落加剧,钢丝网不断膨胀,板底涂料呈现凹凸较大的波浪状。受火约 48 min 时,板一端部钢丝网下垂,暴露在火中;受火约 62 min 时,板另一端部涂料大块脱落,脱落处钢丝网暴露在火中。受火后期,板底外层涂料已经大面积脱落,整个钢丝网大部分暴露在火中。

试件 B5 在受火约 3 min 时板底涂料表面开始变黑,随后伴随黑烟逸出,持续约 4 min 后又逐渐恢复原色。受火约 4 min 时,跨中板底个别部位涂料开始呈颗粒状脱落,脱落处钢丝网暴露在火场中,但随后 15 min 内未见涂料脱落;受火约 13 min 时,可观察到局部涂料轻微起鼓;受火约 20 min

307

后,跨中涂料多处呈颗粒状脱落,暴露在火中的钢丝网逐渐增多;受火25 min时,整个板底多处涂料小块脱落,钢丝网出现较明显的起鼓现象。整个升温阶段,涂料未见大的开裂和大块的脱落。

综上所述,对两种不同类型的防火涂料而言,试验板的火灾现象差异较大,但对同一类型防火涂料而言,试验板的火灾现象差异不大。两种防火涂料的典型试验现象可归纳如下:

涂厚型隧道防火涂料的板受火3 min后,涂料表面开始变黑,持续约7 min后又恢复原色。受火11~15 min(个别部位最快可约4 min)时,外层涂料开始偶尔呈颗粒状脱落,部分起鼓处出现裂纹。此后,随着受火时间的延长,涂料脱落和开裂现象并未加剧,涂料比较稳定。受火后期,可看到局部小片钢丝网暴露在火中,如图9.16(a)所示。整个受火过程中未出现较大的裂缝,未见较大面积涂料脱落。

涂厚型钢结构防火涂料的板受火约5 min后涂料表面开始变黑,这是涂料表面高温化学反应的结果。受火10 min后,由于钢丝网高温膨胀致使涂料表面出现不规则凸起,涂料开始脱落。随着受火时间的延长,该现象越来越严重,导致钢丝网大面积暴露在火中。受火后期,外层涂料脱落较严重,钢丝网变形严重,局部钢丝网被烧断,涂料表面呈蜂窝状,如图9.16(b)所示。

(a) 隧道防火涂料在受火后期状况　　　(b) 钢结构防火涂料在受火后期状况

图9.16　火灾下板底涂料试验现象

从以上现象可看到,厚型钢结构防火涂料在火灾下更易脱落和开裂。除去两者组成成分的差异外,其主要原因如下:由于钢结构表面的憎水性,当厚型钢结构防火涂料内的黏结胶含量较大时往往更不利于涂料与钢结构表面的黏结,因此涂料内黏结胶含量一般较少,导致涂料本身的黏结性和抗拉性能较差,火灾下涂料易脱落和开裂。而隧道防火涂料专为隧道混凝土研制,由于混凝土表面的亲水性,涂料内的黏结胶含量较高,使得涂料的自身黏结强度较大,火灾下不易开裂和脱落。

值得注意的是,外层涂料的脱落和开裂,一方面是由涂料自身的高温性能决定,涂料高温干缩引起开裂,涂料高温下自身黏结强度减弱导致脱落;另一方面往往始于钢丝网高温膨胀所导致的涂料起鼓。因此,适当减小用于固定钢丝网的锚栓间距是必要的。

虽然厚型钢结构防火涂料的热导率比厚型隧道防火涂料的热导率小,但由于其在火灾下更易脱落和开裂,导致其阻热效果反而比后者差,可见,火灾下涂料的脱落和开裂是影响涂料防火性能的重要因素。

3. 火灾后试验现象与分析

试验板在炉内自然冷却 24 h 后,观察火灾后试验现象。

由于隧道防火涂料保护的各板火灾后典型现象大致相同,以试件 B3 为例进行描述。板底起鼓的钢丝网均已回缩,涂料表面较平整,但涂料脱落情况比火灾下略显严重,如图9.17(a)所示,这可能是由于降温过程中涂料再次发生损伤的缘故。外层涂料强度较低,轻轻擦碰易脱落。板侧与板底交界处涂料开裂,如图 9.17(b)所示,这是由于板底钢丝网在此处断开所造成,因此应保持板底钢丝网布置的连续性,对于本试件应将钢丝网从板底弯向板侧。内外两层涂料由于钢丝网的存在分层明显(B2 内外两层钢丝网的涂料均存在分层现象),如图9.17(c)所示。去掉钢丝网后发现内层涂料完好,具备较高强度,无任何开裂和脱落现象,如图 9.17(d)所示,表明涂料能够完全将氧气与碳纤维布隔绝。内层涂料与碳纤维布及混凝土界面结合紧密,如图 9.17(e)所示,表明厚型隧道防火涂料与碳纤维布及混凝土界面高温黏结性能可靠。碳纤维布经历火灾后完好,通过 AAS-CM 与混凝土板可靠粘贴,如图 9.17(f)所示。

厚型钢结构防火涂料保护的板钢丝网严重变形,外层涂料脱落较严重,如图 9.18(a)所示,板底钢丝网下垂,如图 9.18(b)所示。去掉钢丝网后发现内层涂料强度较低,涂料与碳纤维布界面大面积脱开,如图9.18(c)所示。碳纤维布经历火灾后完好,通过 AASCM 与混凝土板可靠粘贴,如图 9.18(d)所示,说明虽然外层涂料破坏严重,内层涂料与基体黏结界面脱开,但钢丝网的存在很好地支托了内层防火涂料,使得内层涂料没有开裂和脱落,碳纤维布依旧处于绝氧状态。设置防火涂料的构造措施达到了火灾下碳纤维布的绝氧要求,说明其构造措施是合理的。经历火灾后,碳纤维布通过 AASCM 与混凝土板可靠黏结,说明火灾下碳纤维布通过 AASCM 的黏结与混凝土板有效共同工作。

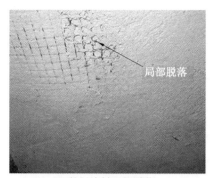

(a) 外层涂料局部脱落

(b) 板侧与板底交界处涂料开裂

(c) 内外层涂料分层

(d) 内层涂料致密

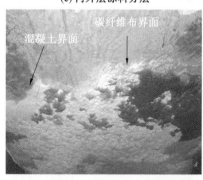

(e) 涂料与碳纤维布和混凝土界面结合紧密

(f) 碳纤维布完好

图 9.17　隧道防火涂料保护的板火灾后状况

两种防火涂料在火灾前和火灾后状况对比情况分别如图 9.19 和图 9.20 所示。厚型隧道防火涂料经历火灾后变化不大,而厚型钢结构防火涂料则出现了较严重的破坏现象,说明厚型隧道防火涂料的防火性能比厚型钢结构防火涂料好。

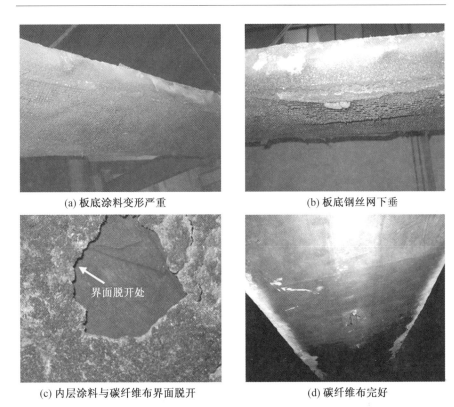

(a) 板底涂料变形严重　　　　　　　(b) 板底钢丝网下垂

界面脱开处

(c) 内层涂料与碳纤维布界面脱开　　　　(d) 碳纤维布完好

图 9.18　钢结构防火涂料保护的板火灾后状况

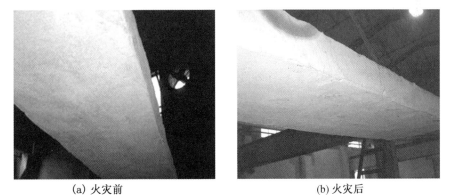

(a) 火灾前　　　　　　　　　　(b) 火灾后

图 9.19　厚型隧道防火涂料在火灾前后的状况对比

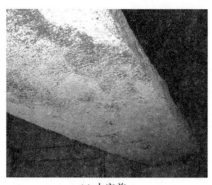

(a) 火灾前   (b) 火灾后

图 9.20　厚型钢结构防火涂料在火灾前后的状况对比

下面对外层钢丝网的作用予以重点讨论：

涂料常温下良好的工作性能是火灾下涂料进行防火保护的前提,常温下易裂或易脱落、易破损的防火涂层产生破损后其火灾下防火性能较差,因此本书从常温和高温两方面来说明钢丝网的作用。在常温下,钢丝网会增强外层涂料的抗拉性能和抗裂性能,对抑制外层涂料常温下开裂起到了一定的作用,特别当涂层遭受较大变形或一定外力作用时,未设置钢丝网的涂料会发生整体脱落或严重破损的情况,外层涂料内加设固定在混凝土构件上的钢丝网会增加涂层的抗整体脱落和抗破损的性能。火灾下,对隧道防火涂料,外层涂料内设置钢丝网可有效地防止涂料大面积整体脱落,很好地保护了内层核心防火涂料,使其完全处于未开裂状态,隔绝氧气,保护了碳纤维布;对钢结构防火涂料,外层涂料虽然大量脱落,钢丝网也已严重变形,但钢丝网在火灾中对内层防火涂料起了很好的支托作用,使得内层涂料不至于整体脱落,使其同样起到了隔绝氧气、保护碳纤维布的作用。

钢丝网的设置存在如下缺点:首先,钢丝网削弱了外层涂料和内层涂料的黏结面,火灾下随着钢丝网的受热膨胀,内外涂料易分层(多层钢丝网时,涂料发生多次分层),因此,应尽量使用网眼较大、钢丝直径较小的单层钢丝网,最大限度地增加涂料黏结面,使内外层涂料尽量成为整体。其次,钢丝网受热膨胀产生的起鼓和降温后的回缩都将会引起涂料的局部开裂,甚至脱落,因此,应通过适当加密锚栓的方式来减轻钢丝网膨胀起鼓带来的不利影响。

9.2.2　截面温度场分析

图 9.21 为各试件内部各热电偶的实测温度-时间曲线。各图测点编

号所代表的板内位置详见图 9.2,图 9.21(f)中编号 B1 碳纤维表示 B1 的
碳纤维布温度,其他编号类似。

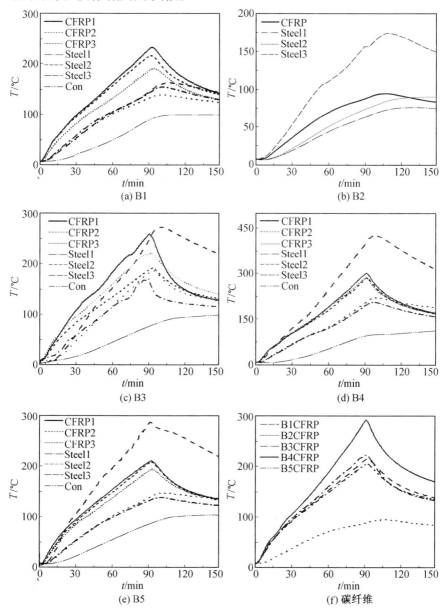

图 9.21　各试件内部实测温度-时间曲线

从图 9.21 中可看到:

（1）对 B2，B3，B4 和 B5 而言，靠近板侧处钢筋（测点编号为 Steel3）温度远大于其他两处钢筋（测点编号为 Steel1 和 Steel2）温度，这主要是由板侧与板底交界处涂料开裂所导致。

（2）除 B2 外，各板底纵向碳纤维布的温度基本在停火时刻达到峰值，随后快速降低；大部分钢筋温度则延后 5 min 左右达到峰值，随后以不同速度降低；而所有板内离迎火面约 1/2 板高处混凝土（测点编号为 Con）温度在停火后较长时间内依然缓慢增长，未见降低。

（3）图 9.21(f)给出了各试件板底纵向碳纤维布温度（对试件 B1，B3，B4 和 B5，该温度为测点编号 CFRP1，CFRP2 和 CFRP3 的温度平均值，对试件 B2，该温度为测点编号 CFRP1 的温度）的对比情况。B3，B4 和 B5 涂层厚度相等，但 B4 的碳纤维布温度明显大于 B3 和 B5，表明厚型钢结构防火涂料对碳纤维布温度的控制比厚型隧道防火涂料要差。虽然 B1 涂层厚度比 B3 和 B5 少 5 mm，但由于 B1 位于炉膛端部，板底下方炉温稍低，所以其碳纤维布温度与 B3 和 B5 接近。B2 涂层厚度最大，因此碳纤维布温度最低。

9.2.3 试件变形分析

试件跨中位移-时间曲线如图 9.22 所示。

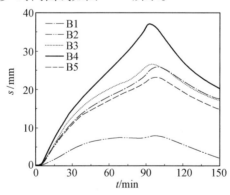

图 9.22 试件跨中位移-时间曲线

从图 9.22 可看出：

（1）B1，B2，B3，B4 和 B5 的最大跨中位移分别为 26 mm，8 mm，27 mm，37 mm 和 23 mm，其值介于计算跨度的 1/438 ~ 1/95，表明火灾下用 AASCM 粘贴的碳纤维布与混凝土板有效共同工作。停火 1 h 后，B1，B2，B3，B4 和 B5 的跨中位移分别为 18 mm，2 mm，17 mm，20 mm 和

15 mm,其值为计算跨度的 1/1 750 ~ 1/175,并且随着停火时间的进一步延长,跨中位移还将进一步减小,表明火灾后构件残余变形很小。

（2）各板跨中位移变化分为两个阶段,即火灾下位移不断增加阶段和火灾后位移不断减小阶段。火灾下,板内混凝土温度较低,由温度引起的截面刚度退化较小,而由温度引起的混凝土膨胀变形相对较大,位移主要是由板膨胀变形所引起。B1,B3,B5 位移差别较小,而 B4 位移与之差别较大,表明板内截面温度的高低是决定板变形的主要因素,荷载水平大小以及碳纤维提高幅度对变形的影响不大。火灾后,随着板内温度的降低,位移不断减小。

9.2.4　温度场有限元分析

1.温度场计算基本原理

火灾下混凝土构件内部温度直接影响其力学性能的衰减幅度。在某一瞬时,空间各点温度分布的总体称为温度场。钢筋混凝土结构的内力和变形,一般不影响其传热过程,因此进行温度场分析时可不考虑应力场的影响。

温度场是由动态火灾环境、热烟气层通过热辐射和热对流将热量传递给结构表面、热量在结构内部传导这 3 类动态过程决定的。

（1）边界条件。

凡说明物体边界上传热过程进行的特点,反映物体边界与周围环境相互作用的条件称为边界条件。火灾下,其边界热流平衡方程为

$$-\lambda \frac{\partial T}{\partial n}\bigg|_s = \alpha(T_w - T_f) \tag{9.1}$$

式中　λ——热导率,W/(m·K);

　　　T——边界面内的瞬态温度,℃;

　　　n——边界外法线方向;

　　　α——火焰热流体与钢筋混凝土梁板之间的换热系数,W/(m²·K);

　　　T_w——构件表面温度,℃;

　　　T_f——环境流体温度,℃。

考虑到热辐射传递的热量,公式（9.1）可以改写为

$$\lambda \frac{\partial T}{\partial n}\bigg|_s = h_c(T_f - T_w) + h_r\sigma\left[(T_f + 273)^4 - (T_w + 273)^4\right] \tag{9.2}$$

式中　h_c——对流换热系数,W/(m²·K);

　　　h_r——辐射换热系数;

σ——Stefan-Boltzman 常数,$5.67 \times 10^{-8} \mathrm{W/(m^2 \cdot K)}$。

(2)热传导方程。

混凝土梁板内部的热传导过程可以由热力学第一定理和 Fourier 定理导出的热传导方程来描述,其表达式为

$$\rho c \frac{\partial T}{\partial t} = \frac{\partial}{\partial x}\left(\lambda \frac{\partial T}{\partial x}\right) + \frac{\partial}{\partial y}\left(\lambda \frac{\partial T}{\partial y}\right) + \frac{\partial}{\partial z}\left(\lambda \frac{\partial T}{\partial z}\right) + q_{\mathrm{v}} \tag{9.3}$$

式中 T——结构内的瞬态温度,℃;

(x,y,z)——构件内部坐标点;

t——导热过程进行的时间,s;

ρ——密度,$\mathrm{kg/m^3}$;

c——材料的比热容,$\mathrm{J/(kg \cdot K)}$;

q_{v}——材料的内热源强度,$\mathrm{W/m^3}$。

由于火灾环境温度和材料在高温下热工参数的变化,结构的传热过程是一个非线性瞬态问题,其控制方程是一个非线性抛物线型偏微分方程。根据实际情况可以做如下假设以简化计算:在传热方面混凝土是连续、各向同性且无内热源的材料;常规配筋情况下热传导计算不考虑钢筋的影响。

联立式(9.2)和式(9.3),得到描述整个温度场的偏微分方程组,求解该偏微分方程组,即可以得到所求的温度场。温度场一般采用空间域上的有限元和时间域上的有限差分方法来求解。

2. 材料的热工性能

(1)混凝土的热导率。

由于本次试验使用的混凝土为硅质骨料,因此选用欧洲混凝土结构设计规范给出的硅质骨料混凝土的公式,其计算式为

$$\lambda = 2 - 0.24\left(\frac{T}{120}\right) + 0.012\left(\frac{T}{120}\right)^2, 20 \text{ ℃} < T < 1\,200 \text{ ℃} \tag{9.4}$$

(2)混凝土的比热容和密度。

比热容选用欧洲混凝土结构设计规范给出的公式,其计算式为

$$C_{\mathrm{c}} = 900 + 80\left(\frac{T}{120}\right) - 4\left(\frac{T}{120}\right)^2, 20 \text{ ℃} < T < 1\,200 \text{ ℃} \tag{9.5}$$

混凝土升温后失水,体积膨胀,密度略有减小,对普通混凝土来说变化很小。计算时可将混凝土密度取为常值,本书取 $\rho_{\mathrm{c}} = 2\,400 \text{ kg/m}^3$。

(3)混凝土内部水分的考虑。

假定水分在温度达到 100 ℃时全部蒸发掉,所产生的蒸汽与热转移无

关。水分在100 ℃以下的热工参数为

$$\rho_w C_w = 4.2 \times 10^6 \ \text{J}/(\text{m}^3 \cdot \text{K}) \quad (9.6)$$

式中　　ρ_w，C_w——水的密度和比热容。

计算时假定混凝土所含水分的质量分数为5%，对其热工性能做了如下修改：

$$\rho'_c C'_c = \begin{cases} 0.95\rho_c C_c + 0.05\rho_w C_w, & T < 100 \ ℃ \\ \rho_c C_c, & T \geqslant 100 \ ℃ \end{cases} \quad (9.7)$$

式中　　ρ'_w，C'_w——考虑水分影响后的混凝土密度(kg/m^3)、比热容[$\text{J}/(\text{kg} \cdot \text{K})$]；

　　　　ρ_c，C_c——不考虑水分影响的混凝土密度(kg/m^3)、比热容[$\text{J}/(\text{kg} \cdot \text{K})$]。

(4)厚型防火涂料的热工性能。

涂料的热工参数包括热导率、比热容和密度。相关研究表明，涂料的比热容和密度对构件温度场影响很小，虽然涂料在高温下其比热和密度可能会发生一定的变化，但分析中将涂料的比热容和密度取为常温时的值也基本不会影响分析的准确性，因此本书分析时涂料的比热容和密度均取用厂家提供的常温下的值。

热导率作为厚型防火涂料最重要的热工参数对温度场影响很大，防火涂料高温下的热导率至今没有合理的计算公式，其主要原因在于：一方面，防火涂料一般作为各厂家的专利产品，其涂料组成成分不对外公布，研究者对其使用的防火涂料组成成分并不知情；另一方面，厂家关注的是涂料的整体防火性能，对涂料的高温导热性能一般没有实测数据。Bisby 在其论文里通过假定涂料为蛭石和石膏按质量比 2∶1 组成混合物的前提之下，根据上述两种材料的高温热导率，并且人为引入 100 ℃时水分影响(如何影响并未做进一步交代)后进行计算分析，得到涂料的热导率。涂料的热导率在 100 ℃时设定了一个突变，从 0.115 8 W/(m·K) 突降到 0.072 6 W/(m·K)，然后在 100～400 ℃维持不变，在 400～800 ℃时逐渐增大到0.122 4 W/(m·K)，在 800 ℃后热导率继续增大，但增长速率加快，为 400～800 ℃时的 3.5 倍。本书认为，该系数虽然直观地反映了涂料热导率在高温下可能随温度变化的特性，但由于涂料成分的组成比例是建立在假设基础之上，给出的变化规律并没有足够的依据，是否真实反映了实际使用涂料的热导率变化情况值得斟酌。另外，为了考虑涂料脱水(实质是一种化学反应现象，主要由石膏脱水引起)和水分迁移对热量传导的影响,将涂料热导率在 100 ℃进行突降,并在 100~400 ℃维持不变,这种人为设定水分影响(包括脱水和水分迁移)的方式,是否真实反映了涂料热导率的随温度变化的规律,也值得商榷。值得注意的是,涂料厂家给出的部分试验资料显示,当涂料的密度较大(此时涂料内蛭石含量较大,而石膏含量较少)时,温度在 38 ℃和 260 ℃时热导率仅仅改变了 2%,这与 Bisby 建立的变化规律差别较大,一方面说明涂料高温下的热导率并非一定会有较大变化,这与涂料的石膏含量有关,石膏的脱水反应对涂料热导率影响很大,当石膏含量较大时,高温下涂料热导率变化较大,当石膏含量较小时,高温下涂料热导率变化较小;另一方面说明了 Bisby 得到的热导率计算公式的适用性有限,直接采用其计算公式进行温度场分析并不合理。

由于直接测量防火涂料热导率比较困难,我国国家标准《建筑钢结构防火技术规范》中的附录 A 规定了一种测量厚型防火涂料等效热导率的方法,该系数综合反映了涂层水气蒸发和热导率随温度变化对隔热的影响,因此直接采用等效综合热导率进行温度场分析更为有效,该规范规定厚型防火涂料的高温热导率可取为厂家提供的等效综合热导率。本书涂料厂家提供了厚型钢结构防火涂料和厚型隧道防火涂料的等效综合热导率,其值分别为 0.095 W/(m·K) 和 0.114 W/(m·K)。可以看到,以上两厂家涂料的等效综合热导率与常温时的热导率差别并不大,其解释如下:影响涂料导热性能的主要因素有涂料组成成分及其配比、涂料内部的化学反应和水分迁移等。从本书使用的涂料厂家获知,本书使用的两种涂料内活性物质含量较少,并且没有石膏等脱水严重的物质,在高温下产生的化学反应较少、较轻微,物质成分总体上变化并不大。在涂料内部不发生脱水反应的情况下,对于厚度较小的涂料,水分含量较少,水分迁移并不剧烈,而且在本次试验中,涂料表面水分蒸发的时间较短,水分迁移持续时间也不长。另外,涂料内起主要阻热效果的物质(如蛭石等)其导热性能比较稳定,热导率随温度变化不大。因此,高温下两种涂料的等效综合热导率与常温时的热导率相差不大。本书在分析时,防火涂料高温热导率采用等效综合热导率进行计算。厚型钢结构防火涂料和厚型隧道防火涂料的等效综合热导率分别取为 0.095 W/(m·K) 和 0.114 W/(m·K)。

3. 计算模型

根据实测值,本书模拟的板底下方炉温的计算公式为

$$\begin{cases} T=200t+8, & 0 \leqslant t \leqslant 3 \text{ min} \\ T=345 \lg(8t+1)+118, & 3 \text{ min} \leqslant t \leqslant 90 \text{ min} \\ T=1\ 150-345 \lg(8t-719), 90 \text{ min} \leqslant t \leqslant 150 \text{ min} \end{cases} \quad (9.8)$$

式中　t——升温时间,min。

板底下方炉温模拟与实测结果对比情况如图 9.23 所示,可见,模拟曲线与实测曲线吻合很好,可作为加固板温度场计算的升温曲线。

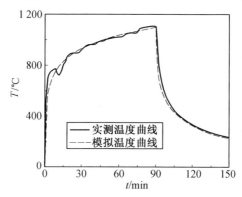

图 9.23　板底下方炉温模拟与实测结果对比

由于本书采用的国际标准升温曲线 ISO 834 与文献[112]采用的英国规范升温曲线(BSEN 1991-1-2)完全一致,炉内火环境基本一致,因此将构件热对流系数和热辐射率均取为和文献[112]一致,背火面和迎火面的热对流系数分别为 9 W/($m^2 \cdot$ K)和 25 W/($m^2 \cdot$ K),混凝土的热辐射率均为 0.7。实质上,上述边界条件的参数取值对构件温度场的影响较小。经过试算,将迎火面的热对流系数和热辐射大小做较大变动,如改变 50%,构件内温度场变化甚微。影响截面温度场的主要因素是升温曲线、升温时间和材料的热工参数(主要是热导率)。

采用有限元软件 ABAQUS 6.5 进行温度场分析。国际上部分学者应用该软件进行温度场分析均取得了很好的效果,说明该软件对温度场的计算具有较高的可靠性。瞬态温度场分析采用有限元-差分混合分析法,在空间域上用有限元法进行离散,而在时间域上用差分法进行离散,沿时间方向递推地进行有限元运算。差分法采用向后差分格式,利用修改的牛顿迭代法进行计算,程序根据迭代情况自动选择时间增量步以促进收敛。

按照实际尺寸建立三维实体模型。由于碳纤维布厚度很小,对温度的影响较小,建模时不考虑碳纤维布。根据试验现象,防火涂料均有不同程度的脱落,经火灾后对剩余涂料实际厚度的测量后,确定计算时防火涂料厚度取值如下:钢结构防火涂料的计算厚度仅取内层涂料厚度 10 mm,隧道防火涂料的计算厚度比设计厚度少 2 mm,以此考虑火灾下板的防火涂料脱落的影响。采用 8 节点实体单元 DC3D8 来模拟混凝土和防火涂层。混凝土板和防火涂层按部件(Part)建模并进行组装(Assembly),将两者接触面贴(Tie)在一起。涂料和混凝土沿宽度方向均划分 8 个单元,沿长度方向均划分 15 个单元,涂料和混凝土沿厚度方向分别划分 10 个单元和 8 个单元,混凝土和涂料部件的网格划分如图 9.24 所示。划分网格(Mesh)后采用 ABAQUS/Standard 进行求解计算。总时长为 9 000 s,时间增量步大小取为 120 s,其他参数采用程序默认值。对试件进行从升温 1.5 h 到停火 1 h 的全过程温度场分析。

(a) 混凝土部件　　　　　　　　　(b) 涂料部件

图 9.24　板的网格

4. 计算结果

试件 B1,B3,B4 和 B5 在停火时刻及停火 1 h 后板内温度云图如图 9.25～9.27 所示(试件 B2 由于测点数太少且位于炉端部,本书未予以分析)。从各图可明显看到板截面温度场的整体分布情况。停火时,板内温度较低,说明防火涂料阻热效果明显。停火后,板内依然存在热量传递,板内部分区域温度比停火时略大。

B1,B3,B4 和 B5 的温度模拟值与实测值对比情况如图 9.28～9.31 所示,各图中的编号所代表的测点位置如图 9.2 所示,以 M 结尾的编号为相应的模拟值。碳纤维布位于板底,3 个测点温度模拟值均相同,采用 CFRP1(2,3)M 表示,Steel1 和 Steel3 测点距板底距离相同,温度模拟值相同,采用 Steel1(3)M 表示,Steel2 测点距板底距离比 Steel1 和 Steel3 少 2 mm,温度有较小差别,温度模拟值采用 Steel2M 表示。

从图 9.28～9.31 可以看到,试件 B3,B4 和 B5 编号为 Steel3 的钢筋温

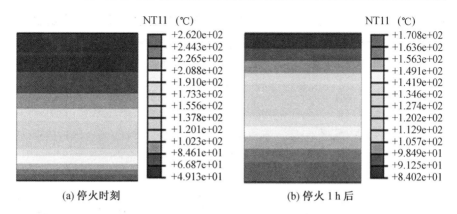

图 9.25　B1 在不同时刻混凝土温度云图

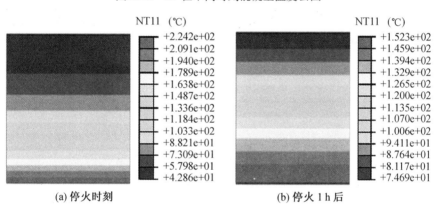

图 9.26　B3 和 B5 不同时刻混凝土温度云图

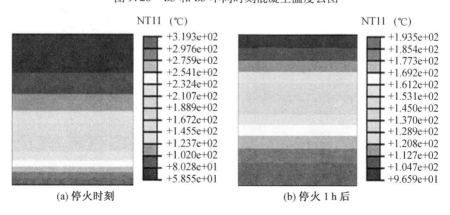

图 9.27　B4 不同时刻混凝土温度云图

度均远高于模拟值,这是因为该钢筋受板底和板侧交界处涂料开裂的影响而温度较高,而模拟过程中并未考虑此处涂料开裂的影响。B1 各处温度模拟值均高于实测值,这是由于 B1 位于炉膛一端,其板底下方的炉温较中部炉温偏低的缘故。B4 的碳纤维布温度模拟值均高于实测值,这是因为:厚型钢结构防火涂层的外层涂料在火灾下脱落严重,建模时没有考虑这部分涂料的阻热作用,而实际上外层涂料脱落是一个渐进的过程,而且并非外层涂料全部脱落,不同部位脱落情况不同,外层涂料依然发挥一定的阻热作用。总体看来,绝大部分测点温度模拟值与实测值吻合较好。

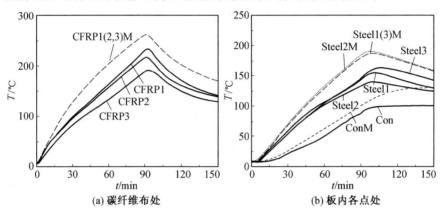

图 9.28　B1 各测温点处温度模拟与实测结果对比

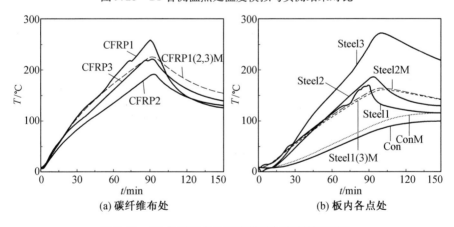

图 9.29　B3 各测温点处温度模拟与实测结果对比

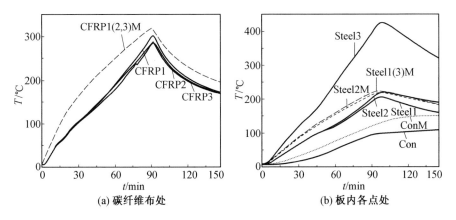

(a) 碳纤维布处　　　　　　　(b) 板内各点处

图 9.30　B4 各测温点处温度模拟与实测结果对比

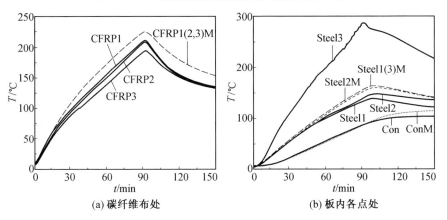

(a) 碳纤维布处　　　　　　　(b) 板内各点处

图 9.31　B5 各测温点处温度模拟与实测结果对比

9.2.5　变形有限元分析

1. 高温下混凝土的力学性能

（1）高温下混凝土的抗压强度。

采用文献[116]给出的公式,其计算式为

$$\frac{f_{c}(T)}{f_{c}} = \frac{1}{1+18\,(T/1\,000)^{5.1}} \tag{9.9}$$

式中　$f_{c}(T)$——温度 T 时混凝土的抗压强度,N/mm^2;

　　　f_{c}——常温下混凝土的抗压强度,N/mm^2。

（2）高温下混凝土的抗拉强度。

采用文献[116]给出的公式,其计算式为

$$\frac{f_{t}(T)}{f_{t}} = 1 - \frac{T}{1\ 000} \tag{9.10}$$

式中 $f_{t}(T)$——温度 T 时混凝土的抗拉强度,N/mm^2;

f_{t}——常温下混凝土的抗拉强度,N/mm^2。

(3)高温下混凝土的弹性模量。

采用文献[117]给出的公式,其计算式为

$$\frac{E_{c}(T)}{E_{c}} = 0.83 - 1.1 \times 10^{-3} T, 60\ ℃ \leqslant T \leqslant 700\ ℃ \tag{9.11}$$

式中 $E_{c}(T)$——温度 T 时混凝土的弹性模量,N/mm^2;

E_{c}——常温时混凝土的弹性模量,N/mm^2。

(4)高温下混凝土的应力应变关系。

采用文献[118]给出的公式,其计算式为

$$\sigma(T) = f_{c}(T) \left\{ 2.2\frac{\varepsilon(T)}{\varepsilon_{0}(T)} - 1.4\left[\frac{\varepsilon(T)}{\varepsilon_{0}(T)}\right]^{2} + 0.2\left[\frac{\varepsilon(T)}{\varepsilon_{0}(T)}\right]^{3}\right\}, 0 < \varepsilon(T) \leqslant \varepsilon_{0}(T) \tag{9.12}$$

$$\sigma(T) = f_{c}(T)\frac{\varepsilon(T)/\varepsilon_{0}(T)}{0.8\left[\varepsilon(T)/\varepsilon_{0}(T) - 1\right]^{2} + \varepsilon(T)/\varepsilon_{0}(T)}, \qquad \varepsilon(T) > \varepsilon_{0}(T) \tag{9.13}$$

$$\varepsilon_{0}(T) = \left[1 + 5\left(\frac{T}{1\ 000}\right)^{1.7}\right]\varepsilon_{0} \tag{9.14}$$

式中 $\sigma(T), \varepsilon(T)$——高温下混凝土的应力和应变;

$\varepsilon_{0}(T), \varepsilon_{0}$——高温下和常温时混凝土的峰值应变。

高温下混凝土受压应力–应变关系如图9.32所示。

(5)高温下混凝土的热膨胀系数。

采用文献[116]给出的公式,其计算式为

$$\alpha_{c} = 28\left(\frac{T}{1\ 000}\right) \times 10^{-6}, T < 650\ ℃ \tag{9.15}$$

2. 高温下普通钢筋的力学性能

(1)高温下钢筋的屈服强度。

采用文献[116]给出的公式,其计算式为

$$\frac{f_{y}(T)}{f_{y}} = \frac{1}{1 + 24\left(\dfrac{T}{1\ 000}\right)^{4.5}} \tag{9.16}$$

式中 $f_{y}(T)$——温度 T 时钢筋的屈服强度,N/mm^2;

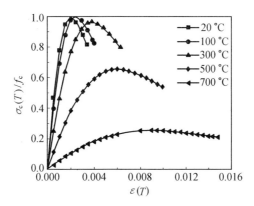

图 9.32 高温下混凝土受压应力−应变关系

f_y——常温下钢筋的屈服强度，N/mm^2。

（2）高温下钢筋的弹性模量。

采用文献［116］给出的公式，其计算式为：

对 HPB235

$$\frac{E_s(T)}{E_s} = \frac{1}{1.36 + 32.64\left(\dfrac{T}{1\,000}\right)^{4.5}} \tag{9.17}$$

对 HRB335

$$\frac{E_s(T)}{E_s} = \frac{1}{1.20 + 28.8\left(\dfrac{T}{1\,000}\right)^{4.5}} \tag{9.18}$$

式中　$E_s(T)$——温度 T 时钢筋的弹性模量，N/mm^2；

　　　E_s——常温下钢筋的弹性模量，N/mm^2。

（3）高温下钢筋的应力应变关系。

采用文献［119］给出的公式，其计算式为

$$\sigma_s(T) = \begin{cases} \dfrac{f_y(T)\,\varepsilon_s(T)}{0.002}, & 0 < \varepsilon_s(T) \leqslant 0.002 \\[2mm] f_y(T), & 0.002 < \varepsilon_s(T) \leqslant 0.015 \end{cases} \tag{9.19}$$

式中　$\sigma_s(T)$，$\varepsilon_s(T)$——应力和应变。

高温下钢筋受拉应力应变曲线如图 9.33 所示。

（4）高温下钢筋的线膨胀系数。

采用文献［116］给出的公式，其计算式为

$$\alpha_s = 0.5\sqrt{T} \times 10^{-6} \tag{9.20}$$

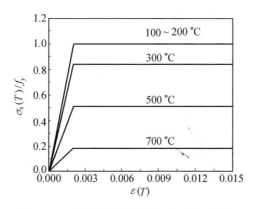

图 9.33　高温下钢筋受拉应力-应变关系

3. 高温下碳纤维布的力学性能

当碳纤维布采用耐高温的 AASCM 加以浸润后,碳纤维丝由 AASCM 连成整体,碳纤维布的主要成分包括碳纤维丝和 AASCM,在碳纤维采取有效方式避免氧化的情况下,碳纤维布力学性能主要由 AASCM 的高温性能决定。试验中碳纤维布最高温度为 300 ℃,而 AASCM 在 600 ℃ 以前强度并不降低。因此在本试验条件下,可认为碳纤维力学性能并无退化,与常温时相同。

4. 建立混凝土有限元模型

采用 ABAQUS 中提供的顺序耦合热应力分析方法进行结构变形分析。国际上部分学者运用此方法进行结构火灾行为的分析,取得较好的效果,说明该软件对结构火灾变形计算具有较高的可靠性。

本书选取 ABAQUS 6.5 提供的塑性损伤模型来模拟混凝土。对于本书计算而言,该模型的优势主要在于将非关联多重硬化塑性引入到混凝土弹塑性本构模型中,能够更好地模拟混凝土弹塑性行为,并针对材料软化和刚度弱化性状使计算很难收敛的问题,对混凝土的损伤塑性力学模型采用黏塑性正则法进行调整,增强计算的收敛性。

混凝土塑性损伤模型为连续的、基于塑性的混凝土损伤模型。它假定混凝土材料主要因拉伸开裂和压缩破碎而破坏。屈服面或破坏面的演化由拉伸和压缩等效塑性应变来控制。

(1)单轴力学行为。

单轴拉伸时,应力-应变关系在达到屈服应力前为线弹性。材料达到屈服应力时,产生微裂缝。超过极限应力后,因微裂缝群的出现使材料宏观力学性能软化。对单轴受压,混凝土达到初始屈服应力值之前为线弹性,屈服后是硬化段,超过极限应力后为软化段。根据定义的各温度下应力与塑性应变数据,ABAQUS 自动转化为应力与等效塑性应变关系曲线,并用预应力-应变关系表述,其表达式为

$$\begin{cases} \sigma_t = \sigma_t(\widetilde{\varepsilon}_t^{pl}, \dot{\widetilde{\varepsilon}}_t^{pl}, T) \\ \sigma_c = \sigma_c(\widetilde{\varepsilon}_c^{pl}, \dot{\widetilde{\varepsilon}}_c^{pl}, T) \end{cases} \tag{9.21}$$

式中　$\widetilde{\varepsilon}_t^{pl}, \widetilde{\varepsilon}_c^{pl}$——等效塑性拉伸应变与压缩应变;

　　$\dot{\widetilde{\varepsilon}}_t^{pl}, \dot{\widetilde{\varepsilon}}_c^{pl}$——等效塑性拉伸应变率与压缩应变率;

　　T——温度。

(2)基于 Drucker-Prager 强度准则的屈服函数。

在复杂应力状态下,材料屈服的描述要比单轴情况复杂得多,建立弹塑性的本构理论,需要将单向应力状态下建立的概念加以推广。屈服条件就是屈服应力概念的推广。屈服面是通过有效压应力和有效拉应力来控制的,其表达式为

$$F(\bar{\sigma}) = \frac{1}{1-\alpha}(\bar{q} - 3\alpha\bar{p} + \beta\langle\hat{\bar{\sigma}}_{max}\rangle - \gamma\langle-\hat{\bar{\sigma}}_{max}\rangle) - \bar{\sigma}_c \tag{9.22}$$

式中　$\bar{p}$——有效静水压应力,$\bar{p} = -\frac{1}{3}(\bar{\sigma}_1 + \bar{\sigma}_2 + \bar{\sigma}_3)$,$\bar{\sigma}_1, \bar{\sigma}_2, \bar{\sigma}_3$ 分别为 3 个

　　等效主应力;

　　$\bar{q}$——Mises 等效有效应力,$\bar{q} = \sqrt{\frac{3}{2}s_{ij}s_{ji}}$,其中 s_{ij}, s_{ji} 为偏应力张量;

　　$\hat{\bar{\sigma}}_{max}$——有效主应力中的最大值,$\langle\cdot\rangle$可以用$\langle x\rangle = \frac{|x|+x}{2}$表示;

　　α——无量纲常数,$\alpha = \frac{\sigma_{bo} - \sigma_{co}}{2\sigma_{bo} - \sigma_{co}}$,$0 \leq \alpha \leq 0.5$,其中 σ_{bo}, σ_{co} 分别为双

　　轴、单轴受压时初始屈服应力;

　　β——无量纲常数,$\beta = (1-\alpha)\frac{\bar{\sigma}_c}{\bar{\sigma}_t} - (1+\alpha)$,其中 $\bar{\sigma}_c, \bar{\sigma}_t$ 分别为受压和

　　受拉的有效黏聚应力;

　　γ——无量纲常数,$\frac{3(1-K_c)}{2K_c - 1}$,对于混凝土,材料参数 K_c 可以取为

$\dfrac{2}{3}$；

σ_{to}——单轴极限拉应力。

屈服函数考虑了在拉伸和压缩作用下材料具有不同的强度特征,该模型是由 Lublinear 提出,并由 Lee 进行了修正。该准则在混凝土结构有限元分析中得到广泛应用。

（3）流动法则。

该模型的塑性流动法则为基于 Drucker-Prager 流动面的非关联流动,其公式为

$$d\varepsilon^{\text{pl}} = d\lambda \frac{\partial G(\overline{\sigma})}{\partial \overline{\sigma}} \tag{9.23}$$

式中　$d\varepsilon^{\text{pl}}$——塑性应变增量;

　　　$d\lambda$——非负的塑性加载系数;

　　　$G(\overline{\sigma})$——势能函数。

势能函数 $G(\overline{\sigma})$ 为 Drucker-Prager 抛物线函数,其表达式为

$$G(\overline{\sigma}) = \sqrt{(\varepsilon \sigma_{\text{t0}} \tan \psi)^2 + \overline{q}^2} - \overline{p} \tan \psi \tag{9.24}$$

式中　ψ——p-q 平面上高围压下的剪胀角;

　　　ε——偏移量参数,给出了函数趋向于渐近线的速率(当该值趋向于零时,流动势渐近于直线)。

在 ABAQUS 中,偏移量参数 ε 的默认值为 0.1,它表示在很大的围压范围内材料几乎具有相同的剪胀角。增加 ε 值,使得流动势曲率更大,这意味着随着围压的降低,剪胀角迅速增加。在低围压作用下,若 $\varepsilon<0.1$,很可能会导致计算收敛问题。

塑性势函数光滑连续,从而保证流动方向唯一。高围压下该函数接近于线性 Drucker-Prager 塑性势,且与静水压力轴相交于 90°。由于塑性流动是非关联的,应用损伤塑性模型将使材料刚度矩阵为非对称阵。因此,在 ABAQUS/Standard 中为了得到可接受的计算收敛速度,应该采用非对称矩阵存储和非对称计算方法求解。

（4）硬化法则。

塑性应变增量为

$$d\overline{\varepsilon}^{pl} = \hat{h}(\hat{\overline{\sigma}}) d\hat{\varepsilon}^{pl} \tag{9.25}$$

式中　$\mathrm{d}\,\overline{\varepsilon}^{pl}$——等效塑性应变增量,$\mathrm{d}\,\overline{\varepsilon}^{pl} = \begin{bmatrix} \mathrm{d}\,\widetilde{\varepsilon}_t^{pl} \\ \mathrm{d}\,\widetilde{\varepsilon}_c^{pl} \end{bmatrix}$;

$\mathrm{d}\hat{\varepsilon}^{pl}$——塑性主应变增量 $\mathrm{d}\hat{\varepsilon}^{pl} = \begin{bmatrix} \mathrm{d}\hat{\varepsilon}_1 \\ \mathrm{d}\hat{\varepsilon}_2 \\ \mathrm{d}\hat{\varepsilon}_3 \end{bmatrix}$,可按式(2.23)计算;

$\hat{\boldsymbol{h}}(\overline{\hat{\sigma}})$——权重矩阵,$\hat{\boldsymbol{h}}(\overline{\hat{\sigma}}) = \begin{bmatrix} \gamma(\overline{\hat{\sigma}}) & 0 & 0 \\ 0 & 0 & -(1-\gamma[\overline{\hat{\sigma}}]) \end{bmatrix}$,其中 $\gamma(\overline{\hat{\sigma}})$

为应力权重因子,$\gamma(\overline{\hat{\sigma}}) = \dfrac{\sum\limits_{i=1}^{3} <\overline{\hat{\sigma}_i}>}{\sum\limits_{i=1}^{3} |\overline{\hat{\sigma}_i}|}$,$0 \leq \gamma(\overline{\hat{\sigma}}) \leq 1$,当

所有等效主应力为正时,该值为 1;当所有等效主应力为
负时,该值为 0。

5. 建立钢筋和碳纤维布有限元模型

ABAQUS 可以添加单独的钢筋单元,也可以在单元属性中附加钢筋属性以定义组合模型的钢筋,还可以通过 Embed 方法将杆单元或者膜单元嵌入混凝土单元中,自动耦合自由度。本书的钢筋采用杆单元模拟。碳纤维布采用膜单元模拟,外贴在混凝土底面,不考虑碳纤维布与混凝土的相对滑移。

将前节温度场分析文件作为已知条件输入到结构分析程序中,结构分析所使用的网格可以和温度场分析的网格划分不一致,程序会自动进行插值处理。结构有限元建模时,必须保证模型中混凝土部件的名称与温度场分析模型中的混凝土部件的名称一致,并且其几何坐标也应该保持一致,这样可保证温度场的节点温度值能对应输入到结构分析模型中。选取 ABAQUS 提供的塑性损伤模型、线弹性模型和理想弹塑性模型来分别定义混凝土、碳纤维布和钢筋的材料力学行为。结构分析中选取 8 节点的三维实体单元 C3D8R、4 节点的三维膜单元 S4R 和两节点的三维杆单元 T3D2 来分别模拟混凝土、碳纤维布和钢筋,钢筋部件埋置在混凝土部件中,碳纤维布部件贴在混凝土板底,各部件可根据加载及分析的需要采用不同的网格划分,边界网格节点可以不一致。但作为子体的钢筋部件网格尺寸不得

大于作为母体的混凝土部件,作为子面的碳纤维布部件网格尺寸也不得大于作为主面的混凝土部件底面。有限元网格划分如图 9.34 所示。

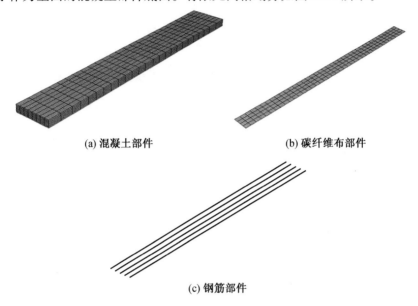

(a) 混凝土部件   (b) 碳纤维布部件

(c) 钢筋部件

图 9.34　板的网格

板(以 B3 为例)的高温变形(跨中位移达到最大值时刻)如图 9.35 所示,图中给出的位移为常温位移和高温位移之和。

图 9.35　板的高温变形(B3)

各试件跨中位移模拟与实测结果对比情况如图 9.36 所示。

从各板的模拟情况来看,计算值比试验值偏小,这是由于在板侧与板底交界处涂料开裂导致该处混凝土及钢筋温度较高,致使实际变形偏大的

缘故。但总体上计算值与实测值基本接近,说明本书所使用的分析方法和
参数设置是合理的。

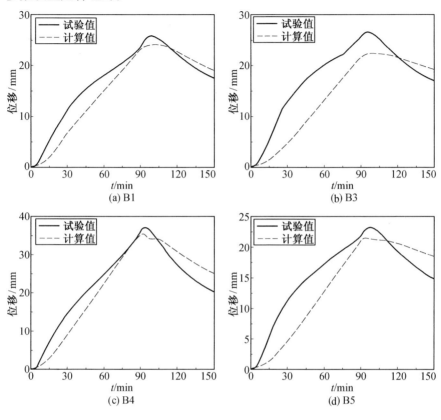

图 9.36　各试件跨中位移模拟与实测结果对比

9.3　火灾下加固混凝土梁抗火性能试验

　　作为三面受火的梁,碳纤维布的防火保护有别于单面受火的板,如何
使用防火涂料对梁底碳纤维布实施防火保护是一个需要解决的问题。梁
底角部两面受火,而此处往往是涂层的薄弱环节,厚型钢结构防火涂料和
厚型隧道防火涂料能否有效防止碳纤维氧化,使碳纤维布在火灾下能充分
发挥其力学性能而显得非常重要。另外,加固梁的抗火性能究竟如何需要
研究。

9.3.1　试验概况

1.试件设计

制作了 4 根用 AASCM 粘贴碳纤维布加固混凝土梁,每根梁总长为 4 400 mm,计算跨度为 3 500 mm,截面尺寸为 150 mm×350 mm。纵向受力钢筋均采用 HRB335,直径为 12 mm,钢筋保护层厚度均为 25 mm,箍筋均采用 HPB235,直径为 6 mm,间距为 150 mm。梁底均粘贴一层碳纤维布,布宽与梁底宽度相同,长度为 3 500 mm。在梁跨范围内共设置 5 道 U 形箍,每道 U 形箍宽度均为 250 mm,碳纤维布的布置如图 9.37(a)所示。钢筋常温力学性能见表9.6。

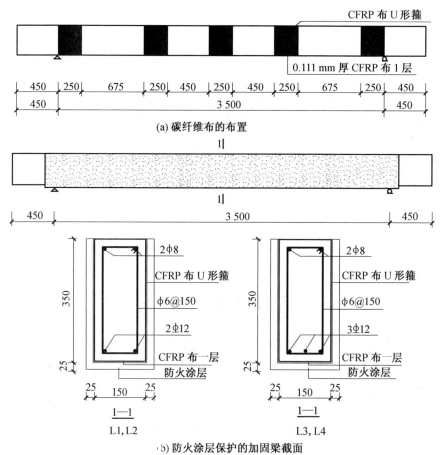

(a) 碳纤维布的布置

(b) 防火涂层保护的加固梁截面

图 9.37　试件设计

表 9.6 钢筋的常温力学性能

型号	直径/mm	屈服强度/MPa	极限强度/MPa	弹性模量/MPa
HRB335	12	375	555	2.01×10^5
HPB235	8	301	410	2.0×10^5
HPB235	6	295	420	2.0×10^5

注:每种直径的钢筋取 3 个试样,按我国《金属材料室温拉伸试验方法》(GB/T 228—2002)进行试验,得到钢筋各试样屈服强度、极限强度和弹性模量,然后求得相应的平均值(即表中所列数据)

选用厚型钢结构防火涂料和厚型隧道防火涂料对碳纤维布进行防火保护。为了防止防火涂料脱落,有效保护碳纤维布,在梁底和梁侧均设置了等厚度的防火涂料,保证了火场中涂料设置的连续性。外涂防火涂料的用 AASCM 粘贴碳纤维布加固混凝土梁截面设计如图 9.37(b)所示。

试件主要设计参数见表 9.7。

表 9.7 试件主要设计参数

编号	截面配筋	抗力提高幅度	跨中荷载/kN	荷载水平
L1	2 ϕ 12	47%	16.2	0.45
L2	2 ϕ 12	47%	16.2	0.45
L3	3 ϕ 12	30%	16.2	0.35
L4	3 ϕ 12	30%	16.2	0.35

注:抗力提高幅度为加固梁计算极限荷载与相应未加固梁计算极限荷载两者之差与后者的比值,荷载水平为试验梁跨中截面实际承受的弯矩与该截面计算极限抗弯承载力之比

L1 和 L2,L3 和 L4 两组试件的碳纤维布加固提高幅度、荷载水平以及涂料厚度均相同,但涂料品种不同,旨在考察防火涂料品种对加固梁抗火性能的影响,而 L1 和 L3,L2 和 L4 两组试件的涂料品种及厚度均相同,但碳纤维布加固提高幅度和荷载水平不一致,旨在综合考察碳纤维布加固提高幅度和荷载水平对加固梁抗火性能的影响。由于试验设备的限制,每个千斤顶对每根梁的跨中施加荷载是相同的,当其中 1 根梁的荷载水平设定后,其他试验梁的荷载水平大小也随之确定,不能任意设定。

防火涂层设置见表 9.8。和试验板的防火保护相似,在防火涂料的外层设置了钢丝网。

表9.8 防火涂层设置

编号	设置方法
L1,L3	共设置 25 mm 厚的厚型钢结构防火涂料。首先在梁底和梁侧先后喷涂 5 mm 厚和 10 mm 厚的两层厚型钢结构防火涂料（内层涂料），然后借助于锚入梁侧的双向 M6@300 锚栓固定 φ0.8@10 钢丝网,最后再涂抹 10 mm 厚的厚型钢结构防火涂料（外层涂料）
L2,L4	除涂料种类为厚型隧道防火涂料外,涂层厚度和设置方法均与 L1,L3 相同

热电偶编号与布置如图 9.38 所示。

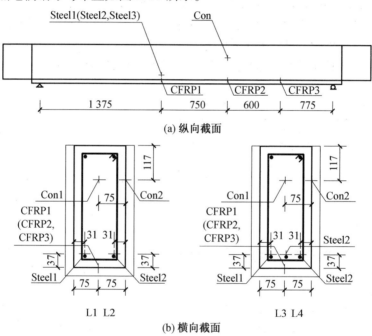

(a) 纵向截面

(b) 横向截面

图9.38 试验梁内热电偶编号与位置

编号为 CFRP1,CFRP2,CFRP3 的热电偶测量梁底纵向不同位置的碳纤维布温度;编号为 Steel1,Steel2,Steel3 的热电偶测量梁底纵向受力钢筋温度;编号为 Con1 和 Con2 的热电偶分别测量距梁底距离为 2/3 梁高处梁截面中部和梁侧的混凝土温度。

2.试验流程

用 AASCM 粘贴碳纤维布加固混凝土梁的施工工艺与板相同,详见 9.1.2节,制作完成的试验梁如图 9.39 所示。

(a) 热电偶

(b) 碳纤维布

图 9.39 制作完成的试验梁

AASCM 养护 30 d 后设置防火涂料。梁底和梁侧的碳纤维布均需防火涂料保护,但如果仅在有碳纤维布的部位涂抹防火涂料,防火涂料会出现很多的截断面,在火灾中极易开裂和脱落,对碳纤维布的防火极为不利。因此,本书采用梁底和梁侧满涂防火涂料的方法来对碳纤维布实施保护。加固梁的防火涂层设置过程如图 9.40 所示。

在喷涂内层防火涂料之前,需要在梁侧预置间距为 300 ~ 500 mm 的两排膨胀螺栓(避开 U 形碳纤维箍),如图 9.40(a)所示。内层防火涂料应分层喷涂,每层厚度约为 2 mm,如图 9.40(b)所示。在每层喷涂完毕后应测量其厚度,如图 9.40(c)所示。在喷涂的过程中要特别注意梁底角部防火涂料的施工质量,转角要圆润,不得有任何开裂现象。待内层防火涂料自然干燥后,用预制好的 U 形钢丝网进行包裹,并将其与膨胀螺栓可靠固定,在固定过程中应尽量保持钢丝网的平整,如图 9.40(d)所示。在梁底和梁侧涂抹外层防火涂料时,涂料应完全覆盖钢丝网,如图 9.40(e)所示,在钢丝网起鼓处其防火涂料的厚度可能略大于设计厚度。设置完成后的防火涂层如图 9.40(f)所示。防火涂料设置完成后自然干燥 40 d,其状况如图 9.41 所示。

(a) 在梁侧预置膨胀螺栓

(b) 喷涂内层防火涂料

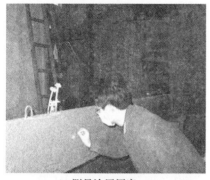
(c) 测量涂层厚度

(d) 固定 U 形钢丝网

(e) 涂抹外层防火涂料

(f) 防火涂层设置完成

图 9.40　梁的防火涂料设置过程

3. 加载方案

采用跨中液压千斤顶单点加载的方式对试验梁进行加载。点火前 2 h 试加载,并进行标定。采用高精度传感器对液压加载设备进行标定,如图 9.42 所示。标定完成后,将荷载加至试验要求荷载,并维持荷载不变,直至试验结束。

(a) 厚型隧道防火涂料

(b) 厚型钢结构防火涂料

图 9.41　防火涂料状况(自然干燥 40 d)

(a) 传感器

(b) 标定

图 9.42　标定加载设备

9.3.2　试验现象

试验炉预热 2 min 后开始正式记录温度和变形,在整个升温和降温过程中,温度每 30 s 记录一次,位移每 2 s 记录一次。试验炉升温时间为 90 min,停火后 60 min 内继续测量梁底炉温、梁温及变形。

1. 梁底下方炉温

梁底下方炉温如图 9.43 所示。从图 9.43 可以看到,在升温段,各测点温差以及各测点温度与平均温度的温差均小于 50 ℃,因此可认为测点范围内的温度基本是均匀的;在降温段,各测点温度趋于一致,基本无差异。

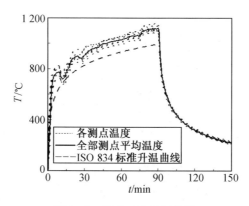

图 9.43 梁底下方炉温曲线

2. 火灾下试验现象与分析

试件 L1 在受火约 5 min 时,涂料表面开始变黑,此后涂料一直呈现黑色,直至试验结束。受火约 10 min 时,随着钢丝网受热膨胀,可以明显看到梁侧局部外层涂料凸起,部分脱落,梁侧上部和梁底角部涂料先后开裂,随着受火时间的延长,裂缝逐渐变宽。受火约 18 min 时,梁底涂料也明显凸起,凸起 2 min 后梁底涂料出现脱落现象,涂料脱落处钢丝网暴露在火场中。受火约 45 min 时,梁一端部小片钢丝网暴露在火场中。受火约 57 min时,跨中梁底和梁侧下部局部钢丝网暴露在火中。受火约 64 min 时,梁另一端部的钢丝网也暴露在火中。受火约 80 min 后,整个梁底和梁侧下部钢丝网大面积暴露在火中。受火约 82 min 时,跨中梁侧下部涂料出现较大的裂口。梁端部在受火中后期出现水渍。停火前,涂料表面凹凸不平,呈蜂窝状。

试件 L2 在受火约 3 min 时,涂料表面开始逐渐变黑;持续约 4 min 后,涂料恢复原色。受火约 10 min 时,跨中梁侧中上部外层涂料有 2 处起鼓,起鼓处涂料少许脱落。受火约 18 min 时,梁侧下部局部涂料轻微凸起。受火约 22 min 时,跨中梁侧下部涂料表面出现较多细微裂缝。受火约 43 min时,跨中梁侧角部涂料少量脱落,脱落处局部钢丝网暴露在火中。随着受火时间的延长,跨中梁侧下部及梁底有少许涂料脱落,但直到停火时刻,涂料表面未出现较严重的破坏。

试件 L3 在受火约 5 min 时,涂料表面开始变黑,此后涂料一直呈现黑色,直至试验结束。受火约 15 min 后,梁侧上部局部涂料最先出现脱落,然后梁侧角部和底部涂料先后开始脱落,涂料脱落处钢丝网暴露在火中。此后,随着受火时间的延长,梁的外层涂料呈波浪状起鼓,大部分开裂,角部涂料开裂尤为明显。受火约 29 min 时,暴露在火中的部分钢丝网被烧断。受火约 85 min 后,梁侧下部和梁底的钢丝网大部分暴露在火中,外层防火涂料严重起鼓、脱落。梁端部在受火中后期出现水渍。

试件 L4 在受火约 3 min 时,涂料表面开始逐渐变黑,持续约 4 min 后,涂料恢复原色。受火约 10 min 时,跨中梁侧上部外层涂料多处起鼓,起鼓处少量涂料脱落,露出钢丝网。随后,梁底和梁侧下部出现了少量涂料脱落。随着受火时间的延长,梁底和梁侧涂料脱落部位虽有所增多,外露钢丝网面积虽有所增大,但总体来说,涂料破坏较轻。受火约 35 min 时,梁侧角部个别外露钢丝网被烧断。受火约 60 min 时,跨中梁侧下部出现两条较长裂纹,但直到停火时刻,裂纹没有进一步发展。

从以上各梁的试验现象可看到,对同种防火涂料来说,其现象大体相同,但对两种不同防火涂料来说,差异较大。两种防火涂料保护的加固梁火灾下试验现象如图 9.44 所示,下面加以概括总结和分析。

 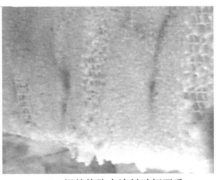

(a) 隧道防火涂料轻微破坏　　　　(b) 钢结构防火涂料破坏严重

(c) 梁端部有水渍

图 9.44　火灾下试验现象

采用厚型隧道防火涂料保护的梁,火灾下试验现象如图 9.44(a)所示。涂料局部脱落和开裂部位一般最早出现在梁侧上部,这主要是梁侧上部钢丝网在施工时难以平整,致使梁侧钢丝网涂料保护层局部较少,钢丝网最先受热膨胀,导致涂料较早脱落和开裂,但随着受火时间的延长,梁侧大部分涂料较稳定,涂料重点脱落部位在梁侧角部及梁底。涂料多呈颗粒状脱落,未见大块脱落,开裂处裂缝宽度不大,发展缓慢,表明涂料在火灾下性能稳定。受火中后期,局部钢丝网暴露在火场中,个别暴露钢丝网被烧断。受火后期,外层涂料没有进一步的明显变化。

采用厚型钢结构防火涂料保护的梁,火灾下试验现象如图 9.44(b)所示。梁侧涂料最先起鼓、脱落,其原因和上面一样。随着受火时间的延长,除了梁侧涂料脱落和开裂情况一直持续外,梁侧角部和梁底涂料先后出现类似情况。梁侧角部由于两面受火的作用,热效应比梁底更大,因此角部钢丝网比梁底钢丝网更易膨胀,加之涂料在此处转角,使其比梁底涂料更易脱落和开裂。受火后期,外层涂料呈蜂窝状,钢丝网严重变形,局部钢丝网被烧断。L1 和 L3 的端部在受火中后期出现水渍,如图 9.44(c)所示,这是由于梁内水蒸气迁移至梁端遇冷所至。梁底和梁侧下部是涂料脱落最严重的部位,涂料的劣化情况沿着梁的纵向并不均匀,可能使得梁纵向截面温度有一定差异。

从以上现象可看到,对加固梁,由于厚型钢结构防火涂料在火灾下更易脱落和开裂,其防火效果劣于厚型隧道防火涂料。为了有效抑制梁侧钢丝网的起鼓,在施工时尽量控制钢丝网的平整度和适当减小用于固定钢丝网的锚栓间距。

3. 火灾后试验现象与分析

试验梁在炉内自然冷却 24 h 后,观察火灾后试验现象。

厚型隧道防火涂料保护的试件 L2 和 L4,表面颜色及外观和烧前差异不大,涂层大部分基本完好。火灾下起鼓涂料已恢复平整,这是由于降温后钢丝网冷却回缩的缘故,外层涂料黏结强度较小,手指触碰易脱落,这是高温作用使得涂料强度降低的结果。试件 L2 涂料表面有多处细微裂纹,跨中梁侧外层涂料多处脱落,钢丝网外露,如图 9.45(a)所示,梁底角部一处涂料块状脱落,留有一道长约 200 mm、深约 20 mm 的凹坑,如图 9.45(b)所示,在涂料脱落处外露钢丝网已被烧断,表明角部是防火涂料最易破损的区域。试件 L4 的梁底和梁侧有个别部位小块涂料脱落,如图 9.45(c)所示,梁底角部也有涂料轻微脱落,如图 9.45(d)所示,距梁底2/3梁高以下处的梁侧分布多条裂纹,个别较宽。总体来看,梁较严重的破坏部位主要集中在梁底和梁侧角部,这是由于这些部位是涂料施工的薄弱环节,并且角部还处于两面受火状态的缘故。试件 L2 比 L4 的涂料破坏要严重些,一方面可能是涂料施工质量的差异;另一方面可能是由于两根梁在炉内所处的位置不同所引起,处于炉腔中部的试件 L2 比处于炉腔端部的试件 L4 遭受的火灾温度更高。

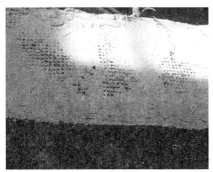

(a) L2 梁侧涂料脱落

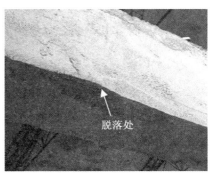

(b) L2 梁底角部涂料脱落

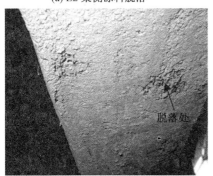

(c) L4 梁底涂料局部脱落

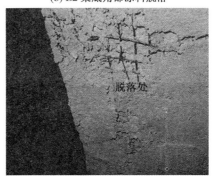

(d) L4 梁底角部涂料轻微脱落

图 9.45　试件 L2 和 L4 的防火涂料主要破坏特征

将试验梁的厚型隧道防火涂料逐层剥离,观察涂料内部试验现象。由于试件 L2 和 L4 防火涂料逐层剥离后的试验现象基本相同,以下以 L2 为例进行说明。外层涂料与内层涂料分层明显,内层涂料表面无任何开裂,内部无明显分层,涂料黏结强度较高,如图 9.46(a)所示,表明涂料致密,能够完全将碳纤维布与氧气隔绝。涂层由外至内颜色分别为淡黄色、黑灰色(较厚)及黄色(较薄)。涂层与混凝土界面结合紧密,如图 9.46(b)所示,表明厚型隧道防火涂料与混凝土黏结性能良好。涂层与碳纤维布界面结合紧密,如图 9.46(c)所示,表明厚型隧道防火涂料与碳纤维布黏结性能良好,但涂料与梁侧混凝土结合紧密程度比碳纤维布要好,表明隧道涂料与混凝土的黏结性能比碳纤维布要好,这是由厚型隧道防火涂料的黏结特性所决定的。碳纤维布保存完好,碳纤维布与混凝土黏结处未见滑移和破坏,如图 9.46(d)所示,表明碳纤维布与混凝土有效共同工作。

(a) 内层涂料致密

(b) 涂料与混凝土结合紧密

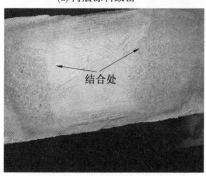
(c) 涂料与碳纤维布结合紧密

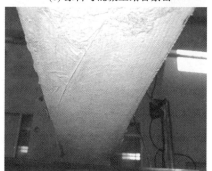
(d) 碳纤维布完好

图 9.46　厚型隧道防火涂料逐层剥离后的状况

涂厚型钢结构防火涂料的试件 L1 和 L3 的破坏特征大致相同。钢丝网呈波浪起伏状,变形严重,钢丝网大部分被氧化,易折断。梁底和角部处外层涂料大面积脱落,脱落处周边涂料被掀起,如图 9.47(a)所示。梁侧涂料脱落区域主要集中在梁侧下部靠近角部的区域,如图9.47(b)所示。

将试验梁的厚型钢结构防火涂料逐层剥离,观察涂料内部试验现象,如图 9.48 所示。拨开外层钢丝网后发现,内层涂料非常疏松,触碰后易大面积脱落,如图 9.48(a)所示。涂层之间没有明显分层现象,内层涂料基本完好,如图 9.48(b)所示,表明虽然外层涂料破坏严重,但 U 形钢丝网的存在使得内层涂料没有出现明显开裂和脱落现象,很好地隔绝了外部空气与碳纤维布接触,保证碳纤维布处于绝氧状态。涂料由里层向外层颜色依

(a) 梁底涂料脱落严重　　　　　　　　(b) 梁侧涂料脱落情况

图 9.47　L1 和 L3 的防火涂料主要破坏特征

次为褐色、黑色和灰色。涂料与混凝土和碳纤维布界面大部分已脱开,如图 9.48(c)所示,表明钢结构防火涂料与混凝土及碳纤维布的高温黏结性能较差。铲除涂料并将碳纤维布面层涂料清洁干净后发现,梁底角部碳纤维布面胶呈灰白色,如图 9.48(d)所示,这是由于梁角处于两面受火、角部温度较高的缘故。碳纤维布保存较好,碳纤维布与混凝土的黏结处未见滑移和破坏,但面胶表面出现龟裂现象,其中 L1 面胶龟裂较轻,如图9.48(e)所示,L3 面胶龟裂较重,如图 9.48(f)所示。仔细观察发现,龟裂裂缝深度较浅,并未延伸到碳纤维布处,这表明面胶表面龟裂基本不会影响碳纤维布的力学性能。AASCM 的龟裂可能是由于 AASCM 在降温过程中自身收缩受到碳纤维布约束引起,而龟裂的严重程度与火灾下经历的温度有关,AASCM 经历的温度越高,龟裂越严重。所有梁侧膨胀螺栓易被拔出,表明该处混凝土已被烧酥,这是由于螺栓传热的缘故,可见,膨胀螺栓的设置对局部混凝土强度有一定影响。

对于两种厚型防火涂料,采用本书设置防火涂料的构造措施,均有效地达到了火灾下碳纤维布绝氧的要求。经历火灾后,碳纤维布通过 AAS-CM 与混凝土梁可靠黏结,说明火灾下碳纤维布通过 AASCM 的黏结与混凝土梁有效地共同工作。

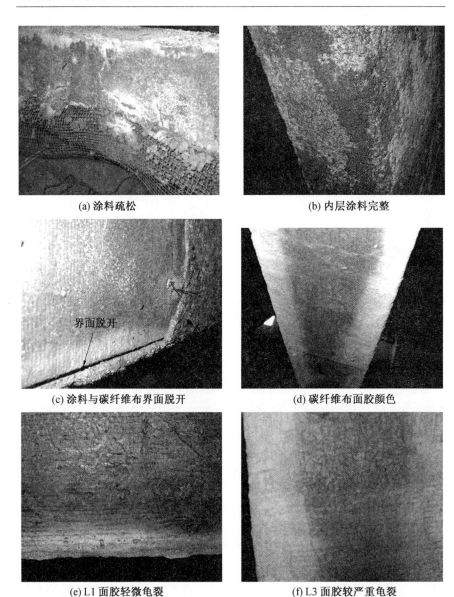

(a) 涂料疏松

(b) 内层涂料完整

界面脱开

(c) 涂料与碳纤维布界面脱开

(d) 碳纤维布面胶颜色

(e) L1 面胶轻微龟裂

(f) L3 面胶较严重龟裂

图 9.48　厚型钢结构防火涂料逐层剥离后的状况

9.4 火灾下加固混凝土梁的试验结果与分析

9.4.1 截面温度场分析

在测温过程中,部分补偿导线高温熔化粘连在一起,温度测点失效。有效测点实测的温度-时间曲线如图 9.49 所示,图中测点编号所代表的梁内位置详见图 9.38。

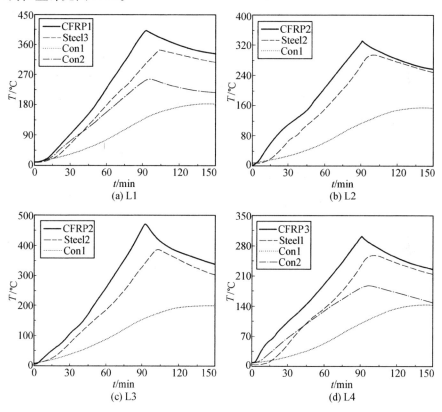

图 9.49   各试件内部热电偶的实测温度-时间曲线

由图 9.49 可看出:

(1)碳纤维布(测点编号为 CFRP1,CFRP2 和 CFRP3)温度和梁侧涂料与混凝土界面交界处(测点编号为 Con2)温度一般在停火时刻达到峰值,随后不同程度地降低;钢筋(测点编号为 Steel1,Steel2 和 Steel3)温度稍稍延后几分钟达到峰值,随后不同程度地降低;而所有梁内离梁底约 2/3 梁高处(测点编号为 Con1)温度在停火后较长时间内依然缓慢增长,未见降低,表明停火后梁内部较长时间内依然存在热量的传递。

(2)试件 L1 和 L4 的碳纤维布(测点编号分别为 CFRP1 和 CFRP3)温度要明显高于梁侧涂料与混凝土界面交界处(测点编号为 Con2)温度。这是因为:一方面梁底角部处于两面受火状态;另一方面是梁底涂料在火灾下更容易开裂和脱落。

(3) L2 和 L4 的碳纤维布(相应的测点编号分别为 CFRP2 和 CFRP3)温度明显小于 L1 和 L3 的碳纤维布(相应的测点编号分别为 CFRP1 和 CFRP2)温度,表明厚型隧道防火涂料对碳纤维布温度的控制比厚型钢结构防火涂料要好。

(4)同为厚型钢结构防火涂料保护的 L1 和 L3,以及同为厚型隧道防火涂料保护的 L2 和 L4,其温度均有一定差别,特别是碳纤维布和 Steel 处温度差别较大,这是由测温部位涂料的脱落和开裂差异造成的。可见,即使采用相同厚度的同一种涂料保护,由于涂料脱落和开裂的不均匀性,其构件内部温度场也会产生一定的差异。

9.4.2　试件变形分析

试件的跨中位移–时间曲线如图 9.50 所示。

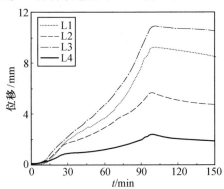

图 9.50　试件跨中位移–时间曲线

从图 9.50 可看出:

(1)试件 L1,L2,L3 和 L4 的最大跨中位移分别为 9.2 mm,5.8 mm,11 mm 和 2.5 mm,其值仅介于计算跨度的 1/1 400 ~ 1/318,表明火灾下用 AASCM 粘贴的碳纤维布与混凝土梁有效地共同工作。停火后,跨中位移小幅减小,表明火灾后构件残余变形很小。

（2）各梁跨中位移变化分为两个阶段，即火灾下位移不断增加阶段和火灾后位移略微减小阶段。火灾下，试件 L2 和 L4 混凝土温度较低，由温度引起的截面刚度退化较小，而由温度引起的混凝土膨胀变形较大，位移主要是由梁膨胀变形所引起；试件 L1 和 L3 混凝土温度相对较高，位移是由膨胀变形和截面刚度退化共同引起。火灾后，随着梁内温度的降低，位移小幅减小。

（3）各试件跨中位移主要由构件温度场决定，荷载水平和碳纤维布加固提高幅度对跨中位移的影响相对较小。

9.4.3　温度场有限元分析

1.计算模型

采用式（9.8）模拟梁底下方炉温。梁底下方炉温模拟与实测结果对比情况如图 9.51 所示，模拟曲线与实测曲线吻合很好，可作为加固梁温度场计算的升降温曲线。

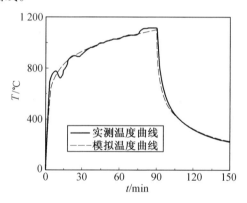

图 9.51　梁底下方炉温模拟与实测结果对比

采用 ABAQUS 6.5 软件建立三维实体模型进行梁的温度场分析。根据试验现象，防火涂料均有不同程度的脱落，且梁底防火涂料脱落较梁侧严重，为考虑这一不利影响，经火灾后对剩余涂料实际厚度的测量后，确定计算时防火涂料厚度取值如下：对厚型钢结构防火涂料，梁底和梁侧防火涂料的厚度分别取为 12 mm 和 16 mm，比设计厚度分别减少 13 mm 和 9 mm；对厚型隧道防火涂料梁底和梁侧的厚度分别取为 22 mm 和 24 mm，比设计厚度分别减少 3 mm 和 1 mm。混凝土部件截面沿宽度划分 10 个单元，沿高度划分 25 个单元，防火涂料部件沿厚度方向划分 5 个单元，混凝土部件和涂料部件沿长度方向均划分 15 个单元，混凝土部件和涂料部件的网格划分如图 9.52 所示。

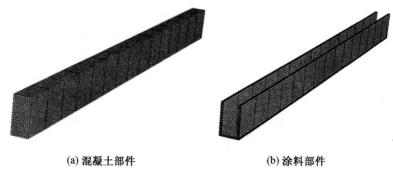

(a) 混凝土部件   (b) 涂料部件

图 9.52 梁的网格

将迎火面的热对流系数取为 25 W/(m² · K),混凝土的热辐射率均取为 0.7。由于梁顶采用耐火砖覆盖和耐火棉盖缝,顶面与周围空气无法进行热对流,因此不考虑梁顶面热对流的影响,仅考虑混凝土的热辐射。采用 ABAQUS/Standard 求解器进行瞬态热分析,总时长为 9 000 s,时间增量步大小取为 120 s,其他参数采用程序默认值。对试件进行从升温 1.5 h 到停火 1 h 的全过程温度场模拟。

2. 计算结果

试件 L1,L2,L3 和 L4 在停火时刻及停火 1 h 后截面混凝土温度云图如图 9.53 和图 9.54 所示。由两个时刻的云图可明显看到梁截面温度场的整体分布情况。停火时,梁底角部温度最大,这是由于此处为两面受火的缘故,混凝土内部温度较低,说明防火涂料阻热效果明显。停火后,混凝土内部依然存在热量传递,温度梯度渐趋均匀,梁底部温度最大,混凝土部分区域温度比停火时略大。

试件 L1,L2,L3 和 L4 的温度模拟与实测结果对比情况如图 9.55 ~ 9.58 所示。各图中的编号所代表的测点位置见图 9.38,其中以 M 结尾的编号为相应的模拟值。碳纤维布处的温度模拟值与实测值的差别比其他测点处大,这是由于梁底涂料开裂情况较其他部位更严重的缘故。L2 比 L4,L3 比 L1 模拟吻合程度要差,表明在测温截面处试件 L2 和 L3 的涂料(特别是梁底和角部涂料)开裂比试件 L4 和 L1 严重。但总体来看,模拟温度与实测结果吻合较好,说明温度分析方法合理。

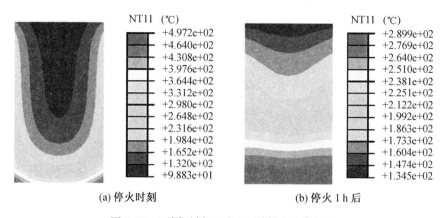

(a) 停火时刻

(b) 停火 1 h 后

图 9.53　不同时刻 L1 和 L3 混凝土温度云图

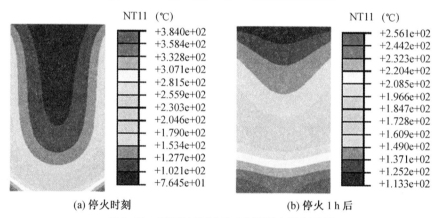

(a) 停火时刻

(b) 停火 1 h 后

图 9.54　不同时刻 L2 和 L4 混凝土温度云图

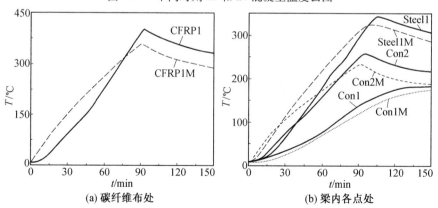

(a) 碳纤维布处

(b) 梁内各点处

图 9.55　L1 各测温点处温度模拟与实测结果对比

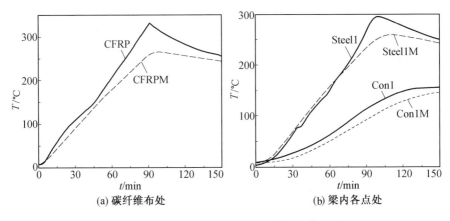

(a) 碳纤维布处　　　　　　　(b) 梁内各点处

图 9.56　L2 各测温点处温度模拟与实测结果对比

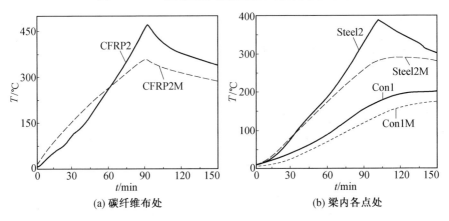

(a) 碳纤维布处　　　　　　　(b) 梁内各点处

图 9.57　L3 各测温点处温度模拟与实测结果对比

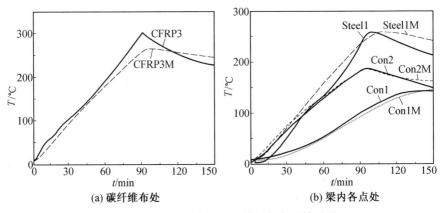

(a) 碳纤维布处　　　　　　　(b) 梁内各点处

图 9.58　L4 各测温点处温度模拟与实测结果对比

9.4.4　变形有限元分析

1. 计算模型

采用 ABAQUS 6.5 中的顺序耦合热应力分析方法进行构件变形分析。有限元网格划分如图 9.59 所示。为增强计算的收敛性,每次计算须调整迭代的初始步长。

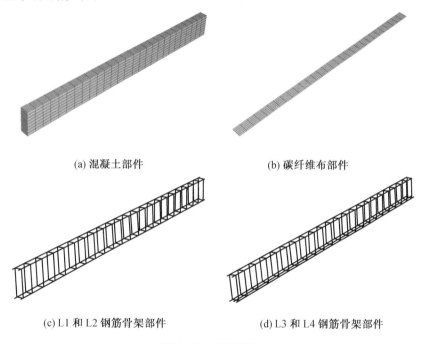

(a) 混凝土部件　　　　　　　　　　(b) 碳纤维布部件

(c) L1 和 L2 钢筋骨架部件　　　　　(d) L3 和 L4 钢筋骨架部件

图 9.59　梁的网格

2. 计算结果

以试件 L3 为例给出的试件高温变形(跨中位移达到最大值时刻)如图 9.60 所示,图中显示的位移为常温位移和高温位移之和。

各试件跨中位移模拟与实测结果对比情况如图 9.61 所示(L4 的位移太小,计算相对误差较大,这里没有列出)。从图 9.61 可看到,除试件 L3 的计算值与实测值较接近外,试件 L1 和 L2 的计算值均大于实测值。其原因为:一方面,由于涂料沿梁长方向开裂和脱落情况是不均匀的,不同截面的温度场可能与计算值有一定差异;另一方面,由于试验中为了保持梁的稳定性而对梁端部进行了一定的嵌固约束,可能限制了梁端的自由转动而导致跨中位移偏小。

图 9.60　试件的高温变形(L3)

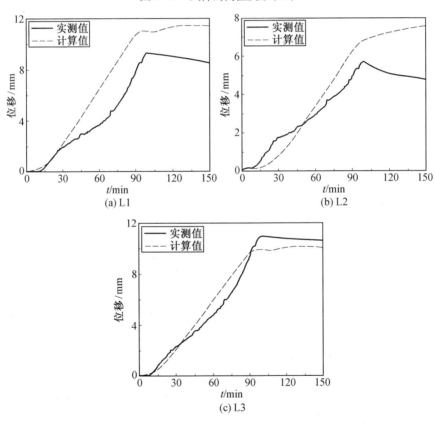

图 9.61　各试件跨中位移模拟与实测结果对比

9.5　火灾后加固混凝土梁板抗火性能试验

国内外实践证明,部分建筑结构在发生火灾时并未倒塌,但在火灾后一段时间内垮塌,这说明开展结构火灾后力学性能研究对保证结构火灾后的安全有较大意义。尽管用 AASCM 粘贴碳纤维布加固混凝土梁板在火灾下表现出了良好的抗火性能,但此类加固梁板火灾后的力学性能尚不清楚。

9.5.1　试验方案

1. 加载装置及设备

试验梁板一端为固定铰支座,另一端为滚动铰支座,在水平方向可做适量移动。试验梁板采用两点对称加载,如图 9.62 所示。

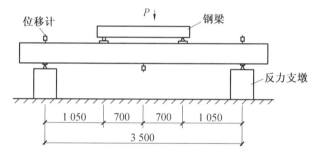

图 9.62　加载示意图

试验前,先进行预加载,预加载值为 5 kN,然后卸载至零,使各测量仪表进入正常的工作状态。试验加载装置如图 9.63 所示。

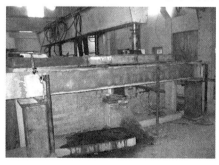

(a) 梁　　　　　　　　　　　　　(b) 板

图 9.63　梁板加载装置

2. 测试内容与方法

试验测试内容包括荷载值、跨中位移、裂缝分布以及宽度和间距等。通过连接到压力传感器的电子仪表读取所施加的各级荷载值。采用电子位移计测量各级荷载下的位移。在跨中处的试件底面架设 1 个位移计测量跨中位移,在 2 个支座处的试件顶面各架设 1 个位移计测量支座位移。裂缝以肉眼观察为主,其分布直接用粉笔在原位标出,宽度由专用仪器测量。

9.5.2 试验现象

1. 加固梁的试验现象与分析

(1)试件 L1 的试验现象与分析。

试验时以 2 kN 为一级,逐级加载。当加载到 12 kN 时,跨中纯弯段出现第一条裂缝。之后裂缝相继出现并发展。当加载到 44 kN 时,试件发出轻微零星的噼啪响声,梁侧裂缝发展,最大宽度达 0.38 mm。当加载到 48 kN 时,试件发出明显的噼啪响声,此时最大裂缝宽度为 0.53 mm,变形增长加快,改为以 1 kN 为一级,逐级加载。当加载到 52 kN 时,改为以 0.5 kN 为一级。在由 53.4 kN 向 53.6 kN 加载过程中,试件发出的噼啪响声突然加剧,并同时伴有碳纤维布断裂声,承载力急剧下降,无法继续持荷,极限荷载取为 53.4 kN。最终破坏状态为:跨中纯弯段裂缝处碳纤维布部分被拉断,如图 9.64(a)所示;最大裂缝附近碳纤维布敲击有空鼓声,出现剥离现象,如图 9.64(b)所示。受压区混凝土未发现明显压碎现象。破坏时梁侧面的裂缝分布如图 9.65 所示,最大裂缝宽度为 2.0 mm。

(a) 碳纤维布部分被拉断   (b) 碳纤维布剥离

图 9.64　碳纤维布破坏形态

构件在加载过程中,一般经历混凝土开裂、构件发出声响以及构件突然破坏 3 个阶段,构件破坏突然,属于脆性破坏。开裂荷载约为极限荷载

图 9.65　梁侧面的裂缝分布

的 22%,构件发出明显响声时的荷载约为极限荷载的 82%。

　　构件发出明显响声后破坏加剧,随着荷载逐步施加,响声逐渐加剧,此现象解释如下:在受荷过程时,随着碳纤维布拉应力不断增大,碳纤维布与混凝土界面剪应力随之不断增大,当界面剪应力增大到一定程度后,碳纤维布在混凝土界面上的黏结滑移量开始不断增大,在滑移过程中发出声响不断增大;另外,在受荷过程中,碳纤维布和 AASCM 拉应变逐渐增大,两者在共同受力过程中可能产生局部相对滑移,在滑移过程也会发出声响。

　　对构件破坏形态解释如下:在主裂缝处,开裂截面混凝土拉应力释放,传递至碳纤维布上,导致裂缝处碳纤维布的拉应力急剧增大,以及裂缝附近碳纤维布和混凝土之间局部界面应力迅速增大;另外,混凝土裂缝处曲率突变,对碳纤维布局部产生“刻损”破坏效应。当碳纤维布拉应力增大到一定程度之后,在较大拉应力和局部“刻损”破坏效应的共同作用下,导致了碳纤维布的局部断裂;当碳纤维布与混凝土之间的界面剪切应力大于其高温后极限黏结力时,碳纤维布发生剥离破坏,当剥离向两侧扩展到 U 形箍处时,由于剥离后碳纤维布应力释放以及 U 形箍的锚固作用,剥离不再继续开展。

　　(2)试件 L2 的试验现象与分析。

　　试验时以 2 kN 为一级,逐级加载。当加载到 14 kN 时,跨中纯弯段出现第一条裂缝。之后裂缝相继出现并发展。当加载到 46 kN 时,试件发出零星的劈啪响声,梁侧裂缝进一步发展,最大宽度达 0.42 mm。随后在 47 kN 之后,改为以 0.5 kN 为一级进行加载。当加载到 50 kN 时,试件发出明显的劈啪响声。当加载到 57 kN 时,梁底碳纤维布边缘出现剥离现象。在由 59.4 kN 向 59.6 kN 加载过程中,伴随碳纤维布发出的一阵剧烈断裂声,承载力急剧下降,无法继续持荷,极限荷载取为 59.4 kN。最终破坏状态为:跨中纯弯段梁底碳纤维布大部分被拉断,如图 9.66 所示。破坏时梁侧面的裂缝分布如图 9.67 所示,混凝土最大裂缝宽度为2.1 mm。在梁一端的弯剪区内,出现两条弯剪裂缝,宽度约为 0.5 mm。

(a) 底面   (b) 侧面

图 9.66   碳纤维布被拉断

图 9.67   梁侧面的裂缝分布

试件 L2 在加载过程中,经历混凝土开裂、构件发出声响以及构件突然破坏 3 个阶段,试件破坏突然,属于脆性破坏,其基本的受力破坏机理与试件 L1 基本相似。开裂荷载约为极限荷载的 24%,构件发出明显响声时的荷载约为极限荷载的 84%,此后构件的破坏加剧。值得注意的是,试件 L2 主要发生的是碳纤维布的拉断破坏,构件的极限破坏荷载比试件 L1 更大,碳纤维的抗拉性能发挥比试件 L1 更充分,这是因为试件 L2 的碳纤维布与混凝土界面经历的温度比试件 L1 低,高温后界面黏结力更大,更有利于碳纤维布抗拉性能的发挥。

(3)试件 L3 的试验现象与分析。

试验时以 2 kN 为一级,逐级加载。当加载到 16 kN 时,跨中纯弯段出现第一条裂缝。之后裂缝相继出现并发展。当加载到 36 kN 时,试件发出零星的响声,梁侧裂缝发展,宽度达0.21 mm。当加载到 66 kN 时,这种声音变得明显而且连续。此后改为以 0.5 kN 为一级进行加载。加载到 70 kN

时,碳纤维布发出剧烈的被拉断声。在由 75 kN 向 75.5 kN 加载过程中,拉断声加剧,承载力急剧下降,无法继续持荷,极限荷载取为 75 kN。最终破坏状态:在最宽裂缝处,梁底碳纤维布局部被拉断,如图 9.68(a)所示;梁底边缘碳纤维布剥离,并有明显撕裂现象,如图 9.68(b)所示。破坏时混凝土最大裂缝宽度为 2.2 mm。梁侧面的裂缝分布如图 9.69 所示。

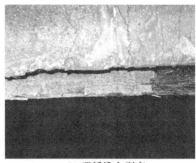

(a) 碳纤维布局部被拉断　　　　　　　　(b) 碳纤维布剥离

图 9.68　碳纤维布破坏情况

图 9.69　梁侧面的裂缝分布

试件 L3 在加载过程中,同样经历混凝土开裂、构件发出声响以及构件突然破坏 3 个阶段,试件破坏突然,属于脆性破坏。开裂荷载约为极限荷载的 21%,构件开始发出明显响声时的荷载约为极限荷载的 88%,此后构件的破坏加剧。试件 L3 的破坏机理大致与试件 L1 相同,但这里有一点需要解释的是,碳纤维布剥离部位发生在梁底边缘(即梁底角部处),这是因为梁底角部是经历火灾温度最高的部位,此处碳纤维布与混凝土界面黏结性能最差,最易发生剥离破坏。

(4)试件 L4 的试验现象与分析。

试验时以 2 kN 为一级进行加载。当加载到 22 kN 时,试件发出零星的细小声音。当加载到 76.5 kN 时,试件发出连续的噼啪响声,然后以 0.5 kN 为一级进行加载。在由 85 kN 向 85.5 kN 加载过程中,试件突然发出一阵剧烈声响,承载力急剧下降,无法继续持荷,极限荷载取为 85 kN。碳纤维布最终破坏状态:跨中纯弯段梁底碳纤维布剥离,剥离的碳纤维布在最大裂缝宽度处撕裂,如图 9.70 所示。破坏时混凝土最大裂缝宽度为 2 mm.梁侧面的裂缝分布如图 9.71 所示。

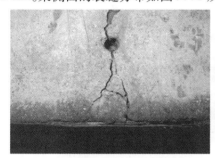

(a) 最大裂缝处碳纤维布剥离　　　　　　　　(b) 碳纤维布撕裂

图 9.70　碳纤维布破坏情况

图 9.71　梁侧面的裂缝分布

　　试件 L4 在加载过程中,同样经历混凝土开裂、构件发出声响以及构件突然破坏 3 个阶段,试件破坏突然,属于脆性破坏。由于试件 L4 属于带涂料试验,因此未能测到开裂荷载,构件开始发出明显响声时的荷载约为极限荷载的 90%,此后构件的破坏加剧。试件 L4 的碳纤维布在最大裂缝处发生了剥离破坏和撕裂破坏,剥离破坏的机理与试件 L1 相似。撕裂破坏的解释如下:在开裂裂缝处,由于裂缝处曲率突变,该处碳纤维布受力极为不均匀,加之 AASCM 分布可能存在局部非均匀性,在应力较大且 AASCM 黏结的薄弱部位碳纤维丝产生相对滑移,宏观上便表现为碳纤维布的撕裂。

2.加固板的试验现象与分析

（1）试件B1的试验现象与分析。

加载到7 kN时，板底出现第一条裂缝。加载到14 kN时，试件发出零星的轻微响声，加载到21 kN时，试件响声变得越来越明显，加载到24.5 kN时，试件发出连续的噼噼啪啪响声。加载到27.5 kN时，响声变得很剧烈。在由28.5 kN向29 kN加载过程中，试件突发巨响，承载力急剧下降，无法继续持荷，极限荷载取为28.5 kN。最终破坏状态为：在U形压条之间碳纤维布剥离，加载点附近碳纤维布部分被拉断，如图9.72所示。破坏时混凝土最大裂缝宽度为3.1 mm。板底裂缝如图9.73所示。

(a) 碳纤维布剥离　　　　　　　　(b) 碳纤维布部分被拉断

图9.72　碳纤维布破坏情况

图9.73　板底裂缝

试件B1在加载过程中，经历混凝土开裂、构件发出声响以及构件突然破坏3个阶段，试件破坏突然，属于脆性破坏。开裂荷载约为极限荷载的25%，构件开始发出明显响声时的荷载约为极限荷载的74%，此后构件的破坏逐渐加剧。试件B1板底碳纤维布的破坏机理与试件L1基本相同。

（2）试件B3的试验现象与分析。

加载到10 kN时，板底出现第一条裂缝。加载到18 kN时，试件发出零星的轻微响声。加载到 28 kN 时,试件发出明显响声。在由 35 kN 向 35.5 kN 加载过程中,响声突然加剧,并伴有碳纤维布被拉断声,承载力急剧下降,无法继续持荷,极限荷载取为 35 kN。最终破坏状态为:碳纤维布发生两处破坏,其一是跨中附近一条裂缝处碳纤维布大面积撕裂,如图 9.74(a)所示;其二是板中部两条裂缝间碳纤维布大面积空鼓剥离,如图 9.74(b)所示。破坏时混凝土最大裂缝宽度为 3.0 mm。板底裂缝如图 9.75 所示。

试件 B3 在加载过程中,同样经历混凝土开裂、构件发出声响以及构件突然破坏 3 个阶段,试件破坏突然,属于脆性破坏。开裂荷载约为极限荷载的 28%,构件开始发出明显响声时的荷载约为极限荷载的 80%,此后构件的破坏逐渐加剧。试件 B3 板底碳纤维布的破坏机理与试件 L4 基本相同。

(a) 碳纤维布撕裂　　　　　　　　(b) 碳纤维布空鼓剥离

图 9.74　碳纤维布破坏情况

图 9.75　板底裂缝分布

(3)试件 B4 的试验现象与分析。

加载到 10 kN 时,板底出现第一条裂缝。当加载到 13 kN 时,试件发出零星的响声。加载到 27 kN 时,试件发出的响声明显增大。加载到

28 kN 时,试件发出一声脆响。加载到 31 kN 时,试件又发出一声脆响。加载到 32.5 kN 时,试件发出连续脆响。加载到 40.5 kN 时,碳纤维布边缘少量剥离。在由 41 kN 向 41.2 kN 加载过程中,碳纤维布发出连续的被拉断声,响声加剧,承载力急剧下降,无法继续持荷,极限荷载取为 41 kN。最终破坏状态为:主要裂缝间碳纤维布部分被拉断、部分剥离,如图 9.76 所示。破坏时混凝土最大裂缝宽度为 3.0 mm。板侧面裂缝如图 9.77 所示。

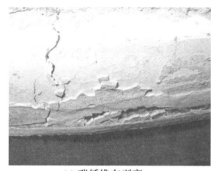 

(a) 碳纤维布剥离　　　　　　　　(b) 碳纤维布被拉断

图 9.76　碳纤维布破坏情况

图 9.77　板侧面裂缝

　　试件 B4 在加载过程中,同样经历混凝土开裂、构件发出声响以及构件突然破坏 3 个阶段,试件破坏突然,属于脆性破坏。开裂荷载约为极限荷载的 24%,构件开始发出明显响声时的荷载约为极限荷载的 66%,此后构件的破坏逐渐加剧。试件 B3 板底碳纤维布的破坏模式和机理与试件 L3 基本相同。

　　(4)试件 B5 的试验现象与分析。

　　将涂料层保留,考虑涂料层(内置一层钢丝网)作为构件受力体系的一部分参与共同受力:一方面考察涂料层承受弯曲变形的能力;另一方面考察涂层内钢丝网对构件刚度和承载力的贡献。

加载到 26 kN 时,钢丝网开始绷紧。加载到 32 kN 时,涂料内部开始发出较明显的响声。在由 40.5 kN 向 41 kN 加载过程中,涂料内发出连续的断裂声,承载力急剧下降,无法继续持荷,极限荷载取为 40.5 kN。

整个加载过程外层涂料没有明显脱落现象,如图 9.78(a)所示;钢丝网被拉断,内层涂料与碳纤维布依旧紧密粘贴,如图 9.78(b)所示。达到极限荷载时,跨中位移为 64 mm,即计算跨度的 1/55,内层涂料并未出现开裂现象。为进一步了解涂料承受变形的性能,在试件达到极限荷载后并未卸载,而是除去外层涂料后继续增大构件变形,观察内层涂料的开裂情况。试验发现,当跨中位移增大到 79 mm,即计算跨度的 1/44 时,内层涂料开始出现裂缝,这表明当构件跨中位移小于计算跨度的 1/44,涂料不会弯曲开裂。

全部去除防火涂料后发现,裂缝处碳纤维布撕裂,如图 9.79(a)所示,在加载点附近碳纤维布剥离,如图 9.79(b)所示。破坏时混凝土最大裂缝宽度为 2.5 mm。板侧裂缝如图 9.80 所示。

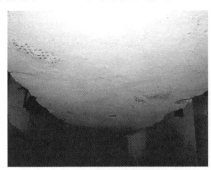

(a) 外层涂料情况　　　　　　　　(b) 内层涂料与碳纤维布紧密黏结

图 9.78　涂料层情况

(a) 碳纤维布撕裂　　　　　　　　(b) 碳纤维布剥离

图 9.79　碳纤维布破坏情况

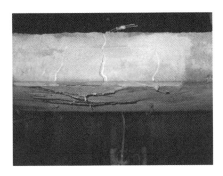

图 9.80　板侧裂缝

　　试件 B5 在加载过程中,同样经历混凝土开裂、构件发出声响以及构件突然破坏 3 个阶段,试件破坏突然,属于脆性破坏。由于试件 B5 有涂料覆盖,因此未能测到开裂荷载,构件开始发出明显响声时的荷载约为极限荷载的 80%,此后构件的破坏加剧。试件 B5 板底碳纤维布的破坏机理与试件 B3 基本相同。

9.6　火灾后加固混凝土梁板的试验结果与分析

9.6.1　荷载–跨中位移曲线

1. 梁的荷载–跨中位移曲线

图 9.81 为各梁的荷载–跨中位移曲线。

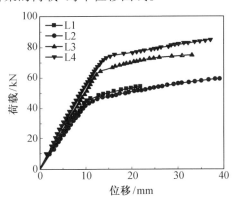

图 9.81　各梁的荷载–跨中位移曲线

从图 9.81 中可看出:

(1) 荷载–跨中位移曲线只有一个明显的拐点。拐点出现时,纵向受拉钢筋达到屈服状态。此后,梁刚度降低,但仍可继续承载,只是挠度发展加快。这一阶段是碳纤维进一步发挥作用的阶段。碳纤维布的协同受力会延缓钢筋屈服和裂缝开展。

(2)达到承载能力极限状态时,试件 L1,L2,L3 和 L4 跨中位移分别为 21.75 mm,39.1 mm,33 mm 和 36.9 mm,约为跨度的 1/161,1/90,1/106 和 1/95。试件 L1,L2,L3 和 L4 的延性系数分别为 1.98,3.7,2.5 和 2.8。试件 L2 和 L4 的挠度和延性系数分别大于试件 L1 和 L3,表明随着碳纤维布历经的温度升高,挠度和延性均有不同程度的降低。

(3)试件 L3 和 L4 的承载力和刚度均大于试件 L1 和 L2,这是由于前者配筋量比后者大的缘故。试件 L2 和 L4 的极限承载力分别大于试件 L1 和 L3,表明随着碳纤维布历经的温度升高,极限承载力均有不同程度的降低。

2. 板的荷载–跨中位移曲线

图 9.82 为各板的荷载–跨中位移曲线。从图 9.82 中可看出:

(1)荷载–跨中位移变形曲线只有一个明显的拐点。拐点出现时,纵向受拉钢筋达到屈服。此后,板刚度降低,但仍可继续承载,只是挠度发展加快,这一阶段是碳纤维布进一步发挥作用的阶段。碳纤维布的协同受力会延缓钢筋屈服和裂缝开展。

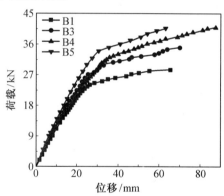

图 9.82　各板的荷载–跨中位移曲线

(2)试件 B4 与 B5 极限承载力基本相当,表明涂料内部设置的钢丝网对构件的极限承载力基本没有贡献。钢筋屈服前,B5 刚度大于 B4,表明钢丝网对构件的刚度有贡献。试件 B4 或 B5,B3,B1 的屈服荷载和极限荷载依次减少,这是由于碳纤维布加固量不同所造成,碳纤维布加固量越少,火灾后板的屈服荷载越小,极限承载力越低。

（3）达到承载能力极限状态时，试件 B1，B3，B4 跨中挠度分别为 65 mm，70 mm，87 mm，分别约为跨度的 1/63，1/54、1/40，可见，碳纤维布加固量越大，挠度越大。试件 B1，B3，B4 的延性分别为 2.7，2.8，2.6，延性基本相当，说明碳纤维布加固量的大小对构件延性影响不大。试件 B5 的挠度和延性均小于 B4，表明钢丝网的存在可能降低构件的挠度和延性。

9.6.2 裂缝开展与分布

1. 梁的裂缝开展与分布

梁的裂缝开展与分布情况如图 9.83 所示。裂缝编号代表裂缝开展先后顺序，由于试验条件限制，仅记录了梁一侧裂缝开展情况。裂缝下数字表示构件破坏时裂缝宽度。试件 L4 有涂料覆盖，未观察到裂缝开展情况。

试验梁裂缝宽度见表 9.9。

表 9.9　试验梁裂缝宽度

梁编号	弯矩/(kN·m)	裂缝宽度/mm						平均裂缝宽度/mm
		①	②	③	④	⑤	⑥	
L1	19.85	0.20	0.13	0.16	0.20	0.31	0.10	0.18
	21.95	0.22	0.15	0.18	0.22	0.33	0.11	0.20
	23	0.23	0.15	0.19	0.23	0.34	0.12	0.21
	24.05	0.24	0.17	0.20	0.24	0.35	0.13	0.22
L2	20.9	0.13	0.24	0.20	0.25	0.18	0.10	0.18
	21.95	0.14	0.25	0.20	0.27	0.19	0.11	0.18
	23	0.15	0.26	0.21	0.29	0.20	0.11	0.20
	24.05	0.16	0.28	0.22	0.30	0.21	0.12	0.21
L3	27.2	0.14	0.20	0.16	0.26	0.09	—	0.17
	29.3	0.15	0.21	0.17	0.29	0.11	—	0.19
	31.4	0.16	0.23	0.18	0.29	0.11	—	0.19
	33.5	0.18	0.25	0.20	0.31	0.12	—	0.21

注：L4 有涂料覆盖，未观察到裂缝开展情况

由图 9.83 可看出，加固梁火灾后的裂缝主要为纯弯段的弯曲裂缝，仅试件 L2 有两条弯剪裂缝，笔者认为这与构件的剪跨比以及混凝土经历的温度有关，梁截面的混凝土下部区域比中上部区域经历更高的温度，因此更利于始于梁截面下部混凝土的弯曲裂缝的产生和开展。

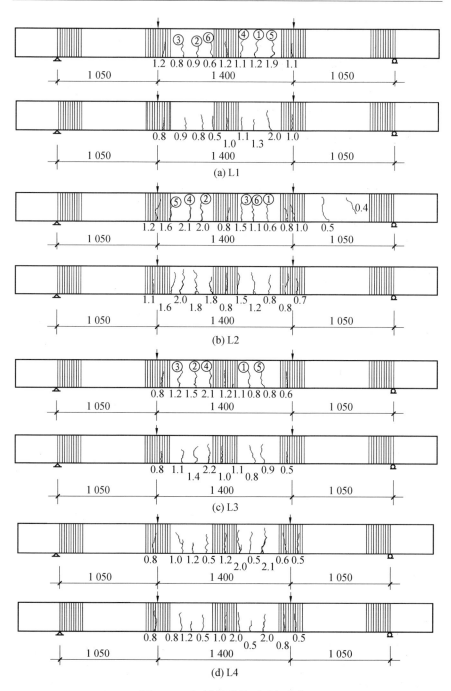

图 9.83　各梁的裂缝开展与分布

2. 板的裂缝分布

板的裂缝分布情况如图 9.84 所示,图中裂缝下数字为构件破坏时裂

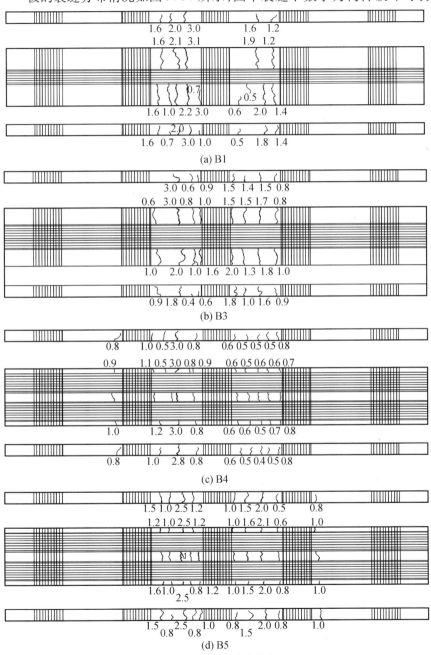

(a) B1

(b) B3

(c) B4

(d) B5

图 9.84　板的裂缝分布

缝宽度。由图9.84可看出,试件 B4 与 B5 比其他板的裂缝间距小,这是由于其碳纤维布加固量比其他板的碳纤维布加固量大,对主要裂缝的开展起到更好的约束作用,有利于更多新的裂缝产生和开展。

9.6.3 承载力计算

采用数值迭代的方法进行正截面承载力分析,在此基础上提出了火灾后加固梁板的正截面承载力计算公式。

1. 高温后普通混凝土的力学性能

(1)高温后混凝土抗压强度。

采用文献[130]给出的公式,其计算式为

$$\frac{f_{cr}(T)}{f_c} = \begin{cases} 1.0 - 0.581\ 94\left(\dfrac{T-20}{1\ 000}\right), & T \leqslant 200\ ℃ \\ 1.145\ 9 - 1.392\ 55\left(\dfrac{T-20}{1\ 000}\right), & T > 200\ ℃ \end{cases} \tag{9.26}$$

式中 $f_{cr}(T)$——经历温度 T 后混凝土抗压强度,N/mm^2;

f_c——常温下混凝土抗压强度,N/mm^2。

(2)高温后混凝土抗拉强度。

采用文献[131]给出的公式,其计算式为

$$\frac{f_{tr}(T)}{f_t} = \begin{cases} 0.58\left(\dfrac{1.0-T}{300}\right) + 0.42, & 20\ ℃ \leqslant T \leqslant 300\ ℃ \\ 0.42\left(\dfrac{1.6-T}{500}\right), & 300\ ℃ < T \leqslant 800\ ℃ \\ 0, & T > 800\ ℃ \end{cases} \tag{9.27}$$

式中 $f_{tr}(T)$——经历温度 T 后混凝土的抗拉强度,N/mm^2;

f_t——常温下混凝土的抗拉强度,N/mm^2。

(3)高温后混凝土弹性模量。

采用文献[130]给出的公式,其计算式为

$$\frac{E_{cr}(T)}{E_c} = \begin{cases} 1.027 - 1.335\left(\dfrac{T}{1\ 000}\right), & T \leqslant 200\ ℃ \\ 1.335 - 3.371\left(\dfrac{T}{1\ 000}\right) + 2.382\left(\dfrac{T}{1\ 000}\right)^2, & 200\ ℃ < T \leqslant 600\ ℃ \end{cases}$$

$$\tag{9.28}$$

式中 $E_{cr}(T)$——经历温度 T 后混凝土的弹性模量,N/mm^2;

E_c——常温下混凝土的弹性模量,N/mm^2。

（4）高温后混凝土应力应变关系。

采用文献［130］给出的公式，其计算式为

$$\sigma_{cr}(T)=f_{cr}(T)\left\{-1.371\left[\frac{\varepsilon_{cr}(T)}{\varepsilon_{0r}(T)}\right]^{3}+1.741\left[\frac{\varepsilon_{cr}(T)}{\varepsilon_{0r}(T)}\right]^{2}+0.628\left[\frac{\varepsilon_{cr}(T)}{\varepsilon_{0r}(T)}\right]\right\},$$
$$0<\varepsilon_{cr}(T)\leqslant\varepsilon_{0r}(T) \tag{9.29}$$

$$\sigma_{cr}(T)=f_{cr}(T)\left\{\frac{0.6742\left[\frac{\varepsilon_{cr}(T)}{\varepsilon_{0r}(T)}\right]-0.2173\left[\frac{\varepsilon_{cr}(T)}{\varepsilon_{0r}(T)}\right]^{2}}{1-1.3258\left[\frac{\varepsilon_{cr}(T)}{\varepsilon_{0r}(T)}\right]+0.7827\left[\frac{\varepsilon_{cr}(T)}{\varepsilon_{0r}(T)}\right]^{2}}\right\},\varepsilon_{cr}(T)>\varepsilon_{0r}(T) \tag{9.30}$$

$$\frac{\varepsilon_{0r}(T)}{\varepsilon_{0}}=\begin{cases}1.0, & T\leqslant200\ \text{℃}\\0.8103+0.4224\left(\frac{T}{1\ 000}\right)+2.6315\left(\frac{T}{1\ 000}\right)^{2}, & T>200\ \text{℃}\end{cases} \tag{9.31}$$

式中 $\sigma_{cr}(T),\varepsilon_{cr}(T)$——应力和应变；

$\varepsilon_{0},\varepsilon_{0r}(T)$——常温下和温度 T 后混凝土峰值应力所对应的峰值应变。

图 9.85 为混凝土历经不同温度后所对应的受压应力应变曲线。

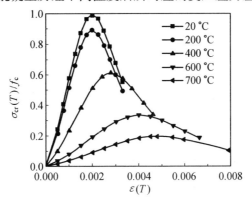

图 9.85 高温后混凝土受压应力应变曲线

2. 高温后普通钢筋的力学性能

（1）高温后钢筋屈服强度。

采用文献［132］的公式，其计算式为

$$\frac{f_{yr}(T)}{f_{y}}=\begin{cases}(99.838-0.0156T)\times10^{-2}, & 20\ \text{℃}<T<600\ \text{℃}\\(137.35-0.0754T)\times10^{-2}, & 600\ \text{℃}\leqslant T\leqslant900\ \text{℃}\end{cases} \tag{9.32}$$

式中 $f_{yr}(T)$——经历温度 T 后钢筋屈服强度；

f_y——常温下钢筋屈服强度。

（2）高温后钢筋弹性模量。

采用文献[132]给出的公式，其计算式为

$$\frac{E_{sr}(T)}{E_s}=(100.108-0.024\ 9T)\times10^{-2},20\ ℃\leqslant T\leqslant900\ ℃ \quad (9.33)$$

式中　$E_{sr}(T)$——经历温度 T 后钢筋弹性模量；

　　　E_s——常温下钢筋弹性模量。

（3）高温后钢筋的应力应变关系。

采用文献[132]给出的公式，其计算式为

$$\sigma(T)=\begin{cases}f_{yr}(T)\varepsilon(T)/0.002,&0<\varepsilon(T)\leqslant0.002\\f_{yr}(T),&0.002<\varepsilon(T)\leqslant0.015\end{cases} \quad (9.34)$$

式中　$\sigma(T),\varepsilon(T)$——应力和应变。

图9.86为钢筋经历不同温度后所对应的受拉应力应变曲线。

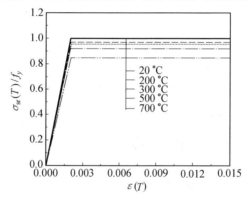

图9.86　高温后钢筋受拉应力应变曲线

3. 截面弯矩-曲率计算

采用数值迭代的方法进行正截面承载力分析。

（1）基本假定。

①截面应变分布满足平截面假定。

②不考虑混凝土的抗拉强度。

③混凝土和钢筋的力学性能采用式（9.26）～（9.34）给出的相关计算式。

④碳纤维布为理想弹性材料，其应力 σ_{cf} 与应变 ε_{cf} 关系为

$$\sigma_{cf}=E_{cfr}(T)\varepsilon_{cf},\varepsilon_{cf}\leqslant\varepsilon_{cfur0}(T) \quad (9.35)$$

式中　$E_{cfr}(T)$——经历温度 T 后碳纤维布的弹性模量，取为常温值；

$\varepsilon_{\mathrm{cfur0}}(T)$——经历温度 T 后碳纤维布的极限拉应变,取为 0.01。

⑤构件达到极限承载力前,碳纤维布与混凝土黏结可靠。

(2)计算方法。

受火后梁中同一截面不同区域混凝土抗压强度与弹性模量沿梁高、宽方向是不均匀的。将梁截面沿宽度方向分为 m 块,沿高度方向分为 n 层,每块尺寸为 $\Delta h \times \Delta b$。先取第 3 章中温度场计算的各区域角点温度最大值作为相应各点所经历的温度,再取每一区域各角点经历温度的平均值作为该区域平均温度,利用该温度求出该区域混凝土的抗压强度与弹性模量。受火后板中混凝土的抗压强度与弹性模量沿板高方向是不均匀的。将板截面沿高度方向分为 n 层,每层高度为 Δh。取第 2 章中计算温度场的各点温度最大值作为相应各点所经历的温度,取每一层中心点处温度作为该层平均温度,利用该温度求出该层混凝土的抗压强度与弹性模量。为了真实反映构件内部实际温度,对第 9.2 节和 9.4 节中的温度场计算值根据实测值进行了局部修正。对试件 B3,B4 和 B5,编号为 Steel3 的计算值与实测值有一定偏差,将编号为 Steel3 的钢筋温度取用实测温度,实测温度与计算温度的比值称为温度增大系数,混凝土角部区域范围内(钢筋温度偏大是由角部涂料开裂引起,影响区域主要在角部)的温度取为混凝土计算温度与温度增大系数的乘积。对于试件 L2 和 L3,其梁底部分钢筋(编号为 Steel1 和 Steel2)计算值与实测值有一定偏差,将其钢筋温度取为实测值,钢筋下部区域范围内的混凝土温度取值方法与板相同。

利用弯矩、曲率对应关系,采用双重循环数值迭代方法求解正截面承载力:外层循环变量为曲率,假定初始值为 φ,以 $\Delta \varphi$ 为增量进行循环迭代,内层循环变量为受压边缘混凝土的应变,假定初始值为 $\varepsilon_{\mathrm{c0}}$,以 $\Delta \varepsilon_{\mathrm{c}}$ 为增量进行子循环迭代,梁板截面计算如图 9.87 所示。

迭代计算思想如下:假定截面的初始曲率为 φ,截面受压区边缘的混凝土应变为 ε_{c},则混凝土受压区高度为 $x = \varepsilon_{\mathrm{c}}/\varphi$,由 $x = (r+k)\Delta h$(r 为正整数)求得系数 r 与 k,据此可采用式(9.36)分别得到第 j 层混凝土应变 $\varepsilon_{\mathrm{c},j}$、受拉钢筋应变 ε_{s}、受压钢筋应变 $\varepsilon_{\mathrm{s}}'$(对于加固板没有 $\varepsilon_{\mathrm{s}}'$ 项)和碳纤维布的应变 $\varepsilon_{\mathrm{cf}}$。

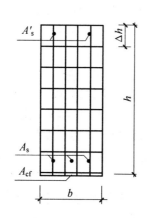
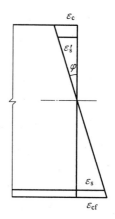

(a) 梁

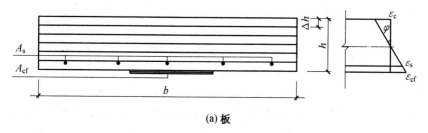

(a) 板

图 9.87　梁板截面计算示意图

$$\begin{cases} \varepsilon_{c,j} = \varepsilon_c - (j-0.5)\Delta h\varphi, 1 \leqslant j \leqslant r \\ \varepsilon_{c,r+1} = \varepsilon_{c,r} - (k+1)\Delta h\dfrac{\varphi}{2} \\ \varepsilon_s = (h-x-a_s)\varphi \\ \varepsilon'_s = (x-a'_s)\varphi \\ \varepsilon_{cf} = (h-x)\varphi \end{cases} \tag{9.36}$$

由混凝土、钢筋、碳纤维布的应力应变关系得到与应变对应的应力值。混凝土各区格的应力 $\sigma_c(i,j)$（$1 \leqslant i \leqslant m, 1 \leqslant j \leqslant r+1$）（对于加固板，混凝土各层的应力 $\sigma_c(j)$（$1 \leqslant j \leqslant r+1$）），钢筋应力 σ_s,σ'_s（对于加固板没有 σ'_s 项），碳纤维布应力 σ_{cf} 应满足平衡方程式（9.37）和式（9.38）。

对梁

$$\sum_{j=1}^{r}\sum_{i=1}^{m}\sigma_c(i,j)\Delta b\Delta h + \sum_{i=1}^{m}\sigma_c(i,r+1)\Delta b \cdot k\Delta h + A'_s\sigma'_s = A_s\sigma_s + A_{cf}\sigma_{cf}$$

$$\tag{9.37}$$

对板

$$\sum_{j=1}^{r} \sigma_{c}(j) b \Delta h + \sigma_{c}(r+1) b \cdot k \Delta h = A_{s} \sigma_{s} + A_{cf} \sigma_{cf} \qquad (9.38)$$

若不满足,则不断调整 ε_{c},按照式(9.36)重新求得应变及应力值,直到满足平衡方程式(9.37)和式(9.38)。满足式(9.37)和式(9.38)后,即可按式(9.39)和式(9.40)求得截面弯矩,从而得到与 φ 对应的弯矩 M。

对梁

$$M = \sum_{j=1}^{r} \sum_{i=1}^{m} \sigma_{c}(i,j) \Delta b \Delta h [h_{0} - (j - 0.5) \Delta h] +$$

$$\sum_{i=1}^{m} \sigma_{c}(i,r+1) \Delta b \cdot k \Delta h [h_{0} - (r + k/2) \Delta h] + \sigma'_{s} A'_{s}(h_{0} - a'_{s}) + A_{cf} \sigma_{cf} a_{s}$$

$$(9.39)$$

对板

$$M = \sum_{j=1}^{r} \sigma_{c}(j) b \Delta h [h_{0} - (j - 0.5) \Delta h] +$$

$$\sigma_{c}(r+1) b \cdot k \Delta h [h_{0} - (r + k/2) \Delta h] + A_{cf} \sigma_{cf} a_{s} \qquad (9.40)$$

然后改变截面曲率 φ,按照上述方法计算得到与之对应的新的弯矩值 M。如此反复迭代,即可求得加固梁板的极限弯矩 M_{max}。

将加固梁的计算结果列于表 9.10 中。所有加固梁的计算值偏低,表明碳纤维布并未达到极限拉应变 0.01,这是由于火灾后碳纤维布与混凝土之间的黏结性能退化所造成的,为此引入火灾后碳纤维布名义极限拉应变 $\varepsilon_{cfur}(T)$,经过试算,得到与试验结果吻合较好的 $\varepsilon_{cfur}(T)$,即对试件 L1 和 L3,$\varepsilon_{cfur}(T)$ 取为 0.006,对试件 L2 和 L4,$\varepsilon_{cfur}(T)$ 取为 0.008。引入火灾后碳纤维布名义极限拉应变后,利用数值迭代方法计算的正截面承载力列于表 9.10 中。碳纤维布历经的温度越高,计算值偏低越多,说明 $\varepsilon_{cfur}(T)$ 随着碳纤维布历经的温度升高而降低。将加固板的计算结果列于表 9.11 中。各板的计算值与试验值比较接近,表明碳纤维布工作性能和计算基本假定符合,用 AASCM 粘贴的碳纤维布火灾后能够与混凝土板共同工作,充分发挥其加固性能。

表9.10 加固梁的正截面承载力计算值与试验值对比

编号	$M_{u,t}(T)/(kN \cdot m)$	$M_{u,c}(T)/(kN \cdot m)$			$M_{u,t}(T)/M_{u,c}(T)$		
		(1)	(2)	(3)	(1)	(2)	(3)
L1	30	35.8	30.2	32.6	0.84	0.99	0.92
L2	33.2	36.2	33.3	34.1	0.92	0.99	0.97
L3	41.4	47	42	43.4	0.88	0.98	0.94
L4	46.6	47.6	46	46	0.98	1.01	1.01
平均值					0.91	0.99	0.96
标准差					0.06	0.01	0.04

注:1. $M_{u,t}(T)$ 为火灾后正截面承载力的试验值, $M_{u,c}(T)$ 为火灾后正截面承载力的计算值;

2. (1)、(2)分别表示引入火灾后碳纤维布名义极限拉应变 $\varepsilon_{cfur}(T)$ 前后采用数值迭代方法计算的结果;(3)表示采用正截面承载力公式计算的结果

表9.11 加固板的正截面承载力计算值与试验值对比

板编号	$M_{u,t}(T)/(kN \cdot m)$	$M_{u,c}(T)/(kN \cdot m)$		$M_{u,t}(T)/M_{u,c}(T)$	
		(1)	(2)	(1)	(2)
B1	17.7	17.2	17.1	1.03	1.04
B3	21	19.8	19.9	1.06	1.06
B4	24.3	22.8	23.9	1.07	1.01
B5	24	23.1	24.3	1.04	0.99
平均值				1.05	1.02
标准差				0.02	0.03

注:1. $M_{u,t}(T)$ 为火灾后正截面承载力的试验值; $M_{u,c}(T)$ 为火灾后正截面承载力的计算值;

2. (1)表示采用数值迭代方法计算的结果;(2)表示采用正截面承载力公式计算的结果

对于单面受火板,板底碳纤维布的温度均匀分布,所测点的温度反映了碳纤维布的整体温度分布状况,B1,B3,B4和B5的碳纤维布经历的平均温度分别为210 ℃,220 ℃,300 ℃和200 ℃。对于三面受火的梁,试件L1~L4梁底碳纤维布所测温度分别为400 ℃,330 ℃,470 ℃和300 ℃,是梁底中心处碳纤维布温度,为碳纤维布的最低温度,而角部碳纤维布温度

为最高温度。为了全面反映梁底碳纤维布横截面经历的温度,本书采用加权平均的方法求其平均温度:将碳纤维布从横截面中部到边部按 1/2,1/4,1/8 的半截面宽度划分为 3 段(图 9.88),1 号点温度为实测温度,通过分析计算,2,3 和 4 号点温度分别比 1 号点温度高约 20 ℃,50 ℃和 100 ℃,1,2,3 和 4 号点分别分配 1/4,3/8,1/4 和 1/8 的半截面宽度,然后对各点温度按照分配的宽度进行加权平均,得到试件 L1-L4 的碳纤维布经历的平均温度分别为 434 ℃,366 ℃,500 ℃,332 ℃。于是,加固梁板的碳纤维布名义极限拉应变 $\varepsilon_{cfur}(T)$ 与其经历温度 T 的关系可表示为

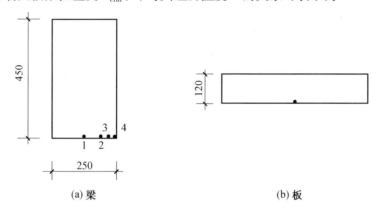

(a) 梁   (b) 板

图 9.88 梁底和板底温度计算点位置示意图

$$\varepsilon_{cfur}(T)=\begin{cases}0.01, & 200\ ℃\leqslant T\leqslant 300\ ℃\\0.008, & 332\ ℃\leqslant T\leqslant 366\ ℃\\0.006, & 434\ ℃\leqslant T\leqslant 500\ ℃\end{cases} \qquad (9.41)$$

上述温度段是不连续的,下面对缺少温度段进行补充。当温度小于 200 ℃时,碳纤维布与混凝土的黏结性能应比 200~300 ℃时好,碳纤维布能充分发挥抗拉性能,$\varepsilon_{cfur}(T)$ 能达到0.01。当温度在 300~332 ℃以及 366~434 ℃时,采用线性变化进行补充。这样经过温度段的补充,在 0~500 ℃温度段碳纤维布名义极限拉应变 $\varepsilon_{cfur}(T)$ 计算式为

$$\varepsilon_{cfur}(T)=\begin{cases}0.01, & T\leqslant 300\ ℃\\0.028\ 75-6.25\times10^{-5}T, & 300\ ℃<T\leqslant 332\ ℃\\0.008, & 332\ ℃<T\leqslant 366\ ℃\\0.018\ 76-2.94\times10^{-5}T, & 366\ ℃<T\leqslant 434\ ℃\\0.006, & 434\ ℃<T\leqslant 500\ ℃\end{cases} \qquad (9.42)$$

式(9.42)表明,在温度低于 300 ℃时,碳纤维布的名义极限拉应变为

0.01,碳纤维布的强度能充分利用;在温度高于 300 ℃后,碳纤维布的强度不能充分利用,其强度利用率随温度的升高而降低,在温度不高于 500 ℃时,其强度利用率不低于 60% 。

经历高温后,碳纤维布的强度利用率随着经历温度的升高而降低,这是由碳纤维布与混凝土界面黏结性能随着经历的温度升高而降低所造成的。其原因在于:一方面,火灾后混凝土材料力学性能退化,致使 AASCM 与混凝土界面黏结强度降低,温度越高,混凝土材料力学性能退化越严重,界面黏结性能越差;另一方面,在降温过程中由于 AASCM、混凝土和碳纤维布 3 种材料的收缩变形不一致,导致界面之间产生收缩应力,使得在构件受力前混凝土与碳纤维布之间存在残余剪切应力,经历的温度越高,这种残余剪切应力越大,致使碳纤维布在受力过程中能承受的实际剪应力越小。

4. 正截面承载力计算

(1) 基本假定。

①截面应变分布满足平截面假定。

②不考虑混凝土的抗拉强度。

③混凝土和钢筋的力学性能采用式(9.26)～(9.34)给出的相关计算式。

④碳纤维布为理想弹性材料,其应力(σ_{cf})应变(ε_{cf})关系符合式(9.35),式中 $\varepsilon_{cfur}(T)$ 为碳纤维布经历温度 T 后的名义极限拉应变,取值见式(9.42)。

(2) 正截面承载力公式的建立。

将加固梁截面沿宽度方向分为 m 块,沿高度方向分为 n 层。取各层各区域混凝土高温后的抗压强度 $f_{cr}(T)$ 与常温下抗压强度 f_c 的比值叠加作为各层条带的面积折减系数,将其乘以梁宽 b 后即得火灾后等效截面各层的宽度 $b_j(1 \leqslant j \leqslant n)$。截面等效过程如图 9.89(a)所示。

将加固板截面沿高度方向分为 n 层条带,将各层混凝土的抗压强度 $f_{cr}(T)$ 与常温下抗压强度 f_c 的比值作为各层条带的面积折减系数,将其乘以板宽 b 后即得火灾后等效截面各层的宽度 $b_j(1 \leqslant j \leqslant n)$。截面等效过程如图 9.89(b)所示。

正截面承载力公式如下:

$$\alpha_1 f_c \left(\sum_{i=1}^{k} b_i \Delta h + b_{k+1} h_\Delta \right) = f_{yr}(T) A_s + \varphi_{cf} f_{cfur}(T) A_{cf} - f'_{yr}(T) A'_s$$

$$(9.43)$$

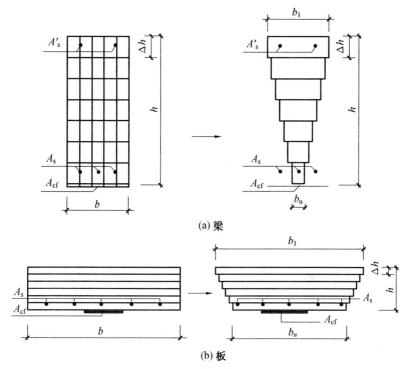

(a) 梁

(b) 板

图 9.89　梁板截面等效示意图

$$M_{\mathrm{u}}(T) = \alpha_1 f_{\mathrm{c}} \Big(\sum_{i=1}^{k} b_i \Delta h + b_{k+1} h_{\Delta} \Big) (h - x/2) +$$
$$f'_{\mathrm{yr}}(T) A'_{\mathrm{s}} (h - \alpha'_{\mathrm{s}}) - f_{\mathrm{yr}}(T) A_{\mathrm{s}} (h - h_0) \tag{9.44}$$

$$x \geqslant a'_{\mathrm{s}} \tag{9.45}$$

$$\varphi_{\mathrm{cf}} = \frac{[0.8\varepsilon_{\mathrm{cur}}(T) h/x] - \varepsilon_{\mathrm{cur}}(T)}{\varepsilon_{\mathrm{cfur}}(T)} \tag{9.46}$$

式中　α_1——系数,当混凝土强度等级不超过 C50 时,取 1.0;

　　　f_{c}——混凝土的常温抗压强度,N/mm^2;

　　　b_i——等效截面第 i 层宽度,mm;

　　　Δh——等效截面每层高度,$\Delta h = h/n$,mm;

　　　h_{Δ}——等效截面第 $k+1$ 层受压混凝土高度,mm;

　　　$f_{\mathrm{yr}}(T)$——火灾后受拉钢筋的屈服强度,N/mm^2;

　　　A_{s}——受拉钢筋的截面面积,mm^2;

　　　$f'_{\mathrm{yr}}(T)$——火灾后受压钢筋的屈服强度,N/mm^2;

　　　A'_{s}——受压钢筋的截面面积,对于板,$A'_{\mathrm{s}} = 0$,mm^2;

φ_{cf}——碳纤维布强度利用系数,当 $\varphi_{cf} > 1$ 时,$\varphi_{cf} = 1$;

$f_{cfur}(T)$——火灾后碳纤维布的极限强度,$f_{cfur}(T) = E_{cfr}(T)\varepsilon_{cfur}(T)$,

$E_{cfr}(T)$ 为火灾后碳纤维布弹性模量,取常温时的值,

N/mm^2;

A_{cf}——碳纤维布的截面面积,mm^2;

x——混凝土受压区高度,$x = k\Delta h + h$,mm;

h, h_0——截面高度和截面有效高度,$h_0 = h - a_s$,其中 a_s 为受拉钢筋合

力点至混凝土受拉边缘的距离,mm;

a_s'——受压钢筋合力点至受压边缘的距离,对于板,$a_s' = 0$ mm;

$\varepsilon_{cfru}(T)$——火灾后碳纤维布名义极限拉应变;

$\varepsilon_{cur}(T)$——火灾后混凝土极限压应变;

ε_{cu}——混凝土常温极限压应变,$\varepsilon_{cu} = 0.003\,3$。

加固梁和加固板采用正截面承载力公式计算的结果分别列于表 9.10 和表 9.11。由表9.10 和表9.11 可知,计算值与试验结果吻合较好。

9.6.4　刚度与裂缝宽度计算

1.抗弯刚度计算

加固梁板火灾后应具有足够的刚度,以免在荷载效应标准组合作用下变形过大,影响结构的正常使用。刚度计算是结构分析中的一个重要组成部分。

目前,常见的钢筋混凝土受弯构件刚度计算方法有如下几种。

(1)解析刚度法。

这种方法是以分析影响刚度的主要因素为基础而建立刚度公式。对于带裂缝工作的构件,影响刚度的主要因素为受拉区的裂缝和受压区混凝土的非弹性变形。引入受压区边缘混凝土压应变不均匀性系数,和裂缝间受拉钢筋应变不均匀性系数,求得拉区和压区的平均应变,从而得出构件平均曲率的表达式,进而得到相应的刚度。上述应变不均匀性系数均是通过大量试验数据统计得到,因此该方法求得的刚度公式为半理论半经验公式。我国混凝土规范关于混凝土构件刚度的计算,以及部分研究人员建立的碳纤维布加固混凝土构件的刚度公式,均是在上述原理的基础上建立起来的。

(2)有效惯性矩法。

在钢筋混凝土结构应用的早期,钢筋混凝土截面的刚度计算都是借用

当时已经成熟的匀质弹性材料的计算方法。其主要思想是将钢筋通过其弹性模量与混凝土弹性模量的比值换算为混凝土,得到换算的全混凝土匀质材料截面,推导并建立相应的计算公式。钢筋混凝土受弯构件的截面刚度或惯性矩随弯矩值的增大而减小,混凝土开裂前的全截面抗弯刚度是上限值,钢筋屈服、受拉混凝土完全退出工作后的完全开裂截面抗弯刚度是其下限值,而实际截面抗弯刚度介于两者之间。因此,通过引入合理的插值公式对全截面抗弯刚度以及完全开裂截面抗弯刚度进行插值,即可求得截面的抗弯刚度。该方法概念简单,计算方便,适用性强,但没有考虑混凝土材料的非线性性能和裂缝发展的复杂性,具有一定局限性。美国 ACI318R-02 规范以及我国桥梁规范关于构件受弯刚度的计算公式正是基于这一原理建立的。

(3)等效拉力法。

等效拉力法认为:带裂缝的钢筋混凝土构件与均质弹性构件的刚度存在差别,最主要的原因是拉区存在裂缝,而裂缝间的混凝土参与受拉工作,因此,可将不考虑混凝土受拉的计算方法作为基础,引入裂缝间混凝土受拉这一影响因素加以修正,以计算变形和刚度。等效拉力法也是从分析影响带裂缝阶段构件刚度的主要因素——拉区裂缝出发的,只是它考虑的途径不同。有效拉力法没有考虑有效拉力与荷载产生的内力的关系及其在受拉区中的分布与应变的关系。在刚度公式建立过程中,需要统计大量的试验数据以确定相关系数。英国规范(BS8110)就是根据上述等效拉力法的原理建立混凝土构件变形计算公式的。

解析刚度法概念相对合理,但公式的建立相对较复杂,需要依据大量的试验数据确定相关系数,常温下确定的系数不一定适合高温后的构件,对于加固构件的碳纤维布无法利用现有公式直接套用。而等效拉力法在建立公式的过程中,也需要大量的试验数据确定相关系数。有鉴于此,本书从两条思路出发:一是采用有效惯性矩法的基本原理进行加固梁板火灾后的刚度计算;二是直接采用现有的碳纤维布加固混凝土构件的刚度公式,但引入火灾后刚度降低系数来考虑火灾对构件刚度的影响。

采用换算截面进行刚度计算。混凝土截面换算方式同 9.6.3 节,但条带的面积折减系数取各层混凝土火灾后与常温下弹性模量的比值。钢筋和碳纤维布的截面面积按其火灾后弹性模量与常温下混凝土弹性模量的比值进行换算。加固梁板的截面换算过程如图 9.90 所示。

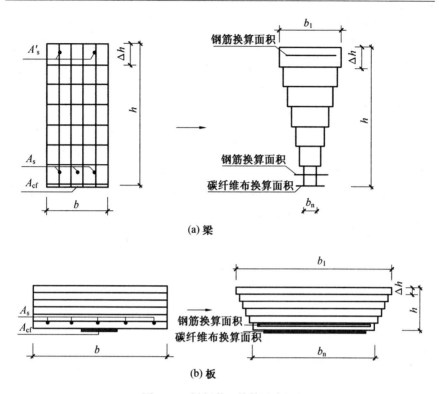

(a) 梁

(b) 板

图 9.90　梁板截面换算示意图

刚度计算采用下列 3 种方法：

（1）采用桥梁规范短期刚度公式（9.47）进行计算。

$$B = \frac{B_0}{(M_{cr}/M_s)^2 + [1 - (M_{cr}/M_s)^2] B_0/B_{cr}} \qquad (9.47)$$

（2）采用美国 ACI318 规范的刚度公式（9.48）进行计算。

$$B = \left(\frac{M_{cr}}{M_s}\right)^3 B_0 + \left[1 - \left(\frac{M_{cr}}{M_s}\right)^3\right] B_{cr} \qquad (9.48)$$

式中　B——构件的抗弯刚度，$N \cdot mm^2$；

　　　B_0——换算截面开裂前的抗弯刚度，$N \cdot mm^2$；

　　　B_{cr}——换算截面开裂后裂缝处的抗弯刚度，计算时假定裂缝截面
　　　　　　处拉区混凝土完全退出工作，$N \cdot mm^2$；

　　　M_{cr}——换算截面的开裂弯矩，$N \cdot mm$；

　　　M_s——在使用荷载作用下构件截面的最大弯矩，$N \cdot mm$。

　　B_0 计算过程如下：

火灾后换算截面的面积 A_0 为

$$A_0 = \sum_{j=1}^{n} b_j \Delta h + (m_s - 1)A_s + m_{cf}A_{cf} + (m_s' - 1)A_s' \tag{9.49}$$

式中　　b_j——等效截面第 j 层的宽度,mm;

　　　　m_s, m_s'——高温后受拉与受压钢筋的弹性模量与混凝土常温下弹性模量的比值,对板有 $m_s' = 1$;

　　　　m_{cf}——常温下碳纤维布与混凝土弹性模量的比值。

截面受压区高度 X_0 为

$$X_0 = \frac{\left[\sum\limits_{j=1}^{n} b_j \Delta h \cdot (j - 0.5)\Delta h + (m_s - 1)A_s h_0 + m_{cf}A_{cf}h + (m_s' - 1)A_s'a_s' \right]}{A_0}$$

$$\tag{9.50}$$

截面惯性矩 I_0 为

$$I_0 = \frac{1}{12}\sum_{j=1}^{n} b_j \Delta h^3 + \sum_{j=1}^{n} b_j \Delta h \left[X_0 - (j - 0.5)\Delta h \right]^2 + (m_s - 1)A_s (h_0 - X_0)^2 +$$

$$m_{cf}A_{cf}(h - X_0)^2 + (m_s' - 1)A_s'(X_0 - a_s')^2 \tag{9.51}$$

截面抗弯刚度 B_0 为

$$B_0 = 0.85E_cI_0 \tag{9.52}$$

B_{cr} 计算过程如下。

由换算截面的受压区与受拉区对中性轴的净距相等的条件,通过迭代计算开裂截面受压区高度 X_{cr},进而由 $X_{cr} = (r + k)\Delta h (r$ 为整数) 求出系数 r 与 k。

开裂截面的惯性矩的计算公式为

$$I_{cr} = \frac{1}{12}\left[\sum_{j=1}^{r} b_j \Delta h^3 + b_{r+1}(k\Delta h)^3 \right] + \sum_{j=1}^{r} b_j \Delta h \left[X_{cr} - (j - 0.5)\Delta h \right]^2 +$$

$$\frac{1}{4}b_{r+1}(k\Delta h)^3 + m_sA_s(h_0 - X_{cr})^2 + m_{cf}A_{cf}(h - X_{cr})^2 +$$

$$(m_s' - 1)A_s'(X_{cr} - a_s')^2 \tag{9.53}$$

开裂截面的抗弯刚度为

$$B_{cr} = E_cI_{cr} \tag{9.54}$$

M_{cr} 计算过程如下:

开裂弯矩的计算采用我国混凝土规范给出的公式:

$$M_{cr} = \gamma f_{tk}W_0 \tag{9.55}$$

$$\gamma = \left(0.7 + \frac{120}{h} \right)\gamma_m \tag{9.56}$$

式中　γ——混凝土构件的截面抵抗矩塑性影响系数;

　　　f_{tk}——混凝土常温下抗拉强度标准值,N/mm^2;

　　　W_0——按混凝土抗拉强度换算的截面受拉边缘弹性抵抗矩,mm^3,
换算过程如图9.90所示,但将截面各层的面积折减系数改为
火灾后该层各区域混凝土的抗拉强度(N/mm^2)与常温下抗
拉强度(N/mm^2)比值叠加;

　　　h——截面高度,当$h<400$时,取$h=400$,mm;

　　　γ_m——混凝土构件的截面抵抗矩塑性影响系数基本值,文献[112]
对于矩形截面取值为1.55,对于翼缘位于受压区的梯形截
面,取值为1.5,本书中火灾后的等效截面为阶梯形截面,取
为二者的平均值1.53。

（3）在文献[137]的刚度公式中引入火灾后截面刚度降低系数β_t,按
式(9.57)进行计算。

$$\begin{cases} B = \beta_t \dfrac{1}{K}(h_0^2 E_s A_s + 0.9h^2 E_{cf} A_{cf}) \\ \beta_t = \dfrac{A_0}{A} \\ K = -0.003\,3(n_s u_s + m_{cf})^2 + 0.103(n_s u_s + m_{cf} u_{cf}) + 1.07 \end{cases} \tag{9.57}$$

式中　n_s——钢筋与混凝土的常温弹性模量比,$n_s = E_s/E_c$;

　　　u_s——纵向钢筋的截面配筋率,$u_s = A_s/bh_0$;

　　　u_{cf}——碳纤维布的截面配置率,$u_{cf} = A_{cf}/bh$;

　　　β_t——火灾后截面刚度降低系数;

　　　A_0——火灾后换算截面面积,按式(9.49)计算,mm^2;

　　　A——火灾前换算截面面积,$A = bh + (n_s-1)A_s + (n_{cf}-1)A_{cf}$,$mm^2$。

　　一般对于梁板而言,极限承载力的45%与荷载效应的标准组合值大
致相当。因此,刚度试验值取为极限承载力的45%时的刚度值。加固梁
的刚度计算值和试验值列于表9.12中,加固板的刚度计算值和试验值列
于表9.13中。由表9.12和表9.13可知,计算值与试验值吻合较好。

　　试件B5的刚度计算值与试验值的差距比其他板偏大,这是由于计算
时未考虑B5钢丝网的缘故。方法(1)和方法(2)均是先进行截面换算以
考虑火灾的影响,然后采用普通钢筋混凝土构件刚度计算公式进行计算,
由于公式的差异导致方法(2)计算值比方法(1)大。方法(3)是先计算常
温下碳纤维布加固混凝土受弯构件刚度,然后考虑火灾对截面刚度的影

响,与前两种方法考虑问题的思路正好相反。对加固梁,3 种方法计算值均偏大,配筋量越大,偏差越大;对加固板,除方法(1)计算值偏小外,另两种方法计算值既有偏大也有偏小。

表 9.12 加固梁刚度计算值与试验值对比

梁编号	$B_t/(10^{12}\ \mathrm{N} \cdot \mathrm{mm}^{-2})$	$B_c/(10^{12}\ \mathrm{N} \cdot \mathrm{mm}^{-2})$			B_c/B_t		
		(1)	(2)	(3)	(1)	(2)	(3)
L1	3.45	3.62	3.75	3.44	1.05	1.09	1.00
L2	3.75	3.99	4.11	3.93	1.06	1.10	1.05
L3	3.80	4.51	4.60	4.65	1.19	1.21	1.22
L4	4.21	4.74	4.91	5.35	1.13	1.17	1.27
平均值					1.11	1.14	1.13
标准差					0.05	0.05	0.11

注:(1)、(2)、(3)表示采用前述刚度计算方法(1)、(2)、(3)计算的结果;B_c 为计算值,B_t 为试验值

表 9.13 加固板刚度计算值与试验值对比

板编号	$B_t/(10^{12}\ \mathrm{N} \cdot \mathrm{mm}^{-2})$	$B_c/(10^{12}\ \mathrm{N} \cdot \mathrm{mm}^{-2})$			B_c/B_t		
		(1)	(2)	(3)	(1)	(2)	(3)
B1	9.20	8.89	10.30	8.93	0.96	1.11	0.97
B3	9.40	8.60	9.39	9.21	0.91	1.01	0.98
B4	8.60	8.20	8.40	8.87	0.95	0.98	1.03
B5	9.94	8.57	9.01	9.63	0.86	0.91	0.97
平均值					0.92	1.00	0.99
标准差					0.05	0.08	0.03

注:(1)、(2)、(3)表示采用前述刚度计算方法(1)、(2)、(3)计算的结果;B_c 为计算值,B_t 为试验值

2. 裂缝宽度计算

对于钢筋混凝土的裂缝问题,自 20 世纪 30 年代以来,各国学者在这方面进行了大量的研究工作,提出了各种不同的裂缝计算理论及包括各种不同变量的、不同形式的裂缝计算公式。由于影响裂缝的因素较多,各国关于裂缝宽度的计算公式有较大的差别。从目前使用的裂缝计算理论来看,就其实质可以概括为下列 3 种。

（1）黏结-滑移理论。

自从 Saligar 根据钢筋混凝土拉杆试验提出了黏结-滑移理论以来，这个理论一直被认为是经典的裂缝计算理论而被广泛地应用。按照黏结-滑移理论，裂缝间距取决于钢筋与混凝土间黏结应力的分布，它可根据假设混凝土中拉应力在整个截面为均匀分布，且此拉应力不超过混凝土抗拉强度的条件来确定。裂缝的开展是由于钢筋与混凝土间的变形不再保持协调而出现相对滑移所造成。裂缝宽度等于裂缝间距范围内钢筋和混凝土的变形差。黏结-滑移理论对我国混凝土规范有很大影响。

（2）无滑移理论。

试验表明，构件表面处的裂缝与钢筋表面处的裂缝宽度是大不一样的，已有试验证实裂缝在钢筋表面附近的宽度仅为裂缝表面处宽度的 $1/5 \sim 1/3$，且与钢筋直径关系不大。根据这一现象，Broms 首先提出了无滑移理论，认为混凝土表面裂缝主要是由钢筋周围的混凝土回缩形成的，其宽度决定性因素是混凝土保护层的厚度，钢筋与混凝土之间只要有可靠的黏结就不会产生相对滑移。由该理论的计算结果与试验对比可知，当混凝土保护层厚度为 $15 \sim 80$ mm 时，两者吻合较好，而在此范围之外差别较大。美国 ACI318 规范中关于裂缝宽度的计算公式实际上与无滑移的结论相似。

（3）综合裂缝理论。

从裂缝机理来看，无滑移理论考虑了应变梯度的影响，采用在裂缝的局部范围内变形不再保持平面的假定，无疑比黏结-滑移理论更为合理。但假定钢筋处完全没有滑移，裂缝宽度为零，把保护层厚度强调作为唯一的变量，显得过于简化了。综合裂缝理论是把黏结-滑移理论和无滑移理论结合起来。欧洲混凝土委员会（CEB）建议的裂缝宽度公式正是基于这一思想。

本书基于黏结-滑移理论，按照传统钢筋混凝土结构裂缝分析思路，在平均裂缝间距计算公式中引入碳纤维布影响项，在最大裂缝宽度计算公式中引入考虑碳纤维布作用的影响系数，结合各材料火灾后的力学性能，建立了用 AASCM 粘贴碳纤维布加固钢筋混凝土梁火灾后平均裂缝间距与最大裂缝宽度的计算公式。

①平均裂缝间距。

根据黏结-滑移理论，两条相邻裂缝之间的钢筋和碳纤维布的应力如图 9.91 所示。图中 σ_s，σ_{cf} 分别为第一条裂缝截面处的钢筋应力和碳纤维布的应力;$\sigma_s + \Delta\sigma_s$,$\sigma_{cf} + \Delta\sigma_{cf}$分别为距其$l_m$处(即第二条裂缝即将出现位置处)的钢筋应力和碳纤维布的应力;τ_s为高温后钢筋与混凝土之间的黏结应力;τ_{cf}为高温后碳纤维布与梁底混凝土之间的黏结应力;A_s为钢筋的横截面积;A_{cf}为碳纤维布的横截面积。

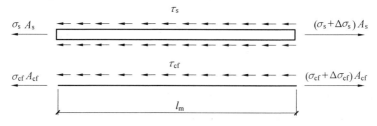

图9.91　相邻裂缝间的钢筋和碳纤维布应力

对受拉钢筋和碳纤维布分别建立平衡方程,即

$$\begin{cases} \Delta\sigma_s A_s = \tau_s u_s l_m \\ \Delta\sigma_{cf} A_{cf} = \tau_{cf} b_{cf} l_m \end{cases} \tag{9.58}$$

式中　u_s——相邻裂缝间钢筋与混凝土接触面总周长,mm;

　　　b_{cf}——碳纤维布宽度,mm。

混凝土截面开裂弯矩为

$$M_{cr} = A_{te} f_{tk} \eta_c h$$

式中　A_{te}——有效受拉混凝土截面面积;

　　　f_{tk}——混凝土常温抗拉强度标准值,取为火灾后换算截面(图9.90)面积的一半;

　　　$\eta_c h$——有效受拉混凝土形心与截面受压区合力作用点之间的内力臂。

建立弯矩平衡方程

$$\Delta M_s + \Delta M_{cf} = M_{cr} \tag{9.59}$$

令 $\Delta M_s / \Delta M_{cf} = \alpha$,$\Delta\varepsilon_s / \Delta\varepsilon_{cf} = \chi$,则有

$$\frac{\Delta M_s}{\Delta M_{cf}} = \frac{\Delta\sigma_s A_s \eta_s h_0}{\Delta\sigma_{cf} A_{cf} \eta_{cf} h} = \frac{E_s A_s \eta_s h_0}{E_{cf} A_{cf} \eta_{cf} h} \chi = \alpha \tag{9.60}$$

令 $K_1 = \dfrac{\alpha}{4\tau_s \eta_s h_0}$,$K_2 = \dfrac{1}{\tau_{cf} \eta_{cf} h}$,$K_3 = \dfrac{f_{tk} \eta_c h}{1+\alpha}$($\eta_s h_0$,$\eta_{cf} h$分别为纵向受拉钢筋、碳纤维布与截面受压区合力作用点之间的内力臂),将式(9.58)~(9.60)整理后,可得

$$l_m = K_3 \left(K_1 \frac{d_s}{\rho_s} + K_2 \frac{t_{cf}}{\rho_{cf}} \right) \tag{9.61}$$

式中 $\rho_s = A_s/A_{te}, \rho_{cf} = A_{cf}/A_{te}, d_s$ 为纵向受拉钢筋直径,mm;

t_{cf}——碳纤维布厚度,mm。

考虑混凝土保护层厚度对裂缝间距的影响,平均裂缝间距为

$$l_m = 1.9c + K_3\left(K_1\frac{d_s}{\rho_s} + K_2\frac{t_{cf}}{\rho_{cf}}\right) \tag{9.62}$$

文献[141]指出,在使用荷载作用下截面的相对受压区高度变化很小。文献[142]指出,内力臂系数 η 和 $\varepsilon_{cf}/\varepsilon_s$ 的变化范围不大。由此可见,混凝土受压区高度 y 变化很小,可取正常使用极限状态的弯矩值 M_k 所对应的混凝土受压区高度 y 来计算系数 $\chi, \chi = (h_0 - y)/(h - y)$,并认为加固梁纵向受拉钢筋、碳纤维布、有效受拉混凝土合力作用点与截面受压区合力作用点之间的内力臂系数保持不变。

根据 Mypameb 的研究成果,当纵向钢筋为变形钢筋时,常温时钢筋与混凝土之间的黏结应力 $\tau_0 = f_{tk}/0.7$。根据吴波的研究成果,高温后钢筋与混凝土之间的黏结应力为

$$\tau_s = (1 - 0.000\ 535T)\tau_0$$

式中,T——钢筋处混凝土历经的温度。

根据陆新征的研究成果,常温下碳纤维布与混凝土之间的黏结应力 τ_{0cf} 可采用公式(9.63)计算:

$$\tau_{0cf} = 1.5\sqrt{\frac{2.25 - b_{cf}/b_c}{1.25 + b_{cf}/b_c}}f_{tk} \tag{9.63}$$

式中 b_c——粘贴碳纤维布的混凝土表面的宽度,本书取为梁截面宽度,$b_c = b$,mm。

高温后碳纤维布与混凝土之间的黏结应力 τ_{cf} 可采用公式(9.64)计算。

$$\tau_{cf} = \begin{cases} \tau_{0cf}, & T \leqslant 300\ ℃ \\ (2.758 - 6.25 \times 10^{-3}T)\tau_{0cf}, & 300\ ℃ < T \leqslant 332\ ℃ \\ 0.8\tau_{0cf}, & 332\ ℃ < T \leqslant 366\ ℃ \\ (1.876 - 2.94 \times 10^{-3}T)\tau_{0cf} & 366\ ℃ < T \leqslant 434\ ℃ \\ 0.6\tau_{0cf}, & 434\ ℃ < T \leqslant 500\ ℃ \end{cases} \tag{9.64}$$

表9.14为裂缝间距的计算值与试验值的对比情况。由表9.14可知,计算值与试验值吻合较好。

表 9.14 裂缝间距计算值与试验值对比

梁编号	l_{mt}/mm	l_{mc}/mm	l_{mc}/l_{mt}
L1	168	173	1.03
L2	160	189	1.18
L3	147	132	0.90
L4	152	146	0.96
平均值			1.02
标准差			0.12

注:l_{mt} 为试验值,l_{mc} 为计算值

②最大裂缝宽度。

在正常使用阶段,加固梁开裂截面的弯矩 M_k 为

$$M_k = \sigma_{sk}A_s\eta_s h_0 + \sigma_{cf}A_{cf}\eta_{cf}h \qquad (9.65)$$

裂缝截面处钢筋应力 σ_{sk} 为

$$\sigma_{sk} = \frac{M_k}{A_s\eta_s h_0(1+\delta_f)} \qquad (9.66)$$

式中

$$\delta_f = \frac{E_{cf}A_{cf}\eta_{cf}h}{\chi E_s A_s\eta_s h_0}$$

按黏结–滑移理论,梁的平均裂缝宽度 w_m 为

$$w_m = (\varepsilon_{sm} - \varepsilon_{cm})l_m \qquad (9.67)$$

式中　ε_{cm}——相应裂缝间距内的混凝土平均应变;

ε_{sm}——裂缝间距内的钢筋平均应变,$\varepsilon_{sm} = \psi_s\sigma_{sk}/E_s(T)$,$\psi_s$ 为受拉钢筋应变不均匀系数,按式(9.68)计算。

$$\psi_s = 1.1 - 0.65\frac{f_{tk}}{\rho_{te}\sigma_{sk}} \qquad (9.68)$$

式中　ρ_{te}——计入碳纤维布截面面积后的等效纵向受拉钢筋按有效受拉混凝土截面面积计算的配筋率,$\rho_{te} = \dfrac{A_s + E_{cf}[TA_{cf}/E_s(T)]}{A_{te}}$,当 $\rho_{te} < 0.01$ 时,取 0.01。

引入裂缝间混凝土自身伸长对裂缝宽度的影响系数 $\alpha_c = 0.85$ 后,可得平均裂缝宽度计算公式为

$$w_m = 0.85\frac{\psi_s\sigma_{sk}l_m}{E_s(T)} \qquad (9.69)$$

引入短期裂缝宽度的扩大系数 1.66 后,可得标准荷载作用下的最大

裂缝宽度计算公式为

$$w_{max} = 1.41 \frac{\psi_s \sigma_{sk} l_m}{E_s(T)} \tag{9.70}$$

表 9.15 为试验梁最大裂缝宽度计算值与试验值的对比情况。由表 9.15 可知,计算值与试验值吻合较好。

表 9.15　最大裂缝宽度计算值与试验值对比

梁编号	$M/(kN \cdot m)$	w_{mt}/mm	w_{mc}/mm	w_{mc}/w_{mt}
L1	19.85	0.18	0.20	1.12
	21.95	0.20	0.23	1.16
	23.00	0.21	0.25	1.19
	24.05	0.22	0.26	1.19
L2	20.90	0.18	0.22	1.19
	21.95	0.19	0.23	1.21
	23.00	0.20	0.25	1.22
	24.05	0.21	0.26	1.23
L3	27.20	0.17	0.16	0.96
	29.30	0.18	0.18	0.99
	31.40	0.19	0.19	1.01
	33.50	0.21	0.21	0.99
平均值				1.12
标准差				0.11

注:w_{mt} 为试验值;w_{mc} 为计算值;M 为纯弯段截面弯矩

9.7　用 AASCM 粘贴碳纤维布加固混凝土梁板防火涂料保护层厚度取值

为使用 AASCM 粘贴碳纤维布加固混凝土梁板更好地应用于工程实践,需要给出经济而合理的防火涂料保护层厚度取值,供工程参考使用。为此,采用 ABAQUS 对影响加固梁板底面温度的因素进行了分析,指出防火涂料厚度、热导率以及受火时间是影响其温度的主要因素。基于构件高温强度和变形的考虑,以梁底角部温度不超过 500 ℃ 和板底温度不超过

415 ℃为控制温度,按不同的耐火时间和不同的涂料热导率,分析得到涂料的计算厚度值。考虑到涂料的构造要求,按不同的涂料品种对计算厚度值进行修正,给出了基于温度控制的防火涂料保护层厚度取值建议。为保证防火涂料能正常发挥其防火功能,给出了防火涂料的性能与选择以及设置防火涂料的技术措施。

9.7.1　影响梁板底面温度的关键因素分析

火灾下为了发挥碳纤维布的力学性能,用 AASCM 粘贴碳纤维布加固混凝土梁板中的碳纤维布工作温度应控制在一定温度内。为此,采用 ABAQUS 对加固梁板截面温度场进行分析,升温曲线采用 ISO 834 标准升温曲线,了解影响梁板底面(即粘贴碳纤维布处)温度的重要因素及其影响规律。

1. 防火涂料的影响

防火涂料的主要功能是延缓或阻止混凝土构件内部温度的过快升高,防火涂料对温度的影响与哪些因素有关是需要研究的问题。为此,设计了截面尺寸为 250 mm×450 mm 的梁和截面厚度为 120 mm 的板,梁板采用厚型防火涂料分别进行三面和单面防火保护。以防火涂料厚度、热导率、比热容和密度为变化参数,每次改变一个参数而保持其他参数不变,研究其对温度的影响。梁板防火涂料厚度的初始值分别为 16 mm,8 mm,16 mm 防火涂料热导率、比热容和密度初始值分别为 0.12 W/(m·K), 1 000 J/(kg·K) 和 600 kg/m³。梁板底面温度计算点位置如图 9.92 所示,图中黑实点为温度计算点位置,梁底所标数字为计算点编号,1,2,3 号点距角点距离分别为梁宽的 1/2,1/4,1/8,4 号点位于角点处。

(1)防火涂料对梁底温度的影响。

图 9.93 为升温 60 min 和升温 120 min 时梁底面各点温度随涂料厚度 h 的变化情况。

可以看到,随着涂料厚度的增加,各时刻梁底面各点温度随涂料厚度的增加大致呈线性降低规律。当升温时间分别为 60 min 和 120 min 时,涂料厚度每增加 1 mm,4 号角点温度分别降低 13～17 ℃和 17～21 ℃,1 号点温度分别降低 8～11 ℃和 12～17 ℃。厚度越小,升温时间越长,离角点越近,涂料厚度对温度的影响越显著。

图 9.94(a)和 9.94(b)分别为升温 60 min 和升温 120 min 时梁底面各点温度随涂料热导率的变化情况。可以看到,随着涂料热导率变大,各时刻各点温度呈近似线性升高趋势。当升温时间分别为 60 min 和 120 min

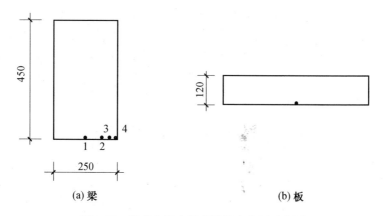

图9.92 梁底和板底温度计算点位置示意图

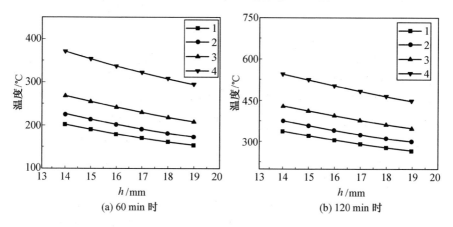

图9.93 不同时刻梁底面各点温度随涂料厚度的变化规律

时,热导率每增加0.1 W/(m·K),4号角点温度分别升高19~24℃和25~33℃,1号点温度分别升高11~13℃和17~21℃。涂料热导率越小,升温时间越长,离角点越近,涂料热导率影响越显著。

图9.95(a)和9.95(b)分别为在升温120 min时梁底面各点温度随涂料比热容和密度的变化情况。由图9.95(a)和9.95(b)可以看到,梁底面温度随着涂料的比热容和密度的增大略微降低,但总体来看,影响很小。

(2)防火涂料对板底温度的影响。

图9.96为在升温1 h,2 h,3 h和4 h时板底温度随涂料厚度的变化情况。由图9.96可以看到,随着涂料厚度的增加,各时刻板底温度不断降低,但降低幅度逐渐变缓。升温1 h时,涂料厚度每增加1 mm,板底温度降低15~29℃;升温4 h时,涂料厚度每增加1 mm,板底温度减少27~

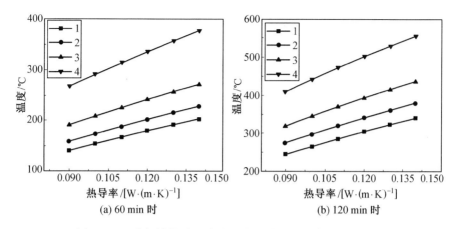

图 9.94 不同时刻梁底面各点温度随涂料热导率的变化规律

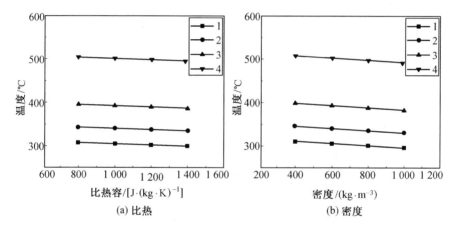

图 9.95 梁底面各点温度随比热和密度的变化规律

43 ℃。涂料厚度越小,升温时间越长,涂料厚度的影响越显著。

图 9.97 为升温 1 h,2 h,3 h 和 4 h 时板底温度随涂料热工参数的变化情况。

由图 9.97(a) 可以看到,随着涂料热导率增大,各时刻板底温度不断升高,但升高幅度逐渐变缓。升温 1 h 时,热导率每增大 0.1 W/(m·K),板底温度降低 16~21 ℃;升温 4 h 时,热导率每增大 0.1 W/(m·K),板底温度降低 25~37 ℃。涂料热导率越小,升温时间越长,涂料的热导率影响越显著。由图 9.97(b) 和 9.97(c) 可以看到,涂料的比热容和密度大小对板底温度影响很小。

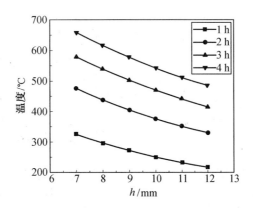

图 9.96　不同时刻板底温度随涂料厚度变化规律

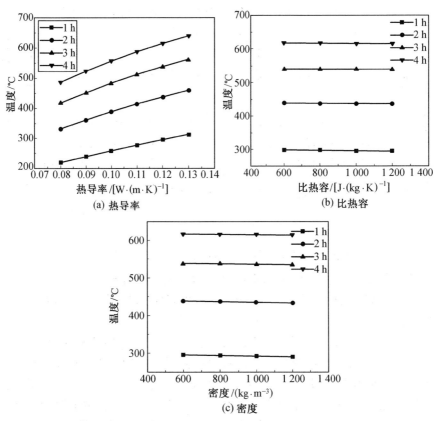

图 9.97　不同时刻板底温度随涂料热工参数变化规律

2. 截面尺寸的影响

对于一般正常尺寸的三面受火梁而言,截面宽度是影响梁底温度分布的重要因素,而对于单面受火的板而言,板厚度可能会对板底温度产生影响。因此,下面将分别研究梁截面宽度和板截面厚度对梁板底面温度的影响。计算中,热导率、比热容和密度分别取为 0. 12 W/(m · K),1 000 J/(kg · K)和 600 kg/m³,梁板防火涂料厚度分别取为 16 mm 和 8 mm。

(1)梁截面宽度对梁底温度的影响。

取梁截面高度为 450 mm,截面宽度分别取为 100 mm,150 mm,200 mm,250 mm,300 mm,350 mm 和 400 mm,考察截面宽度对梁底面温度的影响。图 9.98 为升温 60 min 和 120 min 时梁底面各点温度随截面宽度的变化情况。由图可看到,截面宽度对梁底角点处的温度影响不大,但对非角点处的温度影响较大。离角点越远,截面宽度对温度影响越大,这主要是由于离角点越远,截面越宽,角点处的两面受火对其影响越小的缘故。

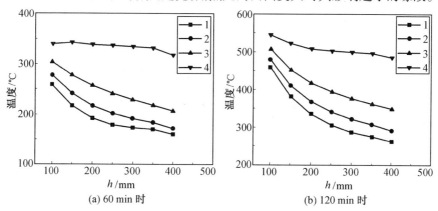

(a) 60 min 时 　　　　　　　 (b) 120 min 时

图 9.98　不同时刻梁底面各点温度随截面宽度变化规律

图 9.99 为升温 60 min 和 120 min 时在不同截面宽度下梁底面各点温度的分布规律。

从图 9.99 中可看到,截面宽度较小时,梁底面温度分布较均匀,角点温度(4 号点)和中点(1 号点)温度相差较小。而当截面宽度较大时,梁底面温度分布不均匀,角点温度和中点温度相差较大。对截面宽度大于 200 mm 的梁而言,当角点温度为 500 ℃ 左右时,梁底面绝大部分温度为 250 ~ 400 ℃,中点温度为 250 ~ 350 ℃。

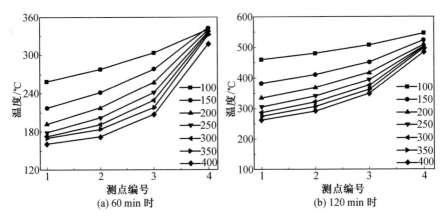

(a) 60 min 时　　　　　　　　　(b) 120 min 时

图 9.99　不同时刻不同截面宽度时梁底面温度分布规律

（2）板厚度对板底温度的影响。

取板的截面厚度分别为 80 mm,100 mm,120 mm,140 mm 和 160 mm,考察其对板底温度的影响。图 9.100 为升温 1 h,2 h,3 h 和 4 h 时在不同板厚下板底温度的变化规律。从图9.100中可看到,板底温度随板厚增大略微降低,板厚对板底温度影响很小。

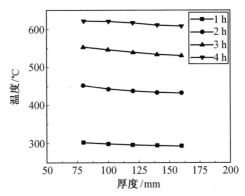

图 9.100　不同时刻板底温度随板厚度的变化规律

3. 受火时间的影响

受火时间的长短对梁板底面的温度有重要的影响,下面将研究梁板底面温度随受火时间的变化规律。计算中,梁板截面尺寸见图 9.92,梁板的防火涂料厚度分别为 16 mm 和 8 mm,热导率、比热容和密度均分别取为,0.12 W/(m·K),1 000 J/(kg·K) 和 600 kg/m³。梁板底面温度随受火时间的变化情况如图 9.101 所示。从图 9.101 中可以看到,梁板底温度随受火时间的延长呈非线性增长趋势,受火前 40 min 温升较快,其后温升速度逐渐减缓,这是由 ISO 834 标准升温曲线的特征所决定的。

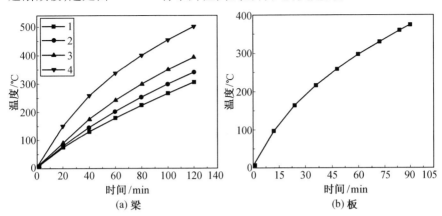

图 9.101　梁板底温度随受火时间的变化规律

由以上分析可看到,涂料的厚度、热导率和受火时间是影响梁板底面温度的主要因素,涂料厚度越小,涂料热导率越大,受火时间越长,相应的温度越高。梁的截面宽度对梁底中心温度有较大影响,对梁底角部温度影响较小,截面越宽,梁底中心温度越小,其与角部的温差越大。

9.7.2　控制温度的确定

按照《建筑构件耐火试验方法》(GB/T 9978—1999)的要求,火灾下构件应满足承载力和变形要求。文献[111]研究表明,当受弯构件高温承载力不低于常温的 65% 时,可确保构件火灾下安全。《建筑构件耐火试验方法》规定,在标准升温曲线下,梁板在一定荷载作用下其跨中位移不得大于计算跨度的 1/20。为满足火灾下构件承载力和变形要求,须对构件温度场进行控制。下面将依据构件高温承载力要求提出加固梁板的控制温度,然后进行构件变形验算,以满足变形要求。

1. 加固梁的控制温度

由上节对截面尺寸的影响分析可知,梁底角点温度受截面宽度影响较小,且梁底角点温度为梁底最大温度,控制其温度即可控制整个梁底温度,因此为结构安全起见,以梁底角点温度作为涂料厚度计算的控制温度。由式(9.42)可知,当碳纤维布经历的平均温度在 415 ℃时,火灾后碳纤维布能发挥出实际强度的 65%。而火灾下混凝土的损伤程度比火灾后小,其与碳纤维布的界面黏结性能比火灾后好,因此火灾下碳纤维布能发挥出比火灾后更高的强度。因此,当火灾下碳纤维布经历的平均温度在 415 ℃

时,碳纤维布至少能发挥出实际强度的 65%。对于工程中常用的截面宽度不小于 150 mm 的梁,要使梁底平均温度为 415 ℃,角点温度最小约为 500 ℃(取截面宽度为 150 mm 的梁计算),这说明当角点温度为 500 ℃时,可确保碳纤维布至少能发挥出实际强度的 65%。另外,当角点温度为 500 ℃时,梁内纵向钢筋的平均温度低于 420 ℃(按混凝土保护层厚度不小于 25 mm 考虑),高温屈服强度不低于常温时的 65%,而受压区混凝土的温度较低,强度损失较小。因此,火灾下加固梁的高温承载力必定大于常温时的 65%,这样可以完全保证火灾下加固梁的安全。为此,本书将梁底角点的控制温度取为 500 ℃。

为满足变形要求,下面进行加固梁的变形分析。在梁底角部温度一定的情况下,影响加固梁火灾下变形的因素有碳纤维布加固提高幅度、纵向受力钢筋配筋率、荷载水平和截面尺寸。首先分析各因素的影响规律,然后计算加固梁在火灾下的最大变形。

按照《建筑构件耐火试验方法》的要求,设计计算跨度为 4 000 mm 的简支梁,底部配置 HRB335 纵向钢筋,梁底粘贴碳纤维布,在梁的计算跨度的 1/8,3/8,5/8 和 7/8 处四点加载,如图 9.102 所示。采用国际标准升温曲线 ISO 834 进行升温,加固梁三面受火,采用厚型防火涂料进行三面(梁底和梁侧)防火保护。各材料热工性能和高温力学性能分别见 9.2.4 节和 9.2.5 节,有限元分析方法见 9.4.3 节和 9.4.4 节。加固梁的初始设计参数为:截面尺寸为 250 mm×450 mm,碳纤维布加固提高幅度为 30%,纵向受力钢筋的配筋率为 0.6%,荷载水平为 0.55,防火涂料的热导率为 0.12 W/(m·K),密度为 600 kg/m³,比热容为 1 000 J/(kg·K)。为考察碳纤维布的加固提高幅度、纵向受力钢筋配筋率、荷载水平和梁截面宽度等各参数对加固梁变形的影响规律,在每个参数合理取值范围内逐步改变其值而保持其他参数不变进行计算分析。表 9.16 给出了梁参数设置情况。

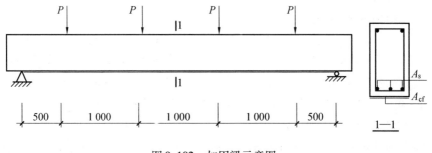

图 9.102　加固梁示意图

表 9.16 加固梁参数设置

变参数	参数变化量	配筋量 A_s/mm^2	碳纤维布量 A_{cf}/mm^2	荷载 P/kN
碳纤维布加固提高幅度	10%	680	17	554
	30%		37	661
	50%		57	768
	70%		78	880
配筋率	0.6%	680	37	661
	0.9%	1 020	50	990
	1.2%	1 350	86	1 288
荷载水平	0.35	680	37	400
	0.45			530
	0.55			661
	0.65			791
截面宽度/mm	150	405	22	655
	250	680	37	661
	350	945	51	654

图 9.103 为碳纤维布加固提高幅度、钢筋配筋率、荷载水平和截面宽度对火灾下加固梁跨中位移的影响规律。从图 9.103 中可以看到,钢筋配筋率和荷载水平是影响加固梁高温变形的主要因素,碳纤维布加固提高幅度和截面宽度对变形基本没有影响。荷载水平越大,变形越大;钢筋配筋率越大,变形越大。

为得到加固梁在火灾下的最大变形,需选取荷载水平和钢筋配筋率进行分析。将荷载水平取为最大值 0.65,钢筋配筋率取为较大值 1.2%,可计算得到与梁底角部温度对应的加固梁最大跨中位移。当梁底角部控制温度为 500 ℃时,加固梁在火灾下最大跨中位移约为 26 mm,如图 9.104 所示,图中位移为加固梁常温位移与高温位移的总和,常温位移为 9 mm,高温位移为 26 mm。加固梁最大跨中位移为计算跨度的 1/154,远小于要求的 1/20,满足变形要求,说明所取控制温度是合理的。

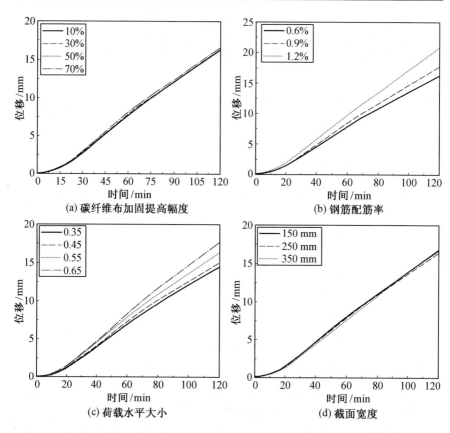

图 9.103　各参数对加固梁火灾下变形的影响

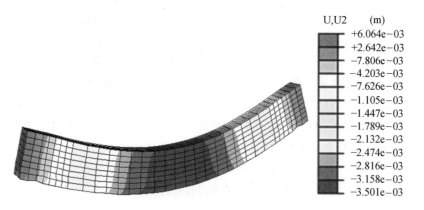

图 9.104　火灾下加固梁的最大变形

2. 加固板的控制温度

　　板为单面受火,板底温度相同。当火灾下板底温度不高于 415 ℃ 时,碳纤维布至少能发挥出实际强度的 65%,而此时钢筋的温度低于 400 ℃,高温屈服强度大于常温时的 65%,因此板高温极限承载力大于常温时的 65%,从强度上可保证火灾下加固板的安全。为此,将板底控制温度取为 415 ℃。

　　为满足变形要求,下面进行加固板的变形分析。在板底温度一定的情况下,影响加固板火灾下变形的因素有碳纤维布加固提高幅度、纵向受力钢筋配筋率、荷载水平和截面尺寸,需要从中选取主要参数并考虑其最不利情况(使加固板变形最大的参数取值)计算加固板在火灾下的最大变形,因此首先需要进行参数分析。

　　按照建筑构件耐火试验方法(GB/T 9978—1999)的要求,设计计算跨度为 4 000 mm 的简支单向板,底部配置 HPB235 纵向钢筋,板底粘贴碳纤维布,板面均布加载,如图 9.105 所示。采用国际标准升温曲线 ISO 834 升温 90 min,加固板为板底单面受火,采用厚型防火涂料对板底进行防火保护。各材料热工性能、高温力学性能和有限元分析方法分别见 9.2.4 节和 9.2.5 节。加固板的初始设计参数:截面尺寸为 600 mm×120 mm,碳纤维布提高幅为 30%,纵向受力钢筋的配筋率为 0.3%,荷载水平为 0.55,防火涂料计算厚度为 8 mm,防火涂料的热导率为 0.12 W/(m·K),密度为 600 kg/m³,比热容为 1 000 J/(kg·K)。为考察碳纤维布的加固提高幅度、纵向受力钢筋配筋率、荷载水平和板厚度等各参数对加固板变形的影响规律,在每个参数合理取值范围内逐步改变其值而保持其他参数不变进行计算分析。表 9.17 给出了板参数设置情况。

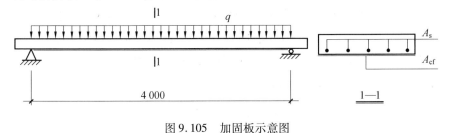

图 9.105　加固板示意图

表 9.17　加固板参数设置

变参数	变化量	配筋量 A_s/mm²	碳纤维布量 A_{cf}/mm²	荷载 q/(N·m⁻²)
碳纤维布加固提高幅度	10%	216	4.8	3 111
	30%		9.5	3 679
	50%		14.2	4 233
配筋率	0.3%	216	9.5	3 679
	0.5%	360	15	6 022
	0.7%	504	20	8 312
荷载水平	0.45	216	9.5	2 451
	0.55			3 679
	0.65			5 152
板厚/mm	100	180	7.8	3 010
	120	216	9.5	3 679
	140	252	11.3	4 348

图 9.106 为碳纤维布加固提高幅度、钢筋配筋率、荷载水平和板厚度对加固板跨中位移的影响。从图 9.106 中可看到,板厚度是影响加固板高温变形的主要因素,碳纤维布加固提高幅度、钢筋配筋率和荷载水平的影响很小。这主要是因为当板内温度较小时,板的变形以膨胀变形为主,厚度越小,板内温度梯度越大,膨胀变形越大,总的变形越大。

为得到加固板在火灾下的最大变形,需选取最小的板厚度进行分析。在实际工程中,板厚一般在 100 mm 以上,因此本书偏安全地选用板厚为 100 mm。加固板在火灾下最大跨中位移为 90 mm,如图 9.107 所示,图中最大位移为加固板常温位移与高温位移的总和,常温位移为 8 mm,高温位移为 90 mm。加固板最大跨中位移为计算跨度的 1/44,小于要求的 1/20,满足变形要求,说明所取控制温度是合理的。

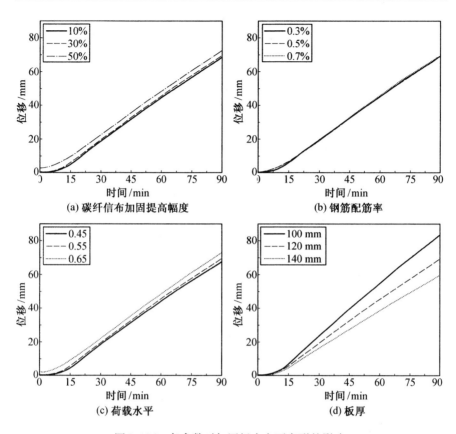

图 9.106 各参数对加固板火灾下变形的影响

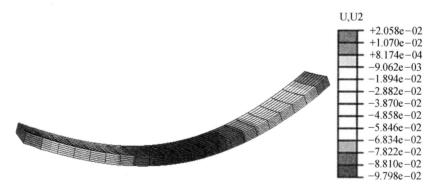

图 9.107 火灾下加固板的最大变形

9.7.3 用 AASCM 粘贴碳纤维布加固混凝土梁板防火涂料厚度

1. 加固梁防火涂料保护层厚度

将防火涂料热导率取值范围设定为 $0.06 \sim 0.16$ W/(m·K)。根据我国《建筑设计防火规范》(GB 50016—2006)的规定,与梁的耐火等级相对应,将加固梁的耐火时间分为 30 min,60 min,90 min 和 120 min。通过大量计算,可得到加固梁的防火涂料厚度计算值,见表 9.18。

表 9.18　加固梁防火涂料保护层厚度计算值

时间 /min	不同热导率[W·(m·K)⁻¹]对应保护层厚度计算值/mm										
	0.06	0.07	0.08	0.09	0.10	0.11	0.12	0.13	0.14	0.15	0.16
30	3	3	4	4	4	4	5	5	5	5	6
60	5	5	6	7	8	8	9	9	10	11	12
90	7	8	9	10	11	12	13	14	15	16	17
120	8	10	11	13	14	15	16	18	20	21	22

梁的防火涂层构造要求包括最小厚度要求和涂料脱落要求。最小厚度要求设定如下:内层喷涂涂料最小需 2 mm 厚,考虑到钢丝网需由涂料完全覆盖且自身的不平整性,外层涂料需 10 mm 厚,因此最小厚度要求为 12 mm。不同种类的涂料脱落情况详见 9.4.3 节。考虑以上构造要求,实际所需的防火涂料保护层厚度分别按厚型隧道防火涂料和厚型钢结构防火涂料对表 9.18 中的计算值进行修正,修正后的建议值见表 9.19。

表 9.19　加固梁防火涂料保护层厚度建议值

涂料品种	时间 /min	不同热导率[W·(m·K)⁻¹]对应保护层建议值/mm										
		0.06	0.07	0.08	0.09	0.10	0.11	0.12	0.13	0.14	0.15	0.16
厚型隧道防火涂料	30	12	12	12	12	12	12	12	12	12	12	12
	60	12	12	12	12	12	12	12	12	13	14	15
	90	12	12	12	13	14	15	16	17	18	19	20
	120	12	13	14	16	17	18	19	21	23	24	25
厚型钢结构防火涂料	30	12	12	12	12	12	12	12	12	12	12	12
	60	18	18	19	20	21	21	22	22	23	24	25
	90	20	21	22	23	24	25	26	27	28	29	30
	120	21	23	24	26	27	28	29	31	33	34	36

注:1.表内数值表示梁底的涂料厚度,当涂料为厚型隧道防火涂料时,梁侧的涂料

厚度可相应减少 2 mm,但减少后的厚度不得小于 12 mm;当涂料为厚型钢结构防火涂料时,梁侧的涂料厚度可相应减少 4 mm,但减少后的厚度不得小于 12 mm;

2.受火时间为 30 min 时,厚型防火涂料仅按最小厚度要求设置,不考虑涂料的脱落情况

2.加固板防火涂料保护层厚度

根据我国《建筑设计防火规范》(GB 50016—2006)的规定,与板的耐火等级相对应,将加固板的耐火时间分为 30 min,60 min 和 90 min。防火涂料热导率的取值范围和加固梁相同。根据上述设定的防火涂料热导率的取值范围和耐火时间,通过计算,可得加固板的防火涂料厚度计算值,见表 9.20。

表 9.20　加固板防火涂料保护层厚度计算值

时间/min	不同热导率$[W \cdot (m \cdot K)^{-1}]$对应保护层厚度计算值/mm										
	0.06	0.07	0.08	0.09	0.10	0.11	0.12	0.13	0.14	0.15	0.16
30	≤2	≤2	≤2	≤2	3	3	3	3	3	3	3
60	3	3	4	4	5	5	5	6	6	6	7
90	4	5	5	6	6	7	8	8	9	9	10

板的防火涂层构造要求包括最小厚度要求和涂料脱落要求。最小厚度要求设定如下:内层喷涂涂料最小需 2 mm 厚,考虑到钢丝网需由涂料完全覆盖且自身较为平整,外层涂料需 8 mm 厚,因此最小厚度要求为10 mm。不同种类的涂料脱落情况详见 9.2.4 节。考虑以上构造要求,实际所需的防火涂料保护层厚度分别按厚型隧道防火涂料和厚型钢结构防火涂料对表 9.20 中的计算值进行修正,修正后的建议值如表 9.21 所示。从表 9.21 中可看到,对厚型隧道防火涂料而言,加固板防火涂料的厚度基本由构造要求决定,对厚型钢结构防火涂料而言,加固板防火涂料的厚度由计算值和构造要求共同决定,随着热导率的增大和受火时间的延长逐渐增大。

表 9.21　加固板防火涂料保护层厚度建议值

涂料品种	时间/min	不同热导率$[W \cdot (m \cdot K)^{-1}]$对保护层厚度建议值/mm										
		0.06	0.07	0.08	0.09	0.10	0.11	0.12	0.13	0.14	0.15	0.16
厚型隧道防火涂料	≤60	10										
	90	10	10	10	10	10	10	11	11	11	11	12

续表 9.21

涂料品种	时间/min	不同热导率[W·(m·K)⁻¹]对保护层厚度建议值/mm										
		0.06	0.07	0.08	0.09	0.10	0.11	0.12	0.13	0.14	0.15	0.16
厚型钢结构防火涂料	30	10										
	60	11	11	12	12	13	13	13	14	14	15	15
	90	12	13	13	14	14	15	16	16	17	17	18

注:受火时间为 30 min 时,厚型防火涂料仅按最小厚度要求设置,不考虑涂料的脱落情况

9.7.4 用 AASCM 粘贴碳纤维布加固混凝土梁板防火涂料的选择与设置

1.防火涂料的性能与选择

结构的防火保护就是在其表面提供一层绝热或吸热的材料,隔绝火焰直接灼烧结构,阻止热量向结构内部传递,延缓结构温度的过快升高,使之达到规定的耐火极限要求。防火涂料的主要功能,就是对物体起防火、阻燃及隔热的保护作用。防火涂料的防火隔热机理有 3 个:① 对基材起屏蔽和防止热辐射作用,隔离火焰,避免构件直接暴露在火焰或高温中;② 涂层中部分物质吸热和分解放出水蒸气、二氧化碳等不燃性气体,起到消耗热量、降低火焰温度和燃烧速度、稀释氧气的作用;③ 防火保护层最主要的作用是涂层本身为多孔轻质材料或热膨胀后形成炭化泡沫层,热导率很低,有效地阻止了热量向基材的传递。

目前,结构上应用较广泛的防火保护方法有喷涂防火涂料、包裹无机防火板材和喷射无机纤维防火材料。

厚型钢结构防火涂料因其施工方便、质量轻、耐火时间长,且不受构件的几何形状限制,具有良好的经济性和实用性,成为众多建筑防火措施的首选。但厚型钢结构防火涂料与构件之间的黏结强度较低,在遇到振动时容易受到破损,在不同受力情况下涂料会发生整体脱落和开裂现象。陈素文通过厚型钢结构防火涂层在单调荷载条件下的试验,研究了20 mm厚和40 mm 厚的防火涂层在钢构件轴向拉伸、轴向压缩和纯弯荷载条件下的破损模式和破损过程,指出 40 mm 厚的防火涂层无论在何种荷载作用下均为整体脱落,而 20 mm 厚的防火涂料仅在轴向压缩荷载作用下为整体脱落,其他荷载作用下为涂层断裂和开裂。鉴于此,不难得出这样的结论:对于厚度较大的防火涂料,当仅考虑构件受力和变形对其性能影响时,厚度越

大,越易整体脱落,对防火会产生不利影响,而仅仅考虑高温对其影响时,厚度越大,防脱和防裂效果越好,对防火越有利。因此,防火涂料厚度的选取应根据构件受力特征和防火要求两方面综合考虑。厚型钢结构防火涂料容易产生破损或脱落,而一旦涂料出现上述情况,便会对结构的防火性能造成较大影响。李国强和王永卫对厚型钢结构防火涂料的破损对钢结构抗火性能的影响进行了一系列的试验研究和理论分析,指出防火涂料的破损对钢柱的抗火性能影响较大,防火涂料的破损段往往就是钢柱在火灾中的破坏位置,破损段越长,构件抗火性能越差。为了有效抑制和减少涂料的脱落和开裂,有研究人员提出在涂料中掺入纤维以改善其黏结性能,但研究发现,掺入纤维虽能提高涂料的强度,但并不能改善其与结构表面的黏结性能,对防止涂料的整体脱落效果不明显。

　　厚型隧道防火涂料从 20 世纪 90 年代末才逐步研究和生产,主要由黏结剂、无机耐火填料、阻燃剂和助剂组成。隧道防火涂料一般用在隧道结构上,与钢结构防火涂料相比,隧道防火涂料的黏结强度要高些,与混凝土界面结合更紧密。厚型隧道防火涂料主要有两大类,硅酸盐无机隧道防火涂料和环氧树脂类有机隧道防火涂料。由于隧道防火涂料较少用在建筑结构上,关于隧道防火涂料在建筑结构上的使用性能研究较少,还未见相关报道,本书首次将厚型隧道防火涂料用在碳纤维布加固混凝土构件中。

　　薄型和超薄型防火涂料属于膨胀型防火涂料,在常温下形成普通的涂层,火灾发生时膨胀炭化起防火保护作用。在受火时,由于材料组分间的相互作用,涂层膨胀发泡形成泡沫层,泡沫层不仅隔绝了氧气,而且有良好的隔热性能,能有效地阻滞热量向基材的迅速传导。此外,涂层膨胀形成泡沫隔热层的过程是吸热反应,使体系的温度降低,因而其阻燃防火效果显著。目前,国内外防火涂料的研制绝大多数都是采用"膨胀型"这条技术路线。薄型防火涂料优点在于厚度小,涂覆在构件表面不会影响其使用功能和外观,且常温下黏结性能较强,涂料不易脱落;缺点在于,涂料发泡需要一定温度,国内大部分薄型防火涂料发泡温度往往在 300 ℃以上,且发泡物黏结性能较差,易脱落,防火效果不稳定。

　　近年来,国外一些工业发达国家如英国、德国、日本、丹麦等国较多采用无机防火板材对大型构件进行箱式包裹。防火保护板能锯能切,可任意切割组装,还可以制成异型件,用于各类结构的防火保护。它将防火材料和饰面材料合二为一,适用于体积大且形状简单的结构防火保护,对形状复杂的构件施工包覆有一定的困难。

　　20 世纪 60 年代,欧美开始采用喷射无机纤维防火保护材料。喷射无机纤维防火保护材料(简称 SFRM)是指喷射到基材上用以提供对基材进行防火保护的材料。Fyfe 以蛭石/石膏混合物为主要原料研制了一种可对 FRP 加固结构进行防火保护的可喷射防火材料,该材料只需 10 mm 厚就能对 FRP 加固结构提供可靠的防火保护,涂层厚度比传统防火涂料有明显的降低。近年来,公安部四川消防所在国内研制推出了喷射无机纤维防火材料,但由于该防火材料需要使用专用喷射施工设备,工程造价高,在国内还处于推广应用阶段。

由上述分析可知,目前国内工程中使用较为广泛的是防火涂料,而薄型防火涂料由于其发泡温度较高和高温易脱落的缺点,不太适合对温度控制和绝氧有较高要求的碳纤维布进行防火保护。用 AASCM 粘贴碳纤维布加固混凝土构件试验结果表明,构造合理的厚型钢结构防火涂层和厚型隧道防火涂层均能达到对碳纤维布进行控温和绝氧的目的,但由于前者火灾下易于脱落和开裂,其防火效果劣于后者。鉴于此,可知厚型隧道防火涂料对 AASCM 粘贴碳纤维布加固混凝土梁板的防火效果更好。

2. 防火涂料的设置技术

正确的防火涂料设置技术是保证防火涂料在火灾下正常发挥其防火功能的关键一环。为此,根据试验研究成果,给出如下建议:

(1)加固梁应在梁底和梁侧同时设置防火涂料,加固板在板底设置防火涂料。

(2)防火涂料的涂层内须设置钢丝网。钢丝网一般选用φ0.8@10。为了保证钢丝网被涂料完全覆盖,对于加固梁而言,钢丝网外层涂料厚度至少为 10 mm,对于加固板而言,外层涂料厚度至少为 8 mm。

(3)涂料应分层设置。梁板面至钢丝网之间的涂料为内层涂料,用来覆盖钢丝网的涂料为外层涂料。

(4)为确保涂层质量,内层涂料应分层喷涂,底层涂料厚度应为 1 ~ 2 mm,其他层厚度为 2 ~ 3 mm,前一层涂料自然干燥 24 ~ 48 h 后,方可进行下一层涂料的施工。钢丝网应紧贴内层涂料,并应采取有效措施进行固定且应保证网面平整,外层涂料应抹涂施工。

(5)钢丝网可采用膨胀螺栓进行固定。在涂料施工前,将螺栓预置在混凝土内,螺栓间距一般为 250 ~ 350 mm,钢丝网采用镀锌钢丝与螺栓可靠固定。严禁在涂料设置过程中进行振动作业,以确保涂料与混凝土界面的黏结质量。

9.8 小　结

(1)完成了 4 根用 AASCM 粘贴碳纤维布加固混凝土梁和 5 块用 AAS-

CM 粘贴碳纤维布加固混凝土板的抗火性能试验。在火灾试验中,4 根梁底中心处和 5 块板底的 AASCM 历经的最高温度分别为 300 ~ 470 ℃和 90 ~ 300 ℃,均高于普通环氧类有机胶的软化温度。

(2)火灾下梁板跨中最大位移分别为计算跨度的 1/1 400 ~ 1/318 和 1/438 ~ 1/95。采用防火涂料保护的碳纤维布火灾下完好,碳纤维布通过 AASCM 与混凝土梁板可靠粘贴。构造合理的厚型钢结构防火涂层和厚型隧道防火涂层均能达到对碳纤维布进行控温和绝氧的目的,但由于前者火灾下易于脱落和开裂,其防火效果劣于后者。因此,若有合理的防火保护,火灾下耐高温 AASCM 能使碳纤维布与混凝土有效共同工作,用耐高温 AASCM 粘贴碳纤维布加固混凝土梁板具有良好的抗火性能,用其取代环氧类有机胶粘贴碳纤维布加固混凝土构件是可行的。

(3)对经历火灾下抗火性能试验的 4 根加固梁和 4 块加固板进行了火灾后受力性能试验。试验结果表明,对于用 AASCM 粘贴碳纤维布加固混凝土梁板,当碳纤维布历经的温度低于 300 ℃时,碳纤维布的强度能够充分利用;当碳纤维布历经的温度高于 300 ℃时,由于 AASCM 与混凝土界面黏结性能的退化,碳纤维布的强度不能充分利用,其强度利用率随温度的升高而降低。当碳纤维布历经的温度在不大于 500 ℃时,其强度利用率不小于 60%。

(4)将截面按照混凝土火灾后强度与常温下强度的比值等效为阶梯形截面,建立了正截面承载力公式;将截面按照火灾后各材料弹性模量与常温下混凝土弹性模量的比值换算为常温下全混凝土截面,建立了基于有效惯性矩法的刚度公式,通过在现有的加固构件常温刚度公式中引入火灾后刚度降低系数的方式,提出了简单实用的刚度计算公式;基于黏结-滑移理论,建立了考虑材料火灾后力学性能和碳纤维布影响的裂缝计算公式。相关公式计算值与试验结果吻合较好,可用于该类加固梁板火灾后正截面承载力、刚度和裂缝宽度计算。

(5)采用 ABAQUS 6.5 对影响加固梁板底面温度的因素进行了分析,指出涂料的厚度、热导率和受火时间是影响梁板底面温度的主要因素。基于对构件高温强度和变形考虑,提出以梁底角部温度不超过 500 ℃和板底温度不超过 415 ℃为控制温度的涂料厚度计算原则。在计算分析的基础上,考虑涂料构造要求,按不同的耐火时间和不同的涂料热导率对防火涂料进行分类,提出了加固梁板防火涂料保护层厚度取值建议。

参 考 文 献

［1］袁润章. 胶凝材料学［M］. 武汉:武汉理工大学出版社,2003.

［2］DAVIDOVITS J. 30 Years of successes and failures in geopolymer appli-
cations. market trends and potential breakthroughs［C］. Geopolymer 2002
Conference, Melbourne, Australia, 2002,1:1-16.

［3］WANG Shaodong, SCRIVENER K L. Hydration products of alkali-activa-
ted slag cement［J］. Cement and Concrete Research,1995,25(3):561-
571.

［4］王瑾, 宗文, 常均, 等. 低水灰比条件下碱矿渣水泥的水化硬化［J］.
山东建材,2002,23(3):12-14.

［5］王复生, 王小莉, 王光明, 等. 高性能矿渣胶凝材料的试验研究［J］.
山东建材学院学报,1999,13(1):6-8.

［6］于霖. 碱激发矿渣胶凝材料的制备及其性能研究［D］. 郑州:郑州大
学,2010.

［7］孔祥文, 王丹, 隋智通. 矿渣胶凝材料的活化机理及高效激发剂［J］.
中国资源综合利用,2004,6:22-26.

［8］郑文忠, 朱晶. 无机胶凝材料粘贴碳纤维布加固混凝土结构研究进展
［J］. 建筑结构学报, 2013,34(6):1-12.

［9］郑文忠, 万夫雄, 李时光. 无机胶粘贴 CFRP 布加固梁火灾后受力性
能试验［J］. 哈尔滨工业大学学报, 2010,42(8):1194-1198.

［10］万夫雄, 郑文忠. 无机胶粘贴碳纤维布加固板防火涂层厚度取值
［J］. 哈尔滨工业大学学报, 2012,44(2):11-16.

［11］郑文忠, 陈伟宏, 徐威, 等. 用碱激发矿渣耐高温无机胶在混凝土表
面粘贴碳纤维布试验研究［J］. 建筑结构学报, 2009,30(4):138-
144.

［12］朱晶, 郑文忠. 用碱矿渣胶凝材料粘贴 FRP 布加固混凝土结构的剪
切性能［J］. 东南大学学报(自然科学版), 2012,42(5):962-969.

［13］郑文忠, 朱晶, 陈伟宏. 用碱矿渣胶凝材料粘贴碳纤维布加固组合

梁受力性能试验研究[J]. 铁道学报, 2011,33(1):101-107.

[14] 郑文忠, 万夫雄, 李时光. 用无机胶粘贴 CFRP 布加固混凝土板抗火性能试验研究[J]. 建筑结构学报, 2010,31(10):89-97.

[15] 郑文忠,陈伟宏,王明敏. 用无机胶粘贴 CFRP 布加固混凝土梁受弯试验研究[J]. 土木工程学报,2010,4:37-45.

[16] 过镇海. 混凝土的强度和本构关系——原理与应用[M]. 北京:中国建筑工业出版社,2004.

[17] 李义强, 王新敏, 陈士通. 混凝土单轴抗压应力-应变曲线比较[J]. 公路交通科技,2005,22(10):75-78.

[18] 李学英, 郑恩祖. 高钙粉煤灰地质聚合物的性能研究[C]. 北京:中国硅酸盐学会水泥分会第四届学术年会, 2012:1120-1134.

[19] CHENG T W,CHIU J P. Fire-resistant geopolymer produce by granulated blast furnace slag[J]. Minerals Engineering, 2003, 16(3):205-210.

[20] LYON R E,BALAGURU P N,FODEN A,et al. Fire-resistant aluminosilicate composites[J]. Fire and Materials, 1997,21(2):67-73.

[21] BAKHAREV T. Thermal behaviour of geopolymers prepared using class F fly ash and elevated temperature curing[J]. Cement and Concrete Research, 2006,36(6):1134-1147.

[22] PIMRAKSA K,CHINDAPRASIRT P,RUNGCHET A, et al. Lightweight geopolymer made of highly porous siliceous materials with various Na_2O/Al_2O_3 and SiO_2/Al_2O_3 ratios [J]. Materials Science and Engineering A-Structural Materials Properties Microstructure and Processing, 2011, 528(21):6616-6623.

[23] 侯云芬,王栋民,李俏. 养护温度对粉煤灰基矿物聚合物强度影响的研究[J]. 水泥,2007,1:8-10.

[24] FODEN A J. Mechanical properties and material characterization of polysialate structural composites [D]. New Brunswick:Dissertation of the Rutgers University,1999.

[25] FODEN A J,BALAGURU P,LYON R E,et al. Flexural fatigue properties of an inorganic matrix-carbon fiber composite[J]. Evolving Technologies for the Competitive Edge,1997,42(2):1345-1354.

[26] ZHENG Wenzhong, WAN Fuxiong, LI Shiguang. Experimental research of refractory performance of reinforced concrete beams strengthened with

CFRP sheets bonded with an inorganic adhesive[J]. Journal of Harbin Institute of Technology:New Series,2010,17:568-574.

[27] 史才军,KRIVENKO P V, ROY D. 碱-激发水泥和混凝土[M]. 北京:化学工业出版社,2008.

[28] GLUKHOVSKY V D, ROSTOVSKAJA G S, RUMYNA G V. High strength slag-alkaline cements[C]//Proceedings of the 7th International Congress Chemical Cement,Paris,1982,5:164.

[29] ANTONIO A, MELONETO, MARIA A CINCOTTO, et al. Drying and autogenous shrinkage of pastes and mortars with activated slag cement [J]. Cement and Concrete Research,2008, 38(4):565-574.

[30] VLADIMIRZI V. Effects of type and dosage of alkaline activator and temperature on the pProperties of alkali-activated slag mixtures[J]. Construction and Building Materials, 2007,21:1463-1469.

[31] ZUDA L,ROVNANIK P,BAYER P,et al. Thermal properties of alkali-activated slag subjected to high temperature[J]. Journal of Building Physics,2007,30(4):337-350.

[32] JIANG Weimin. Alkali activated cementitious materials:mechanisms, microstructure and properties[D]. Philadelphia:The Pennsylvania State University, 1997.

[33] SAKULICH A R. Characterization of environmentally-friendly alkali activated slag cements and ancient building materials[D]. Philadelphia: Drexl University, 2009.

[34] 杨南如. 充分利用资源,开发新型胶凝材料[J]. 建筑材料学报, 1998, 1(1):19-25.

[35] CHEN Jianxiong, CHEN Hanbin, XIAO Pei, et al. A study on complex alkali-slag environmental concrete[C]. Beijing:International Workshop on Sustainable Development and Concrete Technology, 2004.

[36] 闫文涛,郑雯.碱矿渣水泥的热激发研究[J].水泥技术,2008,1:27-30

[37] 王旻,覃维祖.化学激发胶凝材料用于碳纤维加固混凝土柱的研究 [J]. 施工技术,2007,36(3):73-75.

[38] 王旻, 冯鹏, 叶列平,等. 用于纤维片材加固混凝土结构的无机粘结材料-地聚物[J]. 工业建筑(增刊), 2004:16-20.

[39] 王兴肖. 植物纤维增强砌块砌体力学性能试验研究与有限元分析

[D]. 武汉:武汉理工大学,2010.

[40] 杨红彩,郑水林. 粉煤灰的性质及综合利用现状与展望[J]. 中国非金属矿工业导刊,2003,4:38-42.

[41] 陆秋艳. 人造矿物聚合物的制备及其应用研究[D]. 福州:福州大学,2005.

[42] 胡宏泰,朱祖培,陆纯渲. 水泥的制造和应用[M]. 济南:山东科学技术出版社,1994.

[43] 冯巨恩,郭生茂. 粉煤灰作充填胶凝材料的应用研究[J]. 粉煤灰综合利用,2001,5:10-11.

[44] 刘晓明,冯向鹏,孙恒虎. 大掺量粉煤灰用于胶凝材料制备研究[J]. 粉煤灰综合利用,2006,5:20-22.

[45] 戴丽莱,陈建南,芮君渭. 碱-矿渣-粉煤灰水泥[J]. 硅酸盐通报,1988,4:25-32.

[46] 潘群雄,张长森. 影响碱-粉煤灰-矿渣基胶凝材料性能因素的探讨[J]. 水泥工程,1999,2:1-3.

[47] 陈剑雄,张兰芳,李世伟. 粉煤灰对碱矿渣混凝土性能的影响[J]. 粉煤灰综合利用,2006,1:15-17.

[48] WON J P, KANG H B, LEE S J, et al. Properties of cementless mortars activated by sodium silicate[J]. Construction and Building Materials, 2008,22:1981-1989.

[49] 张大捷,侯浩波,贺杏华,等. 碱矿渣胶凝材料固化重金属污泥的研究[J]. 城市环境与城市生态,2006,19(4):44-46.

[50] 郭文瑛,吴国林. 原材料及工艺参数对土壤聚合物性能的影响[J]. 建筑材料学,2006,9(5):586-592.

[51] FERNANDEZ-JIMENEZ A, PUERTAS F. Effect of activator mix on the hydration and strength behaviour of alkali-activated slag cements[J]. Advances in Cement Research,2003,15(3):129-136.

[52] 段瑜芳,王培铭,杨克锐. 碱激发偏高岭土胶凝材料水化硬化机理的研究[J]. 新型建筑材料,2006,1:22-25.

[53] 孔德玉,张俊芝,倪彤元,等. 碱激发矿渣胶凝材料及混凝土研究进展[J]. 硅酸盐学报,2009,37(1):151-159.

[54] BISBY L A. Fire behaviour of fibre-reinforced polymer (FRP) reinforced or confined concrete[D]. Ontario:Dissertation of Queen's University, 2003.

[55] 郑娟荣,姚振亚,刘丽娜. 碱激发胶凝材料化学收缩或膨胀的试验研究[J]. 硅酸盐通报,2009,28(1):49-53.

[56] 沈威,黄文熙,闵盘荣. 水泥工艺学[M]. 武汉:武汉工业大学出版社,1991.

[57] 贾艳涛. 矿渣和粉煤灰水泥基材料的水化机理研究[D]. 南京:东南大学,2005.

[58] 李楠,顾华志,赵慧忠. 耐火材料学[M]. 北京:冶金工业出版社,2010.

[59] ATIS C D, BILIM C, CELIK O, et al. Influence of activator on the strength and drying shrinkage of alkali-activated slag mortar[J]. Construction and Building Materials,2009,23(1):548-555.

[60] 杨南如,曾燕伟. 化学激发胶凝材料专题研讨——研究和开发化学激发胶凝材料的必要性和可行性(下)[J]. 应用技术,2006,4(2):42-46.

[61] 舒睿彬. 植筋系统黏结滑移性能及受力机理研究[D]. 上海:同济大学,2008.

[62] 周新刚. 混凝土植筋锚固性能分析[J]. 岩土力学与工程学报,2003,22(7):1169-1173.

[63] ELIGEHAUSEN R. Fastening with bonded anchors[J]. Germany:Betonwerk Fertigteil-Tech, 1984:10-12.

[64] ACI Committee 349. Code tequirements for nuclear safety related concrete structure-appendix B:steel embedment[S]. Detroit:American Concrete Institute,1985.

[65] ALPSTEN G A. Variations in mechanical and cross sectional properties of steel[C]// Procceedings of 1st International Conference on Planning and Design of Tall Buildings,1972.

[66] TENG Jinguang, CHEN Jianfei, SMITH S T, et al. FRP-strengthened RC structures[M]. UK:John Wiley and Sons,2002:5-86.

[67] 陆新征,叶列平,滕锦光,等. 纤维片材与混凝土黏结性能的精细有限元分析[J]. 工程力学,2006,23(5):74-82.

[68] BADANOIU A, HOLMGREN J. Cementitious composites reinforced with continuous carbon fibers for strengthening of concrete structures[J]. Cement and Concrete Composites,2003(25):387-394.

[69] 陆新征. 纤维-混凝土界面行为研究[D]. 北京:清华大学,2004.

[70] TALJSTEN B. Defining anchor lengths of steel and CFRP plates bonded to concrete[J]. International Journal of Adhesion and Adhesives, 1997 (17):319-327.

[71] CHAJES M J, FINCH W W J, JANUSZKA T F, et al. Bond and force transfer of composite material plates bonded to concrete [J]. ACI Structural Journal,1996,93(2):295-230.

[72] TALJSTEN B. Plate bonding:strengthening of existing concrete structures with epoxy bonded plates of steel or fiber reinforced plastics[D]. Lulea: Lulea University of Technology,1994.

[73] MAEDA T, ASANO Y, SATO Y, et al. A study on bond mechanism of carbon fiber sheet[J]. Non-Metallic (FRP) Reinforcement for Concrete Structures,1997,1:279-285.

[74] KHALIFA A, GOLD W J, NANNI A, et al. Contribution of externally bonded FRP to shear capacity of flexural members[J]. ASCE-Journal of Composites for Construction,1998,2(4):195-203.

[75] CHEN Jianfei, TENG Jinguang. Anchorage study models for FRP and steel plates attached to concrete[J]. ASCE-Journal of Structural Engineering, 2001,127(7):784-791.

[76] DAI Jianguo, GAO Wanyang, TENG Jinguang. Bond-slip model for FRP laminates externally bonded to concrete at elevated temperature [J]. ASCE-Journal of Composites for Construction,2012,17(2):1-32.

[77] YUAN Hong, TENG Jinguang, SERACINO R. Full-range behavior of FRP-to-concrete bonded joints[J]. Engineering Structures, 2004, 26 (5):553-565.

[78] 赵国藩. 高等钢筋混凝土结构学[M]. 北京:中国电力出版社,1999.

[79] 张继文,吕志涛,滕锦光,等. 外贴 CFRP 或钢条带加固混凝土双向板的受力性能及承载力计算[J]. 建筑结构学报,2001,22(4):42-48.

[80] 庄江波,叶列平,鲍轶洲,等. CFRP 布加固混凝土梁的裂缝分析与计算[J]. 东南大学学报,2006,1:86-91.

[81] МУРАЩЕВ. Трещиноустройчивость, жесткость [J]. Прочность Железобетона, Москва, 1950,3(1):2-8.

[82] 陆新征,叶列平,腾锦光,等. FRP-混凝土界面黏结滑移本构模型[J].建筑结构学报,2005,26(4):10-18.

［83］华东预应力中心. 现代预应力工程实践与研究［M］. 北京:光明日报出版社,1989.

［84］郑文忠, 谭军, 曾凡峰. CFRP 布加固无黏结预应力连续梁受力性能试验研究［J］. 湖南大学学报(自然科学版),2008,35(6):11-17.

［85］国家企业建筑诊断与改造工程技术研究中心. 碳纤维片材加固混凝土结构技术规程 CECS 146:2003［S］. 北京:中国计划出版社,2003.

［86］中华人民共和国住房和城乡建设部,中华人民共和国国家质量监督检验检疫总局. 混凝土结构加固设计规范 GB 50367—2013［S］. 北京:中国建筑工业出版社,2006.

［87］张博一, 郑文忠, 苑忠国. 预应力内置圆钢管桁架混凝土组合梁的受力性能［J］. 吉林大学学报:工学版,2008,38(3):636-641.

［88］ZHANG Boyi, ZHENG Wenzhong. Experimental research on mechanical properties of prestressed truss concrete composite beam encased with circularSteel tube［J］. Journal of Harbin Institute of Technology:New Series,2009,16(3):338-345.

［89］周威. 预应力混凝土结构设计三个基本问题研究［D］. 哈尔滨:哈尔滨工业大学,2005.

［90］郑文忠, 王晓东, 王英. 无黏结筋极限应力增量计算公式对比分析［J］. 哈尔滨工业大学学报,2009,41(10):7-13.

［91］过镇海. 混凝土的强度和变形:试验基础和本构关系［M］. 北京:清华大学出版社,1997.

［92］NAAMAN A E, HARAJLI M H, WIGHT J K. Analysis of ductility in partially prestressed concrete flexural members［J］. PCI Journal,1986, 31(1):64-83.

［93］OEHLERS D J, BUI H D, RUSSELL N C. Development of ductility design guidelines for RC beams with FRP reinforcing Bars［J］. Advances in Structural Engineering,2001,4(3):169-180.

［94］SCHOLZ H. Ductility, redistribution, and hyperstatic moments in partially prestressed members［J］. ACI Structural Journal,1990,87(3): 341-349.

［95］LEE H S, TOMOSAWA F, NOGUCHI T. Evaluation of the bond properties between concrete and reinforcement as a function of the degree of reinforcement corrosion［J］. Cement and Concrete Research,2002,32(8): 1313-1318

［96］ 谭军. 碳纤维布加固预应力混凝土梁抗弯性能试验与分析［D］. 哈尔滨：哈尔滨工业大学,2008.

［97］ 陶学康,王逸,杜拱辰. 无黏结部分预应力砼的变形计算［J］. 建筑结构学报,1989,1:20-27.

［98］ WIBERG A. Strengthening of concrete beams using cementitious carbon fiber composites［D］. Stockholm:Stockholm Royal Institute of Technology,2003.

［99］ 蔡正华. 高温下碳纤维–混凝土界面受剪性能研究［D］. 上海：同济大学,2008.

［100］ BOURBIGOT S,FLAMBARD X. Heat resistance and flammability of high performance fibers:a review［J］. Fire and Materials,2002,26:155-168.

［101］ BISBY L A,GREEN M F,KODUR V K R. Response to fire of concrete structures that incorporate FRP［J］. Progress in Structural Engineering and Materials,2005,7(3):136-149.

［102］ DENG Yang. Static and fatigue behavior of RC beams strengthened with carbon fiber sheets bonded by organic and inorganic matrices［D］. Huntsville,Alabama:Dissertation of the University of Alabama,2002.

［103］ TOUTANJI H,DENG Yang. Comparison between organic and inorganic matrices for RC beams strengthened with carbon fiber sheets［J］. ASCE-Journal of Composites for Construction,2007,11(5):507-513.

［104］ TOUTANJI H,Deng Yang,Zhang Ying,et al. Static and fatigure performances of RC beams strengthened with carbon fiber sheets bonded by inorganic matrix［C］//Proceedings of 47th International SAMPE Symposium,2002:1354-1367.

［105］ KURTZ S,BALAGURU P. Comparison of inorganic and organic matrices for strengthening of RC beams with carbon sheets［J］. Journal of Structural Engineering,2001,127(1):35-42.

［106］ 陈伟宏. 用无机胶粘贴碳纤维布加固混凝土梁受力性能试验研究［D］. 哈尔滨:哈尔滨工业大学,2010.

［107］ LIE Tata, CHABOT M. A method to predict the fire resistance of circular concrete filled hollow steel columns［J］. Journal of Fire Protection Engineering,1990,2(4):111-126.

［108］ LIE Tata, KODUR V K R. Fire resistance of steel columns filled with bar-reinforced concrete[J]. Journal of Structural Engineering,1996, 122(1):30-36.

[109] HOSSER D, DORN T. Experimental and numerical studies of composite beams exposed to fire[J]. ASCE-Journal of Structural Engineering, 1993,120(10):2871-2891.

[110] 许名鑫. 预应力混凝土梁板抗火性能试验与分析[D]. 哈尔滨:哈尔滨工业大学,2006.

[111] ELLOBODY E, BAILEY C G. Modelling of unbonded post-tensioned concrete slabs under fire conditions[J]. Fire Safety Journal,2009, 44(2):159-167.

[112] LAWRENCE J, LI Lin. Finite element analysis of temperature distribution using ABAQUS for a aaser-based tile grout sealing process[J]. The Institution of Mechanical Engineers,Part B:Journal of Engineering Manufacture,2000,214(6):451-461.

[113] FENG Man, WANG Yacheng, DAVIES J M. Thermal performance of cold-formed thin-walled steel panel systems in fire[J]. Fire Safety Journal,2003,38(4):365-394.

[114] WANG Yacheng, DAVIES J M. An experimental study of the fire performance of non-sway loaded concrete-filled steel tubular column assemblies with extended end plate connections[J]. Journal of Constructional Steel Research,2003,59(7):819-838.

[115] 过镇海,时旭东. 钢筋混凝土的高温性能及其计算[M]. 北京:清华大学出版社,2003.

[116] 郑文忠,侯晓萌,闫凯. 预应力混凝土高温性能及抗火设计[M]. 哈尔滨:哈尔滨工业大学出版社,2012.

[117] 李卫,过镇海. 高温下砼的强度和变形性能试验研究[J]. 建筑结构学报,1993,14(1):8-16.

[118] 朱伯龙,陆洲导,胡克旭. 高温(火灾)下混凝土与钢筋的本构关系[J]. 四川建筑科学研究,1990,1:37-43.

[119] LU Han, ZHAO Xiaoling, HAN Lihang. Fire behaviour of high strength self-consolidating concrete filled steel tubular stub columns[J]. Journal of Constructional Steel Research,2009,65(10-11):1995-2010.

[120] HUO Jingsi, ZHANG Jiaguang, XIAO Yan. Effects of sustained axial load and cooling phase on post-fire behaviour of concrete-filled steel tu-

bular stub columns[J]. Journal of Constructional Steel Research,2009, 65(8-9):1664-1676.

[121] LAMALVA K J, BARNETT J R, DUSENBERRY D O. Failure analysis of the word trade center 5 building[J]. Journal of Fire Protection Engineering,2009,19(4):261-274.

[122] FENG Man, WANG Yingchi, DAVIES J M. Axial strength of cold-formed thin-walled steel channels under non-uniform temperatures in fire[J]. Fire Safety Journal,2003,38 (8):679-707.

[123] WILLAM K, LEE K, LEE J, et al. Issues of thermal collapse analysis of reinforced concrete structures[C]//Proceedings of the 17th Analysis and Computation Specialty Conference,Missouri:ASCE Structures Congress,2006:56-62.

[124] MOSS P J, CLIFTON G C. Modelling of the cardington LBTF steel frame building fire tests[J]. Fire and Materials,2004,28(2-4):177-198.

[125] LUBLINER J, OLIVER J, OLLER S, et al. A plastic-damage model for concrete[J]. International Journal of Solids and Structures,1989, 25(3):299-326.

[126] LEE J, FENVES G L. A plastic-damage concrete model for earthquake analysis of dams [J]. Earthquake Engineering and Structural Dynamics,1998,27(9):937-956.

[127] LEE J, FENVES G L. Plastic-damage model for cyclic loading of concrete structures[J]. Journal of Engineering Mechanics,1998,124(8): 892-900.

[128] 吴波,万志军. 碳纤维布抗弯加固钢筋混凝土梁的耐火性能试验 [J]. 华南理工大学学报(自然科学版),2009,37(8):76-88.

[129] 吴波. 火灾后钢筋混凝土结构的力学性能[M]. 北京:科学出版社, 2003.

[130] 谢狄敏,钱在兹. 高温作用后混凝土抗拉强度与黏结强度的试验研 究[J]. 浙江大学学报,1998,32(5):597-602.

[131] 沈蓉,凤凌云,戎凯. 高温(火灾)后钢筋力学性能评估[J]. 四川 建筑科学研究, 1991,2:5-9.

[132] 中华人民共和国住房和城乡建筑部,中华人民共和国国家质量监督 检验检疫总局. 混凝土结构设计规范 GB 50010—2010[S].北京:中

国建筑工业出版社,2010.

[133] JTG D62-2004.公路钢筋混凝土及预应力混凝土桥涵设计规范[S].
北京:人民交通出版社,2004.

[134] BS 8110. Part1 : structural use of concrete-code of practice for design
and construction[S]. Committee Reference B/525/2,1997.

[135] 杨勇新,岳清瑞. 碳纤维布加固混凝土梁截面刚度计算[J]. 工业
建筑,2001,31(9):1-4.

[136] 孙绪杰,郑文忠. 钢筋混凝土构件宏观安全储备[J]. 工业建筑,
2008,38(4):44-81.

[137] 江见鲸,李杰,金伟良. 高等混凝土结构理论[M]. 北京:中国建筑
工业出版社,2006.

[138] BROMS B B. Stress distribution in reinforced members with tension
cracks[J]. ACI Journal Proceedings,1965,62(9):1095-1108.

[139] 滕智明,朱金铨. 混凝土结构及砌体结构[M]. 北京:中国建筑工
业出版社,2005.

[140] DUTHINH D, STARNES M. Strength and ductility of concrete beams
reinforced with carbon fiber-reinforced polymer plates and steel[J].
Journal of Composites for Construction,2004,8(1):59-69.

[141] 王传志,滕智明. 钢筋混凝土结构理论[M]. 北京:中国建筑工业
出版社,1985.

[142] 王卫永,李国强,王培军. 火灾下防火涂料破损后约束柱的稳定承
载力[J].力学,2008,29(1):120-126.

[143] 李国强,王卫永,陈素文. 火灾下防火涂料破损后钢柱的极限承载
力[J]. 工程力学,2008,25(12):72-78.

[144] LI Guoqiang, WANG Wenyan, CHEN Suiwen. A simple approach for
modeling fire-resistance of steel column with locally damaged fire pro-
tection[J]. Engineering Structure,2009,31(3):617-622.

[145] 王卫永,李国强. 防火涂料局部破损后钢柱抗火性能研究[J]. 土
木工程学报, 2009,42(11):47-54.

[146] 王卫永,李国强. 防火涂料局部破损后约束钢柱的临界温度[J].
土木建筑与环境工程,2010,32(1):84-89.

[147] 程小伟,姚亚东,尹光福,等. 隧道防火涂料配方设计和性能研究
[J]. 施工技术,2005,34(11):73-75.

[148] FALCONER D F, CIHOMSKY J. Intumescent fire protection adds dec-

orative flair to steel structures[J]. Paint and Coatings Industry(US),
1993,19(10):38-40.

[149] 王新钢,祝兴华,戚天游. 喷射无机纤维防火护层材料[J]. 新型建
筑材料,2005,6:65-66.

[150] ZHENG Wenzhong, ZHU Jing. The effect of elevated temperature on
bond performance of alkali-activated GGBFS paste[J]. Journal of Wu-
han University of Technology (Materials Science Edition),2013,28
(4):721-725.

[151] ZHU Jing,ZHENG Wenzhong. Effectiveness of alkali-activated slag ce-
mentitious material as adhesive for structural reinforcement[J]. Ap-
plied Mechanics and Materials,2012,193-194:418-422.

[152] 朱晶. 用无机胶粘贴 CFRP 布加固钢管桁架混凝土组合梁的试验研
究[D]. 哈尔滨:哈尔滨工业大学, 2008.

[153] 郑文忠,陈伟宏,王英. 碱矿渣胶凝材料的耐高温性能[J]. 华中科
技大学学报(自然科学版),2009, 37(10):96-99.

[154] 郑文忠,陈伟宏,张建华. 碱矿渣胶凝材料作胶黏剂的植筋性能研
究[J]. 武汉理工大学学报,2009, 31(14):10-14.

[155] CHEN Weihong, ZHENG Wenzhong. Flexural behavior of composite
beams after the ultimate limit state externally strengthened with CFRP
sheets bonded with high-temperature resistant matrix[J]. Journal of
Harbin Institute of Technology:New Series,2010,17(5): 679-683.

[156] 朱晶. 碱矿渣胶凝材料耐高温性能及其工程应用基础研究[D]. 哈
尔滨:哈尔滨工业大学, 2014.

[157] 郑文忠,万夫雄,李时光. 用无机胶粘贴 CFRP 布加固混凝土板火
灾后受力性能[J]. 吉林大学学报(工学版),2010,40(5):1244-
1249.

[158] 万夫雄. 用无机胶粘贴 CFRP 布加固混凝土梁板抗火性能试验与分
析[D]. 哈尔滨:哈尔滨工业大学, 2010.

[159] 徐威,郑文忠. 室温固化耐高温结构胶研究现状及进展[J]. 低温建
筑技术,2007, 6:48-49.

[160] 徐威. 粘贴 CFRP 片材用耐高温无机胶的制备及应用研究[D]. 哈
尔滨:哈尔滨工业大学, 2007.

[161] 王明敏,陈伟宏, 郑文忠. 碱种类和掺量对 ACM 抗压强度的影响
[J].低温建筑技术, 2008, 5:13-16.

［162］王明敏. 用碱矿渣胶凝材料粘贴 CFRP 布加固混凝土梁受力性能研究［D］. 哈尔滨：哈尔滨工业大学，2008.

［163］肖超. 用碱矿渣胶凝材料粘贴 CFRP 布加固 UPC 连续梁试验研究［D］. 哈尔滨：哈尔滨工业大学，2008.

［164］李时光. 用无机胶粘贴 CFRP 布加固混凝土梁抗火性能试验研究［D］. 哈尔滨：哈尔滨工业大学，2009.

名词索引